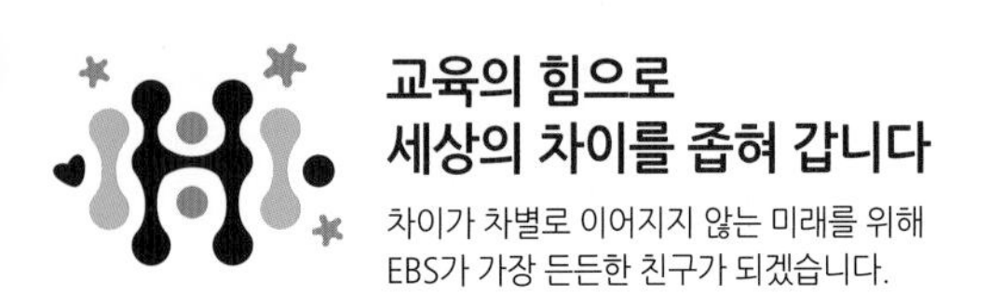

모든 교재 정보와 다양한 이벤트가 가득!
EBS 교재사이트 book.ebs.co.kr

본 교재는 EBS 교재사이트에서
eBook으로도 구입하실 수 있습니다.

2026학년도 수능 연계교재

수능완성

과학탐구영역 | 지구과학 Ⅱ

기획 및 개발
강유진
권현지
심미연
조은정(개발총괄위원)

감수
한국교육과정평가원

책임 편집
박지연

본 교재의 강의는 TV와 모바일 APP, EBS*i* 사이트(www.ebs*i*.co.kr)에서 무료로 제공됩니다.

발행일 2025. 5. 26. **1쇄 인쇄일** 2025. 5. 19. **신고번호** 제2017-000193호 **펴낸곳** 한국교육방송공사 경기도 고양시 일산동구 한류월드로 281
표지디자인 디자인싹 **내지디자인** 다우 **내지조판** 다우 **인쇄** 동아출판㈜ **사진** ㈜아이엠스톡, 이미지파트너스
인쇄 과정 중 잘못된 교재는 구입하신 곳에서 교환하여 드립니다. 신규 사업 및 교재 광고 문의 pub@ebs.co.kr

정답과 해설 PDF 파일은 EBS*i* 사이트(www.ebs*i*.co.kr)에서 내려받으실 수 있습니다.

교재 내용 문의	교재 정오표 공지	교재 정정 신청
교재 및 강의 내용 문의는 EBS*i* 사이트 (www.ebs*i*.co.kr)의 학습 Q&A 서비스를 활용하시기 바랍니다.	발행 이후 발견된 정오 사항을 EBS*i* 사이트 정오표 코너에서 알려 드립니다. 교재 → 교재 자료실 → 교재 정오표	공지된 정오 내용 외에 발견된 정오 사항이 있다면 EBS*i* 사이트를 통해 알려 주세요. 교재 → 교재 정정 신청

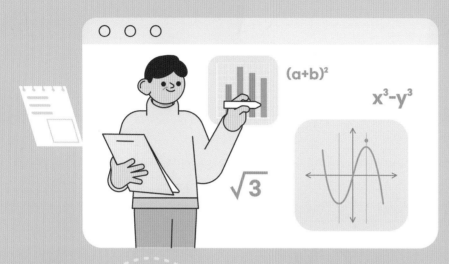

2026학년도 수능 연계교재

수능완성

과학탐구영역 | **지구과학 Ⅱ**

이 책의 차례 CONTENTS

이 책의 **구성과 특징** STRUCTURE

테마별 교과 내용 정리

교과서의 주요 내용을 핵심만 일목요연하게 정리하고, 하단에 더 알기를 수록하여 심층적인 이해를 도모하였습니다.

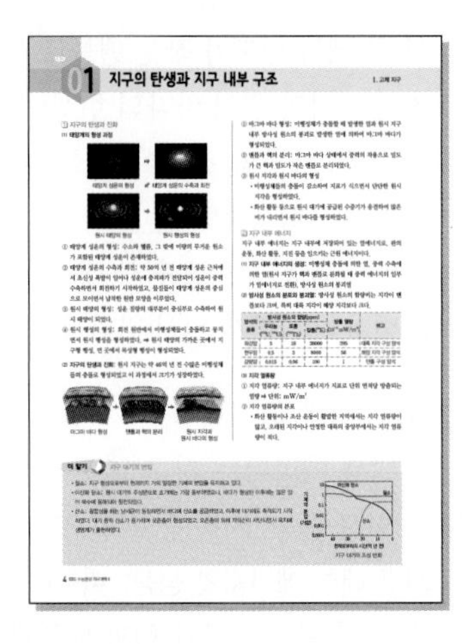

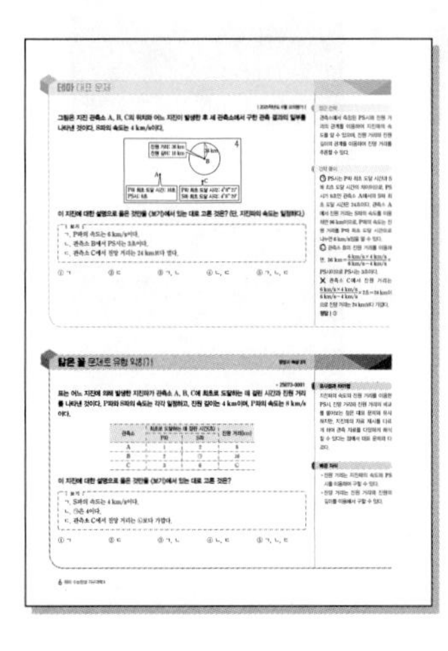

테마 대표 문제

기출문제, 접근 전략, 간략 풀이를 통해 대표 유형을 익힐 수 있고, 함께 실린 닮은 꼴 문제를 스스로 풀며 유형에 대한 적응력을 기를 수 있습니다.

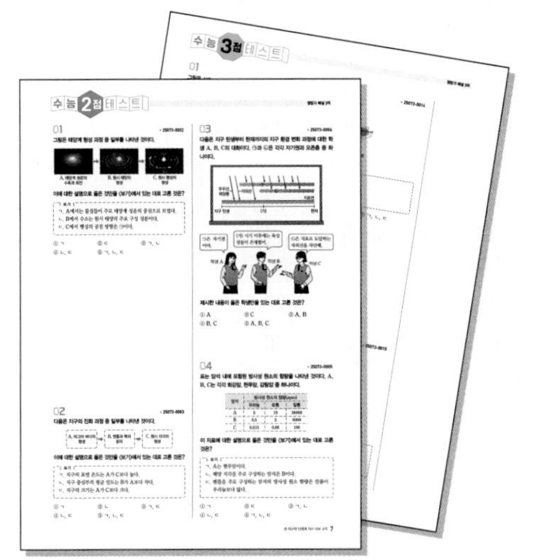

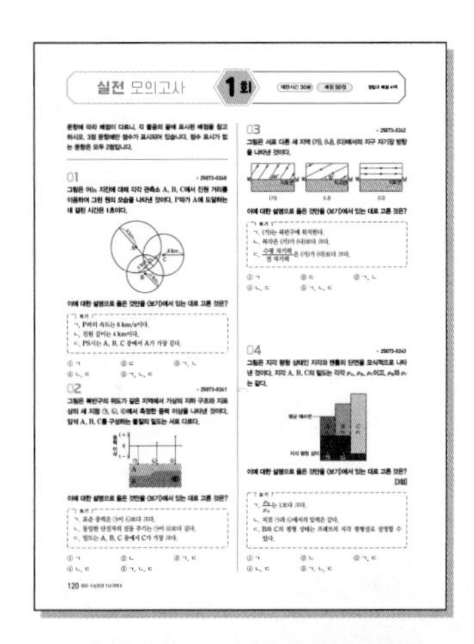

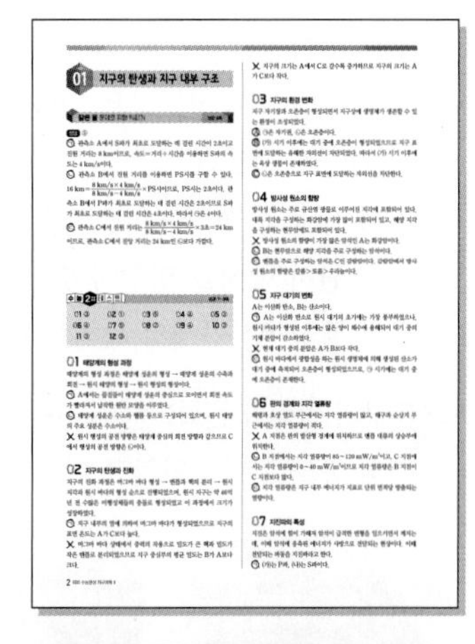

수능 2점 테스트와 수능 3점 테스트

수능 출제 경향 분석에 근거하여 개발한 다양한 유형의 문제들을 수록하였습니다.

실전 모의고사 5회분

실제 수능과 동일한 배점과 난이도의 모의고사를 풀어봄으로써 수능에 대비할 수 있도록 하였습니다.

정답과 해설

정답의 도출 과정과 교과의 내용을 연결하여 설명하고, 오답을 찾아 분석함으로써 유사 문제 및 응용 문제에 대한 대비가 가능하도록 하였습니다.

학생

인공지능 DANCHOQ 푸리봇 문|제|검|색

EBSi 사이트와 **EBSi 고교강의 APP** 하단의 **AI 학습도우미 푸리봇**을 통해 문항코드를 검색하면 푸리봇이 해당 문제의 해설과 해설 강의를 찾아 줍니다. **사진 촬영으로도 검색**할 수 있습니다.

선생님

EBS 교사지원센터 교재 관련 자|료|제|공

교재의 문항 한글(HWP) 파일과 교재이미지, 강의자료를 무료로 제공합니다.

한글다운로드 | 교재이미지 | 강의자료

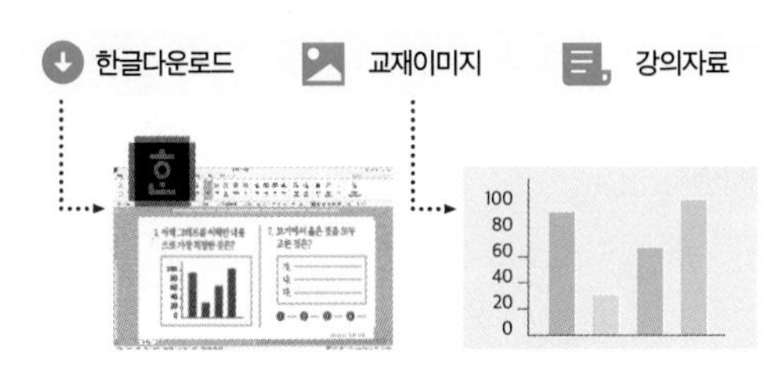

- 교사지원센터(teacher.ebsi.co.kr)에서 '교사인증' 이후 이용하실 수 있습니다.
- 교사지원센터에서 제공하는 자료는 교재별로 다를 수 있습니다.

지구의 탄생과 지구 내부 구조

1 지구의 탄생과 진화

(1) 태양계의 형성 과정

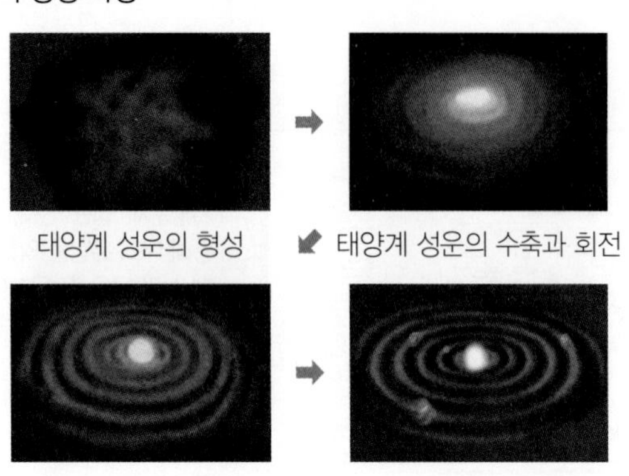

태양계 성운의 형성 ➡ 태양계 성운의 수축과 회전 ➡ 원시 태양의 형성 ➡ 원시 행성의 형성

① 태양계 성운의 형성: 수소와 헬륨, 그 밖에 미량의 무거운 원소가 포함된 태양계 성운이 존재하였다.

② 태양계 성운의 수축과 회전: 약 50억 년 전 태양계 성운 근처에서 초신성 폭발이 일어나 성운에 충격파가 전달되어 성운이 중력 수축하면서 회전하기 시작하였고, 물질들이 태양계 성운의 중심으로 모이면서 납작한 원반 모양을 이루었다.

③ 원시 태양의 형성: 성운 질량의 대부분이 중심부로 수축하여 원시 태양이 되었다.

④ 원시 행성의 형성: 회전 원반에서 미행성체들이 충돌하고 뭉치면서 원시 행성을 형성하였다. ➡ 원시 태양의 가까운 곳에서 지구형 행성, 먼 곳에서 목성형 행성이 형성되었다.

(2) 지구의 탄생과 진화: 원시 지구는 약 46억 년 전 수많은 미행성체들의 충돌로 형성되었고 이 과정에서 크기가 성장하였다.

마그마 바다 형성 ➡ 맨틀과 핵의 분리 ➡ 원시 지각과 원시 바다의 형성

① 마그마 바다 형성: 미행성체가 충돌할 때 발생한 열과 원시 지구 내부 방사성 원소의 붕괴로 발생한 열에 의하여 마그마 바다가 형성되었다.

② 맨틀과 핵의 분리: 마그마 바다 상태에서 중력의 작용으로 밀도가 큰 핵과 밀도가 작은 맨틀로 분리되었다.

③ 원시 지각과 원시 바다의 형성

- 미행성체들의 충돌이 감소하여 지표가 식으면서 단단한 원시 지각을 형성하였다.
- 화산 활동 등으로 원시 대기에 공급된 수증기가 응결하여 많은 비가 내리면서 원시 바다를 형성하였다.

2 지구 내부 에너지

지구 내부 에너지는 지구 내부에 저장되어 있는 열에너지로, 판의 운동, 화산 활동, 지진 등을 일으키는 근원 에너지이다.

(1) **지구 내부 에너지의 생성**: 미행성체 충돌에 의한 열, 중력 수축에 의한 열(원시 지구가 핵과 맨틀로 분화될 때 중력 에너지의 일부가 열에너지로 전환), 방사성 원소의 붕괴열

(2) **방사성 원소의 분포와 붕괴열**: 방사성 원소의 함량비는 지각이 맨틀보다 크며, 특히 대륙 지각이 해양 지각보다 크다.

암석의 종류	방사성 원소의 함량(ppm)			방출 열량 (10^{-5} mW/m^3)	비고
	우라늄 (^{235}U, ^{238}U)	토륨 (^{232}Th)	칼륨(^{40}K)		
화강암	5	18	38000	295	대륙 지각 구성 암석
현무암	0.5	3	8000	56	해양 지각 구성 암석
감람암	0.015	0.06	100	1	맨틀 구성 암석

(3) **지각 열류량**

① 지각 열류량: 지구 내부 에너지가 지표로 단위 면적당 방출되는 열량 ➡ 단위: mW/m^2

② 지각 열류량의 분포

- 화산 활동이나 조산 운동이 활발한 지역에서는 지각 열류량이 많고, 오래된 지각이나 안정한 대륙의 중앙부에서는 지각 열류량이 적다.

더 알기 지구 대기의 변화

- 질소: 지구 형성으로부터 현재까지 거의 일정한 기체의 분압을 유지하고 있다.
- 이산화 탄소: 원시 대기의 주성분으로 초기에는 가장 풍부하였으나, 바다가 형성된 이후에는 많은 양이 해수에 용해되어 침전되었다.
- 산소: 광합성을 하는 남세균이 등장하면서 바다에 산소를 공급하였고, 이후에 대기에도 축적되기 시작하였다. 대기 중의 산소가 증가하며 오존층이 형성되었고, 오존층에 의해 자외선이 차단되면서 육지에 생명체가 출현하였다.

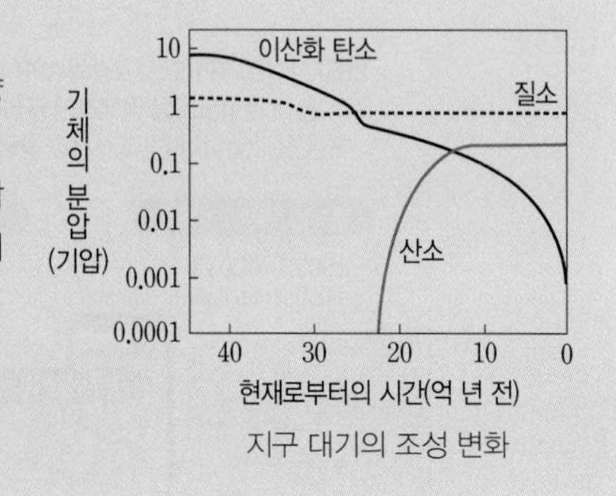

지구 대기의 조성 변화

• 해령과 호상 열도 부근에서는 지각 열류량이 많고, 해구나 순상지 부근에서는 지각 열류량이 적다.

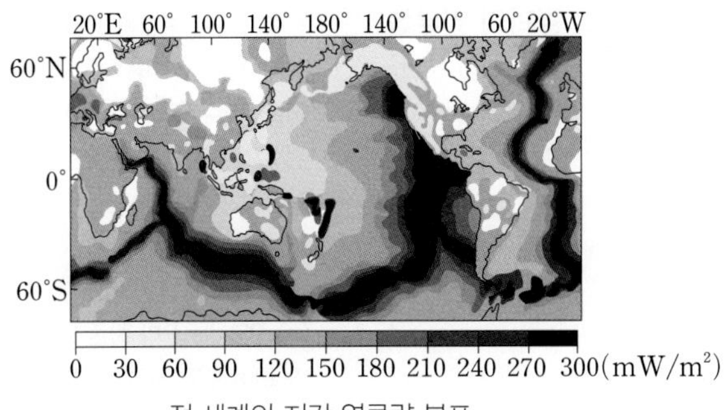

전 세계의 지각 열류량 분포

3 지진파와 지구의 내부 구조

(1) 지진파

① 암석에 힘이 가해져 탄성 한계를 넘으면 암석이 급격한 변형을 일으키면서 깨지는데, 이때 암석에 응축된 에너지가 파동의 형태로 사방으로 전달되는 현상을 지진이라 하고, 이때 전달되는 파동을 지진파라고 한다.

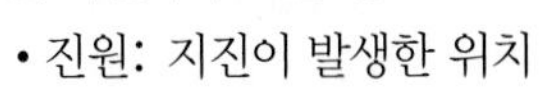

• 진원: 지진이 발생한 위치

• 진앙: 진원의 연직 방향에 위치한 지표상의 지점

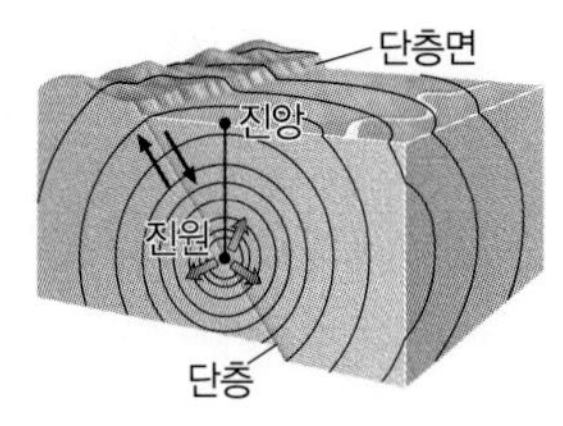

진원과 진앙

② 지진파의 종류와 특징

지진파	성질	지진파의 전파	지각에서의 속도(km/s)	통과 매질의 상태
P파 (종파)	매질의 진동 방향과 파의 진행 방향이 나란	팽창 압축 매질의 진동 방향 파장 P파의 진행 방향	5~8	고체, 액체, 기체를 모두 통과
S파 (횡파)	매질의 진동 방향과 파의 진행 방향이 수직	매질의 진동 방향 파장 S파의 진행 방향	3~4	고체만 통과
표면파	지표면을 따라 전파	타원 운동 또는 좌우 진동	2~3	고체 상태의 표면

③ 지진 기록

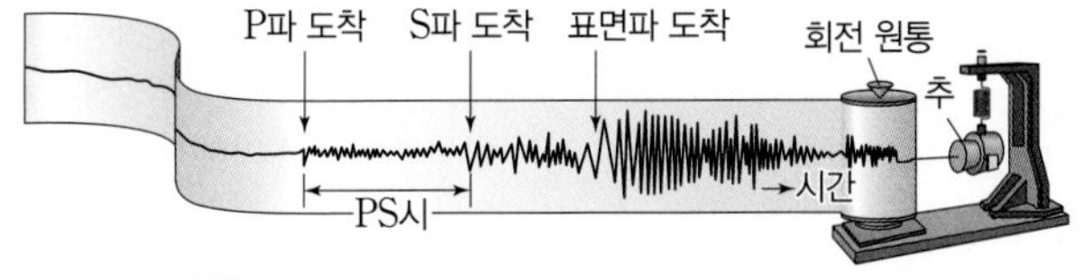

④ P파의 속도를 V_P, S파의 속도를 V_S, PS시를 t라고 하면, 관측소에서 진원까지의 거리(d)는 $d=\frac{V_P \times V_S}{V_P - V_S} \times t$이다.

⑤ 진앙 거리 측정: 지진 기록을 해석하여 PS시를 구한 후 주시 곡선에서 PS시에 해당하는 가로축의 거리 값을 읽으면 진앙까지의 거리를 알아낼 수 있다.

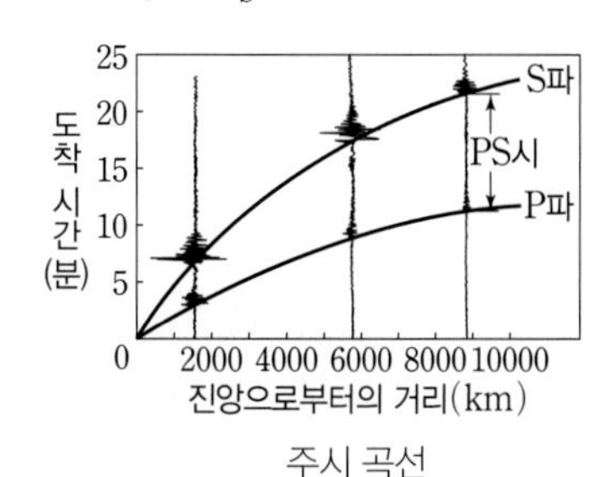

주시 곡선

(2) 지구 내부 구조

① 지구 내부의 구조: 지구 내부를 통과하는 지진파를 분석하여 지구 내부가 지각, 맨틀, 외핵, 내핵의 층상 구조를 이루고 있음을 알아내었다.

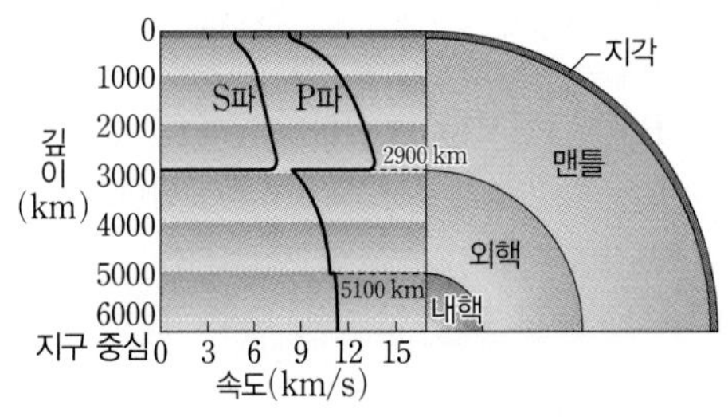

지진파 속도와 지구 내부 구조

② 지진파와 암영대

• S파 암영대: 진앙으로부터의 각거리가 약 103°~180°인 지역

• P파 암영대: 진앙으로부터의 각거리가 약 103°~142°인 지역

• 내핵의 발견: 진앙으로부터의 각거리 약 110°에 약한 P파가 도달

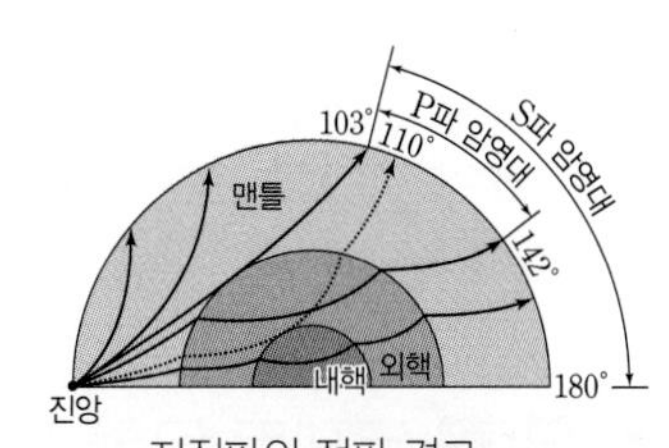

지진파의 전파 경로

③ 지구 내부의 물리량: 밀도는 불연속면에서 급격히 증가하는 계단 모양의 분포를 이루며, 압력과 온도는 중심으로 갈수록 증가한다.

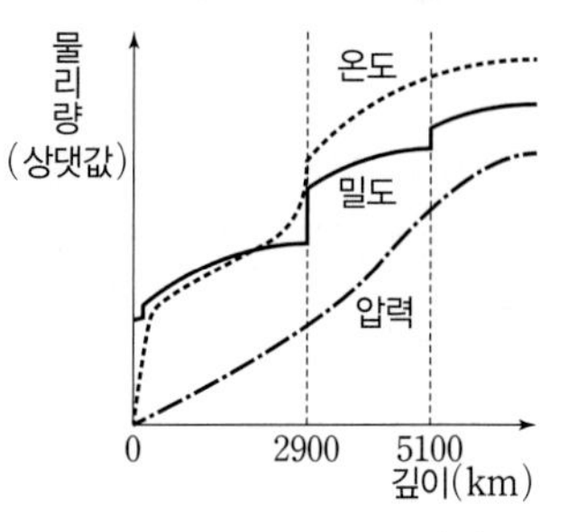

지구 내부의 물리량

더 알기 진앙의 위치와 진원의 깊이

• 진앙의 위치

① 관측소 A, B, C에서 어느 지진에 대해 각각 진원 거리 R_A, R_B, R_C를 반지름으로 하는 원을 지도에 그린다.

② 각각의 원에서 생긴 교점을 연결하여 3개의 현을 그린다.

③ 3개의 현이 교차하는 하나의 점 O가 나타나는데, 이곳이 진앙의 위치이다.

• 진원의 깊이

① 관측소 A의 위치인 점 A와 진앙의 위치인 점 O를 연결하여 직선 AO를 긋는다.

② 점 O에서 직선 AO에 직교하는 현 PP′을 긋는다.

③ 현 PP′의 절반인 선분 OP 또는 선분 OP′의 길이를 구할 수 있는데, 이 길이가 진원의 깊이에 해당한다.

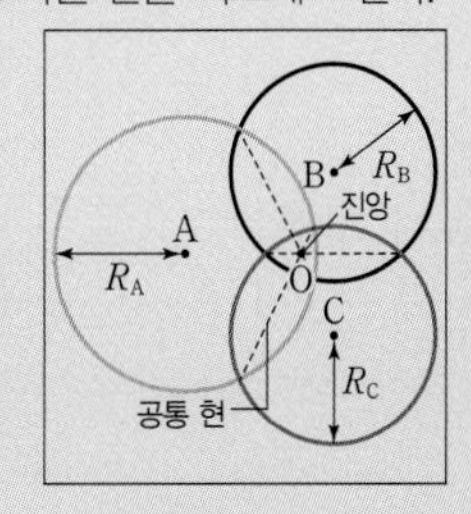

진앙의 위치 결정

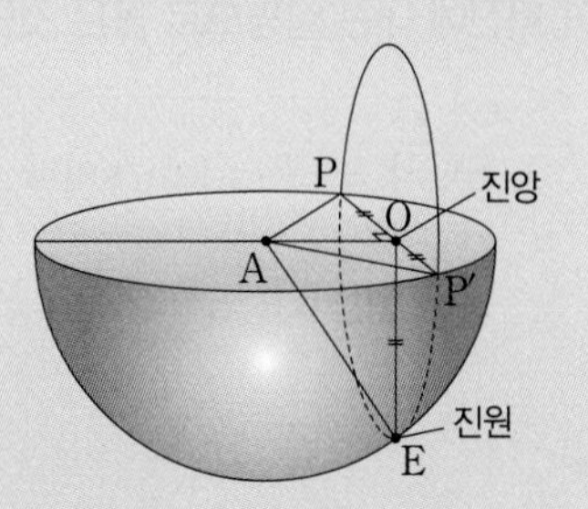

($\overline{EA}$: 진원 거리, $\overline{OA}$: 진앙 거리)
진원의 깊이

테마 대표 문제

| 2025학년도 6월 모의평가 |

그림은 지진 관측소 A, B, C의 위치와 어느 지진이 발생한 후 세 관측소에서 구한 관측 결과의 일부를 나타낸 것이다. S파의 속도는 4 km/s이다.

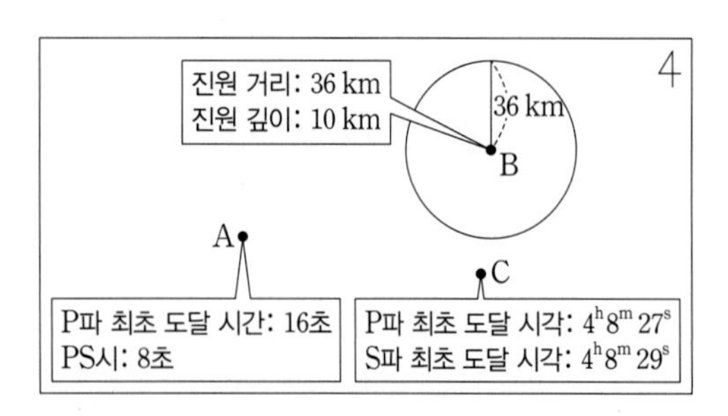

이 지진에 대한 설명으로 옳은 것만을 〈보기〉에서 있는 대로 고른 것은? (단, 지진파의 속도는 일정하다.)

보기
ㄱ. P파의 속도는 6 km/s이다.
ㄴ. 관측소 B에서 PS시는 3초이다.
ㄷ. 관측소 C에서 진앙 거리는 24 km보다 멀다.

① ㄱ ② ㄷ ③ ㄱ, ㄴ ④ ㄴ, ㄷ ⑤ ㄱ, ㄴ, ㄷ

접근 전략

관측소에서 측정된 PS시와 진원 거리의 관계를 이용하여 지진파의 속도를 알 수 있으며, 진원 거리와 진원 깊이의 관계를 이용하여 진앙 거리를 추론할 수 있다.

간략 풀이

㉠ PS시는 P파 최초 도달 시간과 S파 최초 도달 시간의 차이이므로, PS시가 8초인 관측소 A에서의 S파 최초 도달 시간은 24초이다. 관측소 A에서 진원 거리는 S파의 속도를 이용하면 96 km이므로, P파의 속도는 진원 거리를 P파 최초 도달 시간으로 나누면 6 km/s임을 알 수 있다.

㉡ 관측소 B의 진원 거리를 이용하면, $36\ \text{km} = \dfrac{6\ \text{km/s} \times 4\ \text{km/s}}{6\ \text{km/s} - 4\ \text{km/s}} \times$ PS시이므로 PS시는 3초이다.

ⓧ 관측소 C에서 진원 거리는 $\dfrac{6\ \text{km/s} \times 4\ \text{km/s}}{6\ \text{km/s} - 4\ \text{km/s}} \times 2\text{초} = 24\ \text{km}$이므로 진앙 거리는 24 km보다 가깝다.

정답 | ③

닮은 꼴 문제로 유형 익히기

정답과 해설 2쪽

▸25073-0001

표는 어느 지진에 의해 발생한 지진파가 관측소 A, B, C에 최초로 도달하는 데 걸린 시간과 진원 거리를 나타낸 것이다. P파와 S파의 속도는 각각 일정하고, 진원 깊이는 4 km이며, P파의 속도는 8 km/s이다.

관측소	최초로 도달하는 데 걸린 시간(초)		진원 거리(km)
	P파	S파	
A	1	2	8
B	2	㉠	16
C	3	6	㉡

이 지진에 대한 설명으로 옳은 것만을 〈보기〉에서 있는 대로 고른 것은?

보기
ㄱ. S파의 속도는 4 km/s이다.
ㄴ. ㉠은 4이다.
ㄷ. 관측소 C에서 진앙 거리는 ㉡보다 가깝다.

① ㄱ ② ㄷ ③ ㄱ, ㄴ ④ ㄴ, ㄷ ⑤ ㄱ, ㄴ, ㄷ

유사점과 차이점

지진파의 속도와 진원 거리를 이용한 PS시, 진앙 거리와 진원 거리의 비교를 물어보는 점은 대표 문제와 유사하지만, 지진파의 자료 제시를 다르게 하여 관측 자료를 다양하게 해석할 수 있다는 점에서 대표 문제와 다르다.

배경 지식

- 진원 거리는 지진파의 속도와 PS시를 이용하여 구할 수 있다.
- 진앙 거리는 진원 거리와 진원의 깊이를 이용해서 구할 수 있다.

01

▸25073-0002

그림은 태양계 형성 과정 중 일부를 나타낸 것이다.

이에 대한 설명으로 옳은 것만을 <보기>에서 있는 대로 고른 것은?

보기
ㄱ. A에서는 물질들이 주로 태양계 성운의 중심으로 모였다.
ㄴ. B에서 수소는 원시 태양의 주요 구성 성분이다.
ㄷ. C에서 행성의 공전 방향은 ㉠이다.

① ㄱ ② ㄷ ③ ㄱ, ㄴ
④ ㄴ, ㄷ ⑤ ㄱ, ㄴ, ㄷ

02

▸25073-0003

다음은 지구의 진화 과정 중 일부를 나타낸 것이다.

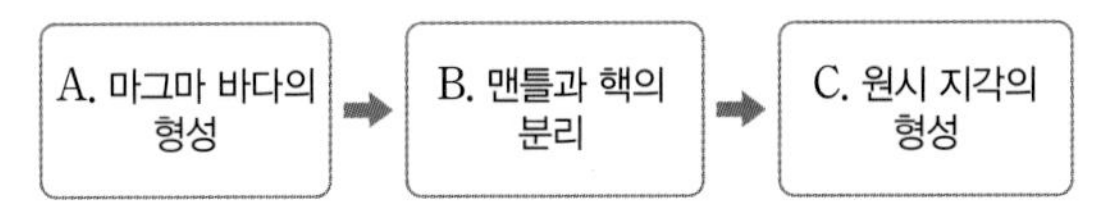

이에 대한 설명으로 옳은 것만을 <보기>에서 있는 대로 고른 것은?

보기
ㄱ. 지구의 표면 온도는 A가 C보다 높다.
ㄴ. 지구 중심부의 평균 밀도는 B가 A보다 작다.
ㄷ. 지구의 크기는 A가 C보다 크다.

① ㄱ ② ㄴ ③ ㄱ, ㄷ
④ ㄴ, ㄷ ⑤ ㄱ, ㄴ, ㄷ

03

▸25073-0004

다음은 지구 탄생부터 현재까지의 지구 환경 변화 과정에 대한 학생 A, B, C의 대화이다. ㉠과 ㉡은 각각 자기권과 오존층 중 하나이다.

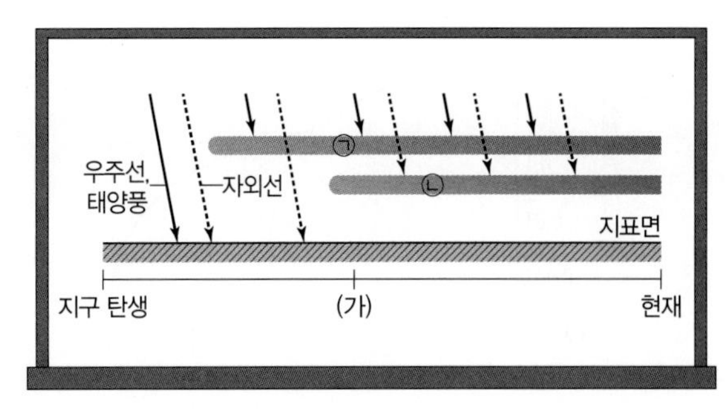

㉠은 자기권이야.
(가) 시기 이후에는 육상 생물이 존재했어.
㉡은 지표로 도달하는 자외선을 차단해.
학생 A
학생 B
학생 C

제시한 내용이 옳은 학생만을 있는 대로 고른 것은?

① A ② C ③ A, B
④ B, C ⑤ A, B, C

04

▸25073-0005

표는 암석 내에 포함된 방사성 원소의 함량을 나타낸 것이다. A, B, C는 각각 화강암, 현무암, 감람암 중 하나이다.

암석	방사성 원소의 함량(ppm)		
	우라늄	토륨	칼륨
A	5	18	38000
B	0.5	3	8000
C	0.015	0.06	100

이 자료에 대한 설명으로 옳은 것만을 <보기>에서 있는 대로 고른 것은?

보기
ㄱ. A는 현무암이다.
ㄴ. 해양 지각을 주로 구성하는 암석은 B이다.
ㄷ. 맨틀을 주로 구성하는 암석의 방사성 원소 함량은 칼륨이 우라늄보다 많다.

① ㄱ ② ㄷ ③ ㄱ, ㄴ
④ ㄴ, ㄷ ⑤ ㄱ, ㄴ, ㄷ

05

▸25073-0006

그림은 지구 탄생 이후부터 현재까지 대기 중의 산소와 이산화 탄소의 분압을 나타낸 것이다. A와 B는 각각 산소와 이산화 탄소 중 하나이다.

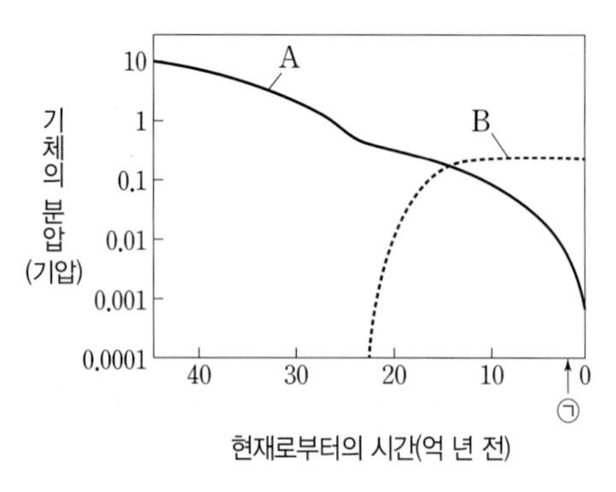

이에 대한 설명으로 옳은 것만을 〈보기〉에서 있는 대로 고른 것은?

보기

ㄱ. A는 이산화 탄소이다.
ㄴ. 현재 대기 중의 분압은 A가 B보다 크다.
ㄷ. ㉠ 시기에는 대기 중에 오존층이 존재한다.

① ㄱ ② ㄴ ③ ㄱ, ㄷ
④ ㄴ, ㄷ ⑤ ㄱ, ㄴ, ㄷ

06

▸25073-0007

그림은 전 세계의 지각 열류량 분포와 판의 경계를 나타낸 것이다.

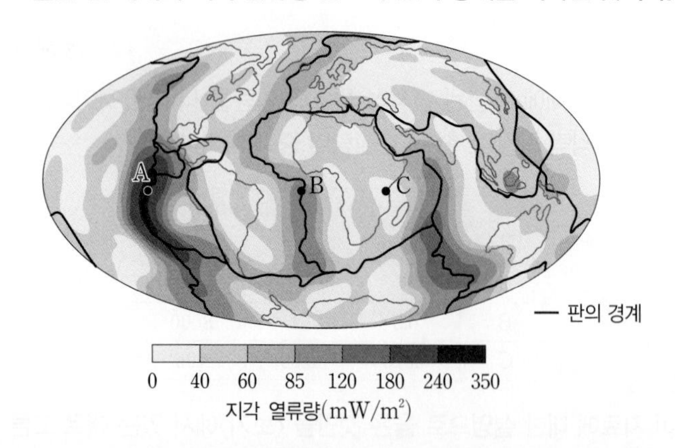

이에 대한 설명으로 옳은 것만을 〈보기〉에서 있는 대로 고른 것은?

보기

ㄱ. A 지점은 맨틀 대류의 하강부에 위치한다.
ㄴ. 지각 열류량은 B 지점이 C 지점보다 많다.
ㄷ. 지각 열류량은 지구 내부 에너지가 지표로 방출되는 열량이다.

① ㄱ ② ㄷ ③ ㄱ, ㄴ
④ ㄴ, ㄷ ⑤ ㄱ, ㄴ, ㄷ

07

▸25073-0008

그림 (가)와 (나)는 지진파의 전파 모습을 나타낸 것이다. (가)와 (나)는 각각 P파와 S파 중 하나이다.

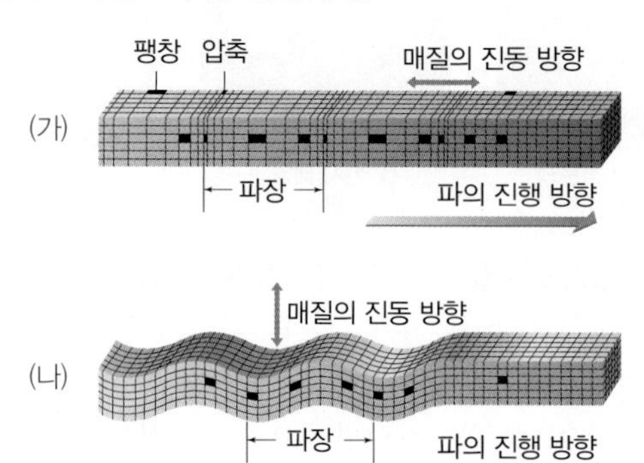

이에 대한 설명으로 옳은 것만을 〈보기〉에서 있는 대로 고른 것은?

보기

ㄱ. (가)는 P파이다.
ㄴ. (나)는 매질의 진동 방향과 파의 진행 방향이 수직이다.
ㄷ. 동일한 매질에서 지진파의 속도는 (가)가 (나)보다 빠르다.

① ㄱ ② ㄷ ③ ㄱ, ㄴ
④ ㄴ, ㄷ ⑤ ㄱ, ㄴ, ㄷ

08

▸25073-0009

그림은 어느 지진에 의해 발생한 지진파의 주시 곡선을, 표는 이 지진에 대해 관측소 A와 B에서의 PS시를 나타낸 것이다. 진원의 깊이는 0 km이고, ㉠과 ㉡은 각각 P파와 S파 중 하나이다.

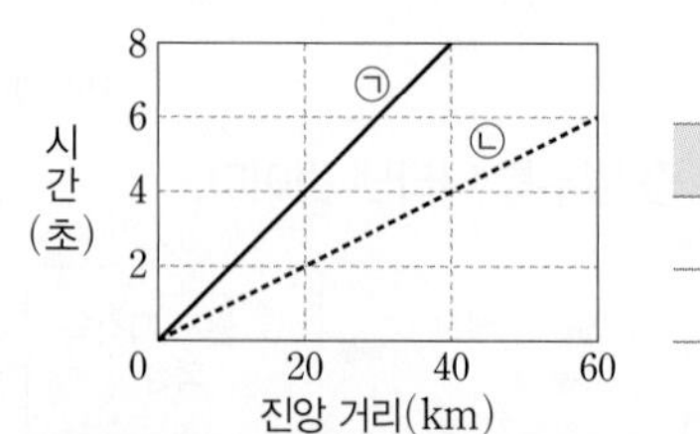

관측소	PS시(초)
A	2
B	4

이에 대한 설명으로 옳은 것만을 〈보기〉에서 있는 대로 고른 것은?

보기

ㄱ. ㉠이 ㉡보다 A에 먼저 도착했다.
ㄴ. S파의 속도는 5 km/s이다.
ㄷ. |A의 진앙 거리−B의 진앙 거리|=40 km이다.

① ㄱ ② ㄴ ③ ㄱ, ㄷ
④ ㄴ, ㄷ ⑤ ㄱ, ㄴ, ㄷ

09

▸25073-0010

그림은 어느 지진에 의해 발생한 지진파의 경로와 관측소 A~D의 위치를 나타낸 것이다.

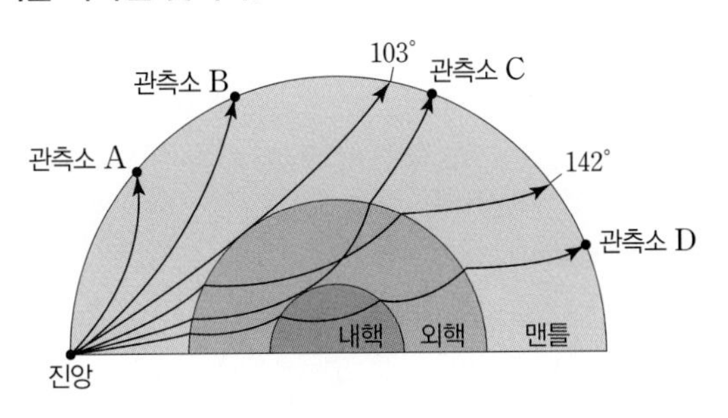

이에 대한 설명으로 옳은 것만을 <보기>에서 있는 대로 고른 것은?

보기
ㄱ. 진앙 거리는 A가 B보다 멀다.
ㄴ. C에 도착한 지진파로 내핵의 존재를 확인할 수 있다.
ㄷ. D에는 S파가 도달하지 않는다.

① ㄱ ② ㄷ ③ ㄱ, ㄴ
④ ㄴ, ㄷ ⑤ ㄱ, ㄴ, ㄷ

10

▸25073-0011

그림은 지구 내부 구조와 깊이에 따른 P파와 S파의 속도 분포를 나타낸 것이다. ㉠과 ㉡은 각각 P파와 S파 중 하나이다.

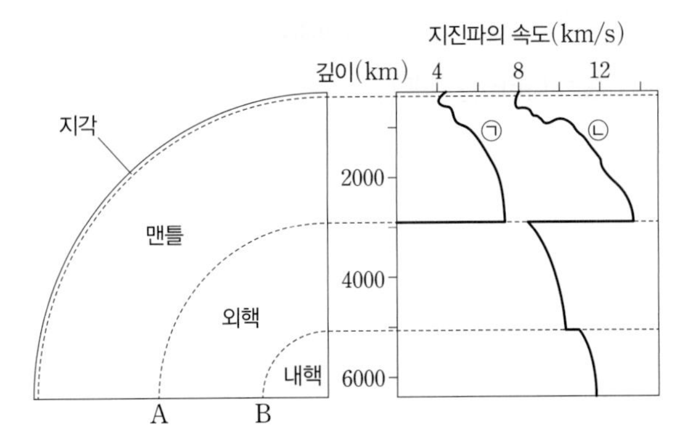

이에 대한 설명으로 옳은 것만을 <보기>에서 있는 대로 고른 것은?

보기
ㄱ. ㉠은 S파이다.
ㄴ. ㉡은 액체 상태의 물질을 통과하지 못한다.
ㄷ. P파의 속도 변화 폭은 A의 경계가 B의 경계보다 크다.

① ㄱ ② ㄴ ③ ㄱ, ㄷ
④ ㄴ, ㄷ ⑤ ㄱ, ㄴ, ㄷ

11

▸25073-0012

표는 지구 내부 연구 방법을 분류한 것이다. A와 B는 각각 지진파 연구와 시추 중 하나이다.

연구 방법	내용
A	지구 내부 불연속면의 깊이를 알 수 있다.
B	내부 시료를 직접 채취한다.
지각 열류량 측정	㉠

이에 대한 설명으로 옳은 것만을 <보기>에서 있는 대로 고른 것은?

보기
ㄱ. A는 지진파 연구이다.
ㄴ. B는 지구 내부 연구 방법 중 직접적인 방법이다.
ㄷ. ㉠에는 '맨틀 포획암을 분석하여 상부 맨틀 물질을 알 수 있다.'가 들어갈 수 있다.

① ㄱ ② ㄷ ③ ㄱ, ㄴ
④ ㄴ, ㄷ ⑤ ㄱ, ㄴ, ㄷ

12

▸25073-0013

그림은 깊이에 따른 지구 내부의 압력과 밀도 분포를 ㉠과 ㉡으로 순서 없이 나타낸 것이다.

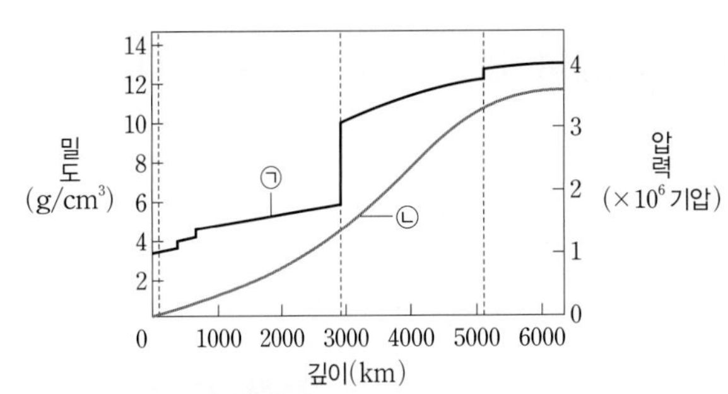

이에 대한 설명으로 옳은 것만을 <보기>에서 있는 대로 고른 것은?

보기
ㄱ. ㉠은 깊이에 따른 밀도 분포이다.
ㄴ. ㉡의 평균 변화율은 1000~2000 km가 4000~5000 km보다 크다.
ㄷ. ㉠을 이용하여 지구 내부의 경계를 구분할 수 있다.

① ㄱ ② ㄴ ③ ㄱ, ㄷ
④ ㄴ, ㄷ ⑤ ㄱ, ㄴ, ㄷ

01

▸25073-0014

그림은 성운설에 의한 태양계의 형성 과정을 나타낸 것이다.

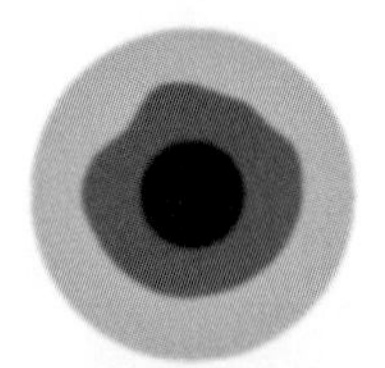
A. 태양계 성운의 형성

B. 태양계 성운의 수축과 회전

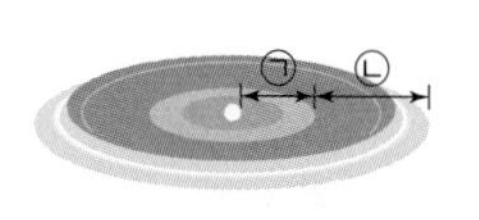

C. 원시 태양의 형성

이에 대한 설명으로 옳은 것만을 〈보기〉에서 있는 대로 고른 것은?

보기
ㄱ. A에서 태양계 성운은 주로 수소와 헬륨으로 이루어져 있다.
ㄴ. B에서는 대부분의 물질들이 성운의 중심으로 모였다.
ㄷ. C에서 물질의 평균 밀도는 ㉠ 구간이 ㉡ 구간보다 크다.

① ㄱ ② ㄷ ③ ㄱ, ㄴ ④ ㄴ, ㄷ ⑤ ㄱ, ㄴ, ㄷ

02

▸25073-0015

그림은 지구의 진화 과정 중 A, B, C 시기별 지구의 반지름과 지구를 구성하는 각 층을 나타낸 것이다.

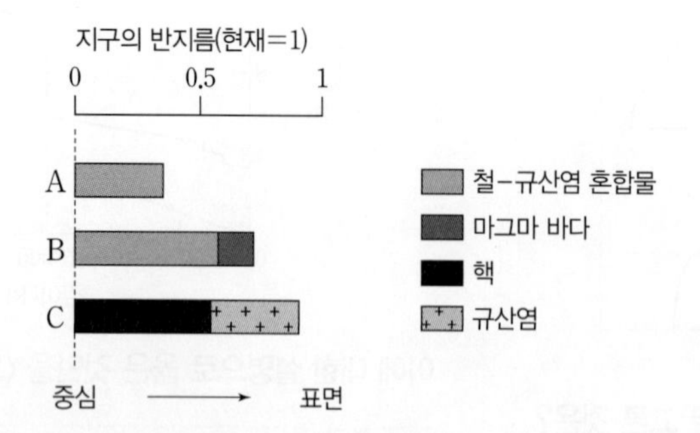

이에 대한 설명으로 옳은 것만을 〈보기〉에서 있는 대로 고른 것은?

보기
ㄱ. 미행성 충돌은 A가 C보다 적다.
ㄴ. 지구 중심부의 밀도는 B가 C보다 크다.
ㄷ. 지구 표면 온도는 B가 C보다 높다.

① ㄱ ② ㄷ ③ ㄱ, ㄴ ④ ㄴ, ㄷ ⑤ ㄱ, ㄴ, ㄷ

03

▸25073-0016

그림 (가)는 어느 해령 지역과 지점 A와 B를, (나)는 A와 B 사이에서의 지각 열류량을 나타낸 것이다.

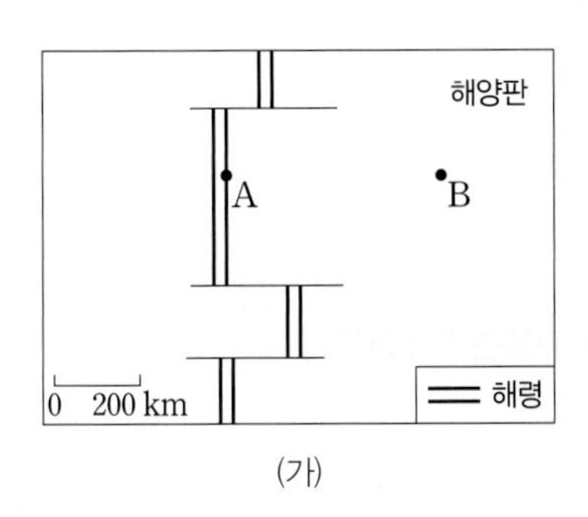

(가)

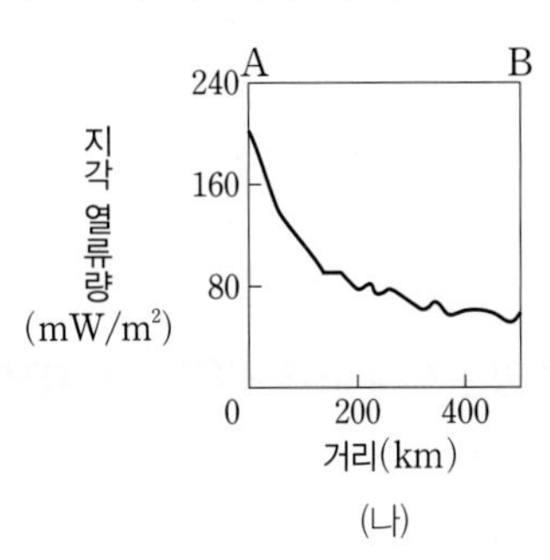

(나)

이에 대한 설명으로 옳은 것만을 〈보기〉에서 있는 대로 고른 것은?

보기

ㄱ. A는 맨틀 대류의 상승부에 위치한다.
ㄴ. 해양 지각의 나이는 B가 A보다 많다.
ㄷ. 지표로 전달되는 지구 내부 에너지의 양은 A가 B보다 많다.

① ㄱ ② ㄷ ③ ㄱ, ㄴ ④ ㄴ, ㄷ ⑤ ㄱ, ㄴ, ㄷ

04

▸25073-0017

그림 (가), (나), (다)는 서로 다른 시기에 지구를 구성하는 대기 중의 질소, 이산화 탄소, 산소의 분압 변화를 순서 없이 나타낸 것이다.

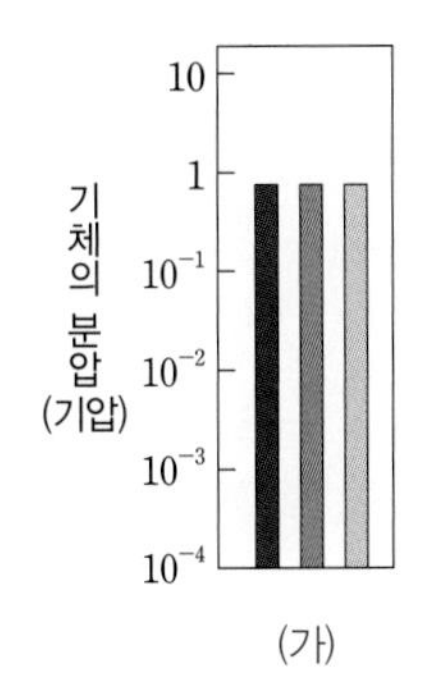

(가)

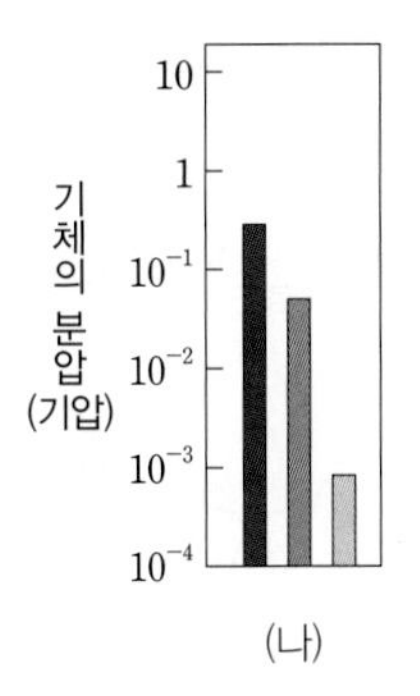

(나)

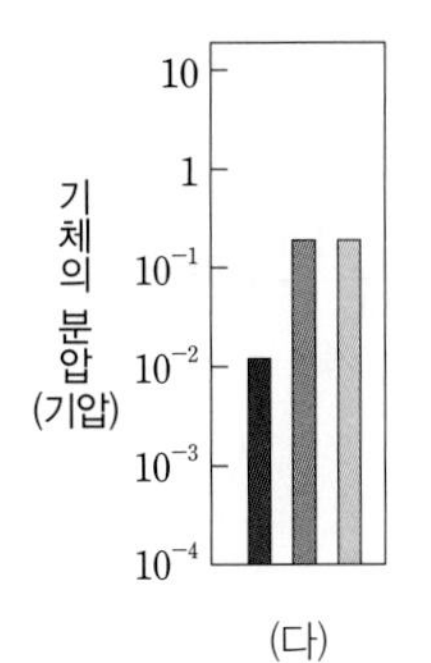

(다)

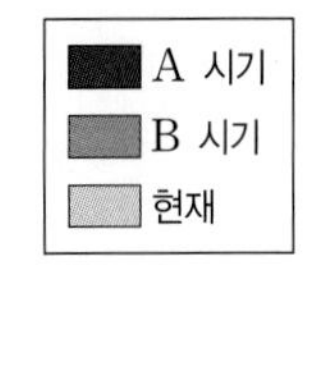

이에 대한 설명으로 옳은 것만을 〈보기〉에서 있는 대로 고른 것은?

보기

ㄱ. (가)는 이산화 탄소, (나)는 질소이다.
ㄴ. (다)의 기체가 증가하면서 대기에 오존층이 형성되었다.
ㄷ. A는 B보다 이른 시기이다.

① ㄱ ② ㄴ ③ ㄱ, ㄷ ④ ㄴ, ㄷ ⑤ ㄱ, ㄴ, ㄷ

05

▸25073-0018

표는 어느 지진에 대한 관측소 A와 B에서의 PS시와 진원 거리를 나타낸 것이다. 진원 깊이는 5 km이고, P파의 속도는 8 km/s이다.

관측소	PS시(초)	진원 거리(km)
A	2.5	20
B	2	㉠

이에 대한 설명으로 옳은 것만을 〈보기〉에서 있는 대로 고른 것은? (단, 지진파의 속도는 일정하다.)

보기

ㄱ. A에서 진앙 거리는 20 km보다 멀다.
ㄴ. S파의 속도는 4 km/s이다.
ㄷ. ㉠은 15이다.

① ㄱ ② ㄴ ③ ㄱ, ㄷ ④ ㄴ, ㄷ ⑤ ㄱ, ㄴ, ㄷ

06

▸25073-0019

표는 어느 지진에 대한 관측소 A와 B에 기록된 PS시를, 그림 (가)와 (나)는 각각 A와 B에서의 진원 거리를 이용하여 그린 원의 모습을 나타낸 것이다. S파의 속도는 3 km/s이다.

관측소	PS시(초)
A	1
B	1.5

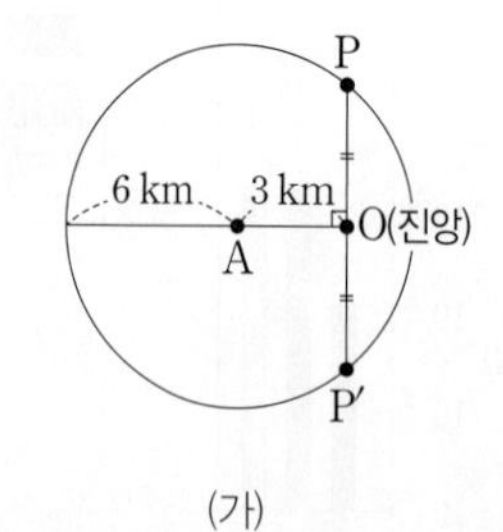

(가)

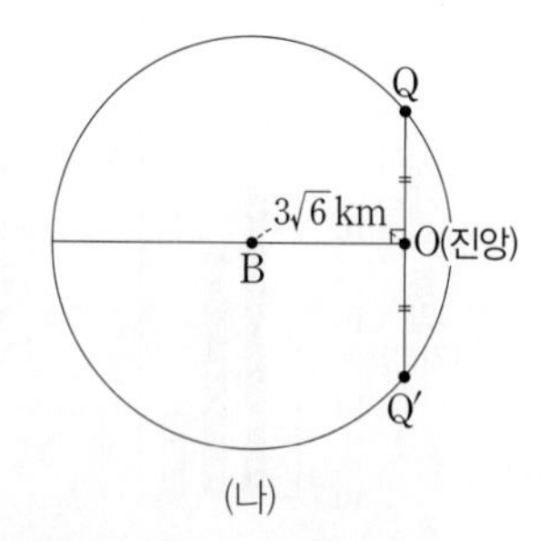

(나)

이에 대한 설명으로 옳은 것만을 〈보기〉에서 있는 대로 고른 것은? (단, 지진파의 속도는 일정하다.)

보기

ㄱ. P파의 속도는 6 km/s이다.
ㄴ. B에서 진원 거리는 6 km보다 작다.
ㄷ. $\frac{\overline{PP'}\text{의 길이}}{\overline{QQ'}\text{의 길이}}$는 1이다.

① ㄱ ② ㄴ ③ ㄱ, ㄷ ④ ㄴ, ㄷ ⑤ ㄱ, ㄴ, ㄷ

07

▸25073-0020

그림은 어느 지진의 진앙과 관측소 A～D의 위치를, 표는 이 지진의 P파와 S파가 A～D에 도달했는지의 여부를 나타낸 것이다. 진앙은 지점 ㉠과 지점 ㉡ 중 한 곳에 위치한다.

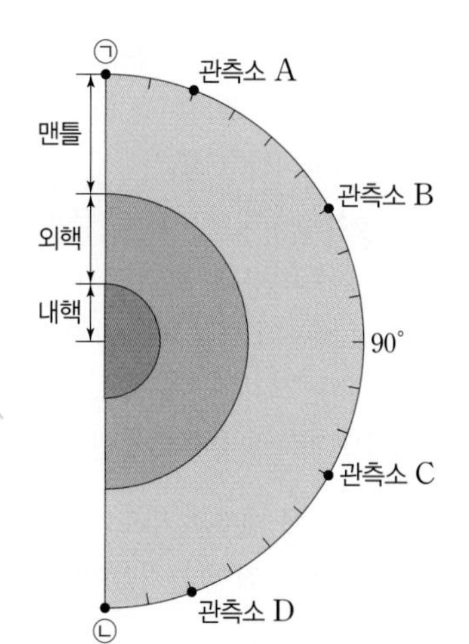

관측소	P파	S파
A	○	×
B	×	×
C	○	○
D	○	○

(○: 도달함, ×: 도달하지 않음)

이에 대한 설명으로 옳은 것만을 <보기>에서 있는 대로 고른 것은?

보기

ㄱ. 진앙의 위치는 ㉠이다.
ㄴ. A와 B는 S파의 암영대에 위치한다.
ㄷ. PS시는 C가 D보다 길다.

① ㄱ ② ㄴ ③ ㄱ, ㄷ ④ ㄴ, ㄷ ⑤ ㄱ, ㄴ, ㄷ

08

▸25073-0021

그림 (가)는 지구 내부의 깊이에 따른 지진파의 속도 변화를, (나)는 지구 내부의 깊이에 따른 밀도 변화를 나타낸 것이다. ㉠과 ㉡은 각각 P파와 S파 중 하나이며, A와 B는 지구 내부의 서로 다른 층의 경계면이다.

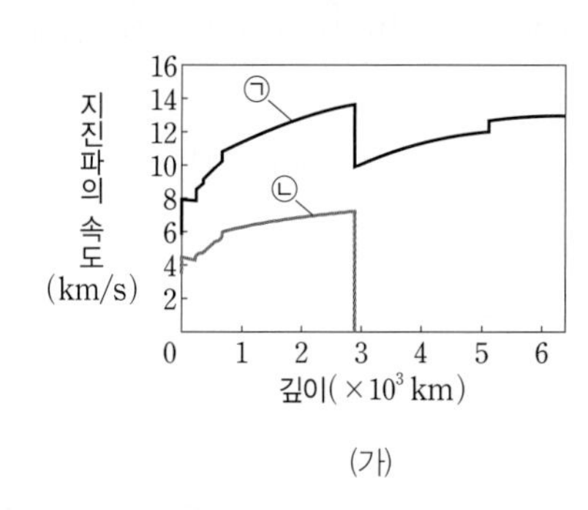

(가)

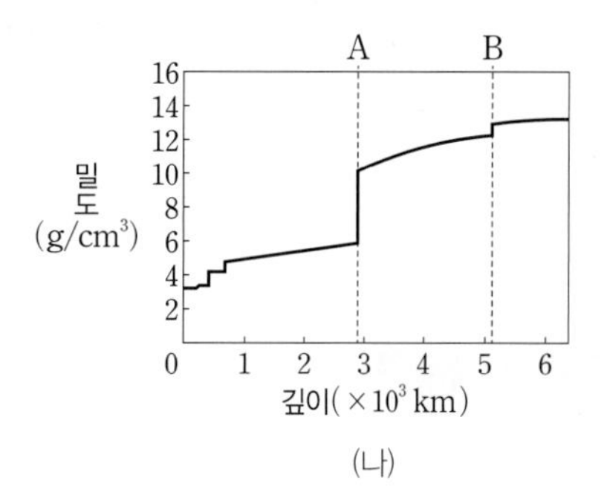

(나)

이에 대한 설명으로 옳은 것만을 <보기>에서 있는 대로 고른 것은?

보기

ㄱ. ㉠은 P파, ㉡은 S파이다.
ㄴ. 경계면에서의 밀도 변화는 A가 B보다 크다.
ㄷ. 깊이 4000 km에서 물질의 상태는 액체이다.

① ㄱ ② ㄷ ③ ㄱ, ㄴ ④ ㄴ, ㄷ ⑤ ㄱ, ㄴ, ㄷ

02 지구의 역장

1 지각 평형설

(1) **지각 평형설**

① 에어리의 지각 평형설: 밀도가 서로 같은 지각이 맨틀 위에 떠 있으며, 지각의 해발 고도가 높을수록 해수면을 기준으로 한 모호면의 깊이가 깊다.

② 프래트의 지각 평형설: 밀도가 서로 다른 지각이 맨틀 위에 떠 있으며, 밀도가 작은 지각일수록 지각의 해발 고도가 높으나, 밀도에 관계없이 해수면을 기준으로 한 모호면의 깊이는 같다.

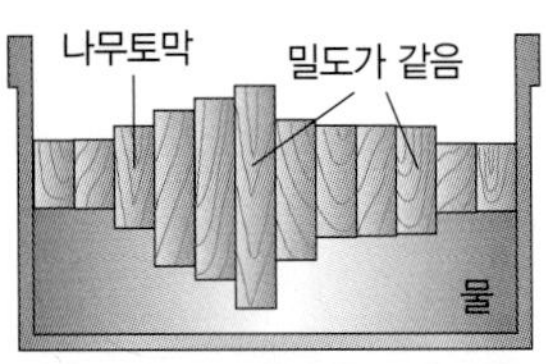

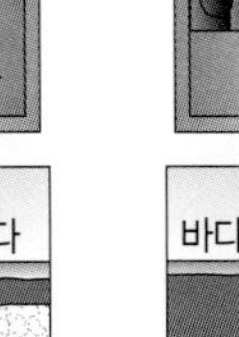

에어리의 지각 평형설

프래트의 지각 평형설

③ 두 지각 평형설의 비교: 대륙 지각이 해양 지각보다 밀도가 작다는 점에서는 프래트의 지각 평형설이 타당하지만, 해수면을 기준으로 한 모호면의 깊이가 대륙 지각이 해양 지각보다 깊다는 점에서는 에어리의 지각 평형설이 타당하다.

(2) **현재 지각이 평형을 이룬 모습**: 대륙에서 모호면의 깊이는 약 30～70 km이고, 해양에서 모호면의 깊이는 약 5～10 km이다.

(3) **조륙 운동**: 지각의 밑면에 가해지는 압력이 변하여 지각 평형이 깨지면 지각은 융기하거나 침강하여 새로운 평형을 이룬다. 이 과정에서 넓은 지역에 걸쳐 지각이 서서히 융기하거나 침강하는 수직 운동인 조륙 운동이 일어난다.

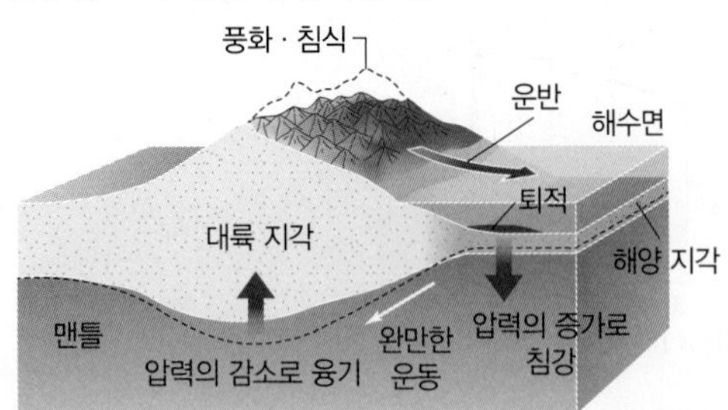

조륙 운동의 원리

① 지각이 침식되어 지각 하부에 작용하는 압력이 낮아지면 지각은 새로운 평형을 맞추기 위해 융기한다.

② 지각에 퇴적물이 두껍게 퇴적되어 지각 하부에 작용하는 압력이 높아지면 지각은 새로운 평형을 맞추기 위해 침강한다.

③ 빙하가 녹으면 지각 하부에 가해지는 압력이 낮아지므로 지각은 새로운 평형을 맞추기 위해 융기한다.

2 지구의 중력장

(1) **중력과 중력장**: 지구상의 물체에 작용하는 만유인력과 지구 자전에 의한 원심력의 합력을 중력이라 하고, 중력이 작용하는 지구 주위의 공간을 중력장이라고 한다.

① 만유인력: 지구 중심을 향하며, 지구와 물체 사이 거리의 제곱에 반비례한다. 저위도에서 고위도로 갈수록 커지며, 극에서 최대가 된다.

② 원심력: 지구 자전 때문에 생긴 힘으로 자전축에 수직이고, 지구의 바깥쪽으로 작용한다. 크기는 자전축으로부터의 수직 거리에 비례한다. 저위도에서 고위도로 갈수록 작아지며, 극에서는 0이 된다.

(2) **표준 중력**: 지구 타원체 내부의 밀도가 균일하다고 가정할 때 위도에 따라 달라지는 이론적인 중력값이다. ➡ 동일한 위도에서는 어디서나 표준 중력이 같다.

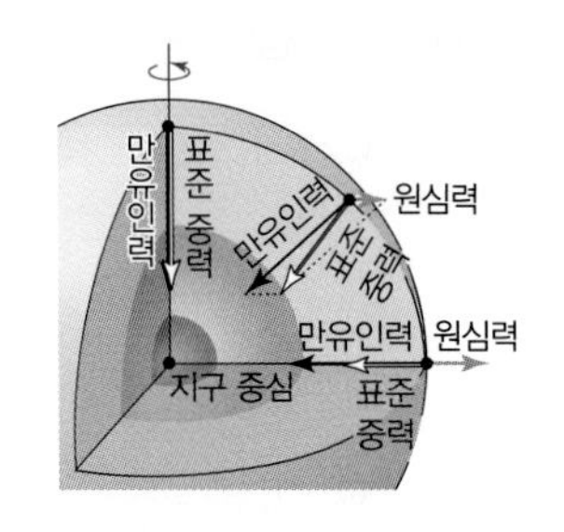

위도에 따른 표준 중력의 크기와 방향

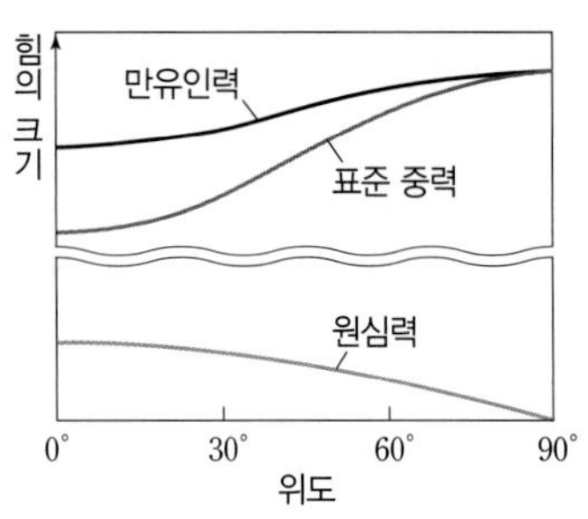

위도에 따른 표준 중력의 크기

(3) **중력(중력 가속도)의 측정**: 단진자나 중력계를 이용하여 중력을 측정한다.

(4) **중력 이상**: 중력은 측정 지점의 해발 고도, 지형의 기복, 지하 물질의 밀도 등에 따라 달라지는데, 관측된 실측 중력과 이론적으로 구한 표준 중력의 차이를 중력 이상이라고 한다. 해발 고도와 지형의 기복 등의 영향을 보정한 중력 이상으로 지하 물질의 밀도와 분포를 알 수 있다.

① 중력 이상은 밀도 차이에 의하여 대체로 대륙에서 (−)로, 해양에서 (+)로 나타난다.

② 중력 이상=실측 중력−표준 중력

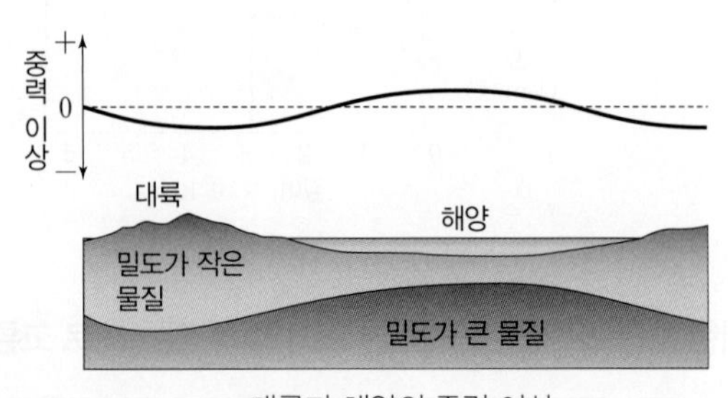

대륙과 해양의 중력 이상

(5) **중력 탐사**: 중력 이상을 이용하여 지하 물질의 밀도 분포를 알아내는 탐사 방법이다. 지하에 철광석과 같은 밀도가 큰 물질이 매장되어 있으면 밀도 차이에 의한 중력 이상은 (+), 석유나 암염 같은 밀도가 작은 물질이 매장되어 있으면 (−)로 나타난다.

3 지구의 자기장

(1) 지구 자기장의 형성

① 지구 자기장: 지구의 자기력이 미치는 공간을 지구 자기장이라고 한다.

② 다이너모 이론: 외핵은 액체 상태의 철과 니켈로 이루어져 있으며, 외핵에서는 지구 자전, 핵 내부의 온도 차와 밀도 차 등으로 초기 지구 자기장의 영향 아래서 열대류가 일어나면서 유도 전류가 발생한다. 이 전류의 작용으로 지구 자기장이 발생하여 지구 자기장이 지속적으로 유지된다.

(2) 지구 자기 요소

① 편각: 어느 지점에서 진북 방향과 지구 자기장의 수평 성분 방향이 이루는 각으로, 나침반 자침의 N극이 진북에 대해 서쪽으로 치우치면 W 또는 (−)로, 동쪽으로 치우치면 E 또는 (+)로 표시한다.

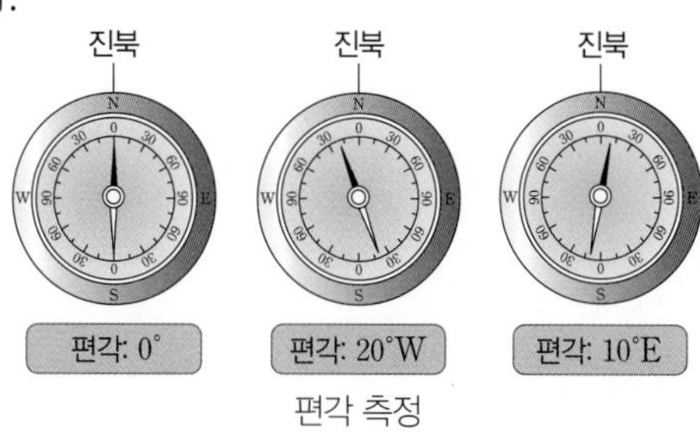

편각 측정

② 복각: 어느 지점에서 지구 자기장의 방향이 수평면에 대하여 기울어진 각으로, 자침의 N극이 아래로 향하면 (+), 위로 향하면 (−)로 표시한다. 복각은 자기 적도에서 0°이고, 자북극에서 +90°, 자남극에서 −90°이다.

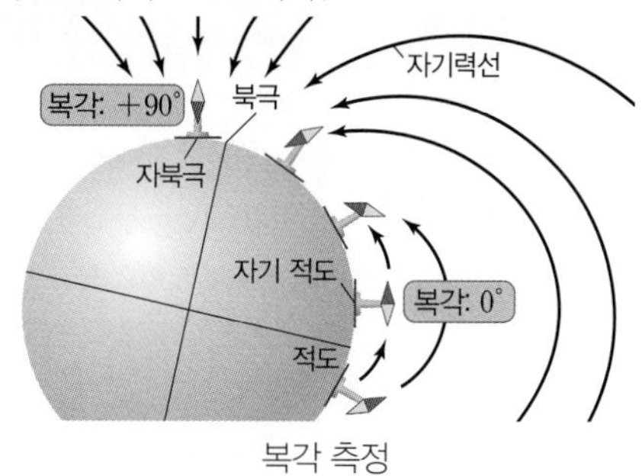

복각 측정

③ 수평 자기력: 어느 지점에서 지구 자기장의 세기를 전 자기력이라고 하며, 전 자기력의 수평 성분을 수평 자기력, 연직 성분을 연직 자기력이라고 한다. 수평 자기력은 자극에서 0이고, 자기 적도 부근에서 최대이다.

(3) 지구 자기장의 변화

① 일변화: 태양의 영향으로 하루를 주기로 일어나는 지구 자기장의 변화로, 일변화의 변화 폭은 밤보다 낮에, 겨울보다 여름에 더 크다.

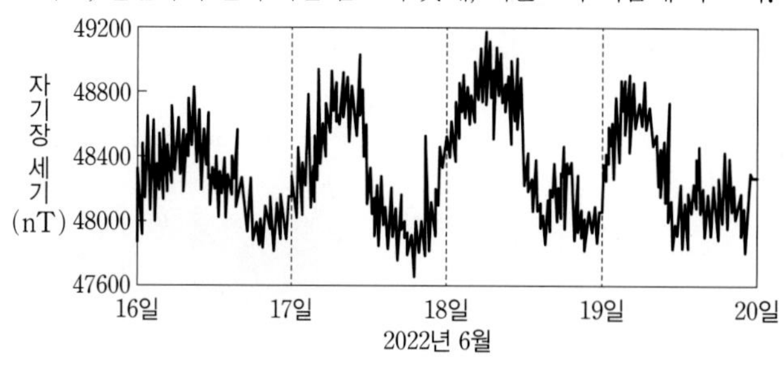

지구 자기장의 일변화

② 자기 폭풍: 수 시간이나 수일 동안에 지구 자기장이 급격하고 불규칙하게 변하는 현상으로, 주로 태양의 표면에서 플레어가 활발해질 때 방출되는 많은 양의 대전 입자가 지구 자기장을 교란해 발생하는 현상이다. ➡ 자기 폭풍이 발생할 때 델린저 현상이나 오로라가 자주 나타난다.

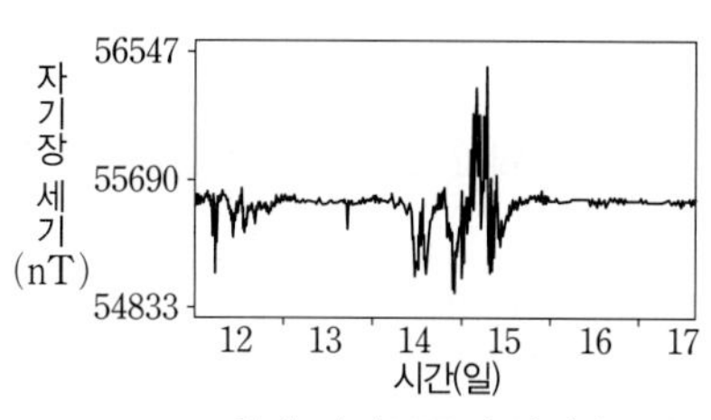

15일에 자기 폭풍이 일어난 모습

③ 영년 변화: 지구 내부의 변화 때문에 지구 자기장의 방향과 세기가 일변화에 비해 긴 기간에 걸쳐 서서히 변하는 현상이다. 영년 변화에 의해 자북극의 위치는 북극 주변에서 불규칙적으로 변하지만 수천 년 이상 오랜 기간 동안 평균하면 북극의 위치와 같다.

(4) 자기권과 밴앨런대

① 자기권: 지구 자기장의 영향이 미치는 기권 밖의 영역

② 밴앨런대: 태양에서 오는 대전 입자가 지구 자기장에 붙잡혀 특히 밀집되어 있는 도넛 모양의 방사선대이다. 내대는 주로 양성자, 외대는 주로 전자로 이루어져 있다.

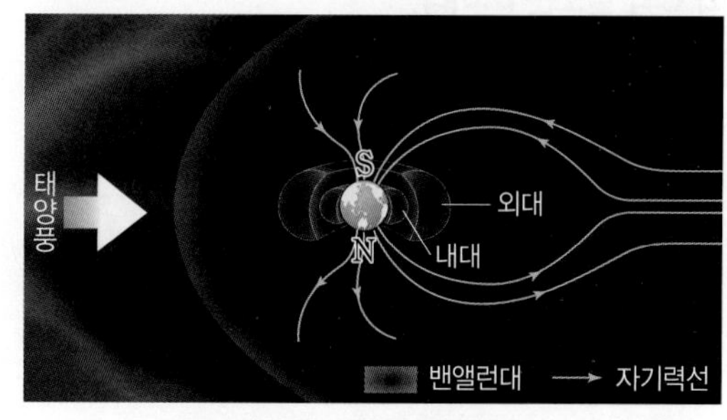

지구 자기장과 밴앨런대

더 알기 중력 탐사

- 측정 지점 아래를 구성하는 암석의 밀도 차이에 따른 중력 이상을 분석하여 지하 물질의 분포 상태를 해석하면 지하자원과 지하 구조를 파악할 수 있다.
- (가) 중력 이상 값이 (+)인 지역: 지하에 밀도가 큰 물질이 존재
  예 철광상, 구리 광상
- (나) 중력 이상 값이 (−)인 지역: 지하에 밀도가 작은 물질이 존재
  예 암염층, 석유 매장층

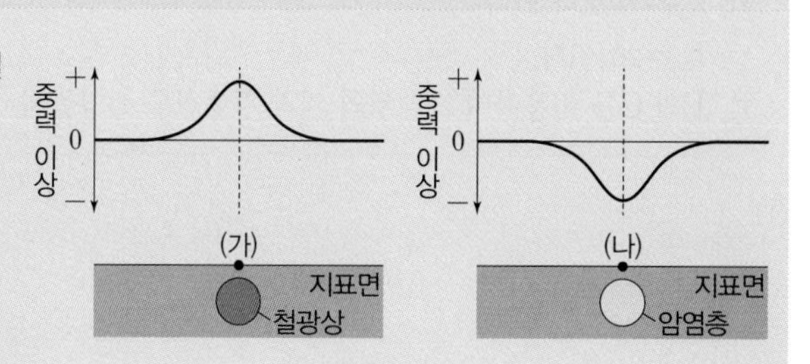

테마 대표 문제

| 2025학년도 수능 |

그림은 지각 평형 상태인 지구 내부의 단면을 모식적으로 나타낸 것이다. 지각 A의 밀도는 ρ_1, 지각 B, C, D의 밀도는 ρ_2, 맨틀의 밀도는 ρ_3이다.

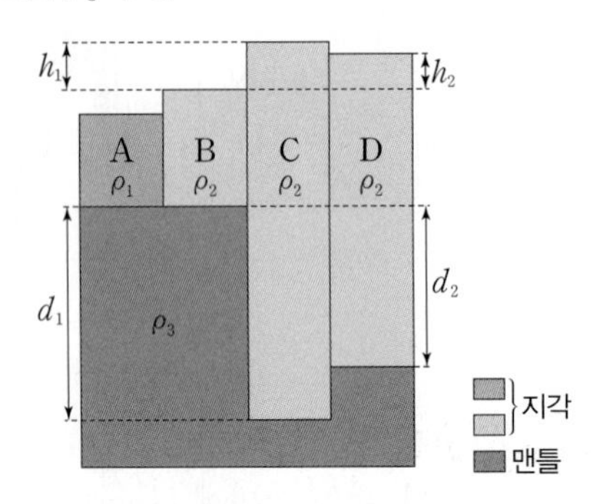

이 자료에 대한 설명으로 옳은 것만을 〈보기〉에서 있는 대로 고른 것은?

보기

ㄱ. $\rho_1 > \rho_2$이다.

ㄴ. $h_1 \times d_2 = h_2 \times d_1$이다.

ㄷ. $\frac{\rho_2}{\rho_3}$가 감소하면 D는 침강한다.

① ㄱ ② ㄷ ③ ㄱ, ㄴ ④ ㄴ, ㄷ ⑤ ㄱ, ㄴ, ㄷ

접근 전략

에어리의 지각 평형설과 프래트의 지각 평형설에서 맨틀과 지각의 관계를 이해하고, 압력 P, 밀도 ρ, 중력 가속도 g, 두께 h의 관계가 $P=\rho gh$임을 알고 이를 이용하여 문제를 해결할 수 있다.

간략 풀이

㉠ 지각 평형 상태에 있을 때, 지각 A와 B의 밑면에서는 압력이 서로 같다. 중력 가속도가 같을 때, 지각의 두께는 A가 B보다 작으므로 $\rho_1 > \rho_2$이다.

㉡ 지각 C와 D에서는 $\frac{h_1}{d_1} = \frac{h_2}{d_2}$이므로 $h_1 \times d_2 = h_2 \times d_1$이다.

~~ㄷ~~. $\frac{\rho_2}{\rho_3}$가 감소하면 D는 융기한다.

정답 | ③

닮은 꼴 문제로 유형 익히기

정답과 해설 5쪽

▸25073-0022

그림은 지각 평형 상태의 원리를 알아보기 위한 실험을 나타낸 것이다. 나무토막 A의 밀도는 ρ_1, 나무토막 B와 C의 밀도는 ρ_2이다.

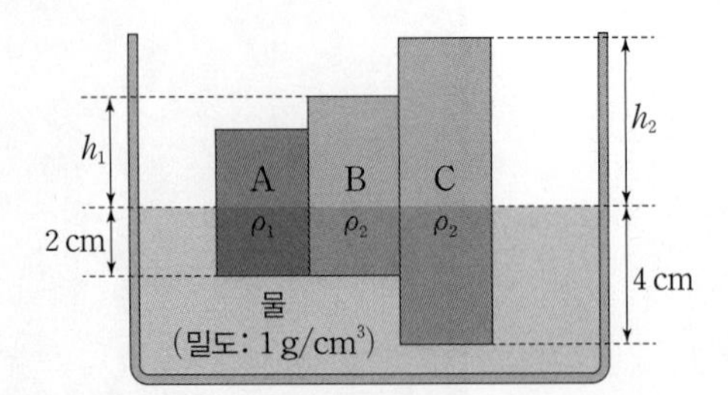

이 자료에 대한 설명으로 옳은 것만을 〈보기〉에서 있는 대로 고른 것은? (단, 중력 가속도는 일정하다.)

보기

ㄱ. ρ_1은 ρ_2보다 크다.

ㄴ. $h_2 = 2h_1$이다.

ㄷ. B와 C를 이용하여 프래트의 지각 평형설을 설명할 수 있다.

① ㄱ ② ㄷ ③ ㄱ, ㄴ ④ ㄴ, ㄷ ⑤ ㄱ, ㄴ, ㄷ

유사점과 차이점

제시된 자료에서 지각 평형설과 관련된 나무토막의 밀도와 두께를 물어보는 점에서 대표 문제와 유사하지만, 같은 내용을 다른 상황에 적용해서 응용력을 기를 수 있다는 점에서 대표 문제와 다르다.

배경 지식

- 지각 평형설에는 밀도가 서로 같은 지각이 맨틀 위에 떠 있는 에어리의 지각 평형설과 밀도가 서로 다른 지각이 맨틀 위에 떠 있는 프래트의 지각 평형설이 있다.

01

▸25073-0023

그림은 프래트의 지각 평형설과 에어리의 지각 평형설을 설명하기 위한 모형을 나타낸 것이다. 지각 A의 밀도는 ρ_1, 지각 B와 C의 밀도는 ρ_2, 맨틀의 밀도는 ρ_3이다.

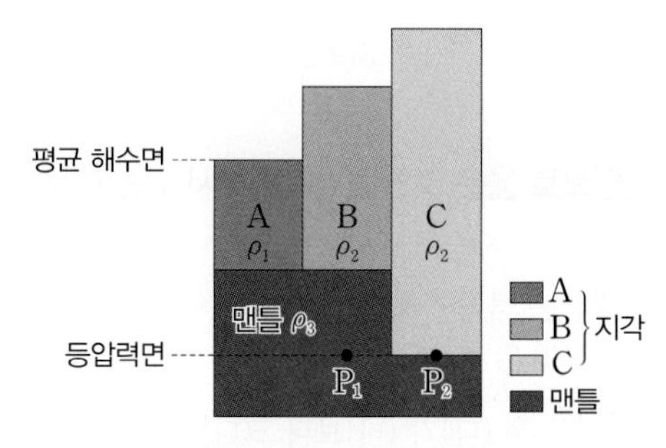

이에 대한 설명으로 옳은 것만을 ⟨보기⟩에서 있는 대로 고른 것은?

보기
ㄱ. ρ_1은 ρ_2보다 크다.
ㄴ. 지점 P_1과 P_2의 압력은 같다.
ㄷ. B와 C를 이용하여 에어리의 지각 평형설을 설명할 수 있다.

① ㄱ ② ㄴ ③ ㄱ, ㄷ ④ ㄴ, ㄷ ⑤ ㄱ, ㄴ, ㄷ

02

▸25073-0024

그림은 지각 평형을 이룬 어느 지역의 단면을 나타낸 것이다.

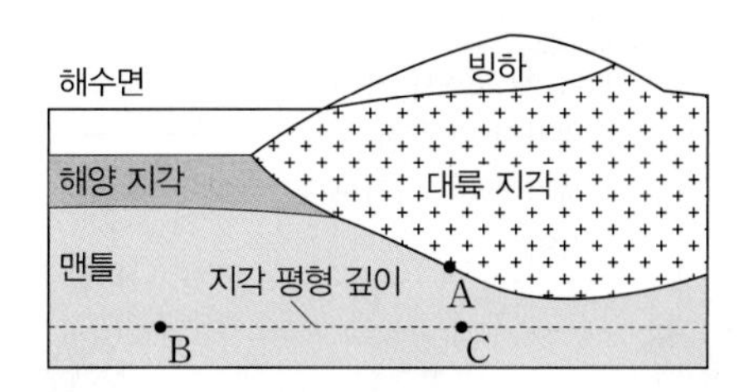

이에 대한 설명으로 옳은 것만을 ⟨보기⟩에서 있는 대로 고른 것은?

보기
ㄱ. 밀도는 대륙 지각이 맨틀보다 크다.
ㄴ. 빙하가 녹으면 지점 A는 융기한다.
ㄷ. 지점 B와 지점 C에서의 압력은 같다.

① ㄱ ② ㄴ ③ ㄱ, ㄷ ④ ㄴ, ㄷ ⑤ ㄱ, ㄴ, ㄷ

03

▸25073-0025

그림은 지구 타원체에서 동일 경도상에 위치한 지점 A, B, C를 나타낸 것이다. ㉠과 ㉡은 각각 만유인력과 원심력 중 하나이고, θ는 ㉠과 ㉡ 사이의 각이다.

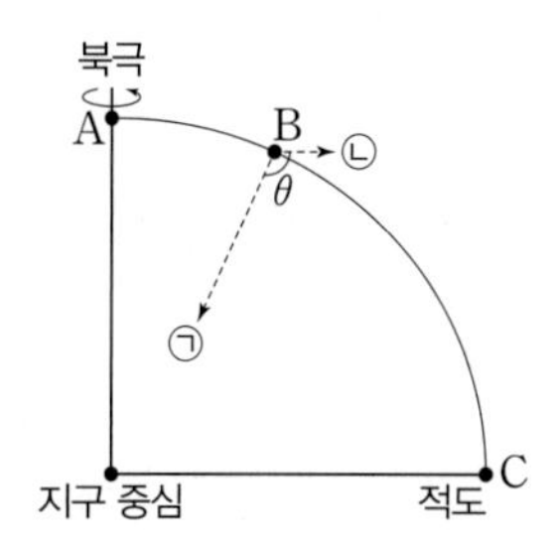

이에 대한 설명으로 옳은 것만을 ⟨보기⟩에서 있는 대로 고른 것은?

보기
ㄱ. ㉠은 원심력, ㉡은 만유인력이다.
ㄴ. θ의 크기는 B가 C보다 크다.
ㄷ. A에서 ㉠의 방향은 표준 중력의 방향과 같다.

① ㄱ ② ㄷ ③ ㄱ, ㄴ ④ ㄴ, ㄷ ⑤ ㄱ, ㄴ, ㄷ

04

▸25073-0026

그림은 북반구 어느 지역의 가상의 지하 구조와 동일한 위도인 지점 ㉠과 ㉡의 중력 이상을 나타낸 것이다. A와 B는 밀도가 서로 다른 암석이다.

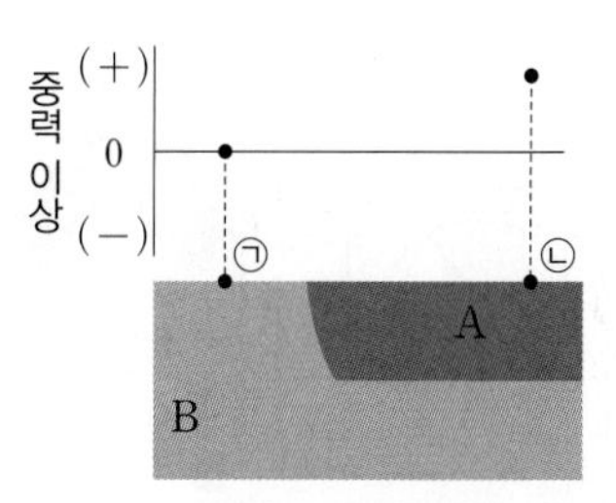

이에 대한 설명으로 옳은 것만을 ⟨보기⟩에서 있는 대로 고른 것은? (단, 이 지역의 해발 고도는 일정하다.)

보기
ㄱ. 표준 중력은 ㉠과 ㉡이 같다.
ㄴ. 실측 중력은 ㉠이 ㉡보다 크다.
ㄷ. 지하 물질의 밀도는 A가 B보다 작다.

① ㄱ ② ㄷ ③ ㄱ, ㄴ ④ ㄴ, ㄷ ⑤ ㄱ, ㄴ, ㄷ

05

▸25073-0027

그림은 내부 물질의 분포가 균질한 지구 타원체에서 세 힘의 크기를 위도에 따라 나타낸 것이다. A, B, C는 각각 원심력, 만유인력, 표준 중력 중 하나이다.

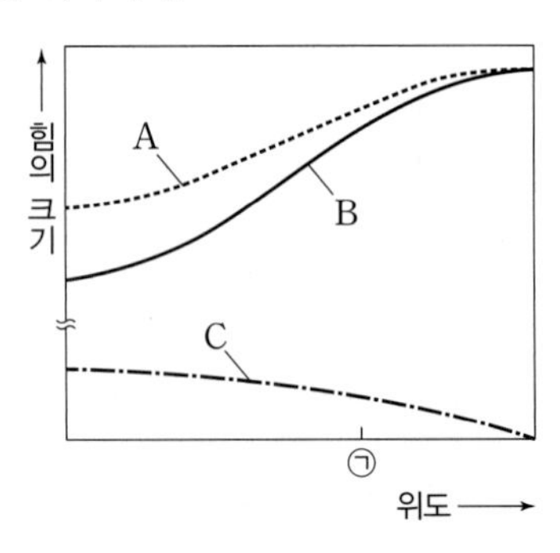

이에 대한 설명으로 옳은 것만을 <보기>에서 있는 대로 고른 것은?

보기

ㄱ. A는 B와 C의 합력이다.
ㄴ. ㉠에서 B의 방향은 지구 중심 방향이다.
ㄷ. 지구 자전 속도가 느려지면 C의 크기는 작아진다.

① ㄱ ② ㄷ ③ ㄱ, ㄴ
④ ㄴ, ㄷ ⑤ ㄱ, ㄴ, ㄷ

06

▸25073-0028

그림 (가)와 (나)는 북반구의 위도가 다른 지점 A와 B에서 지구 자기장의 복각을 측정한 모습과 나침반 자침이 배열된 모습을 나타낸 것이다.

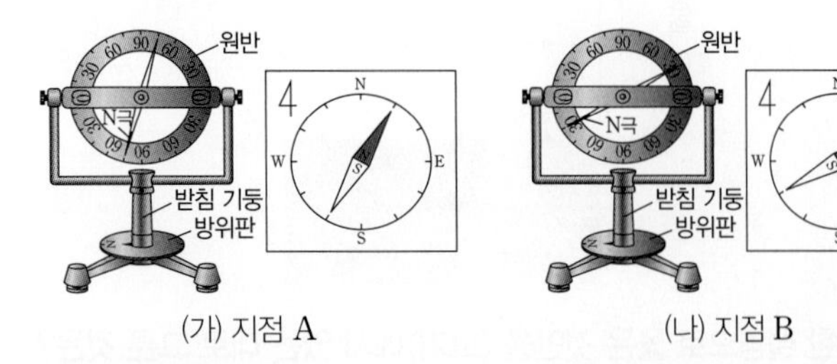

(가) 지점 A (나) 지점 B

이에 대한 설명으로 옳은 것만을 <보기>에서 있는 대로 고른 것은?

보기

ㄱ. 복각의 크기는 A가 B보다 작다.
ㄴ. 편각의 크기는 A가 B보다 작다.
ㄷ. A는 B보다 저위도에 위치한다.

① ㄱ ② ㄴ ③ ㄱ, ㄷ
④ ㄴ, ㄷ ⑤ ㄱ, ㄴ, ㄷ

07

▸25073-0029

그림 (가), (나), (다)는 위도가 다른 세 지역에서 현재의 지구 자기장의 방향을 화살표로 나타낸 것이다.

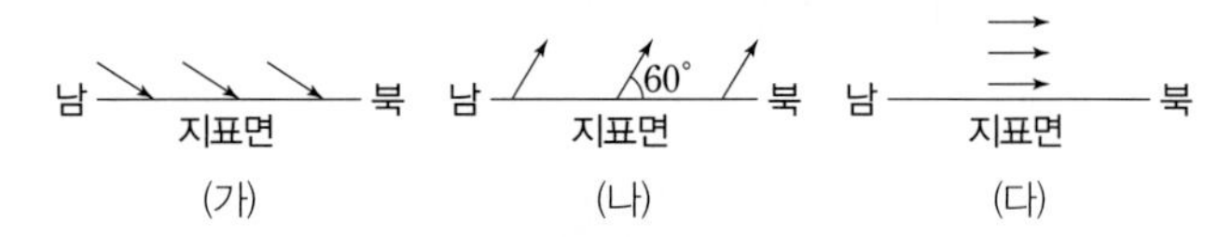

이에 대한 설명으로 옳은 것만을 <보기>에서 있는 대로 고른 것은?

보기

ㄱ. (가)의 지역은 북반구에 위치한다.
ㄴ. (나)에서 복각은 +60°이다.
ㄷ. $\frac{\text{수평 자기력}}{\text{전 자기력}}$은 (다)가 (나)보다 크다.

① ㄱ ② ㄴ ③ ㄱ, ㄷ
④ ㄴ, ㄷ ⑤ ㄱ, ㄴ, ㄷ

08

▸25073-0030

다음은 북반구 어느 지역에서 자기 폭풍이 일어나는 시기에 관측한 자기장의 세기 변화에 대한 학생 A, B, C의 대화이다.

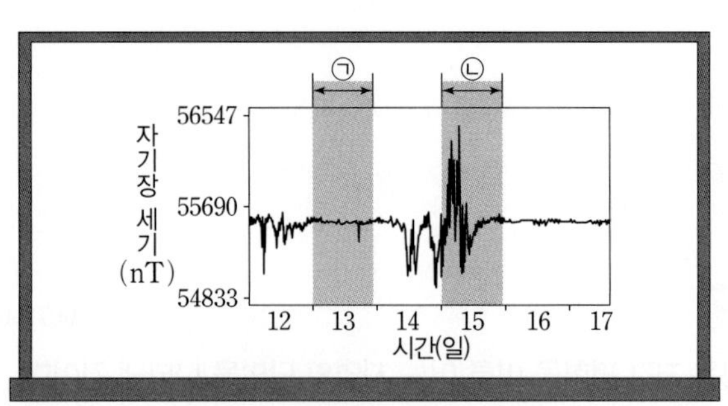

자기 폭풍은 ㉡ 시기에 일어났어.
이 지역에서 자기장 세기의 변동 폭은 ㉡ 시기가 ㉠ 시기보다 작아.
자기 폭풍이 발생할 때, 지구에서 오로라가 자주 나타날 수 있어.
학생 A
학생 B
학생 C

제시한 내용이 옳은 학생만을 있는 대로 고른 것은?

① A ② B ③ A, C
④ B, C ⑤ A, B, C

정답과 해설 6쪽

01

▸25073-0031

다음은 지각 평형의 원리를 알아보기 위한 실험이다.

[실험 과정]

(가) 표와 같이 단면적이 같고, 밀도와 높이가 다른 나무토막 A와 B를 준비한다.

(나) 물이 담긴 수조에 A와 B를 띄운다.

(다) A와 B가 물에 잠긴 부분의 길이(㉠)를 측정한다.

(라) 밀도가 ρ_1이고, 높이가 6 cm인 나무토막 C를 물에 띄우고, 물에 잠긴 부분의 길이를 측정한다.

나무토막	A	B
높이(cm)	3	5
밀도	ρ_1	ρ_2

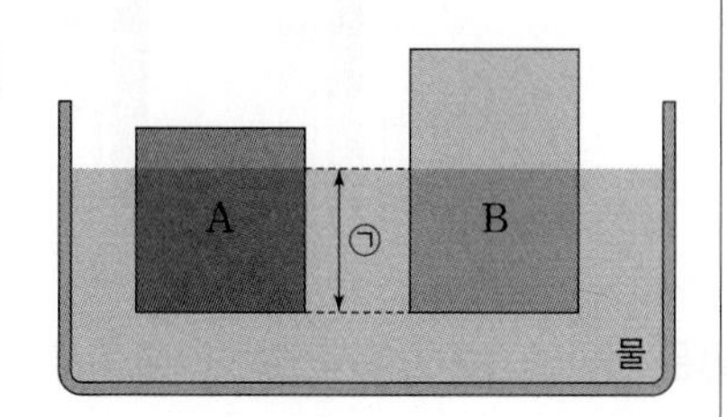

이에 대한 설명으로 옳은 것만을 ⟨보기⟩에서 있는 대로 고른 것은?

보기

ㄱ. ρ_1은 ρ_2보다 작다.

ㄴ. A와 B를 이용하여 프래트의 지각 평형설을 설명할 수 있다.

ㄷ. (라)에서 C가 물에 잠긴 부분의 길이는 ㉠보다 길다.

① ㄱ ② ㄴ ③ ㄱ, ㄷ ④ ㄴ, ㄷ ⑤ ㄱ, ㄴ, ㄷ

02

▸25073-0032

그림 (가)는 1만 년 동안 빙하의 융해로 인해 어느 지역이 융기한 높이와 지점 A, B, C를 나타낸 것이고, (나)는 B에서 빙하의 융해로 인해 발생한 지각의 움직임을 모식적으로 나타낸 것이다.

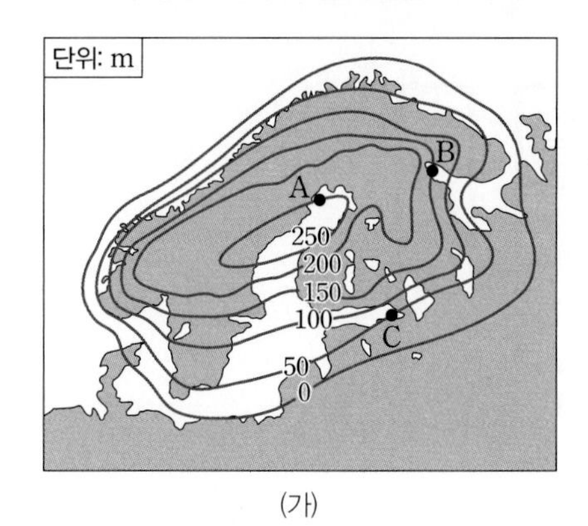

(가)

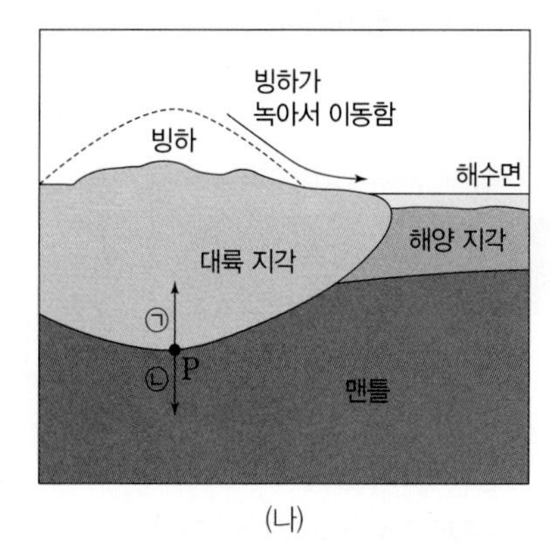

(나)

이에 대한 설명으로 옳은 것만을 ⟨보기⟩에서 있는 대로 고른 것은?

보기

ㄱ. (가)에서 1만 년 동안 빙하의 두께 변화는 A가 C보다 크다.

ㄴ. (나)의 지점 P에서 깊이 변화의 방향은 ㉡이다.

ㄷ. (가)와 (나)를 이용하여 조륙 운동의 원리를 설명할 수 있다.

① ㄱ ② ㄴ ③ ㄱ, ㄷ ④ ㄴ, ㄷ ⑤ ㄱ, ㄴ, ㄷ

03

▸25073-0033

그림은 내부 물질의 분포가 균질한 지구 타원체의 북반구에서 위도가 서로 다른 지점 (가), (나), (다)의 표준 중력과 만유인력의 상대적인 크기를 나타낸 것이다. ㉠과 ㉡은 각각 만유인력과 표준 중력 중 하나이다.

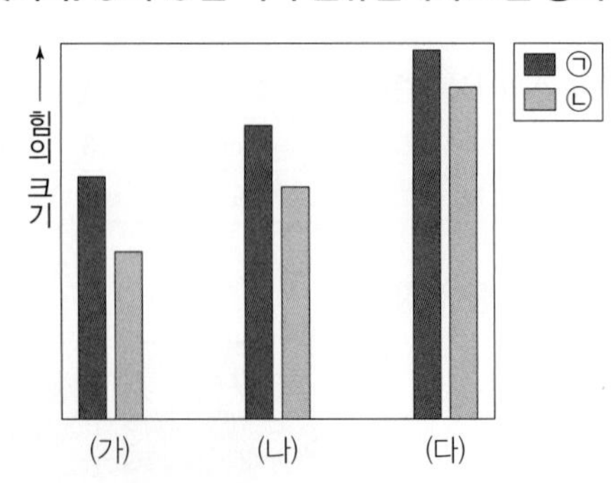

이에 대한 설명으로 옳은 것만을 〈보기〉에서 있는 대로 고른 것은?

보기
ㄱ. ㉠은 표준 중력이다.
ㄴ. (나)에서 ㉡은 지구 중심 방향을 향한다.
ㄷ. (가), (나), (다) 중에서 (다)가 가장 고위도에 위치한다.

① ㄱ ② ㄷ ③ ㄱ, ㄴ ④ ㄴ, ㄷ ⑤ ㄱ, ㄴ, ㄷ

04

▸25073-0034

그림 (가)는 북반구 어느 지역의 가상의 지하 구조를, (나)는 (가)의 지점 A, B, C에서 동일한 간이 중력계로 중력을 측정한 모습을 나타낸 것이다. B에서의 중력 이상은 0이다.

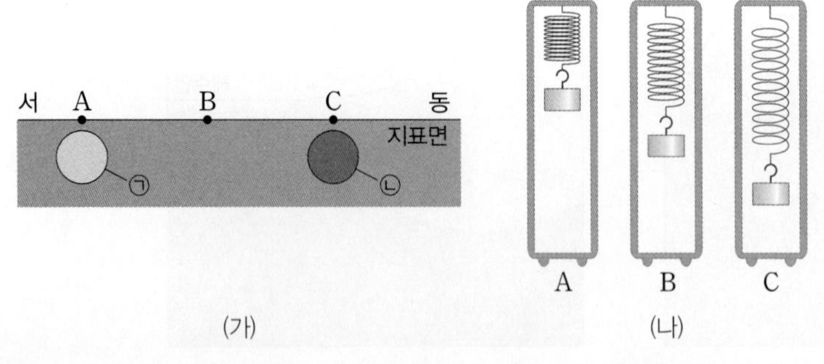

이에 대한 설명으로 옳은 것만을 〈보기〉에서 있는 대로 고른 것은? (단, 이 지역에서 해발 고도는 일정하고, A, B, C는 동일한 위도에 위치한다.)

보기
ㄱ. A의 중력 이상은 (−) 값이다.
ㄴ. 표준 중력은 B가 C보다 크다.
ㄷ. 지하 물질의 밀도는 ㉠이 ㉡보다 크다.

① ㄱ ② ㄴ ③ ㄱ, ㄷ ④ ㄴ, ㄷ ⑤ ㄱ, ㄴ, ㄷ

05

▸25073-0035

그림 (가)는 지구 표면에 북극과 자북극의 위치를, (나)는 지구 자기 요소 중 세기를 나타내는 자기력을 A, B, C로 나타낸 것이다. A, B, C는 각각 전 자기력, 수평 자기력, 연직 자기력을 순서 없이 나타낸 것이다.

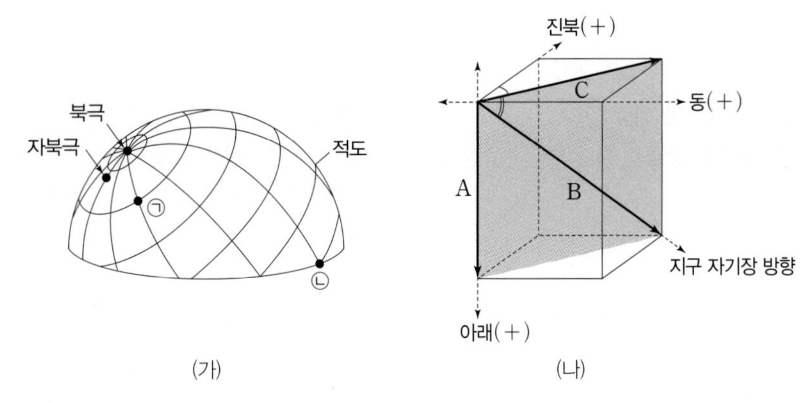

(가) (나)

이에 대한 설명으로 옳은 것만을 〈보기〉에서 있는 대로 고른 것은?

보기

ㄱ. A는 연직 자기력에 해당한다.

ㄴ. 편각은 진북 방향과 C 사이의 각이다.

ㄷ. $\frac{\text{C의 크기}}{\text{B의 크기}}$는 ㉠ 지점이 ㉡ 지점보다 크다.

① ㄱ ② ㄷ ③ ㄱ, ㄴ ④ ㄴ, ㄷ ⑤ ㄱ, ㄴ, ㄷ

06

▸25073-0036

그림 (가)는 1620년부터 2020년까지 어느 지역의 편각과 복각의 변화를, (나)는 지표면과 지구 자기장의 방향을 화살표로 나타낸 것이다. θ는 복각의 크기이다.

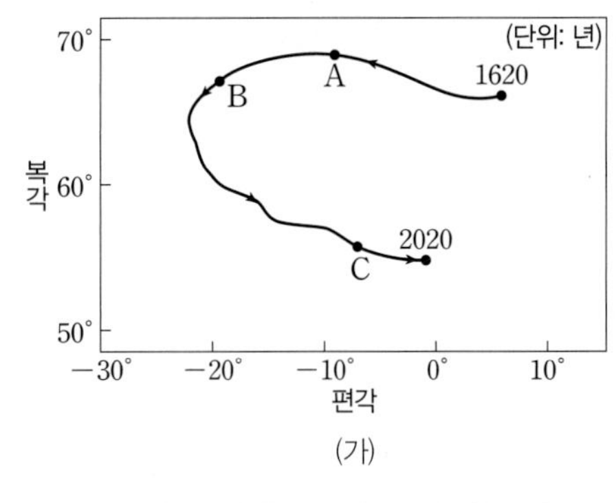

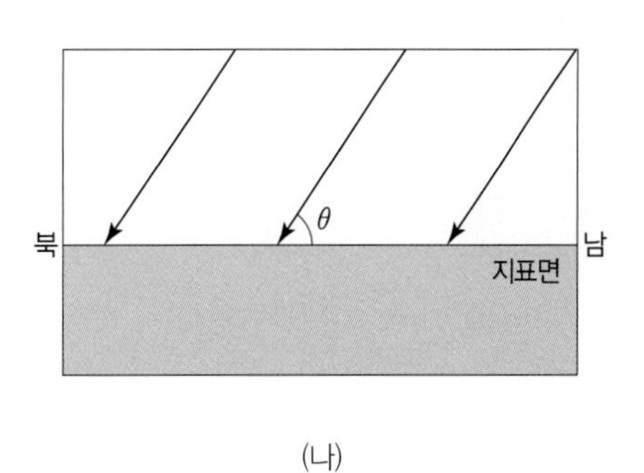

(가) (나)

이에 대한 설명으로 옳은 것만을 〈보기〉에서 있는 대로 고른 것은?

보기

ㄱ. A 시기에서는 나침반 자침의 N극이 가리키는 방향이 진북을 기준으로 동쪽을 향한다.

ㄴ. (가)에서 θ는 B 시기가 C 시기보다 크다.

ㄷ. 편각과 복각 변화의 주된 원인은 태양 활동의 변화이다.

① ㄱ ② ㄴ ③ ㄱ, ㄷ ④ ㄴ, ㄷ ⑤ ㄱ, ㄴ, ㄷ

광물

1 광물

(1) **광물의 정의와 종류**: 일정한 화학 성분과 결정 구조를 가지고, 자연에서 산출되는 무기물의 고체를 광물이라고 한다. 광물은 규산염 광물과 비규산염 광물로 나뉘며, 비규산염 광물은 원소 광물, 산화 광물, 탄산염 광물 등으로 구분되고, 규산염 광물은 지각의 약 90 %를 차지한다.

(2) **광물의 결정 형태**

① 자형: 고유한 결정면을 가진 형태로, 고온에서 먼저 정출된다.

② 반자형: 먼저 정출된 광물의 부분적인 방해로 일부만 고유한 결정면을 가진다.

③ 타형: 먼저 정출된 광물들 사이에서 정출되어 고유한 결정면을 갖추지 못한다.

(3) **규산염 광물의 결합 구조와 물리적 성질**

① 색: 고유의 화학 조성과 결정 구조 때문에 특정 파장의 빛을 선택적으로 흡수하거나 반사하여 나타난다. ➡ 유색 광물은 Fe, Mg 함량비가 높고, 무색 광물은 Si나 Na, K 함량비가 높다.

② 조흔색: 광물 가루의 색으로, 조흔판에 긁어 확인한다.

③ 굳기: 광물을 이루는 원자나 이온들의 결합 방식과 구조에 따라 원자나 이온들 사이의 결합력이 달라서 광물마다 단단한 정도가 다르다.

④ 쪼개짐과 깨짐: 광물에 물리적 힘을 가했을 때 결합력이 가장 약한 면을 따라 특정한 방향으로 갈라지는 성질을 쪼개짐, 불규칙하게 방향성 없이 깨지는 것을 깨짐이라고 한다.

- 산소를 공유한 규산염들의 결합 구조는 원자들 간에 공유 결합을 하고 있으므로 결합력이 강하고, 규산염과 양이온의 이온 결합이나 기타 다른 결합은 상대적으로 결합력이 약하다. ➡ 결합 구조가 사슬 형태인 휘석과 각섬석은 길게 두 방향으로, 판상 구조인 흑운모는 면의 형태로 한 방향으로 쪼개지고, 석영과 같이 모든 방향으로 결합력이 같은 망상 구조는 깨짐이 나타난다.

⑤ 광택: 광물 표면에서 반사되는 빛에 대한 느낌을 말하며, 금속 광택과 비금속 광택으로 구분한다.

2 편광 현미경과 암석 조직

(1) **광물의 광학적 성질**

① 광학적 등방체와 이방체: 빛이 광물 내에서 단굴절하는 광물을 광학적 등방체, 복굴절하는 광물을 광학적 이방체라고 한다.

② 편광 현미경으로 관찰하는 성질

- 개방 니콜에서는 투명성, 색의 유무, 다색성, 결정형, 쪼개짐을, 직교 니콜에서는 간섭색, 소광 현상 등을 주로 관찰할 수 있다.
- 다색성: 개방 니콜에서 유색의 광학적 이방체 광물의 박편을 회전시킬 때 회전 각도에 따라 광물의 색과 밝기가 변하는 현상
- 간섭색: 직교 니콜에서 광학적 이방체 광물의 박편을 관찰할 때 복굴절된 두 광선이 서로 간섭을 일으켜 나타나는 색
- 소광 현상: 직교 니콜에서 광학적 이방체 광물의 박편을 360° 회전시킬 때 4회 어두워지는 현상

(2) **암석의 조직**

① 화성암의 조직

- 입자의 크기: 구성 입자의 크기에 따라 조립질, 세립질, 유리질, 반상 조직 등으로 구분한다.
- 결정 형태: 먼저 생성된 광물은 결정면이 잘 발달하므로 이를 이용하여 광물의 생성 순서를 알 수 있다.

② 퇴적암의 조직

- 쇄설성 퇴적암: 구성하고 있는 입자의 모서리가 마모되어 있고, 입자 사이에 교결 물질이 채워져 있는 쇄설성 조직을 볼 수 있다.
- 유기적 퇴적암: 죽은 생물체의 골격이나 껍데기 파편이 관찰되는 경우가 많다.

③ 변성암의 조직

- 엽리가 있는 경우는 엽리의 두께와 광물의 입자 크기를 이용하여 변성 환경을 유추할 수 있다.
- 엽리가 없는 경우는 혼펠스 조직이나 입상 변정질 조직이 나타나므로 열변성 환경을 유추할 수 있다.

더 알기 규산염 광물의 결합 구조

규산염 광물은 1개의 규소와 4개의 산소가 결합한 규산염 사면체(SiO_4)를 기본 단위로 하며, 규산염 사면체의 배열과 결합하는 양이온에 따라 광물의 결정형과 물리적·광학적 성질이 달라진다.

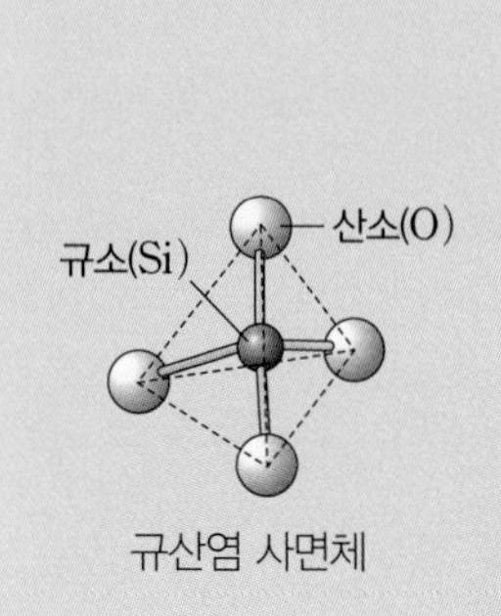

규산염 사면체

구분	독립형 구조	단사슬 구조	복사슬 구조	판상 구조	망상 구조
결합 구조	규소(Si) 산소(O)				
광물	감람석	휘석	각섬석	흑운모	석영
Si : O	1 : 4	1 : 3	4 : 11	2 : 5	1 : 2
쪼개짐/깨짐	깨짐	쪼개짐 2방향	쪼개짐 2방향	쪼개짐 1방향	깨짐

테마 대표 문제

| 2025학년도 9월 모의평가 |

표는 광물 A, B, C의 SiO_4 사면체 결합 구조와 물리적 특성을, A, B, C는 각섬석, 감람석, 백운모를 순서 없이 나타낸 것이다.

광물	A	B	C
결합 구조			
$\frac{\text{Si 원자 수}}{\text{O 원자 수}}$	0.25	㉠	0.4
쪼개짐	㉡	있음	있음

• 규소(Si) ● 산소(O)

이에 대한 설명으로 옳은 것만을 〈보기〉에서 있는 대로 고른 것은?

보기
ㄱ. ㉠은 0.4보다 작다.
ㄴ. ㉡은 '있음'이다.
ㄷ. A, B, C는 산화 광물이다.

① ㄱ ② ㄴ ③ ㄱ, ㄷ ④ ㄴ, ㄷ ⑤ ㄱ, ㄴ, ㄷ

접근 전략

규산염 광물은 SiO_4 사면체를 기본 단위로 하며, SiO_4 사면체 간의 결합 구조가 다르다. 규산염 광물의 결합 구조 특징을 이해하고, 광물의 특징인 쪼개짐을 이해하고 있으면 문제에 쉽게 접근할 수 있다.

간략 풀이

A는 감람석, B는 각섬석, C는 백운모이다.

㉠. B는 각섬석으로 $\frac{\text{Si 원자 수}}{\text{O 원자 수}} = \frac{4}{11}$이다.

ㄴ. A는 독립형 구조로 쪼개짐이 없고 깨짐이 발달한다.

ㄷ. A, B, C는 SiO_4 사면체를 기본 구조로 하는 규산염 광물이다.

정답 | ①

닮은 꼴 문제로 유형 익히기

정답과 해설 7쪽

▸25073-0037

표는 광물 A, B, C의 SiO_4 사면체 결합 구조와 물리적 특성을 나타낸 것이다. A, B, C는 각각 감람석, 흑운모, 휘석을 순서 없이 나타낸 것이다.

광물	A	B	C
결합 구조	규소(Si) 산소(O)		
$\frac{\text{O 원자 수}}{\text{Si 원자 수}} > 3.5$	○	㉠	×
모스 굳기 > 4	○	○	×

이에 대한 설명으로 옳은 것만을 〈보기〉에서 있는 대로 고른 것은?

보기
ㄱ. A는 감람석이다.
ㄴ. ㉠은 '○'이다.
ㄷ. B와 C를 긁으면 B가 긁힌다.

① ㄱ ② ㄴ ③ ㄱ, ㄷ ④ ㄴ, ㄷ ⑤ ㄱ, ㄴ, ㄷ

유사점과 차이점

규산염 광물의 사면체 구조와 물리적 특성을 다룬다는 점에서 대표 문제와 유사하지만, 물리적 특성의 표현법을 다르게 했다는 점에서 대표 문제와 다르다.

배경 지식

- 규산염 광물은 SiO_4 사면체를 기본 단위로 하며, SiO_4 사면체가 다른 이온과 결합되어 이루어진 광물이다. 결합 구조의 특징을 알고 있으면 문제에 쉽게 접근할 수 있다.
- 굳기가 다른 두 광물을 긁었을 때 굳기가 작은 광물이 굳기가 큰 광물에 긁힌다.

01

▸25073-0038

다음은 암석 박편에 있는 광물의 결정 형태를 보고 학생들이 나눈 대화이다. ㉠, ㉡, ㉢은 각각 타형, 자형, 반자형 중 하나이다.

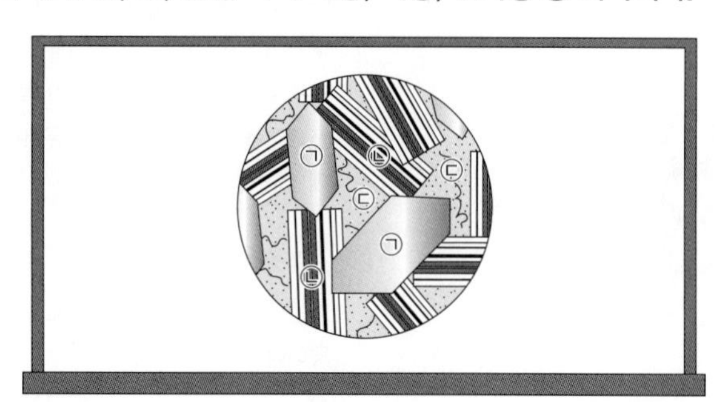

㉠은 고유한 결정면을 가졌어.
㉡은 반자형이야.
㉠, ㉡, ㉢ 중에서 ㉠이 가장 나중에 정출되었어.
학생 A
학생 B
학생 C

제시한 내용이 옳은 학생만을 있는 대로 고른 것은?

① A ② C ③ A, B
④ B, C ⑤ A, B, C

02

▸25073-0039

표는 광물 A, B, C의 특징을 나타낸 것이다. A, B, C는 각각 석영, 흑운모, 방해석 중 하나이다.

광물	색	화학식	모스 굳기
A	무색	SiO_2	7
B	무색	$CaCO_3$	3
C	암갈색, 흑갈색	㉠	2.5~3

이에 대한 설명으로 옳은 것만을 <보기>에서 있는 대로 고른 것은?

보기
ㄱ. A를 B로 긁으면 A가 긁힌다.
ㄴ. B는 묽은 염산과 반응한다.
ㄷ. ㉠에는 Si와 O가 포함된다.

① ㄱ ② ㄴ ③ ㄱ, ㄷ
④ ㄴ, ㄷ ⑤ ㄱ, ㄴ, ㄷ

03

▸25073-0040

그림 (가)와 (나)는 휘석과 각섬석의 SiO_4 사면체 결합 구조를 나타낸 것이다.

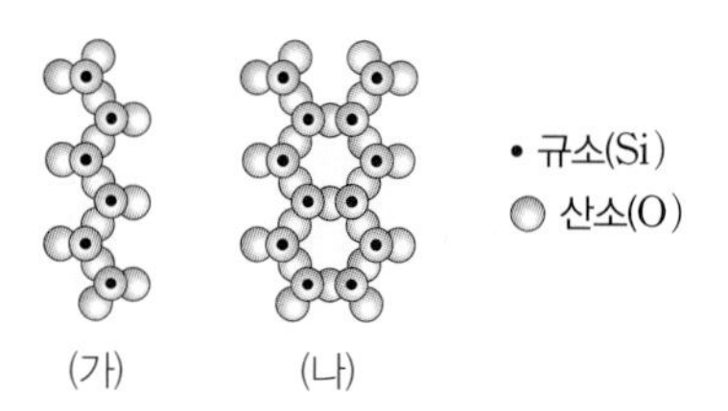

이에 대한 설명으로 옳은 것만을 <보기>에서 있는 대로 고른 것은?

보기
ㄱ. (가)는 단사슬 구조이다.
ㄴ. (나)는 깨짐이 발달한다.
ㄷ. (가)에서 이웃하는 SiO_4 사면체끼리의 공유 산소 수는 3이다.

① ㄱ ② ㄷ ③ ㄱ, ㄴ
④ ㄴ, ㄷ ⑤ ㄱ, ㄴ, ㄷ

04

▸25073-0041

그림은 편광 현미경에 화강암 박편을 올려놓고 직교 니콜 상태에서 재물대의 회전각이 45°일 때 관찰한 모습이다. A와 B는 각각 흑운모와 석영 중 하나이다.

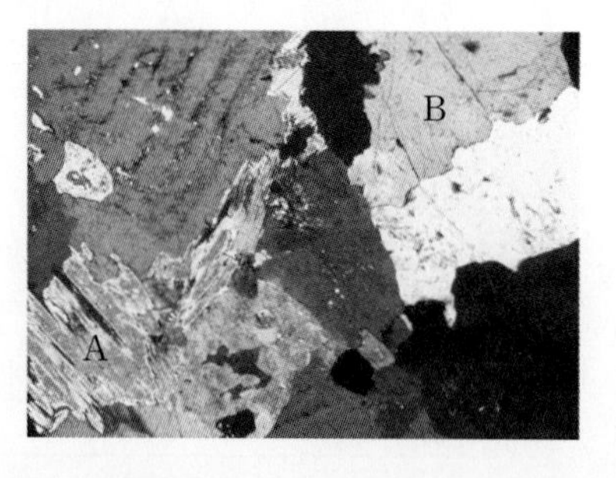

이에 대한 설명으로 옳은 것만을 <보기>에서 있는 대로 고른 것은?

보기
ㄱ. A는 흑운모이다.
ㄴ. A와 B의 간섭색을 관찰할 수 있다.
ㄷ. B는 재물대의 회전각이 135°일 때, 회전각이 45°일 때와 같은 밝기로 관찰된다.

① ㄱ ② ㄷ ③ ㄱ, ㄴ
④ ㄴ, ㄷ ⑤ ㄱ, ㄴ, ㄷ

05

▸25073-0042

그림 (가)와 (나)는 편광 현미경으로 석영의 박편을 관찰하는 모습을 나타낸 것이다.

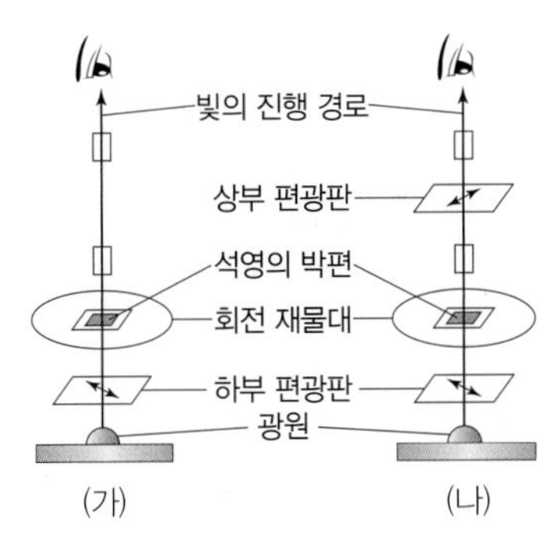

이에 대한 설명으로 옳은 것만을 〈보기〉에서 있는 대로 고른 것은?

보기
ㄱ. (가)는 개방 니콜 상태이다.
ㄴ. (나)에서는 소광 현상을 관찰할 수 있다.
ㄷ. 석영은 광학적 이방체 광물이다.

① ㄱ ② ㄷ ③ ㄱ, ㄴ
④ ㄴ, ㄷ ⑤ ㄱ, ㄴ, ㄷ

06

▸25073-0043

표는 화강암과 현무암을 동일한 배율의 편광 현미경으로 관찰한 모습을 나타낸 것이고, 그림은 화강암과 현무암의 상대적인 생성 깊이와 SiO_2 함량을 각각 A와 B로 순서 없이 나타낸 것이다.

화강암	현무암
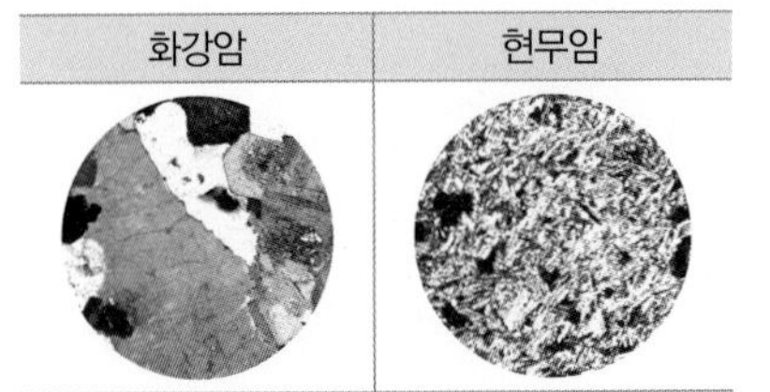	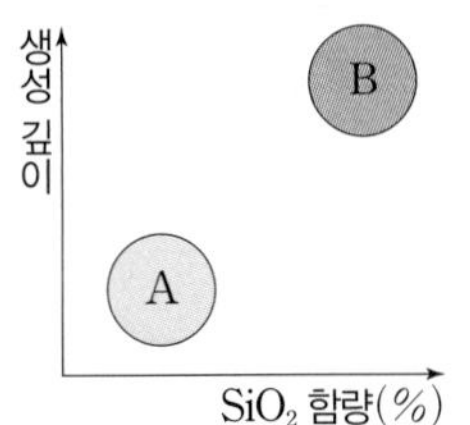

이에 대한 설명으로 옳은 것만을 〈보기〉에서 있는 대로 고른 것은?

보기
ㄱ. 화강암은 세립질 조직이, 현무암은 조립질 조직이 나타난다.
ㄴ. A는 현무암이다.
ㄷ. 암석 생성 당시 마그마의 냉각 속도는 A가 B보다 느리다.

① ㄱ ② ㄴ ③ ㄱ, ㄷ
④ ㄴ, ㄷ ⑤ ㄱ, ㄴ, ㄷ

07

▸25073-0044

그림은 퇴적암 중 응회암, 암염, 석회암을 구분하는 과정을 나타낸 것이다.

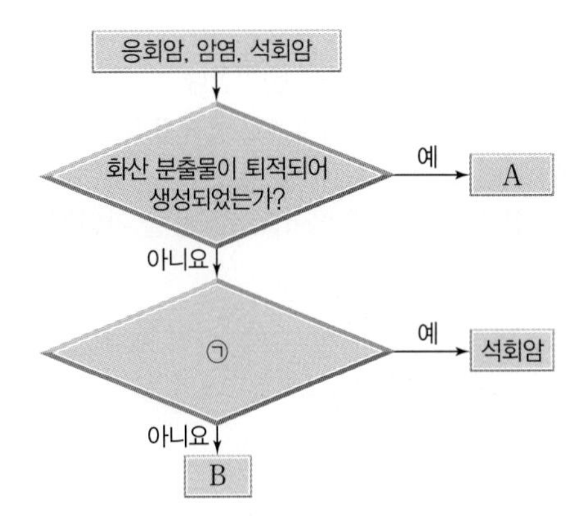

이에 대한 설명으로 옳은 것만을 〈보기〉에서 있는 대로 고른 것은?

보기
ㄱ. A는 응회암이다.
ㄴ. '석회질 생물체에 의해 만들어졌는가?'는 ㉠에 해당한다.
ㄷ. B는 화학적 퇴적암이다.

① ㄱ ② ㄷ ③ ㄱ, ㄴ
④ ㄴ, ㄷ ⑤ ㄱ, ㄴ, ㄷ

08

▸25073-0045

그림 (가), (나), (다)는 암석을 동일한 배율의 편광 현미경으로 관찰한 모습을 나타낸 것이다.

(가) 규암

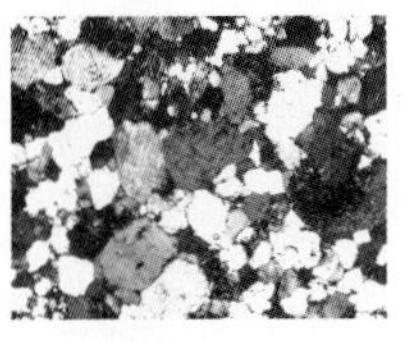
(나) 사암

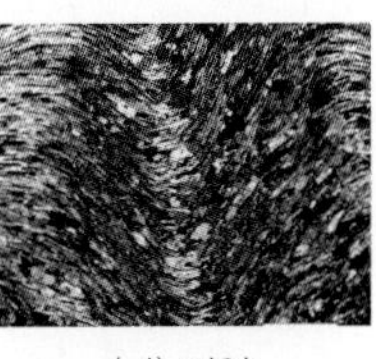
(다) 편암

이에 대한 설명으로 옳은 것만을 〈보기〉에서 있는 대로 고른 것은?

보기
ㄱ. (가)에서는 입상 변정질 조직이 나타난다.
ㄴ. (나)가 접촉 변성 작용을 받으면 (가)가 된다.
ㄷ. (다)에서는 엽리 구조를 관찰할 수 있다.

① ㄱ ② ㄷ ③ ㄱ, ㄴ
④ ㄴ, ㄷ ⑤ ㄱ, ㄴ, ㄷ

정답과 해설 8쪽

01

▸25073-0046

다음은 광물의 특성을 알아보는 탐구 활동이다.

[탐구 과정]

(가) 석영, 방해석, 휘석 표본을 준비한다.
(나) 각각의 광물이 상대 굳기가 4인 못과 6.5인 조흔판에 긁히는지 확인한다.
(다) 광물의 결정 모양을 스케치한다.
(라) 묽은 염산을 각 광물에 떨어뜨려 반응을 확인한다.

[탐구 결과]

광물	(나)		(다)	(라)
	못	조흔판		
A	긁힘	긁힘		기포가 발생함
B	긁히지 않음	긁히지 않음		반응 없음
C	긁히지 않음	긁힘		반응 없음

이에 대한 설명으로 옳은 것만을 〈보기〉에서 있는 대로 고른 것은?

보기

ㄱ. A는 방해석이다.
ㄴ. C는 쪼개짐이 있다.
ㄷ. 광물의 굳기는 $A<B<C$이다.

① ㄱ ② ㄷ ③ ㄱ, ㄴ ④ ㄴ, ㄷ ⑤ ㄱ, ㄴ, ㄷ

02

▸25073-0047

표는 규산염 광물 A와 B를 특성에 따라 구분한 것이다. A와 B는 각각 감람석과 휘석 중 하나이다.

광물	A	B
결합 구조	규소(Si) 산소(O)	
화학 성분	Si, O, Mg, Fe	Si, O, Mg, Fe
$\frac{\text{Si 원자 수}}{\text{O 원자 수}}$	㉠	㉡

이에 대한 설명으로 옳은 것만을 〈보기〉에서 있는 대로 고른 것은?

보기

ㄱ. A의 결합 구조는 단사슬 구조이다.
ㄴ. A와 B는 무색 광물이다.
ㄷ. ㉠은 ㉡보다 작다.

① ㄱ ② ㄷ ③ ㄱ, ㄴ ④ ㄴ, ㄷ ⑤ ㄱ, ㄴ, ㄷ

03

▸25073-0048

그림 (가)와 (나)는 편광 현미경을 이용하여 흑운모의 박편을 관찰하는 모습을 나타낸 것이고, 표는 (가)와 (나) 중 각각 한 방법을 이용하여 관찰한 결과를 A와 B로 나타낸 것이다. (가)와 (나)는 각각 개방 니콜과 직교 니콜 중 하나이다.

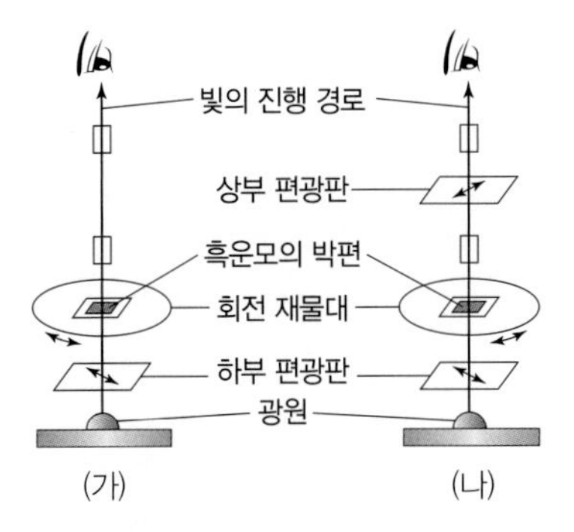

관찰 결과	
A	B
재물대를 회전시키면 광물의 밝기가 변한다.	• 재물대를 회전시키면 광물이 어둡게 보인다. • 찬란하고 알록달록한 색깔이 보인다.

이에 대한 설명으로 옳은 것만을 〈보기〉에서 있는 대로 고른 것은?

보기

ㄱ. A는 (가)의 방법으로 관찰한 결과이다.
ㄴ. B에서는 소광 현상이 관찰된다.
ㄷ. 흑운모 대신 감람석을 올려놓아도 B와 같은 결과를 얻을 수 있다.

① ㄱ ② ㄷ ③ ㄱ, ㄴ ④ ㄴ, ㄷ ⑤ ㄱ, ㄴ, ㄷ

04

▸25073-0049

그림 (가)는 어느 지역의 지질도를, (나)는 A와 B 지역에서 발견된 암석이 변성 작용을 받아 생성된 암석의 박편 스케치 모습을 각각 ㉠과 ㉡으로 순서 없이 나타낸 것이다.

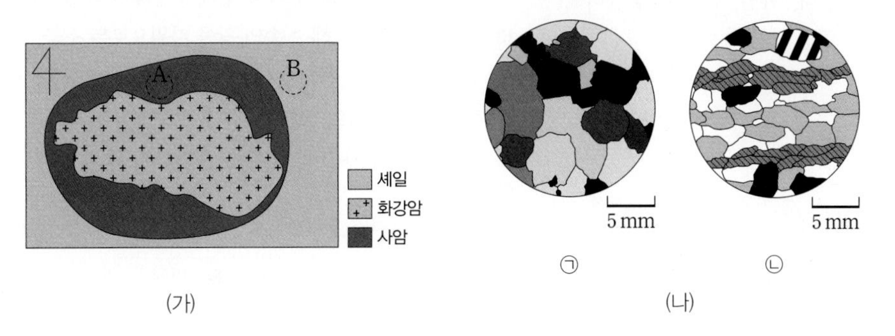

이에 대한 설명으로 옳은 것만을 〈보기〉에서 있는 대로 고른 것은?

보기

ㄱ. ㉠에는 입상 변정질 조직이 나타난다.
ㄴ. ㉡에는 엽리가 나타난다.
ㄷ. 변성 작용을 받아 A는 편마암, B는 규암이 되었다.

① ㄱ ② ㄷ ③ ㄱ, ㄴ ④ ㄴ, ㄷ ⑤ ㄱ, ㄴ, ㄷ

지구의 자원

1 광상

(1) 자원과 광상

① 지하자원: 인간에게 유용하고 가치 있는 물질 및 에너지로 쓸 수 있는 원료를 자원이라고 말한다. 특히 땅속에 묻혀 있는 채취 가능한 자원을 지하자원이라고 한다.

② 광상과 광산: 광물 자원이 지각 내에 채굴이 가능할 정도로 농집되어 있는 장소를 광상이라 하고, 광상에서 채굴한 경제성이 있는 광물 또는 암석을 광석이라고 한다. 광상에서 광석을 채굴하는 곳을 광산이라고 한다.

(2) **화성 광상**: 마그마가 냉각되는 과정에서 마그마 속에 포함된 유용한 원소들이 분리되거나 한곳에 집적되어 형성되는 광상을 화성 광상이라고 한다.

- 산출 광물: 백금, 크로뮴, 금강석, 철, 금, 은, 구리, 납, 아연 등

(3) **퇴적 광상**: 지표의 광상이나 암석이 풍화, 침식, 운반되는 과정 중에 유용한 광물이 집중적으로 집적되어 형성된 광상이다. 표사 광상과 풍화 잔류 광상, 침전 광상이 있다.

- 산출 광물: 사금, 금강석, 고령토, 보크사이트, 석회석 등

(4) **변성 광상**: 기존의 암석이 열과 압력에 의해 변성 작용을 받는 과정에서 새롭게 생긴 유용한 광물이 농집되거나 기존의 광상이 변성 작용을 받아 광물의 조성이 달라져 형성된 광상이다. 광역 변성 광상과 접촉 교대 광상이 있다.

- 산출 광물: 흑연, 활석, 석면 등

2 광물과 암석의 이용

(1) 금속 광물 자원

① 특징

- 대체로 금속 광택이 나고, 불투명하다.
- 금속을 뽑아내는 제련 과정을 거쳐야 한다.
- 전기와 열을 잘 전달한다.

② 금속 광물 자원의 예: 철, 알루미늄, 구리, 아연, 금, 은, 망가니즈, 텅스텐, 희토류, 리튬 등

(2) 비금속 광물 자원

① 특징

- 제련 과정이 필요 없다.
- 암석으로부터 유용한 성분을 분리하거나 이용하기 쉽게 분쇄하는 과정이 필요하다.

② 비금속 광물 자원의 예: 석회석, 고령토, 규석, 운모, 장석, 금강석, 흑연 등

(3) 암석의 이용

암석	이용
화강암	건축 자재 등
대리암	건축 내장재 등
석회암	비료, 시멘트, 제철용, 화학 공업 원료 등
현무암	건축 자재, 맷돌 등

3 해양 자원

(1) 해양 에너지 자원

① 가스수화물: 주로 메테인이 저온·고압의 환경에서 물 분자와 결합한 고체 물질이다.

가스수화물

② 화석 연료: 전 세계의 대륙붕에는 많은 양의 석탄, 석유, 천연가스가 매장되어 있다.

③ 조력 발전: 달과 태양의 인력에 의해 발생하는 만조와 간조 때 해수면의 높이 차에 의한 위치 에너지를 이용하여 전기 에너지를 생산하는 방식이다.

④ 조류 발전: 조석에 의해 자연적으로 발생하는 빠른 흐름인 조류에 직접 터빈을 설치함으로써 해수의 수평 흐름을 회전 운동으로 변환시켜 전기 에너지를 생산하는 방식이다.

⑤ 파력 발전: 바람에 의해 생기는 파도의 상하좌우 운동을 이용하여 전기 에너지를 생산하는 방식이다.

⑥ 해양 온도 차 발전: 표층수와 심층수의 온도 차를 이용하여 전기 에너지를 생산하는 방식이다.

(2) **해양 생물 자원**: 바다에는 약 30만 종의 생물군이 분포하며, 해양 생물은 육상 생물에 비하여 재생산력이 약 5~7배에 달한다.

(3) **해양 광물 자원**: 해수 속의 광물 자원으로는 소금, 브로민, 마그네슘, 금, 은, 우라늄, 리튬 등이 있고, 해저에는 망가니즈 단괴 등이 있다.

(4) **해양 자원 개발의 필요성**: 환경 오염, 식량 자원의 고갈, 새로운 광물과 에너지 자원 확보 등을 해결하기 위해 해양 자원을 개발한다.

더 알기 조력 발전과 조류 발전

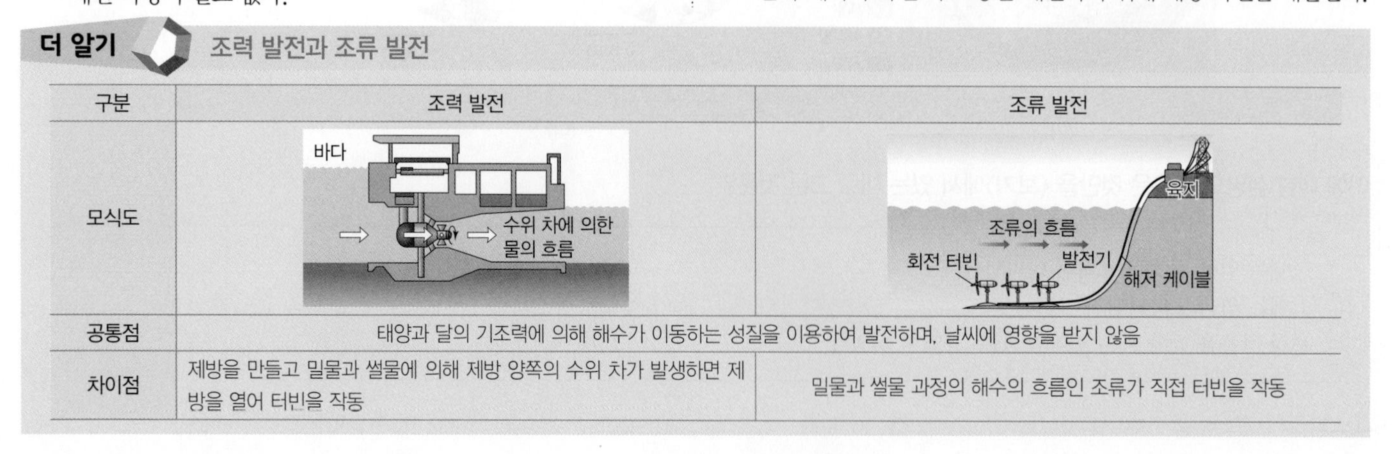

구분	조력 발전	조류 발전
모식도	(그림)	(그림)
공통점	태양과 달의 기조력에 의해 해수가 이동하는 성질을 이용하여 발전하며, 날씨에 영향을 받지 않음	
차이점	제방을 만들고 밀물과 썰물에 의해 제방 양쪽의 수위 차가 발생하면 제방을 열어 터빈을 작동	밀물과 썰물 과정의 해수의 흐름인 조류가 직접 터빈을 작동

테마 대표 문제

| 2025학년도 수능 |

그림은 파도의 운동 에너지를 이용하는 어느 발전 방식을 나타낸 것이다.

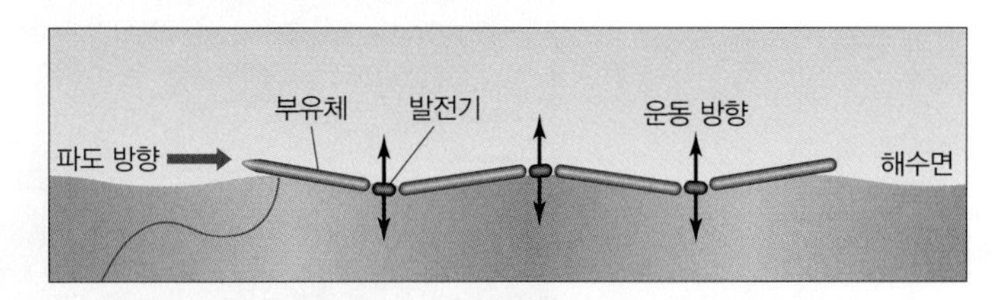

이 발전 방식에 대한 설명으로 옳은 것만을 <보기>에서 있는 대로 고른 것은?

보기
ㄱ. 파력 발전 방식이다.
ㄴ. 재생 가능한 에너지를 사용한다.
ㄷ. 주된 근원 에너지는 지구 내부 에너지이다.

① ㄱ ② ㄷ ③ ㄱ, ㄴ ④ ㄴ, ㄷ ⑤ ㄱ, ㄴ, ㄷ

접근 전략

파도를 이용한 발전 방식이라는 것을 알고 파도를 일으키는 에너지원이 무엇인지 알아내야 한다.

간략 풀이

이 발전 방식은 파도의 운동을 이용하여 전기 에너지를 생산한다.

ㄱ. 파도에 의해 움직이는 부유체의 운동 에너지를 이용하는 방식은 파력 발전이다.

ㄴ. 파력 발전 방식은 태양 에너지에 의해 생성된 파도를 이용한다.

ㄷ. 파도를 일으키는 것은 바람이므로 파력 발전의 주된 근원 에너지는 태양 에너지이다.

정답 | ③

닮은 꼴 문제로 유형 익히기

정답과 해설 8쪽

▸25073-0050

그림 (가)와 (나)는 해양에서 서로 다른 두 자원을 얻을 수 있는 시설을 나타낸 것이다.

(가) 바다 목장

(나) 조류 발전소

이에 대한 설명으로 옳은 것만을 <보기>에서 있는 대로 고른 것은?

보기
ㄱ. (가)에서는 해양 에너지 자원을 얻는다.
ㄴ. (가)에서 얻는 자원은 육상 생물에 비해 재생산력이 크다.
ㄷ. (나)의 발전 방식은 풍력 발전에 비해 발전량 예측이 용이하다.

① ㄱ ② ㄷ ③ ㄱ, ㄴ ④ ㄴ, ㄷ ⑤ ㄱ, ㄴ, ㄷ

유사점과 차이점

해양 에너지 자원을 다룬다는 점에서 대표 문제와 유사하지만, 해양 생물 자원을 다룬다는 점에서 대표 문제와 다르다.

배경 지식

- 해양 자원에는 해양 에너지 자원, 해양 광물 자원, 해양 생물 자원이 있다.
- 조류 발전은 조류에 직접 터빈을 설치하여 전기 에너지를 생산하는 방식이다.

01

▸25073-0051

다음은 서로 다른 네 종류의 화성 광상 A~D에 대한 설명이다.

- A: 마그마가 냉각되고 남은 열수 용액이 주변 암석의 틈을 따라 이동하여 형성된다.
- B: 마그마의 수증기와 휘발 성분이 주변 암석을 녹이고 화학 반응을 일으켜 침전하여 형성된다.
- C: 마그마가 냉각되는 초기에 밀도가 큰 광물들이 정출되어 형성된다.
- D: 마그마가 냉각되는 말기에 마그마가 주변 암석을 뚫고 들어가서 형성된다.

이에 대한 설명으로 옳은 것만을 〈보기〉에서 있는 대로 고른 것은?

보기

ㄱ. 광상이 형성될 때 마그마의 온도는 A보다 C가 높다.
ㄴ. 희토류 원소들은 주로 D에서 산출된다.
ㄷ. A~D 광상에서 채굴하는 광물은 모두 비금속 광물이다.

① ㄱ ② ㄷ ③ ㄱ, ㄴ
④ ㄴ, ㄷ ⑤ ㄱ, ㄴ, ㄷ

02

▸25073-0052

그림 (가)와 (나)는 금강석과 보크사이트를 나타낸 것이다.

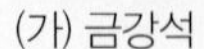
(가) 금강석

(나) 보크사이트

이에 대한 설명으로 옳은 것만을 〈보기〉에서 있는 대로 고른 것은?

보기

ㄱ. (가)는 규산염 광물이 침식을 받아 생성된다.
ㄴ. (나)는 고령토가 화학적 풍화를 받아 생성된다.
ㄷ. (가)와 (나)는 주로 퇴적 광상에서 산출된다.

① ㄱ ② ㄴ ③ ㄱ, ㄷ
④ ㄴ, ㄷ ⑤ ㄱ, ㄴ, ㄷ

03

▸25073-0053

그림은 호주에서 발견된 호상 철광층을 나타낸 것이다.

이에 대한 설명으로 옳은 것만을 〈보기〉에서 있는 대로 고른 것은?

보기

ㄱ. 층리가 발달한다.
ㄴ. 육지보다 바다에서 잘 형성된다.
ㄷ. 대부분 마그마 기원의 화성 광상에서 형성된다.

① ㄱ ② ㄴ ③ ㄷ
④ ㄱ, ㄴ ⑤ ㄴ, ㄷ

04

▸25073-0054

표는 석회암, 화강암, 현무암의 특징을 순서 없이 나타낸 것이다.

암석	특징
A	대륙 지각에 널리 분포하며, 석영, 정장석, 사장석 등으로 이루어져 있다. 주로 밝은 회색을 띤다.
B	탄산칼슘 성분으로 이루어져 있으며 주요 구성 광물은 방해석이다. 백색, 회색이 많다.
C	가장 흔한 분출암으로, 감람석, 휘석 등으로 구성된다. 흑색 또는 암회색을 띤다.

이에 대한 설명으로 옳은 것만을 〈보기〉에서 있는 대로 고른 것은?

보기

ㄱ. 건축물의 주춧돌로 이용하기에는 A가 B보다 적합하다.
ㄴ. B는 시멘트의 원료로 이용된다.
ㄷ. 맷돌로 많이 이용되는 암석은 C이다.

① ㄱ ② ㄴ ③ ㄱ, ㄷ
④ ㄴ, ㄷ ⑤ ㄱ, ㄴ, ㄷ

05

▸25073-0055

그림 (가), (나), (다)는 우리 주변에서 볼 수 있는 광물 자원을 이용한 제품들을 나타낸 것이다.

(가) 운모로 만든 절연체

(나) 규사로 만든 유리잔

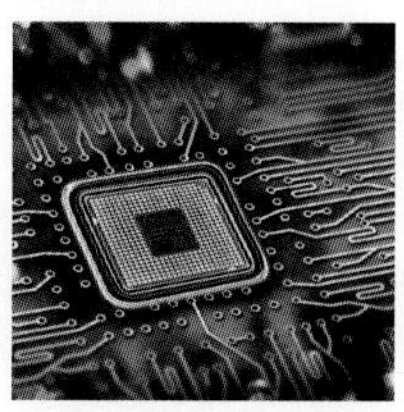
(다) 희토류가 사용된 전자 부품

(가), (나), (다)에 사용된 광물 자원에 대한 설명으로 옳은 것만을 〈보기〉에서 있는 대로 고른 것은?

보기

ㄱ. (가)와 (나)의 광물에는 규소와 산소가 포함되어 있다.
ㄴ. (가)와 (다)의 광물을 이용하려면 제련 과정이 필요하다.
ㄷ. (나)와 (다)의 광물은 금속 광택이 나고 불투명하다.

① ㄱ ② ㄷ ③ ㄱ, ㄴ
④ ㄴ, ㄷ ⑤ ㄱ, ㄴ, ㄷ

06

▸25073-0056

그림은 몇 가지 해양 자원을 A와 B로 분류하여 나타낸 것이다.

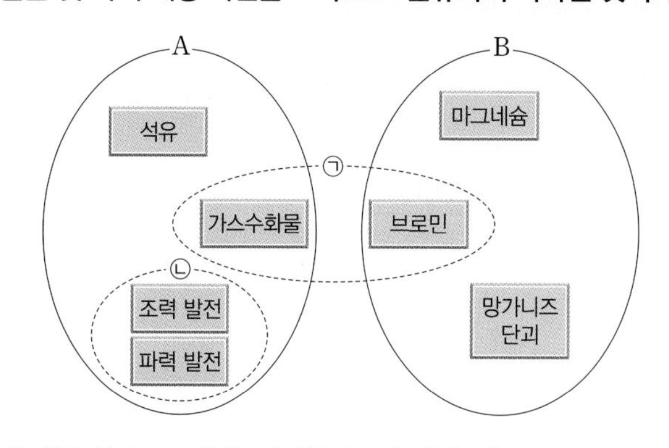

이에 대한 설명으로 옳은 것만을 〈보기〉에서 있는 대로 고른 것은?

보기

ㄱ. A는 해양 에너지 자원, B는 해양 광물 자원이다.
ㄴ. ㉠은 해양 환경에서 고체 상태로 존재한다.
ㄷ. ㉡은 달의 인력으로 발생한 에너지를 이용한 발전 방식이다.

① ㄱ ② ㄷ ③ ㄱ, ㄴ
④ ㄴ, ㄷ ⑤ ㄱ, ㄴ, ㄷ

07

▸25073-0057

그림은 전 세계 해양의 광물 분포 지역을 나타낸 것이다. A와 B는 각각 망가니즈 단괴 분포 지역과 열수 분출 지역 중 하나이다.

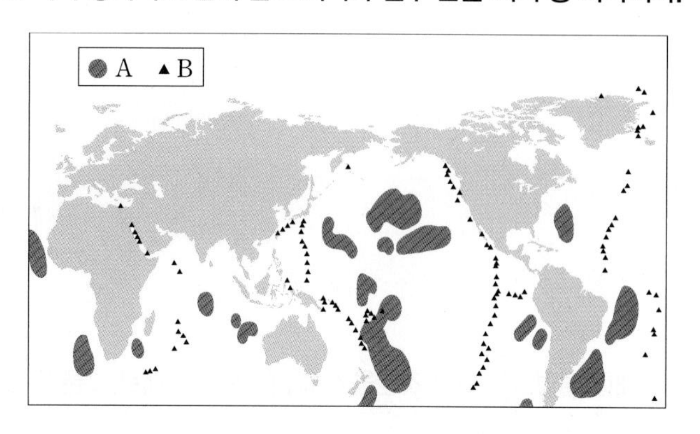

이에 대한 설명으로 옳은 것만을 〈보기〉에서 있는 대로 고른 것은?

보기

ㄱ. A는 망가니즈 단괴 분포 지역이다.
ㄴ. B는 대체로 화산 활동이 활발한 판의 경계 지역에서 가깝다.
ㄷ. A는 B보다 분포 지역의 평균 수심이 깊다.

① ㄱ ② ㄷ ③ ㄱ, ㄴ
④ ㄴ, ㄷ ⑤ ㄱ, ㄴ, ㄷ

08

▸25073-0058

그림은 해양에서 전기 에너지를 얻을 수 있는 발전 방식 중 하나를 나타낸 것이다.

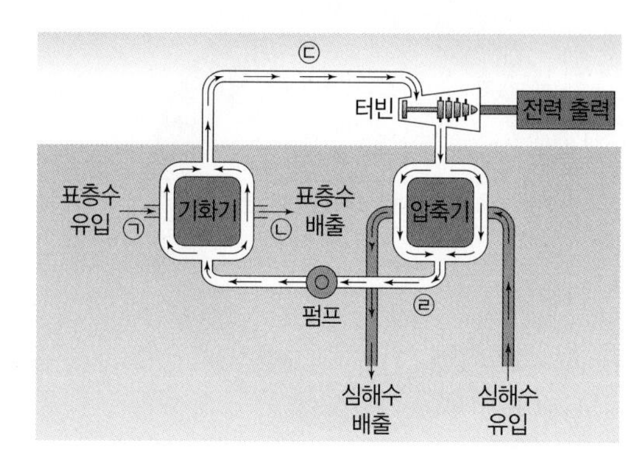

이에 대한 설명으로 옳은 것만을 〈보기〉에서 있는 대로 고른 것은?

보기

ㄱ. 표층수의 온도는 ㉠보다 ㉡에서 높다.
ㄴ. 작동 유체는 ㉢에서 기체 상태이고, ㉣에서 액체 상태이다.
ㄷ. 표층수와 심층수의 수온 차가 클수록 발전량이 많다.

① ㄱ ② ㄴ ③ ㄱ, ㄷ
④ ㄴ, ㄷ ⑤ ㄱ, ㄴ, ㄷ

01

▸25073-0059

그림은 흑연, 석회석, 고령토가 산출되는 광상을 나타낸 것이다.

이에 대한 설명으로 옳은 것만을 〈보기〉에서 있는 대로 고른 것은?

보기

ㄱ. A는 B보다 압력이 높은 환경에서 형성되었다.
ㄴ. C는 화성 광상이다.
ㄷ. A, B, C는 모두 비금속 광물이 산출되는 광상이다.

① ㄱ ② ㄴ ③ ㄱ, ㄷ ④ ㄴ, ㄷ ⑤ ㄱ, ㄴ, ㄷ

02

▸25073-0060

그림은 2018년 국가별 희토류 매장량과 생산량을 나타낸 것이다. 가채 연수는 매장량을 연간 생산량으로 나눈 값이다.

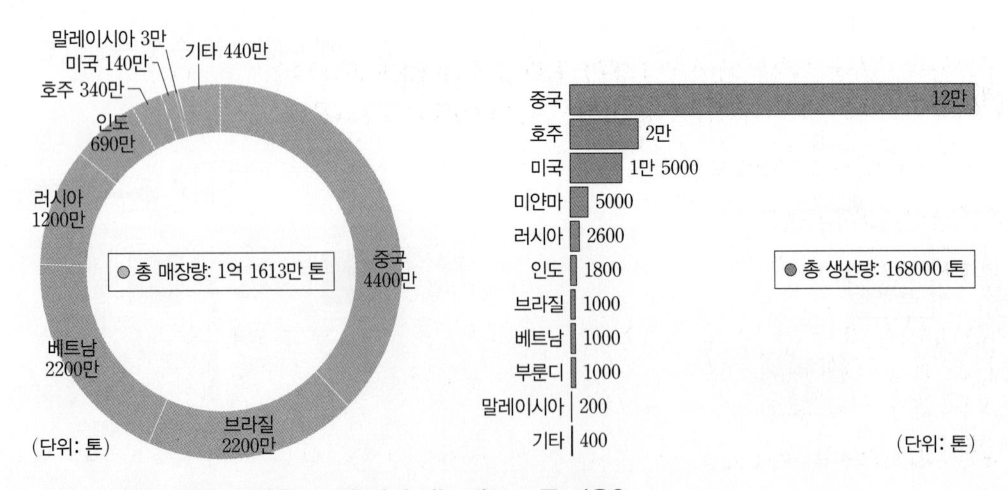

이 자료에 대한 설명으로 옳은 것만을 〈보기〉에서 있는 대로 고른 것은?

보기

ㄱ. 중국의 매장량은 총 매장량의 $\frac{1}{3}$보다 많다.
ㄴ. 베트남의 희토류 가채 연수는 1만 년보다 길다.
ㄷ. $\frac{\text{생산량}}{\text{매장량}}$은 중국 > 브라질 > 미국이다.

① ㄱ ② ㄷ ③ ㄱ, ㄴ ④ ㄴ, ㄷ ⑤ ㄱ, ㄴ, ㄷ

03

▸25073-0061

그림은 동해 울릉 분지에서 시추한 가스수화물을, 표는 시추 지역의 수심을 나타낸 것이다.

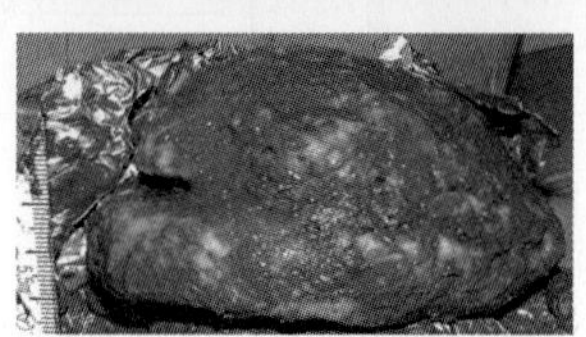

시추 지역	수심(m)	해저면 수온(℃)
UBGH1-04	1841	0.2 이하
UBGH1-09	2099	
UBGH1-10	2077	

이에 대한 설명으로 옳은 것만을 〈보기〉에서 있는 대로 고른 것은?

보기

ㄱ. 가스수화물은 이용 과정에서 탄소를 배출하지 않는 해양 광물 자원이다.
ㄴ. 가스수화물은 저온·고압 환경에서 잘 형성된다.
ㄷ. 가스수화물의 시추 과정에서는 메테인의 방출을 억제해야 한다.

① ㄱ ② ㄴ ③ ㄷ ④ ㄱ, ㄴ ⑤ ㄴ, ㄷ

04

▸25073-0062

그림 (가)와 (나)는 서로 다른 두 가지 발전 방식을 나타낸 것이다.

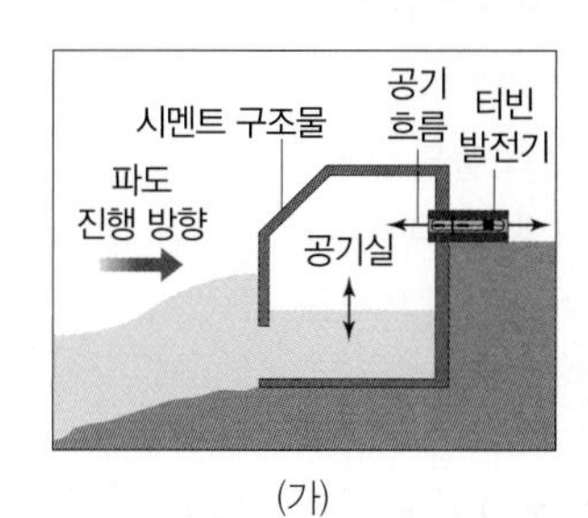

(가)

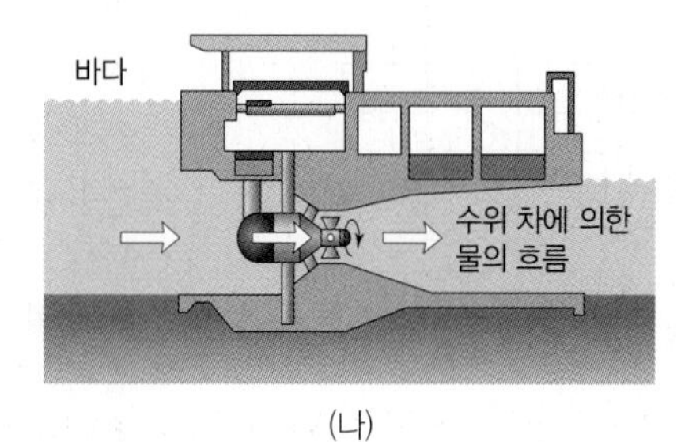

(나)

이에 대한 설명으로 옳은 것만을 〈보기〉에서 있는 대로 고른 것은?

보기

ㄱ. (가)는 (나)보다 날씨의 영향을 많이 받는다.
ㄴ. (가)는 운동 에너지를 전기 에너지로 전환하는 발전 방식이다.
ㄷ. (나)는 우리나라의 동해안보다 서해안에 설치하기 적합하다.

① ㄱ ② ㄴ ③ ㄱ, ㄷ ④ ㄴ, ㄷ ⑤ ㄱ, ㄴ, ㄷ

한반도의 지질

1 지질 조사와 지질도 해석

(1) 지질 조사의 방법

① 주향과 경사

• 주향: 지층면과 수평면의 교선(주향선)이 가리키는 방향으로, 클리노미터의 긴 변을 주향선에 수평으로 갖다 대고 측정한다.

• 경사: 지층면과 수평면이 이루는 각으로, 클리노미터의 긴 변을 주향선에 수직으로 지층면에 대고 측정한다. 이때 경사 방향은 항상 주향선과 직각 방향이다.

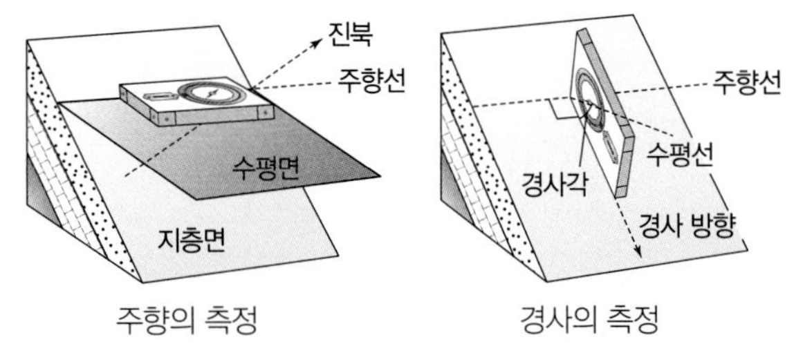

주향의 측정 경사의 측정

② 주향과 경사의 표시

• 주향의 표시: 주향은 진북을 기준으로 하여 주향선이 동쪽 또는 서쪽으로 몇 도(°)의 각을 이루는지를 나타낸다. 예 주향선이 진북을 기준으로 30° 서쪽으로 돌아가 있다면 주향은 N30°W

• 경사의 표시: 경사는 경사 방향과 경사각으로 표시한다. 경사 방향은 항상 주향에 직각이다. 따라서 주향이 NS라면 가능한 경사의 방향은 E 또는 W이다. 예 경사의 방향은 북동쪽이고 경사각이 45°라면 경사는 45°NE이다.

표시법	기호	표시법	기호	표시법	기호
수평층	⊕ 또는 +	주향 EW 경사 30°S	30	주향 N60°E 경사 90°	60
수직층	─┼─	주향 N45°E 경사 60°SE	45 60	주향 N45°W 경사 30°NE	45 30

주향과 경사의 표시법

③ 지질도에 사용되는 일반적인 기호

화산암	역암	이암	주향·경사	역전층
화강암	셰일	변성암	수평층	배사
사암	석회암	단층	수직층	향사

(2) 지질도 해석

① 지층의 주향과 경사

• 주향: 같은 고도의 등고선과 지층 경계선이 만나는 두 점을 연결한 직선을 주향선이라 하며, 진북을 기준으로 한 주향선의 방향이 주향이다.

• 경사 방향: 어떤 지층 경계선상에서 고도가 높은 주향선에서 고도가 낮은 주향선 쪽으로 주향선에 수직이 되도록 그은 화살표의 방향이 경사 방향이다.

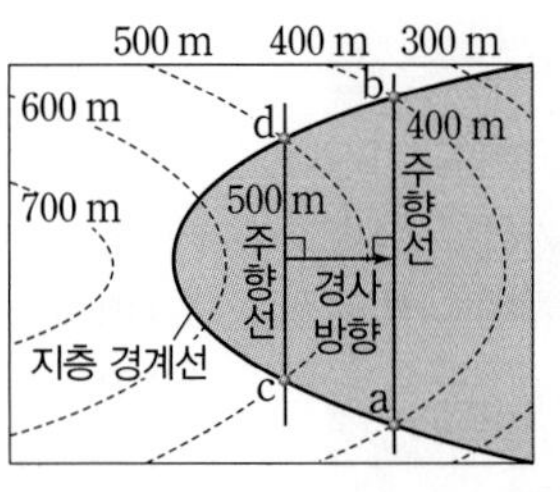

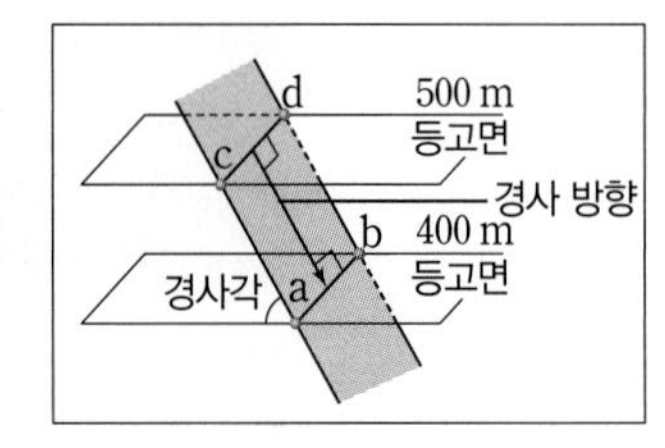

주향과 경사

② 등고선과 지층 경계선의 관계

• 등고선은 지형의 형태를, 지층 경계선은 지층의 퇴적 상태에 대한 정보를 제공한다.

• 등고선과 지층 경계선을 이용하여 지층의 주향과 경사를 파악할 수 있다.

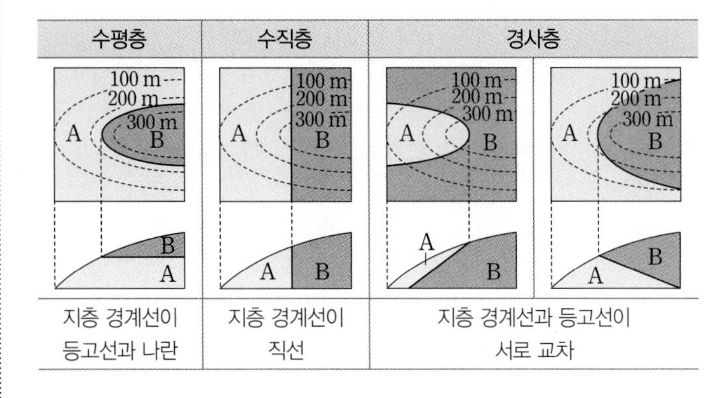

수평층
수직층
경사층
100 m
200 m
300 m
A
B
지층 경계선이 등고선과 나란
지층 경계선이 직선
지층 경계선과 등고선이 서로 교차

2 한반도의 지질

(1) 한반도의 지체 구조

① 지체 구조: 대규모 지각 변동 등으로 넓은 지역에 형성된 암석이나 지질 구조

② 육괴: 지형적으로나 구조적으로 특정한 방향성을 나타내지 않는 암석들이 모여 있는 지역이다. 주로 선캄브리아 시대의 암석으로 이루어져 있으며, 고생대 이후에는 대체로 육지로 노출되었다.

③ 퇴적 분지: 고생대 이후에 바다나 호수에서 형성된 퇴적층으로 퇴적암이 분포한다.

④ 습곡대: 암석이 습곡이나 단층에 의해 복잡하게 변형된 지역이다.

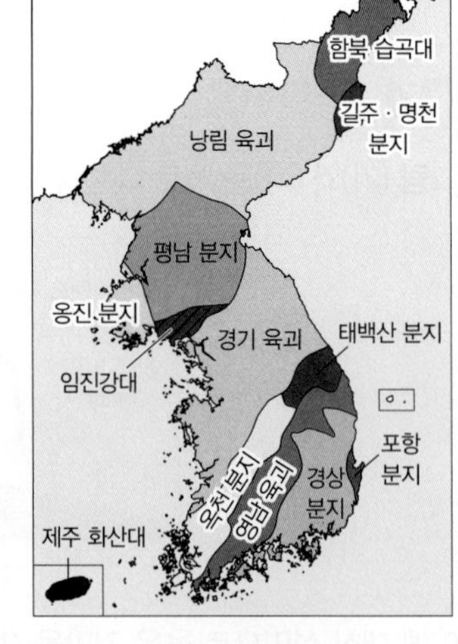

한반도의 지체 구조

(2) 한반도의 시대별 지질 분포

① 한반도의 암석 분포

• 종류별 암석 분포: 변성암(약 40 %) > 화성암(약 35 %) > 퇴적암(약 25 %)

• 지질 시대별 암석 분포: 선캄브리아 시대(약 43 %) > 중생대(약 40 %) > 고생대(약 11 %) > 신생대(약 6 %)

② 선캄브리아 시대

- 경기 육괴, 영남 육괴, 낭림 육괴에 변성암이 주로 분포한다.
- 구성 암석이 다양하며, 지층이 심하게 변형되어 지질 구조가 복잡하고 화석이 거의 산출되지 않는다.
- 시생 누대: 인천광역시 대이작도에서 약 25억 년 전에 형성된 혼성암과 편마암이 발견되었다.
- 원생 누대: 평안남도와 황해도 일부, 백령도, 대청도, 소청도 일대에 분포하며, 소청도의 대리암층에서는 스트로마톨라이트가 산출된다.

③ 고생대: 조산 운동과 같은 큰 지각 변동이 일어나지 않았던 평온한 시기였다.

- 고생대 초기에는 해성층인 조선 누층군이, 고생대 말에는 하부는 해성층, 상부는 육성층인 평안 누층군이 나타난다.
- 회동리층: 강원도 정선 부근에서 실루리아기의 코노돈트 화석이 발견된 지층이다.

④ 중생대: 현생 누대 중 조산 운동과 화성 활동이 가장 활발했던 시기로 중생대 퇴적층은 모두 육성층이다.

- 트라이아스기 말부터 쥐라기 중기까지 대동 누층군이, 백악기에는 경상 누층군이 퇴적되었다.
- 트라이아스기의 송림 변동, 쥐라기의 대보 조산 운동과 백악기의 불국사 변동에 의해 대규모의 화강암이 관입되었고, 이전의 지층을 크게 변형시켰다.

⑤ 신생대: 주로 동해안을 따라 작은 규모로 퇴적층이 분포하며, 소규모의 화산 활동이 곳곳에서 일어났다.

- 네오기: 육성층과 해성층이 나타나며, 유공충과 연체동물, 규화목 및 식물 화석이 발견된다.
- 제4기: 화산 활동으로 백두산, 울릉도와 독도, 제주도, 철원 등에 현무암이 형성되었다.

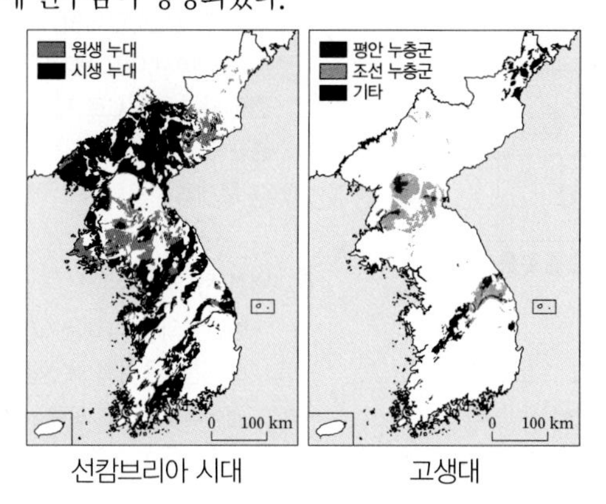

선캄브리아 시대 고생대

대동 누층군 대보 화강암 경상 누층군 불국사 화강암 기타
제4계 연일층군 기타
0 100 km
중생대 신생대

3 한반도의 형성 과정

(1) **고생대**: 적도 부근에 있던 곤드와나 대륙 주변에 한반도를 포함한 동북아시아 지괴들이 위치하였다.

(2) **중생대**: 한중 지괴와 남중 지괴의 충돌로 오늘날의 동북아시아 지역이 형성되었다.

(3) **신생대**: 한반도와 일본 사이가 확장되면서 동해가 형성되었다.

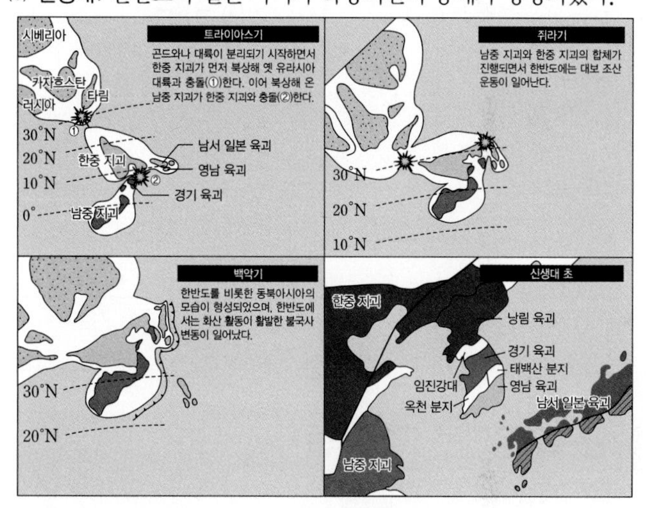

4 한반도의 변성 작용

(1) **접촉 변성 작용**: 주로 마그마가 관입할 때 방출된 열에 의해 마그마의 접촉부를 따라 일어나는 변성 작용이다.

(2) **광역 변성 작용**: 조산 운동이 일어나는 지역에서 넓은 범위에 걸쳐 열과 압력에 의해 일어나는 변성 작용이다.

(3) 한반도의 변성암

① 선캄브리아 시대: 한반도에서 가장 오래된 암석인 편마암이 인천 대이작도에 존재한다.

② 고생대 말기~중생대 초기: 송림 변동에 의한 광역 변성 작용이 일어났다.

③ 중생대 중기~중생대 말기: 대보 조산 운동과 불국사 변동에 의한 광역 변성 작용과 접촉 변성 작용이 일어났다.

더 알기 지질도에서 지질 구조 해석하기

- 습곡: 지층 경계선이 습곡축을 중심으로 대체로 대칭을 이루며, 습곡축을 중심으로 경사의 방향은 반대이다.
- 부정합: 한 지층 경계선이 다른 지층 경계선을 덮으며, 덮은 선을 경계로 다른 지층이 나타난다.
- 단층: 지층 경계선이 끊어져 있고, 끊어진 선을 경계로 같은 지층이 반복된다.

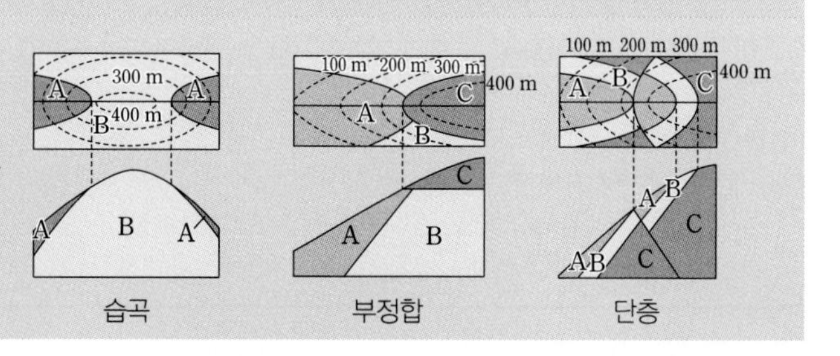

습곡 부정합 단층

테마 대표 문제

| 2025학년도 수능 |

그림은 우리나라 지질 계통의 일부이다. A, B, C는 각각 대동 누층군, 조선 누층군, 평안 누층군 중 하나이다.

지질 시대	고생대				중생대			
지질 계통	(결층)	A	(결층)	B	(결층)	C	(결층)	경상 누층군

▒ 결층

이에 대한 설명으로 옳은 것만을 <보기>에서 있는 대로 고른 것은?

보기
ㄱ. A에는 석회암이 분포한다.
ㄴ. B는 대보 조산 운동의 영향으로 변형되었다.
ㄷ. C에는 육성층이 존재한다.

① ㄱ ② ㄴ ③ ㄱ, ㄷ ④ ㄴ, ㄷ ⑤ ㄱ, ㄴ, ㄷ

접근 전략

각 퇴적층이 육성층인지, 해성층인지 판단을 해야 하며, 대보 조산 운동과 같은 지각 변동이 일어난 시기를 알고, 일련의 사건을 순서대로 나열할 수 있어야 한다. A는 해성층, B는 해성층과 육성층, C는 육성층이 존재하며, 대보 조산 운동은 C의 생성 시기와 경상 누층군 생성 시기 사이에 발생하였다.

간략 풀이

A는 조선 누층군, B는 평안 누층군, C는 대동 누층군이다.
㉠ 조선 누층군은 해성층으로 석회암이 분포한다.
㉡ 대보 조산 운동은 중생대 중기에 일어난 대규모 지각 변동이다. 따라서 이보다 먼저 퇴적된 B는 대보 조산 운동의 영향으로 변형되었다.
㉢ 대동 누층군은 육성층이다.
정답 | ⑤

닮은 꼴 문제로 유형 익히기

정답과 해설 10쪽

▸25073-0063

그림은 우리나라 지질 계통의 일부이다. A, B, C는 각각 평안 누층군, 조선 누층군, 경상 누층군 중 하나이다.

지질 시대	고생대				중생대			
지질 계통	(결층)	A	(결층)	B	(결층)	대동 누층군	(결층)	C

▒ 결층

A, B, C에 대한 설명으로 옳은 것만을 <보기>에서 있는 대로 고른 것은?

보기
ㄱ. A는 호수 환경에서 퇴적되었다.
ㄴ. 한반도 남동부에 가장 넓게 분포하는 것은 C이다.
ㄷ. A, B, C 모두 불국사 변동의 영향으로 변형되었다.

① ㄱ ② ㄴ ③ ㄱ, ㄷ ④ ㄴ, ㄷ ⑤ ㄱ, ㄴ, ㄷ

유사점과 차이점

고생대와 중생대의 지질 계통을 제시하고 '누층군' 단위의 퇴적층을 다룬다는 점에서 대표 문제와 유사하지만, 경상 누층군을 C로 제시하고 경상 누층군의 분포 지역을 묻는 점에서 대표 문제와 다르다.

배경 지식

• 한반도의 퇴적층은 고생대 전기의 해성층, 후기의 육성층과 해성층, 중생대의 육성층으로 구성된다.

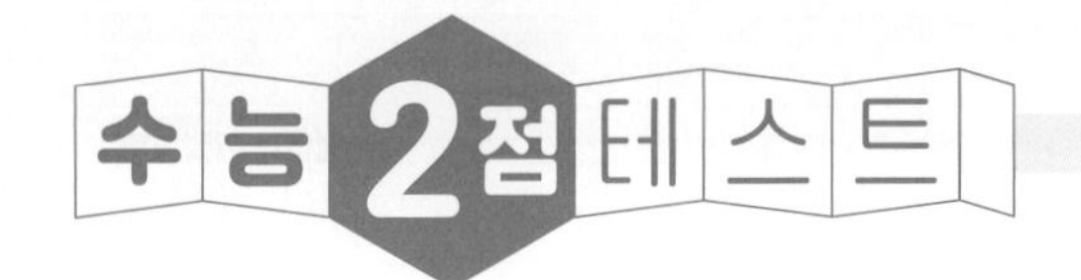

정답과 해설 10쪽

01

▸25073-0064

그림 (가)와 (나)는 주향과 경사를 측정하는 모습을 순서 없이 나타낸 것이다.

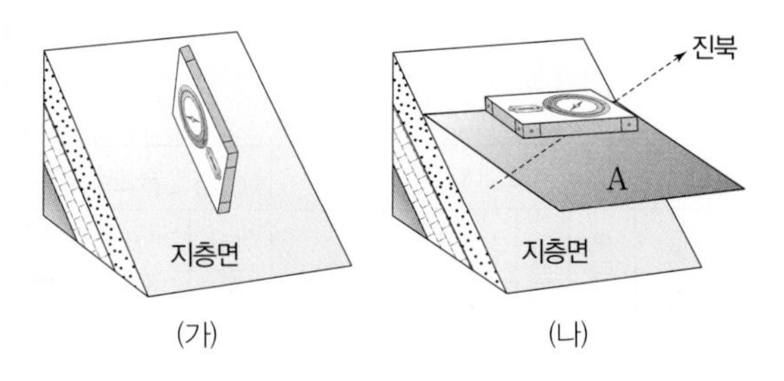

(가) (나)

이에 대한 설명으로 옳은 것만을 〈보기〉에서 있는 대로 고른 것은?

보기
ㄱ. (가)는 주향을 측정하는 모습이다.
ㄴ. '수평면'은 A에 해당한다.
ㄷ. (가)와 (나)에서 모두 클리노미터를 사용할 수 있다.

① ㄱ ② ㄴ ③ ㄱ, ㄷ
④ ㄴ, ㄷ ⑤ ㄱ, ㄴ, ㄷ

02

▸25073-0065

그림 (가)와 (나)는 우리나라 서로 다른 두 지역의 지층면에서 측정한 주향과 경사를 기호로 나타낸 것이다.

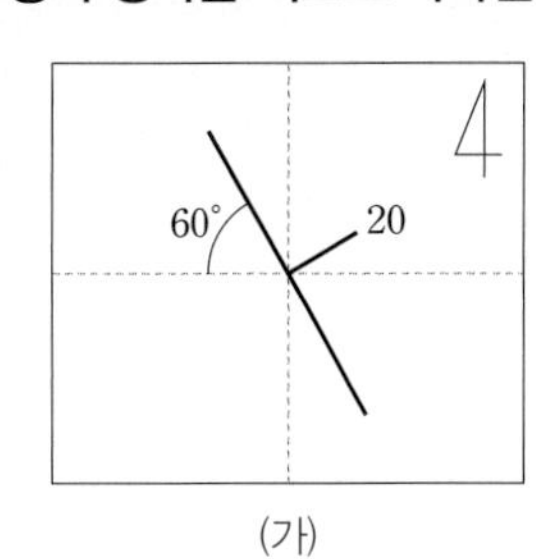

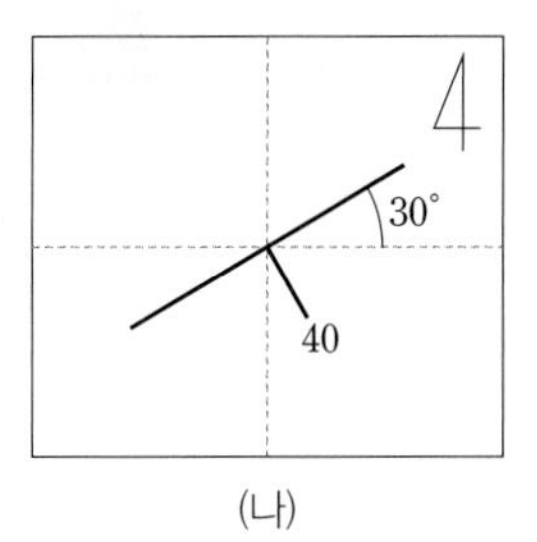

(가) (나)

이에 대한 설명으로 옳은 것만을 〈보기〉에서 있는 대로 고른 것은?

보기
ㄱ. (가)의 경사각은 20°이다.
ㄴ. (나)의 주향은 N30°E이다.
ㄷ. 지층면과 평행하게 설치한 태양광 발전 장치의 단위 시간당 평균 발전량은 (가)가 (나)보다 많다.

① ㄱ ② ㄷ ③ ㄱ, ㄴ
④ ㄴ, ㄷ ⑤ ㄱ, ㄴ, ㄷ

03

▸25073-0066

그림은 지층 A와 B로 이루어진 어느 지역의 지질도를 나타낸 것이다.

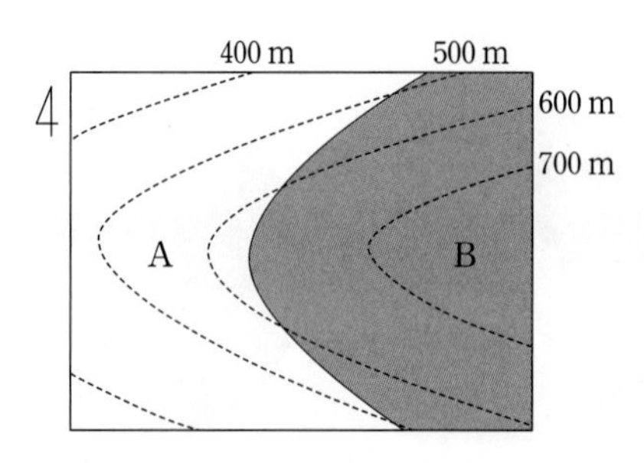

이 자료에 대한 설명으로 옳은 것만을 〈보기〉에서 있는 대로 고른 것은?

보기
ㄱ. A의 주향은 EW이다.
ㄴ. B의 경사 방향은 동쪽이다.
ㄷ. 지층의 역전이 없었다면 지층 생성 순서는 A → B이다.

① ㄱ ② ㄷ ③ ㄱ, ㄴ
④ ㄴ, ㄷ ⑤ ㄱ, ㄴ, ㄷ

04

▸25073-0067

그림은 고도가 일정한 어느 지역의 지질도에서 지층 A~D의 주향과 경사를 나타낸 것이다.

D	A	B	C	B	A	B	C
├30	├45	├20	├5	15┤	├5	├20	├35

이 자료에 대한 설명으로 옳은 것만을 〈보기〉에서 있는 대로 고른 것은?

보기
ㄱ. A~D의 주향은 모두 NS이다.
ㄴ. 배사와 향사 구조가 모두 나타난다.
ㄷ. 지층의 역전이 없었다면 가장 먼저 생성된 지층은 D이다.

① ㄱ ② ㄷ ③ ㄱ, ㄴ
④ ㄴ, ㄷ ⑤ ㄱ, ㄴ, ㄷ

05

▸25073-0068

그림 (가)와 (나)는 각각 한반도의 암석 종류와 지질 시대별 암석 분포를 나타낸 것이다. A, B, C는 각각 화성암, 변성암, 퇴적암 중 하나이다.

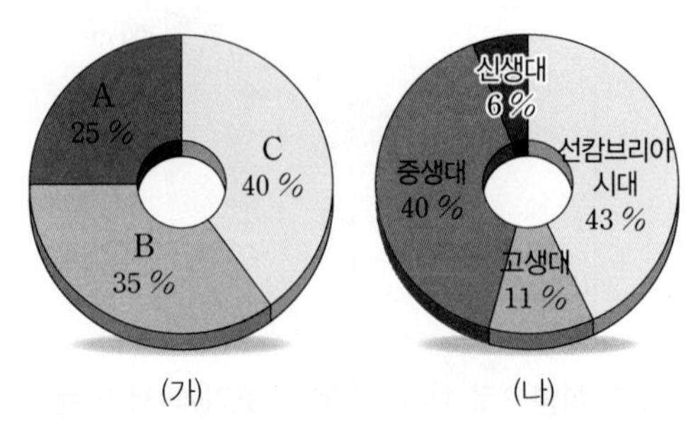

이에 대한 설명으로 옳은 것만을 〈보기〉에서 있는 대로 고른 것은?

보기
ㄱ. B는 높은 열과 압력에 의해 A가 된다.
ㄴ. 한반도 선캄브리아 시대의 암석은 주로 C이다.
ㄷ. 오래된 지질 시대일수록 더 많은 암석이 분포한다.

① ㄱ ② ㄴ ③ ㄱ, ㄷ
④ ㄴ, ㄷ ⑤ ㄱ, ㄴ, ㄷ

06

▸25073-0069

그림은 한반도 남부의 어느 지질 시대 퇴적암 분포를 나타낸 것이다. A와 B는 각각 경상 누층군과 대동 누층군 중 하나이다.

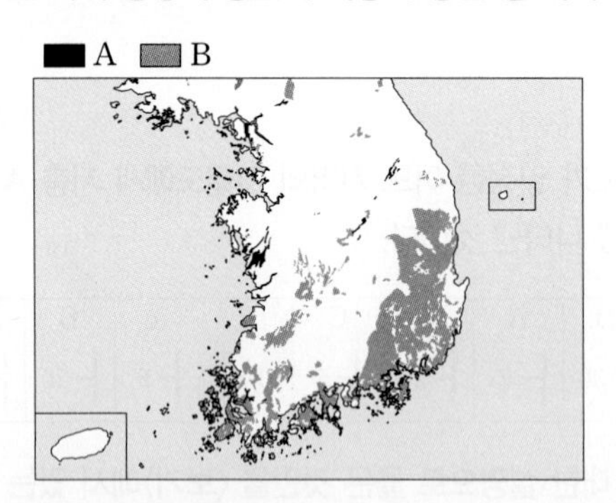

이에 대한 설명으로 옳은 것만을 〈보기〉에서 있는 대로 고른 것은?

보기
ㄱ. A와 B 모두 중생대 퇴적층이다.
ㄴ. 형성된 시기는 A가 B보다 빠르다.
ㄷ. A와 B는 모두 대보 조산 운동에 의해 변형되었다.

① ㄱ ② ㄷ ③ ㄱ, ㄴ
④ ㄴ, ㄷ ⑤ ㄱ, ㄴ, ㄷ

07

▸25073-0070

그림은 지층 분석으로 추정한 지질 시대별 한반도의 평균 해발 고도를 (+)와 (−)로 나타낸 것이다. 평균 해발 고도의 부호가 (+)이면 평균 해수면보다 높을 때, (−)이면 평균 해수면보다 낮을 때를 나타낸다.

지질 시대	고생대						중생대		
	캄브리아기	오르도비스기	실루리아기	데본기	석탄기	페름기	트라이아스기	쥐라기	백악기
평균 해발 고도	−	결층 / −	결층	결층	결층 / −	+	결층	+ / 결층	+

■ 결층

한반도 지질 분포에 대한 설명으로 옳은 것만을 〈보기〉에서 있는 대로 고른 것은?

보기
ㄱ. 평균 해발 고도는 중생대가 고생대보다 높다.
ㄴ. 페름기 지층 전체에 걸쳐 삼엽충 화석이 발견될 수 있다.
ㄷ. 쥐라기에 대규모 석회암이 형성되었다.

① ㄱ ② ㄷ ③ ㄱ, ㄴ
④ ㄴ, ㄷ ⑤ ㄱ, ㄴ, ㄷ

08

▸25073-0071

그림은 고생대의 지질 분포를 나타낸 것이다. A와 B는 각각 평안 누층군과 조선 누층군 중 하나이다.

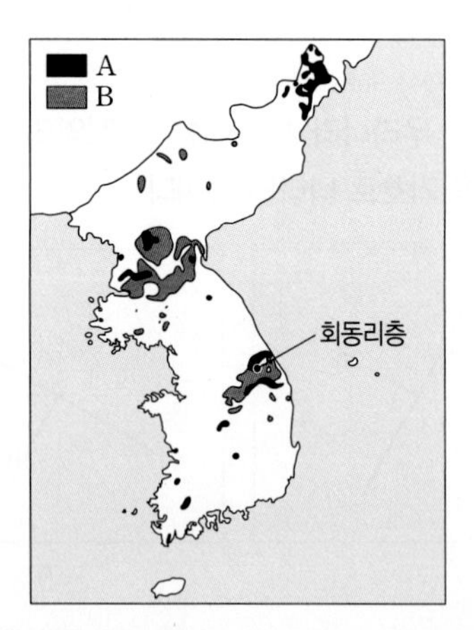

이에 대한 설명으로 옳은 것만을 〈보기〉에서 있는 대로 고른 것은?

보기
ㄱ. A는 육성층과 해성층이 함께 나타난다.
ㄴ. 회동리층은 B보다 하부층이다.
ㄷ. A와 B의 형성 시기 사이에 대규모 조산 운동으로 대량의 화성암이 형성되었다.

① ㄱ ② ㄷ ③ ㄱ, ㄴ
④ ㄴ, ㄷ ⑤ ㄱ, ㄴ, ㄷ

09

▸25073-0072

그림 (가)와 (나)는 중생대 트라이아스기 말과 백악기 초에 걸친 한반도 형성 과정을 각각 나타낸 것이다.

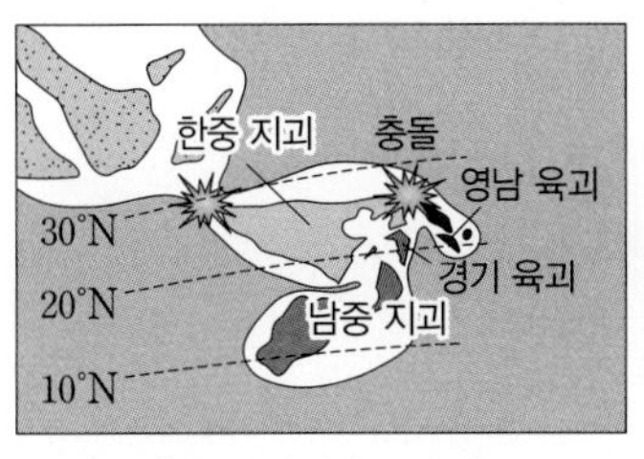

(가) 트라이아스기 말

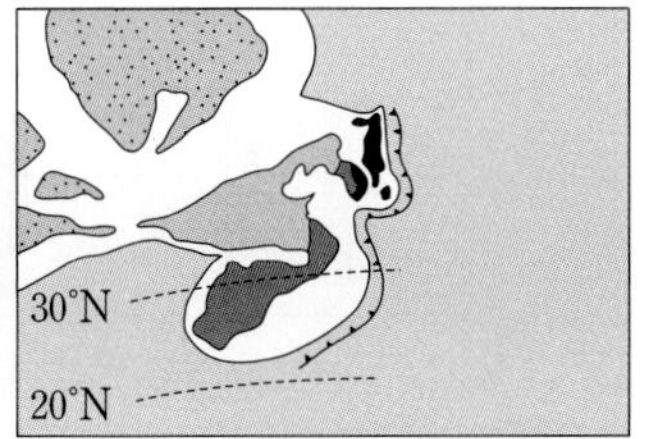

(나) 백악기 초

이 자료에 대한 설명으로 옳은 것만을 〈보기〉에서 있는 대로 고른 것은?

보기

ㄱ. (가)와 (나) 사이에 대보 조산 운동이 일어났다.
ㄴ. 이 기간 동안 영남 육괴는 고위도로 이동하였다.
ㄷ. (나) 시기에 한반도에서 형성된 지층은 대부분 육성층이다.

① ㄱ ② ㄷ ③ ㄱ, ㄴ ④ ㄴ, ㄷ ⑤ ㄱ, ㄴ, ㄷ

10

▸25073-0073

그림 (가)와 (나)는 약 2천 5백만 년 전과 약 1천 2백만 년 전의 동해 주변의 모습을 순서 없이 나타낸 것이다.

(가)

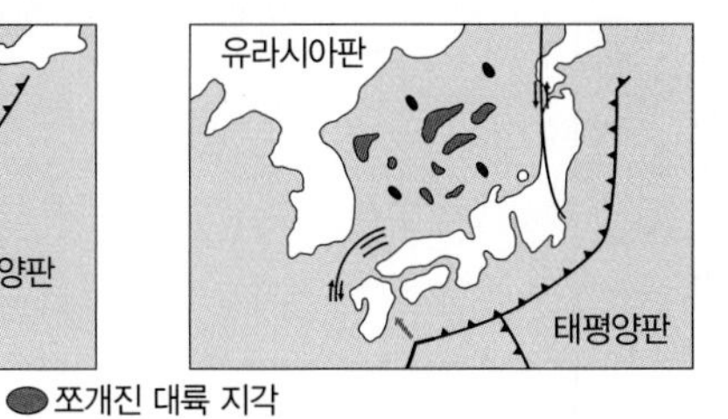

(나)

쪼개진 대륙 지각

이에 대한 설명으로 옳은 것만을 〈보기〉에서 있는 대로 고른 것은?

보기

ㄱ. 시간 순서는 (가) → (나)이다.
ㄴ. 태평양판은 유라시아판 아래로 섭입하였다.
ㄷ. 쪼개진 대륙 지각이 울릉도와 독도를 형성하였다.

① ㄱ ② ㄷ ③ ㄱ, ㄴ ④ ㄴ, ㄷ ⑤ ㄱ, ㄴ, ㄷ

11

▸25073-0074

그림은 서로 다른 변성 작용 A와 B가 일어나는 온도와 압력 조건을, 표는 암석 ㉠이 서로 다른 변성 작용을 받아 형성된 변성암 종류를 나타낸 것이다. A와 B는 각각 X 또는 Y 중 하나이다.

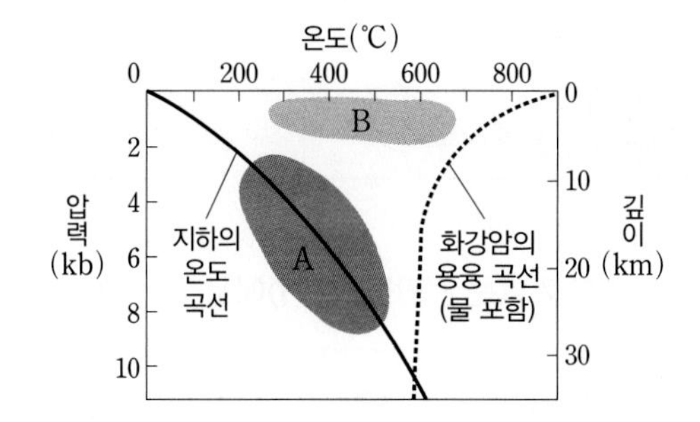

변성 전의 암석	변성 후 암석	변성 영역
㉠	혼펠스	X
	편마암	Y

이에 대한 설명으로 옳은 것만을 〈보기〉에서 있는 대로 고른 것은?

보기

ㄱ. X는 A이다.
ㄴ. 셰일은 ㉠에 적절하다.
ㄷ. B는 주로 마그마와의 접촉부에서 일어난다.

① ㄱ ② ㄷ ③ ㄱ, ㄴ ④ ㄴ, ㄷ ⑤ ㄱ, ㄴ, ㄷ

12

▸25073-0075

그림 (가)와 (나)는 한반도 선캄브리아 시대의 변성암과 중생대 화성암 분포를 각각 나타낸 것이다.

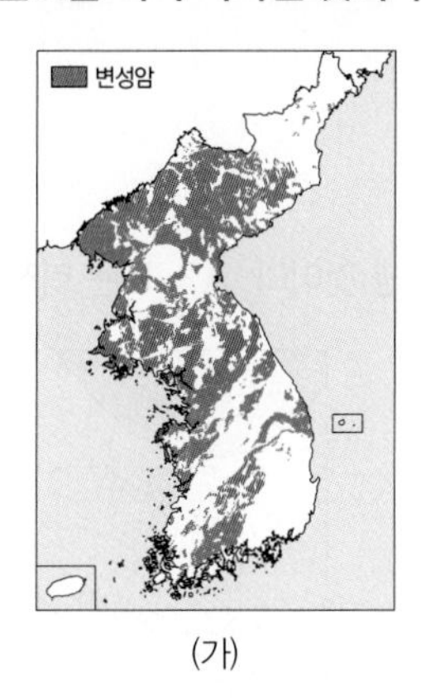

(가)

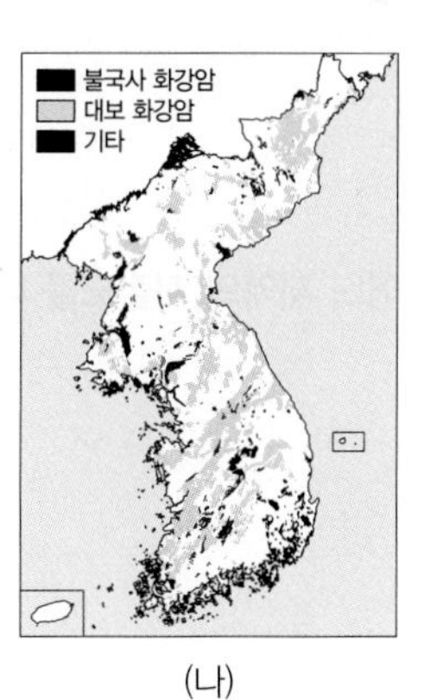

(나)

이에 대한 설명으로 옳은 것만을 〈보기〉에서 있는 대로 고른 것은?

보기

ㄱ. 경기 육괴를 구성하는 암석은 주로 (가)의 생성 시기에 형성되었다.
ㄴ. (나)의 생성 시기에 관입한 마그마와 접촉한 셰일은 변성 작용을 받아 혼펠스가 되었다.
ㄷ. 한반도에서 (가)와 생성 시기가 같은 변성암은 주로 광역 변성 작용을 받았다.

① ㄱ ② ㄷ ③ ㄱ, ㄴ ④ ㄴ, ㄷ ⑤ ㄱ, ㄴ, ㄷ

01

▸25073-0076

그림 (가)와 (나)는 각각 어느 지역에서 수면 위에 드러난 지층과 이 지층을 ㉠에서 보았을 때의 모습을, (다)는 이 지층을 높은 고도에서 내려다본 모습을 나타낸 것이다. 이 지역에서 습곡과 단층은 발견되지 않았다.

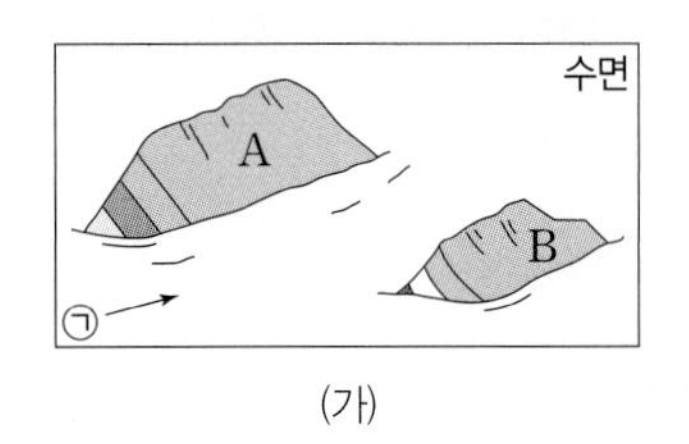

(가)

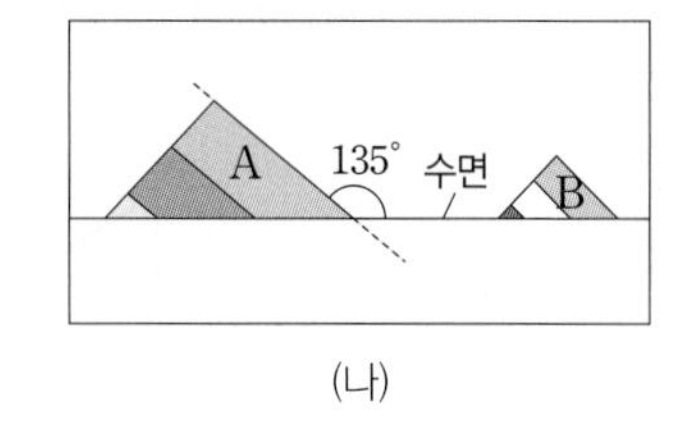

(나)

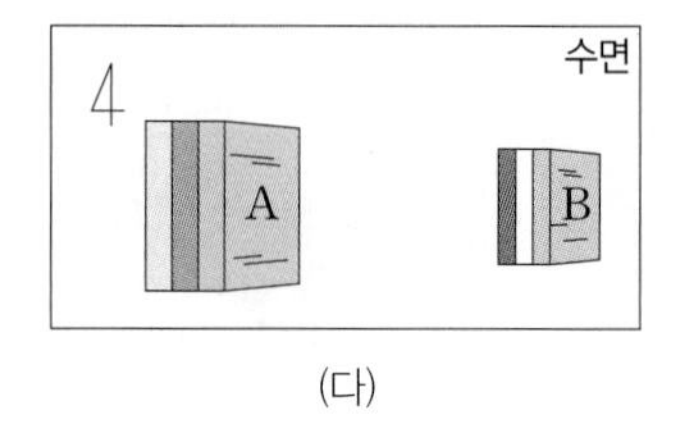

(다)

이에 대한 설명으로 옳은 것만을 〈보기〉에서 있는 대로 고른 것은?

보기

ㄱ. 주향은 NS이다.
ㄴ. 경사는 135°E이다.
ㄷ. 역전되지 않았다면 A가 B보다 먼저 퇴적되었다.

① ㄱ ② ㄴ ③ ㄷ ④ ㄱ, ㄴ ⑤ ㄱ, ㄷ

02

▸25073-0077

그림은 어느 지역의 지질도를 나타낸 것이다. A～E는 퇴적층이다.

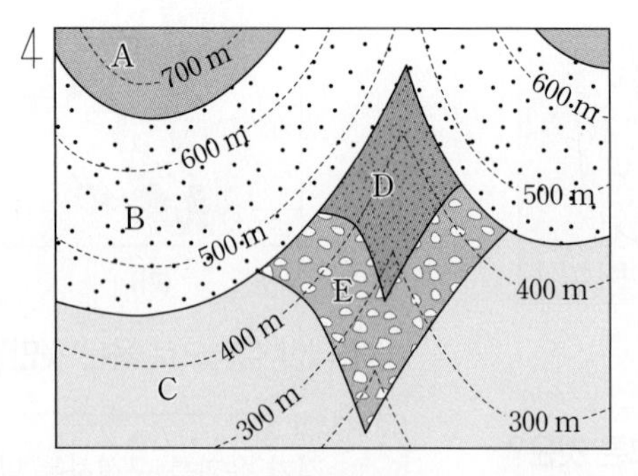

이에 대한 설명으로 옳은 것만을 〈보기〉에서 있는 대로 고른 것은?

보기

ㄱ. 퇴적 순서는 D → E → C → B → A이다.
ㄴ. D의 경사 방향은 북서쪽이다.
ㄷ. B와 D는 부정합 관계이다.

① ㄱ ② ㄴ ③ ㄱ, ㄷ ④ ㄴ, ㄷ ⑤ ㄱ, ㄴ, ㄷ

03

▸25073-0078

그림은 어느 지역의 지질도를 나타낸 것이다. A～D는 모두 퇴적층이다.

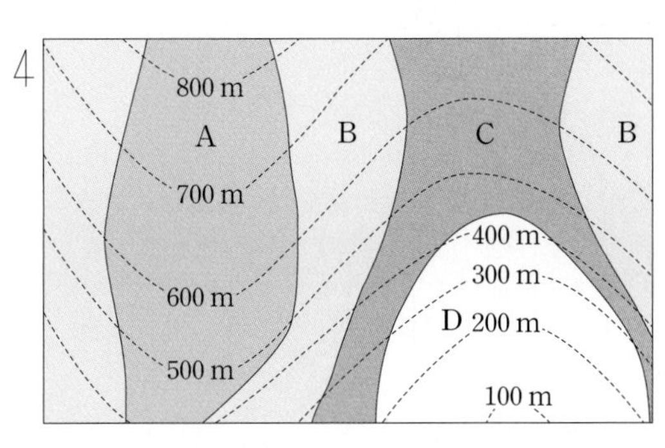

이에 대한 설명으로 옳은 것만을 〈보기〉에서 있는 대로 고른 것은?

보기

ㄱ. A와 C의 경사 방향은 서로 반대이다.
ㄴ. 퇴적 순서는 D → C → B → A이다.
ㄷ. A~D 모두 주향은 거의 NS이다.

① ㄱ　② ㄴ　③ ㄱ, ㄷ　④ ㄴ, ㄷ　⑤ ㄱ, ㄴ, ㄷ

04

▸25073-0079

그림 (가), (나), (다)는 서로 다른 지질 구조가 나타나는 지질도이다. A, B, C는 모두 퇴적층이다.

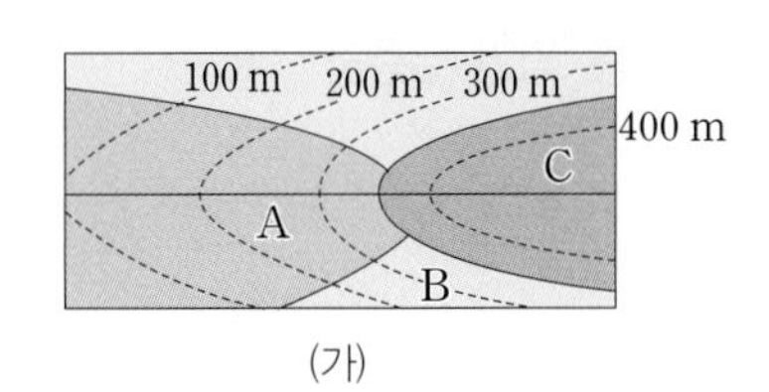

(가)

(나)

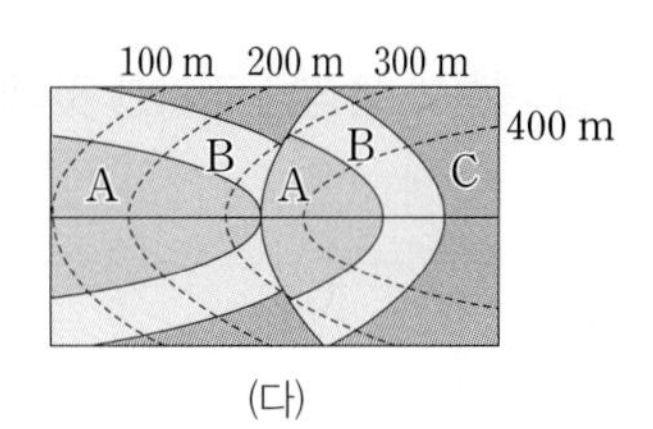

(다)

이에 대한 설명으로 옳은 것만을 〈보기〉에서 있는 대로 고른 것은?

보기

ㄱ. (가)에는 부정합이 나타난다.
ㄴ. (나)와 (다)의 지질 구조가 형성될 때 모두 횡압력이 주로 작용했다.
ㄷ. (가), (나), (다) 모두 A, B, C의 퇴적 순서가 같다.

① ㄱ　② ㄷ　③ ㄱ, ㄴ　④ ㄴ, ㄷ　⑤ ㄱ, ㄴ, ㄷ

05

▸25073-0080

그림은 우리나라의 주요 화성암을 나타낸 것이다. A, B, C는 각각 중생대 또는 신생대에 형성되었다.

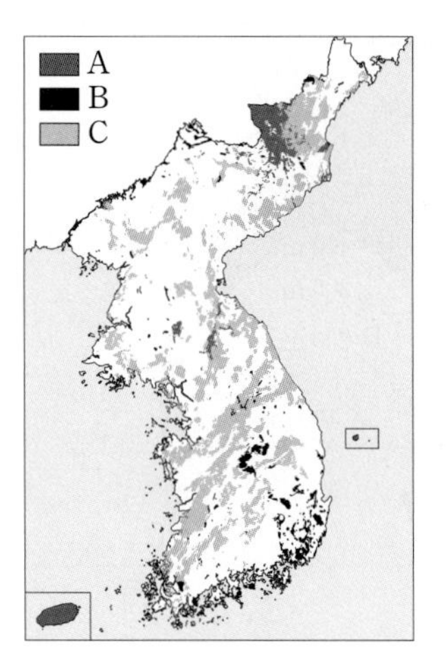

이에 대한 설명으로 옳은 것만을 〈보기〉에서 있는 대로 고른 것은?

보기
ㄱ. A는 신생대에 형성된 화성암이다.
ㄴ. B는 대부분 화산암이다.
ㄷ. 경상 누층군의 암석은 C에 의해 변성되었다.

① ㄱ ② ㄷ ③ ㄱ, ㄴ ④ ㄴ, ㄷ ⑤ ㄱ, ㄴ, ㄷ

06

▸25073-0081

그림은 우리나라 고생대의 지질 계통과 특징을 정리한 것이다. A, B, C는 각각 조선 누층군, 회동리층, 평안 누층군 중 하나이다.

<table>
<tr><td>지질 계통</td><td colspan="2">A</td><td rowspan="2">결층</td><td>B</td><td rowspan="2">결층</td><td>C</td></tr>
<tr><td>구성</td><td>육성층</td><td>해성층</td><td>해성층</td><td>해성층</td></tr>
</table>

A, B, C에 대한 설명으로 옳은 것만을 〈보기〉에서 있는 대로 고른 것은?

보기
ㄱ. A는 C보다 먼저 퇴적되었다.
ㄴ. 석탄은 주로 A에서 산출된다.
ㄷ. B에서 코노돈트 화석이 산출된다.

① ㄱ ② ㄷ ③ ㄱ, ㄴ ④ ㄴ, ㄷ ⑤ ㄱ, ㄴ, ㄷ

07

▸ 25073-0082

그림 (가)는 온도와 압력의 영향 정도에 따른 변성 작용의 종류를 A와 B로 나타낸 것이고, (나)는 편마암을 나타낸 것이다. X와 Y는 각각 온도와 압력 중 하나이고, A와 B는 각각 접촉 변성 작용과 광역 변성 작용 중 하나이다.

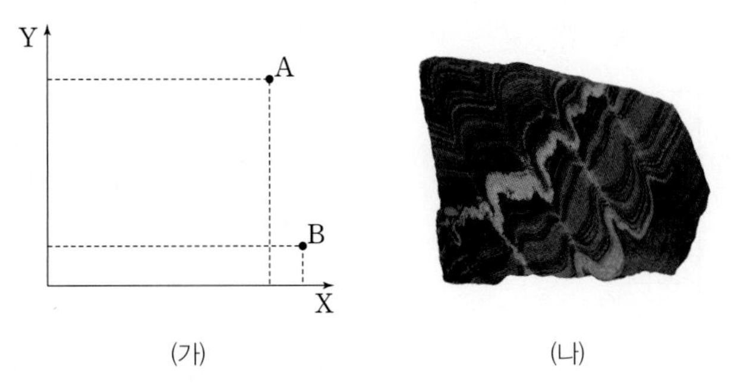

(가) (나)

이에 대한 설명으로 옳은 것만을 〈보기〉에서 있는 대로 고른 것은?

보기

ㄱ. A는 광역 변성 작용이다.
ㄴ. X는 온도이다.
ㄷ. (나)는 B를 받아 형성되었다.

① ㄱ ② ㄷ ③ ㄱ, ㄴ ④ ㄴ, ㄷ ⑤ ㄱ, ㄴ, ㄷ

08

▸ 25073-0083

그림 (가)는 어느 판 경계 부근의 모습과 지하 온도 분포를, (나)는 (가)의 A와 B에서 일어나는 변성 과정을 ㉠과 ㉡으로 순서 없이 나타낸 것이다.

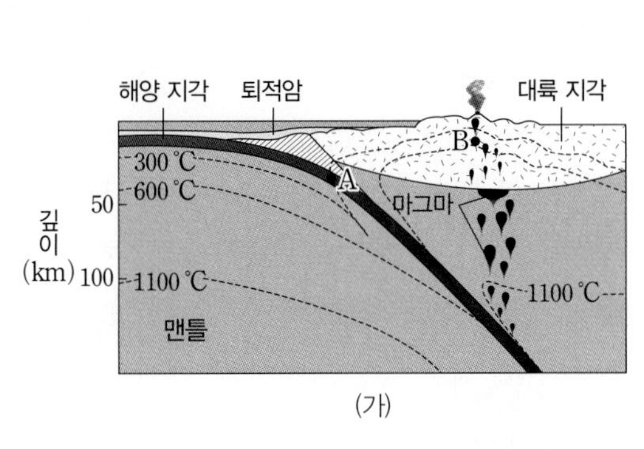

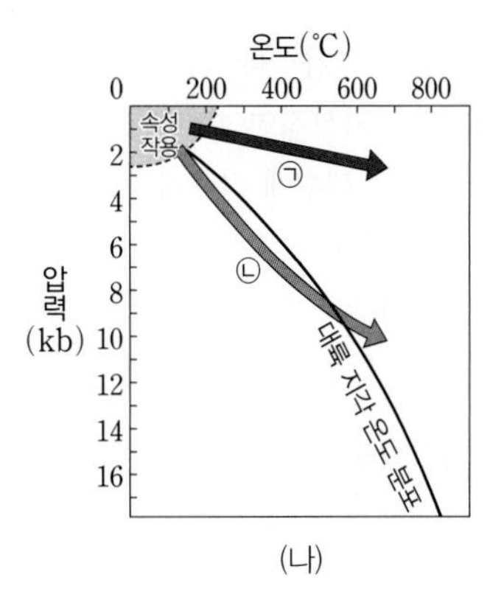

(가) (나)

이에 대한 설명으로 옳은 것만을 〈보기〉에서 있는 대로 고른 것은?

보기

ㄱ. (가)는 수렴형 경계 부근의 모습이다.
ㄴ. A에서는 주로 ㉠의 과정으로 변성이 일어난다.
ㄷ. 광역 변성 작용은 B보다 A에서 주로 일어난다.

① ㄱ ② ㄴ ③ ㄱ, ㄷ ④ ㄴ, ㄷ ⑤ ㄱ, ㄴ, ㄷ

06 해류

1 해수를 움직이는 힘

(1) 정역학 평형: 단위 질량의 해수에 작용하는 연직 수압 경도력과 중력이 평형을 이루는 상태 ➡ 중력=연직 수압 경도력

$$g=-\frac{1}{\rho}\cdot\frac{\Delta P}{\Delta z}$$

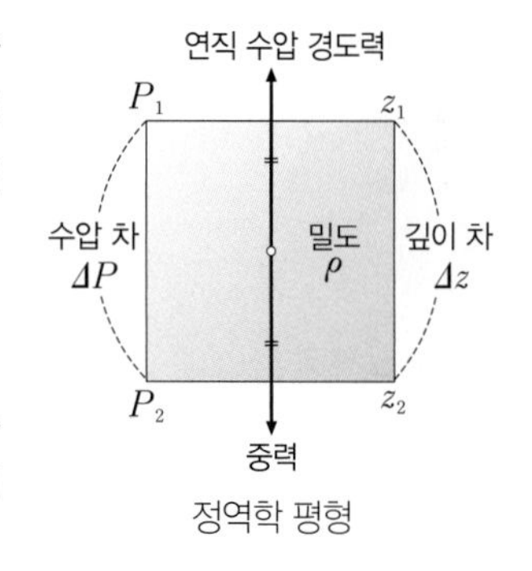

정역학 평형

(2) 수압: 물속의 단위 면적을 누르는 해수의 힘 ➡ 모든 방향에서 같은 세기의 압력을 받는다.

• 수압의 크기: $P=\rho gz$(ρ: 해수의 밀도, g: 중력 가속도, z: 해수면에서부터의 깊이)

(3) 해수에 작용하는 힘

① 수평 방향의 수압 경도력: 해수에 작용하는 수평 방향의 수압 차 때문에 생기는 힘 ➡ 주로 해수면 경사에 의해 발생

• 밀도가 일정한 해수에서 해수면이 경사져 있을 때 두 지점 A와 B의 해수면 아래 임의의 두 지점 사이의 수압 차(ΔP)는 $\Delta P=-\rho g\Delta z$이다. 이때 면적 ΔS에 작용하는 수압 차에 의한 수압 경도력은 $\Delta P\times\Delta S$이고, 단위 질량의 해수에 작용하는 수압 경도력 $\left(\frac{F}{m}\right)$은 다음과 같다.

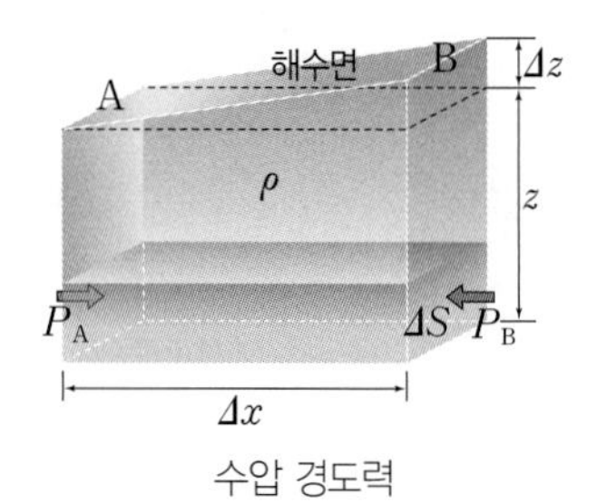

수압 경도력

$$\frac{F}{m}=\frac{\Delta P\times\Delta S}{\rho V}=\frac{\Delta P\times\Delta S}{\rho\times\Delta x\times\Delta S}=\frac{1}{\rho}\times\frac{\Delta P}{\Delta x}=-g\frac{\Delta z}{\Delta x}$$

• 크기: 해수면 경사$\left(\frac{\Delta z}{\Delta x}\right)$에 비례한다.

• 방향: 수압이 높은 곳에서 낮은 곳으로 작용한다.

② 전향력: 지구가 자전하기 때문에 생기는 가상적인 힘

• 크기: $C=2v\Omega\sin\varphi$(C: 단위 질량의 해수에 작용하는 전향력, v: 해수의 속력, Ω: 지구 자전 각속도, φ: 위도)

• 방향: 북반구에서는 물체 운동 방향의 오른쪽 직각 방향, 남반구에서는 물체 운동 방향의 왼쪽 직각 방향으로 작용한다.

2 에크만 수송과 지형류

(1) 에크만 나선과 에크만 수송

① 에크만 나선(북반구)

• 에크만 나선: 해수면 위에서 바람이 일정하게 계속 불면 표면 해수는 풍향의 오른쪽 45° 방향으로 이동하고, 수심이 깊어질수록 유속이 느려지면서 오른쪽으로 점점 더 편향되어 시계 방향으로 나선형의 에크만 나선이 나타난다.

• 마찰층: 해수 표면에서부터 해수의 이동 방향이 표면 해수의 이동 방향과 정반대가 되는 깊이(마찰 저항 심도)까지의 층을 마찰층 또는 에크만층이라고 한다.

② 에크만 수송: 마찰층 내에서 해수의 평균적인 이동 ➡ 북반구에서는 풍향에 대해 오른쪽 직각 방향, 남반구에서는 왼쪽 직각 방향으로 에크만 수송이 일어난다.

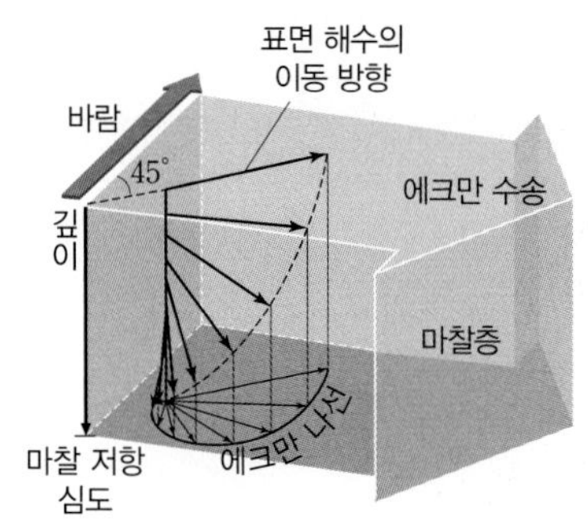

에크만 수송(북반구)

(2) 지형류

① 지형류: 수압 경도력과 전향력이 평형을 이루는 상태에서 흐르는 해류

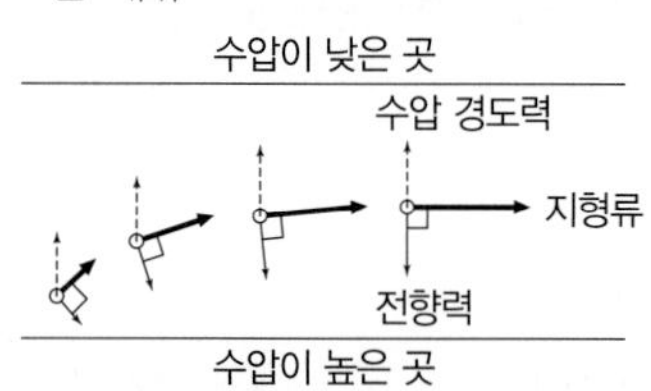

지형류의 발생 과정(북반구)

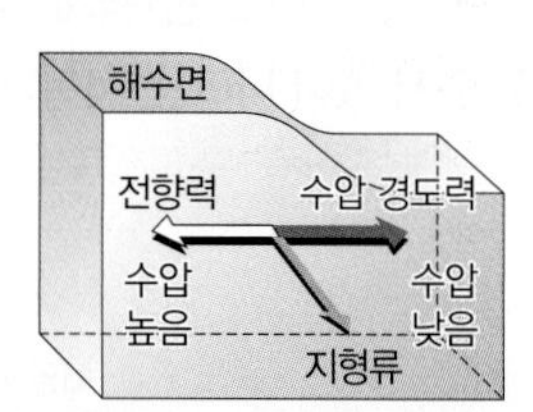

지형류에서 힘의 평형(북반구)

② 지형류의 형성 과정(북반구): 북반구의 해양에서 수압 경도력에 의해 수압이 낮아지는 방향으로 해수 이동 → 해수가 이동하면

더 알기 수온의 연직 분포와 지형류

1. 해수의 연직 단면에서 등수온선이 경사진 것은 수평 방향으로 해수의 밀도가 달라지기 때문이다.
2. 해저에서 관측되는 수압 차는 거의 0이다. 밀도가 다른 해수가 평형을 이루기 위해서는 해수의 부피가 달라지게 된다. 밀도가 작은 쪽은 해수면의 높이가 높아지고, 밀도가 큰 쪽은 해수면의 높이가 낮아진다.
3. 따라서 어느 정도 깊이의 수심에서는 수압 차가 생겨 수압 경도력이 발생하고, 이로 인해 해수의 이동이 나타난다. 그림과 같은 경우 북반구에서 지형류는 북쪽(⊗)으로 흐른다.

➡ 수평 방향의 수온 차에 의해 밀도 차가 생기며 이로 인해 해수면의 경사가 생겨 지형류가 형성된다.

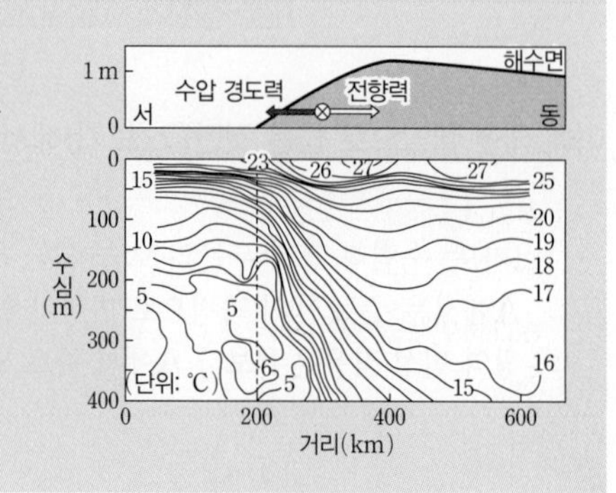

전향력에 의해 오른쪽으로 편향 → 수압 경도력에 의해 해수의 유속이 빨라지면 전향력도 증가 → 빨라진 유속에 비례해 커진 전향력이 수압 경도력과 크기가 같고 방향이 정반대가 되면 힘의 평형 상태에서 지형류 형성

③ 지형류의 속력과 방향

- 속력(v): 지형류는 수압 경도력$\left(g\dfrac{\Delta z}{\Delta x}\right)$과 전향력($2v\Omega\sin\varphi$)의 평형 상태(수압 경도력과 전향력의 합력이 0인 상태)에서 흐르므로 이를 속력(v)에 대해 정리하면, $v=\dfrac{1}{2\Omega\sin\varphi}\cdot g\dfrac{\Delta z}{\Delta x}$가 된다.

  ➡ 위도가 낮을수록, 해수면의 경사가 급할수록 유속이 빠르다.
- 방향: 북반구에서는 수압 경도력의 오른쪽 90° 방향, 남반구에서는 수압 경도력의 왼쪽 90° 방향으로 흐른다.

3 아열대 순환과 지형류(북반구)

(1) **지형류의 형성 과정**: 무역풍과 편서풍에 의한 에크만 수송으로 30°N 부근의 해수면 높이 상승 → 해수면의 경사로 인해 수압 경도력 발생 → 수압 경도력과 전향력이 평형을 이루며 지형류 형성

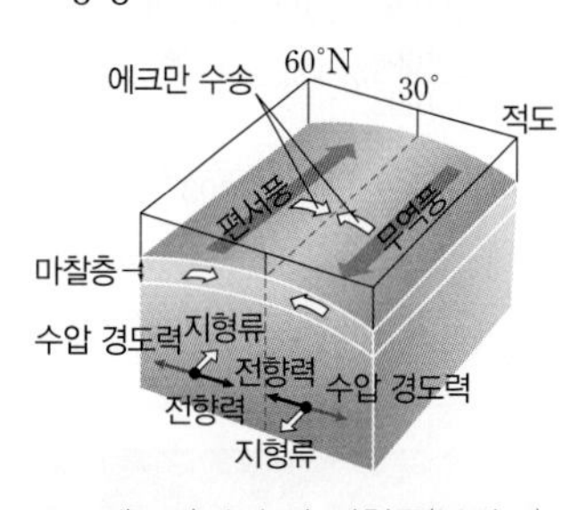

에크만 수송과 지형류(북반구)

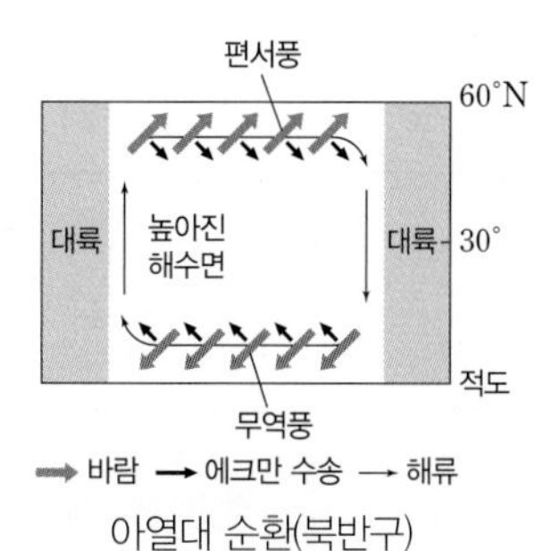

아열대 순환(북반구)

(2) **지형류의 방향**

① 10°N～30°N: 동 → 서 예 북적도 해류

② 30°N～60°N: 서 → 동 예 북태평양 해류 등

(3) **태평양의 아열대 순환과 지형류**: 무역풍대에서는 북적도 해류가 동쪽에서 서쪽으로 흐르고, 편서풍대에서는 북태평양 해류가 서쪽에서 동쪽으로 흐르면서 시계 방향의 순환을 형성한다.

4 서안 경계류와 동안 경계류

(1) **서안 강화 현상**: 고위도로 갈수록 전향력이 커지기 때문에 순환을 이루는 해류 중 대양의 서쪽 연안을 따라 흐르는 해류가 강한 흐름으로 나타나는 현상

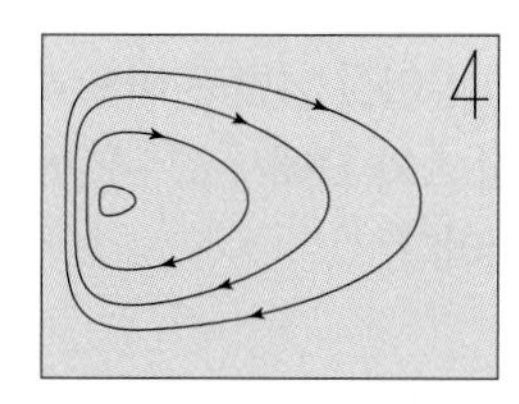
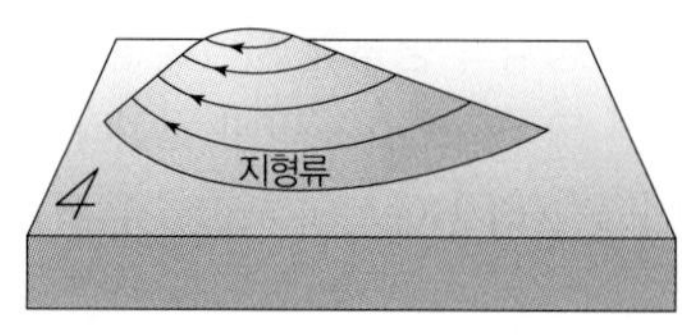

서안 강화 현상(북반구)

(2) **아열대 순환에서 서안 경계류와 동안 경계류**

① 서안 경계류: 아열대 순환에서 대양의 서쪽 연안을 따라 좁고 빠르게 흐르는 해류

② 동안 경계류: 아열대 순환에서 대양의 동쪽 연안을 따라 비교적 넓고 느리게 흐르는 해류

③ 서안 경계류와 동안 경계류 비교(북반구)

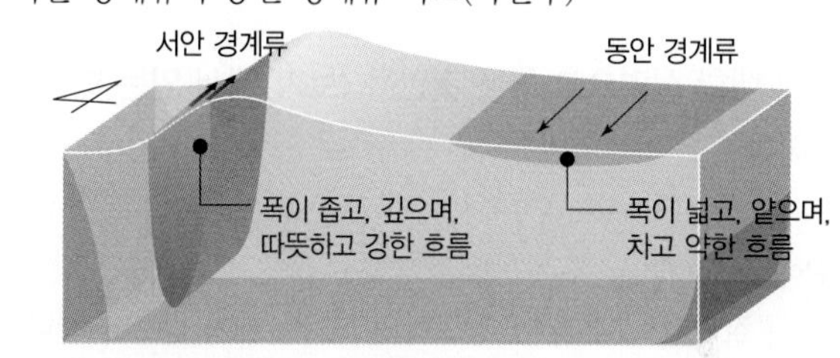

구분	서안 경계류	동안 경계류
해류의 폭	좁다	넓다
해류의 평균 깊이	깊다	얕다
유속	빠르다	느리다
해수의 수송량	많다	적다
예(북반구)	쿠로시오 해류, 멕시코 만류 등	캘리포니아 해류, 카나리아 해류 등

④ 세계 주요 해류

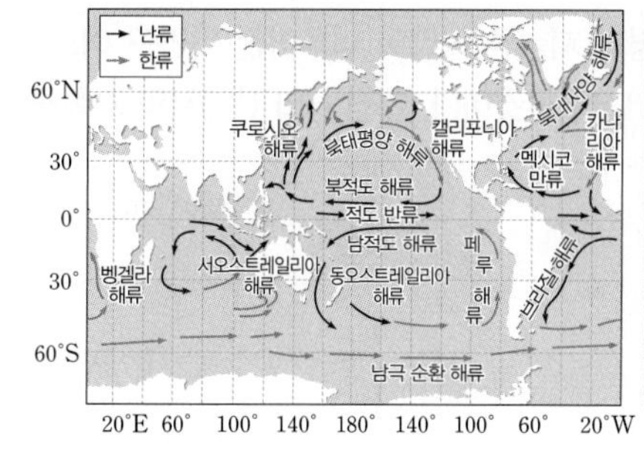

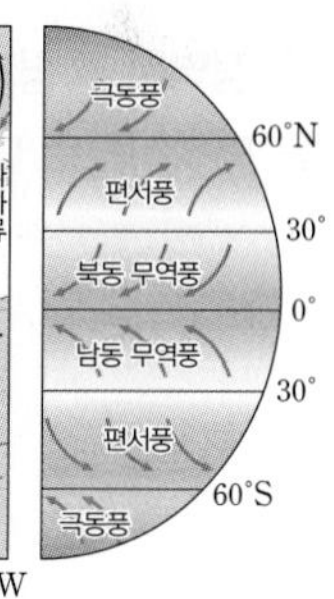

대기 대순환과 표층 해류

더 알기 스토멜의 서안 강화 현상(북반구)

- (가)는 전향력이 위도에 따라 변하지 않고 일정한 경우로 해류의 순환은 순환의 중심에 대하여 대칭적으로 나타난다.
- (나)는 전향력의 크기가 고위도로 갈수록 커지는 경우로 해류의 순환 중심이 서쪽으로 치우쳐 나타난다.

  ➡ 대양의 중심이 서쪽으로 치우치기 때문에 대양의 서안에서는 대양의 동안에 비해 해수면의 경사가 급해져 수압 경도력이 커지므로 폭이 좁고 유속이 빠른 서안 경계류가 발달하는 서안 강화 현상이 나타난다.

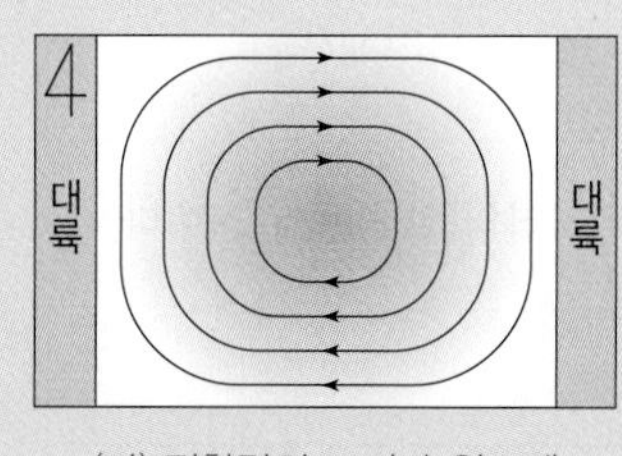

(가) 전향력의 크기가 위도에 관계없이 일정한 경우

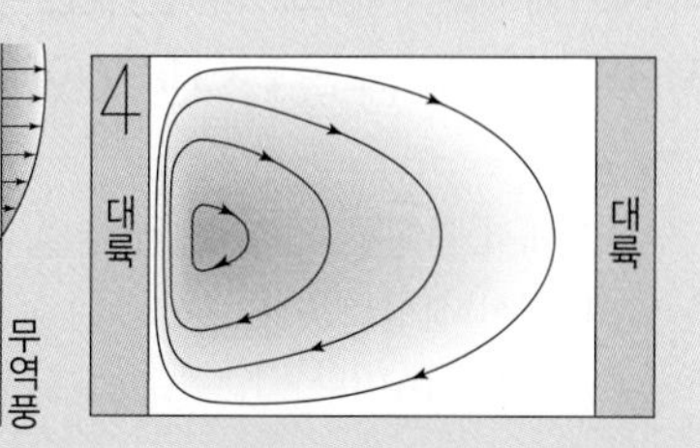

(나) 전향력의 크기가 고위도로 갈수록 커지는 경우

테마 대표 문제

| 2025학년도 수능 |

그림은 정역학 평형과 지형류 평형이 이루어진 남반구 어느 해역에서 밀도가 ρ_1, ρ_2인 해수층의 동서 단면을 모식적으로 나타낸 것이다. 지점 A와 B에서 해수면까지 연직 물기둥의 평균 밀도는 각각 ρ_A, ρ_B이고, A와 B에서의 지형류 유속은 0이다.

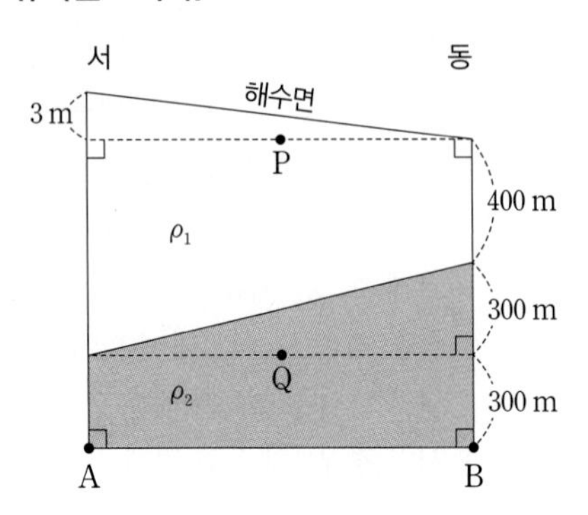

이 자료에 대한 설명으로 옳은 것만을 〈보기〉에서 있는 대로 고른 것은? (단, 중력 가속도는 일정하고, $\rho_1 < \rho_2$이다.)

보기

ㄱ. P에서 지형류는 북쪽으로 흐른다.
ㄴ. 단위 질량당 연직 수압 경도력의 크기는 P가 Q보다 작다.
ㄷ. $|\rho_A - \rho_1| > |\rho_B - \rho_2|$이다.

① ㄱ　② ㄴ　③ ㄱ, ㄷ　④ ㄴ, ㄷ　⑤ ㄱ, ㄴ, ㄷ

접근 전략

ρ_A와 ρ_B는 ρ_1과 ρ_2의 높이 비로 결정할 수 있음을 확인해야 한다.

간략 풀이

㉠ P에서 수평 수압 경도력의 방향은 동쪽이므로, 전향력의 방향은 서쪽이 된다. 남반구에서 지형류와 전향력 방향을 고려하면 지형류는 북쪽으로 흐른다.

✕. 정역학 평형 상태에서는 중력과 연직 수압 경도력의 크기는 같고 방향은 반대이다. P와 Q에서의 중력 가속도가 같으므로 두 지점의 단위 질량당 연직 수압 경도력의 크기도 같다.

✕. A와 B에서의 지형류 유속이 0이므로, 두 지점의 수압은 같아야 한다. 따라서 $\rho_1 = \frac{100}{101}\rho_2$ 관계가 성립한다. 또한 $1003\rho_A = 703\rho_1 + 300\rho_2$이고, $1000\rho_B = 400\rho_1 + 600\rho_2$이므로 $\rho_A = \frac{1006}{1003}\rho_1$, $\rho_B = \frac{1006}{1010}\rho_2$가 된다. 따라서 $\rho_A - \rho_1 = \frac{3}{1003}\rho_1$, $\rho_B - \rho_2 = -\frac{4}{1010}\rho_2$가 되므로 $|\rho_A - \rho_1| < |\rho_B - \rho_2|$이다.

정답 | ①

닮은 꼴 문제로 유형 익히기

정답과 해설 13쪽

▸ 25073-0084

그림은 정역학 평형과 지형류 평형이 이루어진 북반구 어느 해역에서 밀도가 ρ_1, ρ_2인 해수층의 동서 단면을 모식적으로 나타낸 것이다. 지점 A와 B에서의 지형류 유속은 0이다.

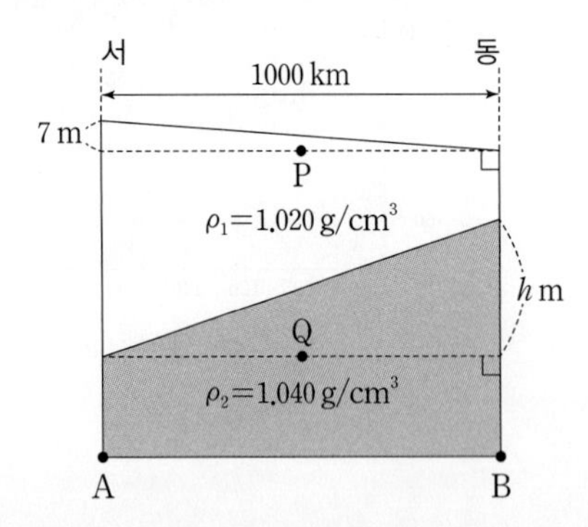

이 자료에 대한 설명으로 옳은 것만을 〈보기〉에서 있는 대로 고른 것은? (단, 중력 가속도는 10 m/s^2, 지구의 자전 각속도는 7×10^{-5}/s이다.)

보기

ㄱ. P에서 지형류 유속이 1 m/s일 때, 이 지역의 위도는 30°N이다.
ㄴ. Q에서 전향력은 0이다.
ㄷ. $h = 357$ m이다.

① ㄱ　② ㄴ　③ ㄱ, ㄷ　④ ㄴ, ㄷ　⑤ ㄱ, ㄴ, ㄷ

유사점과 차이점

지형류 평형이 이루어진 2층 구조의 해수층을 제시한다는 점에서 대표 문제와 유사하지만, 지형류의 속도, 제2층의 해수 기울기 등을 묻는다는 점에서 대표 문제와 다르다.

배경 지식

- 지형류는 수압 경도력과 전향력이 평형을 이룬다.
- 북반구에서 전향력은 지형류 방향의 90° 오른쪽으로 작용한다.

01

▸25073-0085

그림은 정역학 평형 상태일 때 단위 질량의 해수에 작용하는 두 힘 A와 B를 나타낸 것이다. P_1과 P_2는 각 깊이에서의 압력이고, Δz는 이 두 지점 사이의 깊이 차이다.

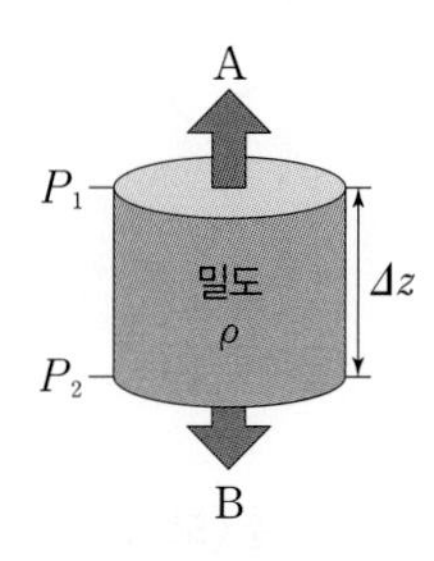

이에 대한 설명으로 옳은 것만을 〈보기〉에서 있는 대로 고른 것은?

보기
ㄱ. A는 중력이다.
ㄴ. A와 B의 평형으로 인해 해수의 운동은 수평 방향이 연직 방향보다 대체로 우세하다.
ㄷ. P_1, P_2 값과 중력 가속도는 변함없이 ρ만 증가하면 Δz는 감소한다.

① ㄱ ② ㄴ ③ ㄱ, ㄷ
④ ㄴ, ㄷ ⑤ ㄱ, ㄴ, ㄷ

02

▸25073-0086

그림 (가)와 (나)는 서로 다른 경사를 가진 수면의 단면을 나타낸 것이다.

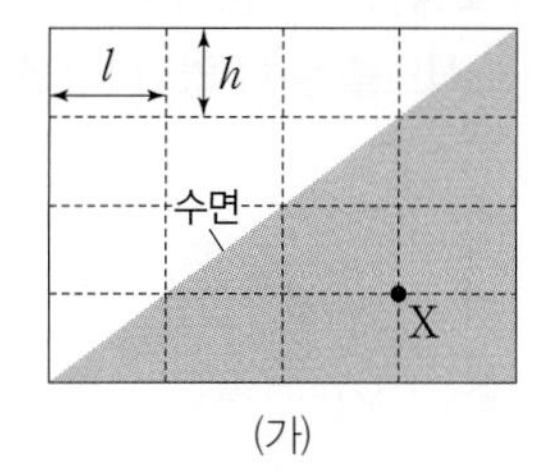

(가)

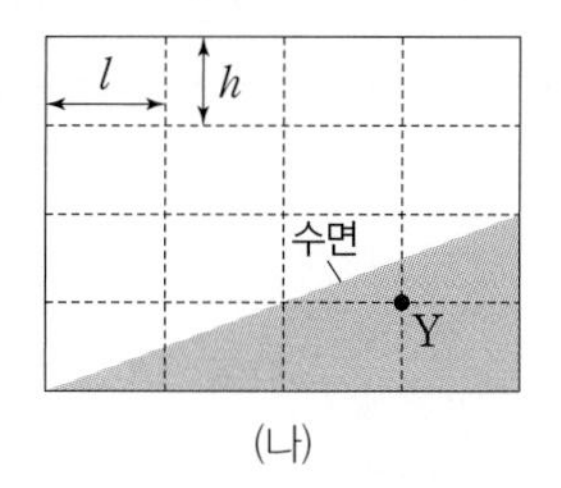

(나)

이에 대한 설명으로 옳은 것만을 〈보기〉에서 있는 대로 고른 것은? (단, 두 지역의 중력 가속도와 물의 밀도는 각각 같다.)

보기
ㄱ. 수평 수압 경도력은 X 지점이 Y 지점의 2배이다.
ㄴ. 수압은 X 지점이 Y 지점의 2배이다.
ㄷ. X와 Y 지점 모두 중력 가속도와 수면 높이 변화 없이 물의 밀도만 커지면 수압도 커진다.

① ㄱ ② ㄴ ③ ㄱ, ㄷ
④ ㄴ, ㄷ ⑤ ㄱ, ㄴ, ㄷ

03

▸25073-0087

그림 (가)와 (나)는 전향력의 원리를 알아보기 위해 서로 다른 속도와 방향으로 회전하고 있는 회전판 위 X에서 회전판 중심을 향해 구슬을 굴렸을 때의 궤적을 나타낸 것이다. X에서 구슬의 초기 속력은 (가)와 (나)가 같다.

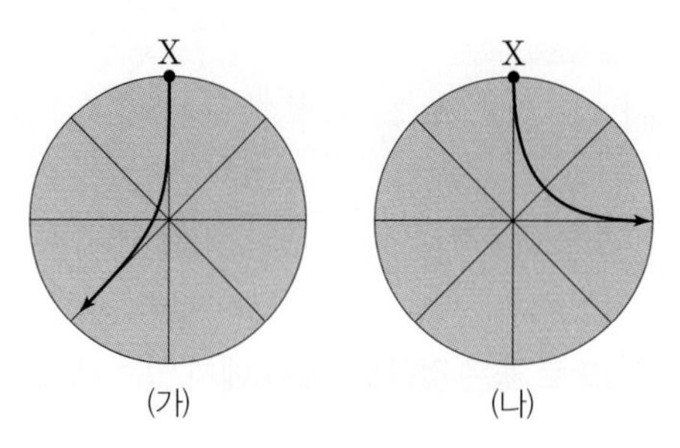

(가) (나)

이에 대한 설명으로 옳은 것만을 〈보기〉에서 있는 대로 고른 것은?

보기
ㄱ. (가)의 회전판은 시계 반대 방향으로 회전하고 있다.
ㄴ. 회전판이 한 바퀴 회전하는 데 소요되는 시간은 (가)가 (나)보다 짧다.
ㄷ. 북반구에서 전향력의 작용을 설명하기 위해서는 (가)가 (나)보다 적합하다.

① ㄱ ② ㄴ ③ ㄱ, ㄷ
④ ㄴ, ㄷ ⑤ ㄱ, ㄴ, ㄷ

04

▸25073-0088

그림 (가)와 (나)는 에크만 수송이 발생하는 북반구 어느 해역의 해수면 위에서 지속적으로 부는 바람과 에크만 수송 방향을 순서 없이 나타낸 것이다.

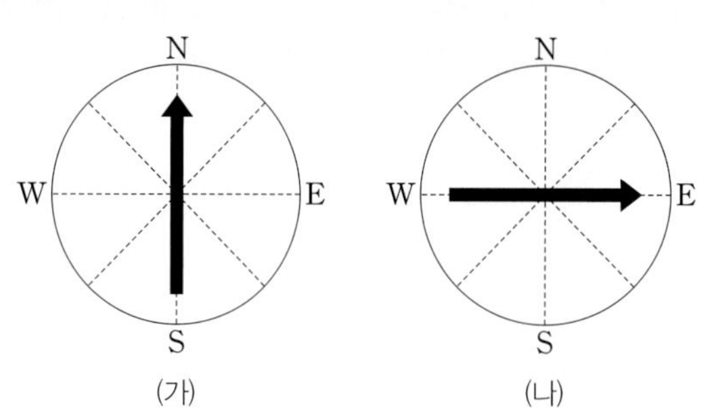

(가) (나)

이에 대한 설명으로 옳은 것만을 〈보기〉에서 있는 대로 고른 것은?

보기
ㄱ. 해수면 위에서 부는 바람 방향은 (가)이다.
ㄴ. 표면 해수의 이동 방향은 북동쪽이다.
ㄷ. 마찰 저항 심도에서 해수의 이동 방향은 남서쪽이다.

① ㄱ ② ㄷ ③ ㄱ, ㄴ
④ ㄴ, ㄷ ⑤ ㄱ, ㄴ, ㄷ

05

▸25073-0089

그림은 남태평양의 해역 A～D를 지나는 표층 해류를 나타낸 것이다. 화살표로 표시된 모든 해류는 아열대 순환을 형성한다.

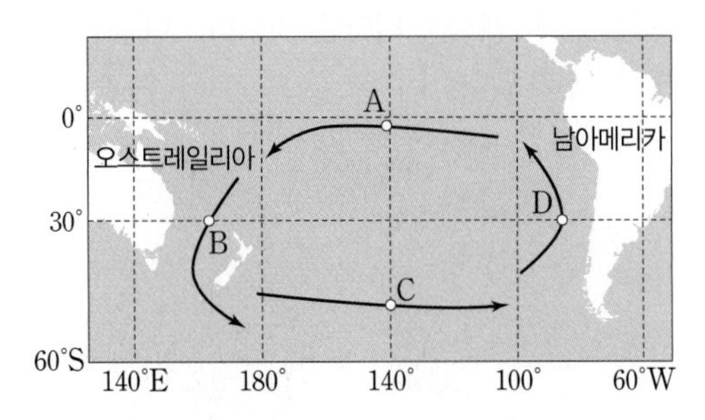

이에 대한 설명으로 옳은 것만을 <보기>에서 있는 대로 고른 것은?

보기

ㄱ. 표층 수온은 B가 D보다 높다.

ㄴ. $\frac{\text{해수에 작용하는 전향력의 크기}}{\text{해류의 속도}}$는 A가 C보다 크다.

ㄷ. 표층 해류의 속도는 B가 D보다 빠르다.

① ㄱ ② ㄴ ③ ㄱ, ㄷ ④ ㄴ, ㄷ ⑤ ㄱ, ㄴ, ㄷ

06

▸25073-0090

그림은 아열대 순환을 구성하는 해류 중 위도 30°를 기준으로 서로 반대 방향으로 흐르고 있는 지형류를 나타낸 것이다.

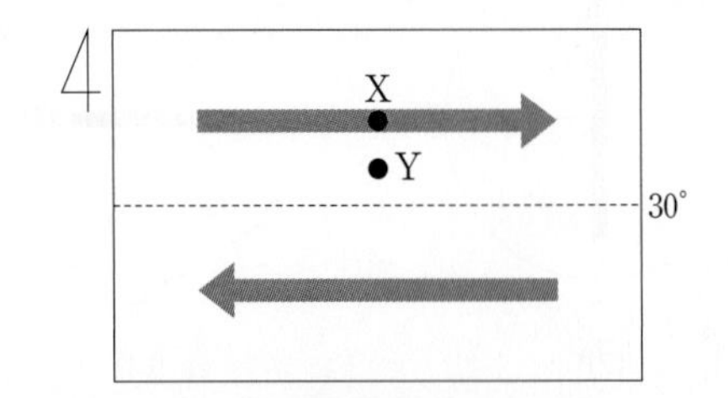

이에 대한 설명으로 옳은 것만을 <보기>에서 있는 대로 고른 것은?

보기

ㄱ. 남반구 지역을 나타낸 것이다.

ㄴ. 지점 X에서 전향력은 남쪽으로 작용한다.

ㄷ. 해수면 높이는 X가 Y보다 낮다.

① ㄱ ② ㄴ ③ ㄱ, ㄷ ④ ㄴ, ㄷ ⑤ ㄱ, ㄴ, ㄷ

07

▸25073-0091

그림은 어느 해역에서 지형류의 발생 과정을 나타낸 것이다. X와 Y는 각각 수압 경도력과 전향력 중 하나이다.

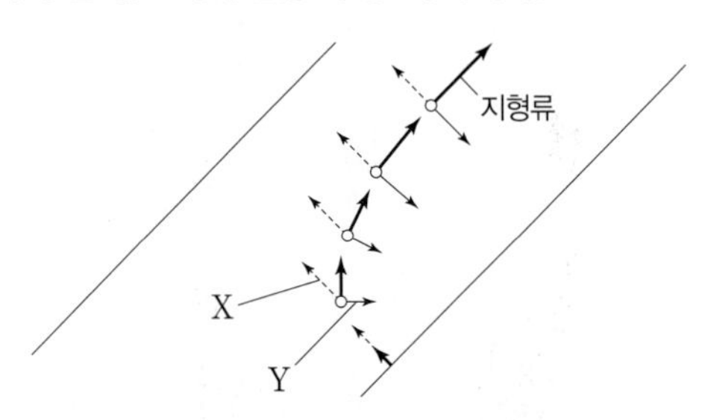

이에 대한 설명으로 옳은 것만을 <보기>에서 있는 대로 고른 것은?

보기

ㄱ. 이 해역은 북반구에 위치한다.

ㄴ. X는 전향력이다.

ㄷ. 다른 조건이 모두 동일한 경우 위도가 높아질수록 지형류의 유속은 빨라진다.

① ㄱ ② ㄴ ③ ㄱ, ㄷ ④ ㄴ, ㄷ ⑤ ㄱ, ㄴ, ㄷ

08

▸25073-0092

그림 (가)와 (나)는 자전하는 지구의 모양을 원기둥(▯)과 구(●) 모양으로 가정했을 때의 아열대 순환 모식도를 순서 없이 나타낸 것이다.

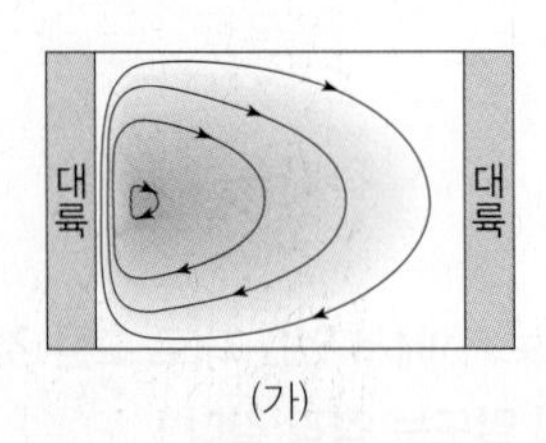

(가)

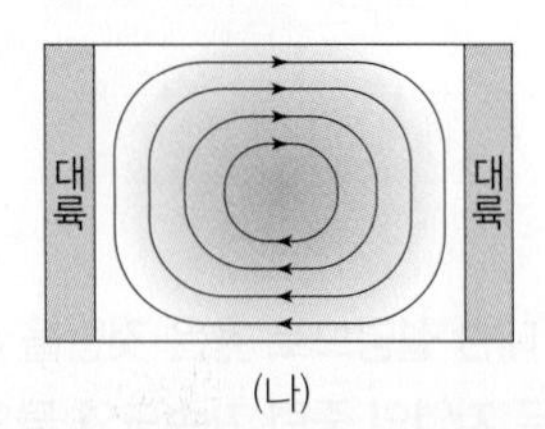

(나)

이에 대한 설명으로 옳은 것만을 <보기>에서 있는 대로 고른 것은?

보기

ㄱ. (가)는 원기둥 모양 지구에서의 아열대 순환 모식도이다.

ㄴ. (나)는 위도에 따른 전향력 크기의 변화가 없다.

ㄷ. (가)의 그림에서 왼쪽은 서쪽 방향을 나타낸다.

① ㄱ ② ㄴ ③ ㄱ, ㄷ ④ ㄴ, ㄷ ⑤ ㄱ, ㄴ, ㄷ

정답과 해설 14쪽

01

▸25073-0093

그림은 수평 방향의 물의 이동을 알아보기 위해 물이 담긴 U자관의 콕을 닫은 채 스탠드에 설치한 것이다.

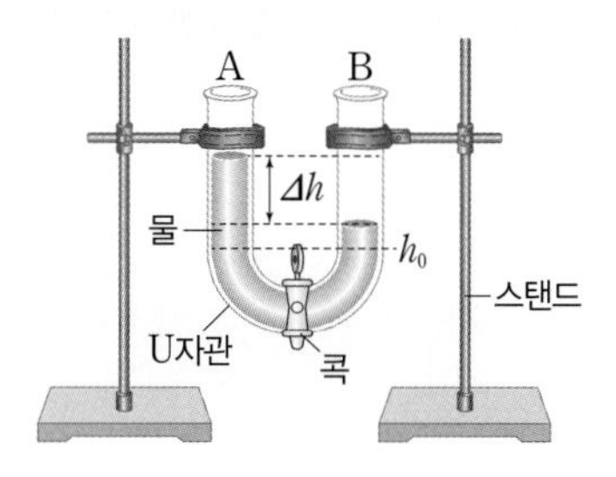

이에 대한 설명으로 옳은 것만을 〈보기〉에서 있는 대로 고른 것은?

보기

ㄱ. h_0에서 수압은 A가 B보다 크다.
ㄴ. 콕을 열면 $\varDelta h$가 줄어드는 속도는 점차 감소한다.
ㄷ. 콕을 여는 순간 콕 부분에 작용하는 수평 수압 경도력은 $\varDelta h$에 비례한다.

① ㄱ ② ㄴ ③ ㄱ, ㄷ ④ ㄴ, ㄷ ⑤ ㄱ, ㄴ, ㄷ

02

▸25073-0094

그림 (가)와 (나)는 남반구의 서로 다른 두 해역에서 등수압선과 지형류를 나타낸 것이다. (가)와 (나) 해역의 등수압선 P_1과 P_2 사이의 간격은 각각 l과 $2l$이고, 지형류 속도(v)와 해수의 밀도(ρ)는 각각 같다.

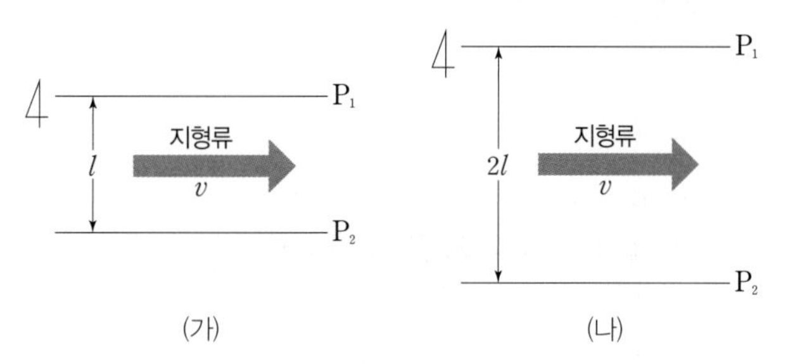

이에 대한 설명으로 옳은 것만을 〈보기〉에서 있는 대로 고른 것은? (단, 해수는 정역학 평형 상태이다.)

보기

ㄱ. 수압은 P_1이 P_2보다 크다.
ㄴ. 위도는 (가)가 (나)보다 높다.
ㄷ. 남북 방향의 해수면 경사는 (가)가 (나)보다 작다.

① ㄱ ② ㄴ ③ ㄷ ④ ㄱ, ㄴ ⑤ ㄱ, ㄷ

03

▸25073-0095

그림은 에크만 수송이 일어나는 중위도 어느 해역에서 서로 다른 수심에 따른 해수의 이동 방향 A ~ D를 나타낸 것이다. A ~ D 중 하나는 표면에서의 해수의 이동 방향을 나타내며, 화살표의 길이는 속도의 크기를 나타낸다.

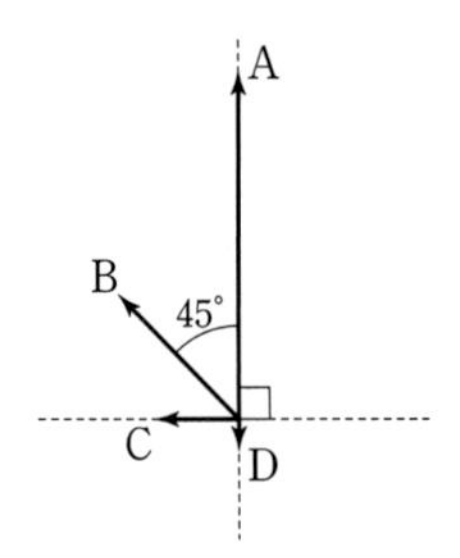

이에 대한 설명으로 옳은 것만을 〈보기〉에서 있는 대로 고른 것은?

보기

ㄱ. A는 표면에서의 해수 이동 방향이다.
ㄴ. 이 지역은 북반구에 위치한다.
ㄷ. A~D 중 에크만 수송 방향과 가장 가까운 것은 B이다.

① ㄱ ② ㄴ ③ ㄷ ④ ㄱ, ㄴ ⑤ ㄱ, ㄷ

04

▸25073-0096

그림은 지형류가 흐르고 있는 북반구 어느 해역에서 해수의 연직 수온 분포를 나타낸 것이다.

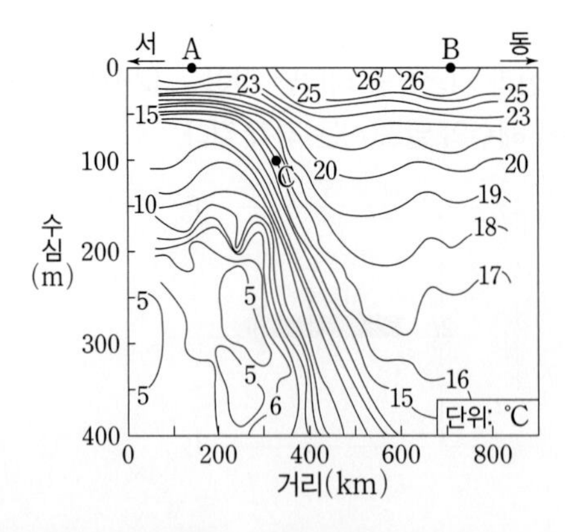

이에 대한 설명으로 옳은 것만을 〈보기〉에서 있는 대로 고른 것은?

보기

ㄱ. 해수면 높이는 A 지점이 B 지점보다 높다.
ㄴ. C 지점에서 수압 경도력은 서쪽으로 작용한다.
ㄷ. 지형류는 북쪽으로 흐르고 있다.

① ㄱ ② ㄷ ③ ㄱ, ㄴ ④ ㄴ, ㄷ ⑤ ㄱ, ㄴ, ㄷ

05

▸25073-0097

그림 (가)와 (나)는 어느 해역에서 지형류가 형성되는 과정 중 물 입자에 작용하는 힘과 해수의 이동 방향을 순서 없이 나타낸 것이다. 화살표 A, B, C는 각각 해수의 이동 방향, 전향력, 수압 경도력 중 하나이며, 화살표는 각각의 방향만을 나타낸 것이다. (가)와 (나)의 위도는 같다고 가정한다.

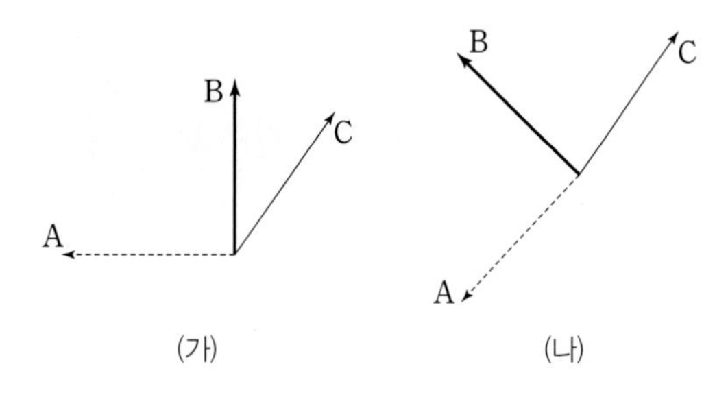

이에 대한 설명으로 옳은 것만을 〈보기〉에서 있는 대로 고른 것은?

보기

ㄱ. 시간 순서는 (가)→(나)이다.
ㄴ. 이 지역은 북반구에 위치한다.
ㄷ. A의 크기는 (가)가 (나)보다 크다.

① ㄱ ② ㄴ ③ ㄱ, ㄷ ④ ㄴ, ㄷ ⑤ ㄱ, ㄴ, ㄷ

06

▸25073-0098

그림 (가), (나), (다)는 서로 다른 조건에서 일정한 속도의 해류(⟹)가 저위도에서 고위도로 흐를 때 단위 질량의 해수에 작용하는 전향력의 크기와 방향을 화살표(⟶)로 나타낸 것이다.

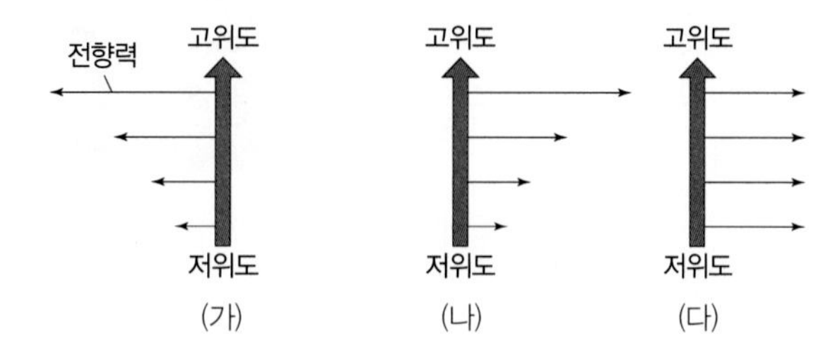

이에 대한 설명으로 옳은 것만을 〈보기〉에서 있는 대로 고른 것은?

보기

ㄱ. (가)는 현재 지구의 남반구를 나타낸다.
ㄴ. (가)와 (나)는 모두 지구가 자전하고 있을 때이다.
ㄷ. (다)에서 서안 강화 현상이 나타날 수 있다.

① ㄱ ② ㄷ ③ ㄱ, ㄴ ④ ㄴ, ㄷ ⑤ ㄱ, ㄴ, ㄷ

해파와 조석

1 해파

(1) **해파의 발생**: 주로 바람에 의해 발생하며, 해저 지진, 폭풍 등에 의해서도 발생한다.

(2) **해파의 요소**

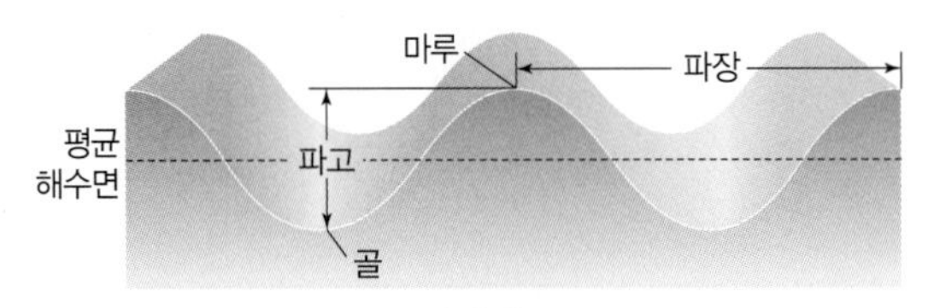

해파의 요소

① 마루와 골: 파의 가장 높은 부분(마루), 파의 가장 낮은 부분(골)
② 파장: 마루(골)와 마루(골) 사이의 수평 거리
③ 파고: 마루와 골의 연직 거리
④ 주기: 연속된 두 개의 마루(골)가 지나는 데 걸리는 시간

(3) **해파와 물 입자의 운동**: 파의 에너지는 파의 진행 방향을 따라 전달되지만 물 입자는 특정 지점을 중심으로 궤도 운동을 한다.

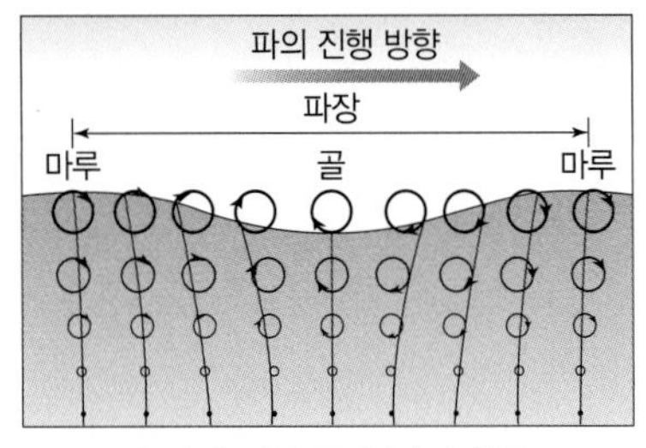

수심에 따른 물 입자의 운동

2 해파의 분류

(1) **모양에 따른 분류**

① 풍랑: 바람에 의해 직접 형성되며 마루가 뾰족한 삼각형 모양의 해파
② 너울: 풍랑이 발생지를 벗어난 곳에서 마루가 둥글게 규칙적으로 변한 해파 ➡ 풍랑보다 주기와 파장이 길다.
③ 연안 쇄파: 파봉(파의 마루)이 부서지는 해파 ➡ 연안 쇄파는 해파가 해안으로 접근할 때 발생하며, 해저와의 마찰로 해파의 속력이 느려지고 파장이 짧아지면서 파고가 높아져 발생한다.

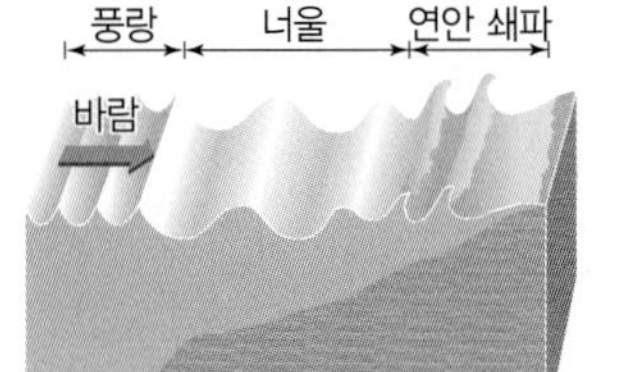

해안으로 접근하는 해파의 변화

구분	풍랑	너울
생성 원인	바람	풍랑에 의한 전파
마루의 형태	뾰족하다	둥글다
주기	짧다	길다
파장	수~수십 m	수십~수백 m

풍랑과 너울의 특징

(2) **파장과 수심에 따른 분류**

파의 진행 방향

심해파

파의 진행 방향 / 해수 표면 / 해저면

천해파

① 심해파: 수심이 파장의 $\frac{1}{2}$보다 깊은 곳에서 진행하는 해파
- 물 입자의 운동: 원운동
- 전파 속력: 파장이 길수록 속력(v)이 빠르다.
  ➡ $v=\sqrt{\frac{gL}{2\pi}}$ (g: 중력 가속도, L: 파장)

② 천해파: 수심이 파장의 $\frac{1}{20}$보다 얕은 곳에서 진행하는 해파
- 물 입자의 운동: 타원 운동, 해저에서는 직선 왕복 운동
- 전파 속력: 수심이 깊을수록 속력(v)이 빠르다.
  ➡ $v=\sqrt{gh}$ (g: 중력 가속도, h: 수심)

3 해일

(1) **폭풍 해일**: 강한 저기압 중심의 낮은 압력과 강한 바람에 의해 저기압 중심의 해수면이 상승하여 해일이 일어나는 현상

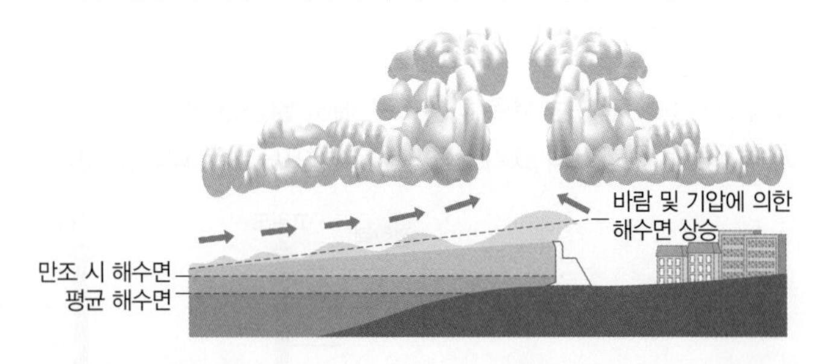

더 알기 해파의 굴절

- 해파가 해안가에 가까워지면 수심이 얕아지므로 모든 해파가 천해파의 성질을 띠게 된다. 따라서 수심이 얕을수록 해파의 속력이 느려진다.
- 수심이 얕은 곳을 통과하는 해파는 느려지고 깊은 곳을 통과하는 해파는 빨라진다.
- (가): 해안선이 직선인 곳에서는 해파가 해안에 가까울수록 느리고, 해안에서 멀수록 빠르므로 해파의 굴절이 일어나 결과적으로 해파의 마루선이 해안선에 거의 나란해진다.
- (나): 해안선이 불규칙한 곳에서는 수심에 따른 해파의 속력 차이로 곶에서는 에너지가 집중되고 만에서는 에너지가 분산된다.

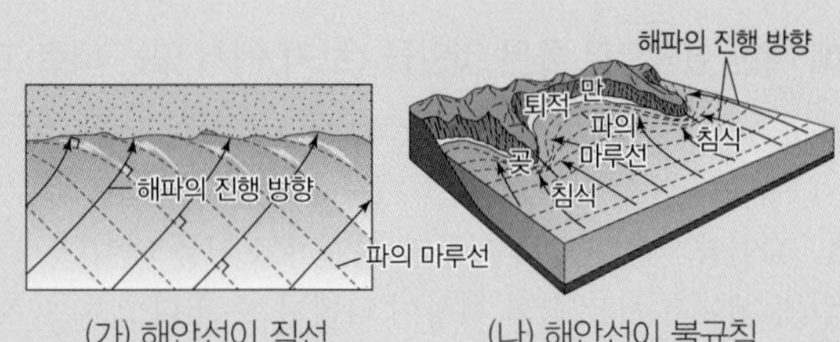

(가) 해안선이 직선 (나) 해안선이 불규칙

(2) **지진 해일(쓰나미)**: 해저 지진, 해저 사태 등에 의한 해수면의 급격한 변동으로 발생한 해파 ➡ 깊은 바다에서는 파고가 낮고 속력이 매우 빠르다. → 얕은 해안가로 접근할수록 속력은 느려지고 파고가 높아져 해일이 발생한다.

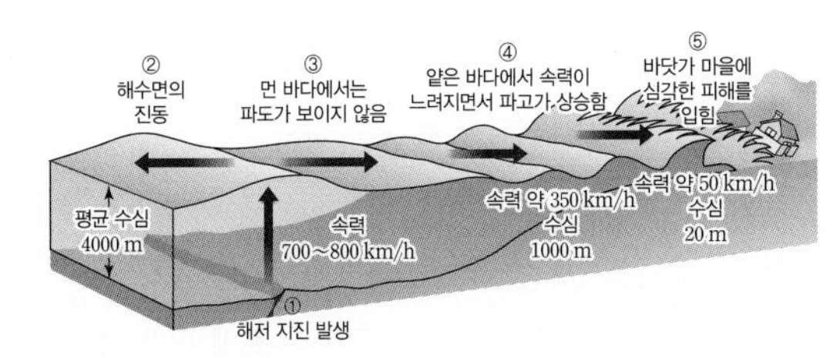

지진 해일이 전파되는 모습

④ 조석

(1) **기조력**: 조석을 일으키는 힘

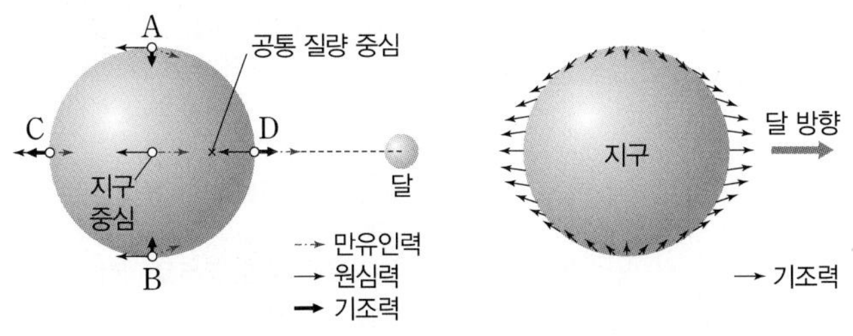

기조력의 크기와 방향 / 지구의 지점별 기조력

① 기조력의 발생 원인: 지구가 다른 천체와의 공통 질량 중심 주위를 회전할 때 생기는 원심력과 천체가 잡아당기는 만유인력의 합력에 의해 생긴다.

② 기조력의 크기(T): 영향을 미치는 천체의 질량(M)에 비례하고, 천체까지 거리(d)의 세제곱에 반비례한다. ➡ $T \propto \frac{M}{d^3}$

③ 달과 태양에 의한 기조력: 태양의 질량은 달의 질량에 비해 훨씬 크지만 태양은 달에 비해 지구로부터의 거리가 훨씬 멀다. 따라서 달에 의한 기조력이 태양에 의한 기조력의 약 2배이다.

(2) **조석 주기**

① 만조와 간조: 해수면이 가장 높아졌을 때를 만조, 가장 낮아졌을 때를 간조라고 한다.

② 조석 주기: 만조(간조)에서 다음 만조(간조)까지의 시간

③ 달의 공전과 조석 주기: 달이 하루 동안에 약 13° 공전하므로 지구의 부풀어 오른 위치도 달을 따라 움직이게 된다. 따라서 달 방향에 있던 지구의 어떤 지점(A)이 하루 뒤 다시 달 방향(B)에 있기 위해서는 지구는 약 13° 더 회전해야 한다. 그 시간은 대략 50분이 더 소요되므로 달이 같은 위치가 되는 데 걸린 시간은 약 24시간 50분이 된다. 반일주조의 경우 하루 동안 약 2회의 만조(간조)가 나타나므로 조석 주기는 약 12시간 25분이 된다.

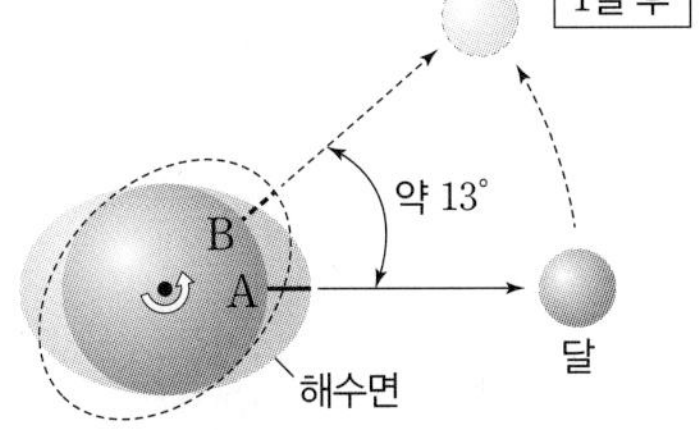

(3) **사리와 조금**

① 조차: 만조와 간조 때 해수면의 높이 차이

② 사리와 조금: 조차가 최대일 때를 사리, 최소일 때를 조금이라 한다.

③ 달의 위상과 조석 현상: 삭이나 망일 때는 사리, 상현이나 하현일 때는 조금이 발생한다.

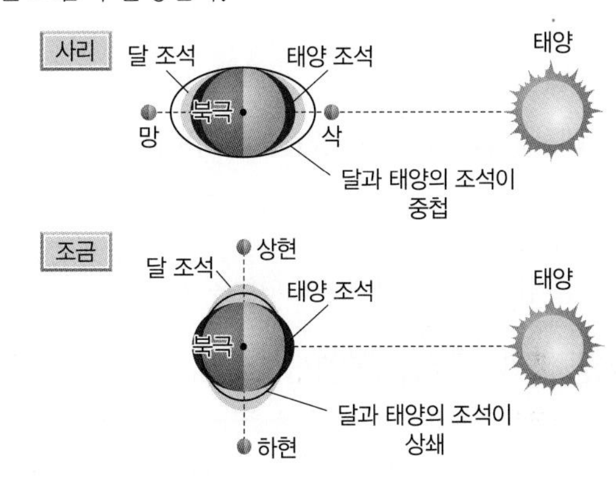

(4) **위도에 따른 조석의 차이와 조석 형태**: 달의 위치에 따라서 해수면이 부풀어 오르는 방향이 달라지고, 또한 위도에 따라서 조석의 형태가 달라진다.

① 원인: 달의 공전 궤도가 지구의 적도와 약 23.5°±5° 기울어져 있기 때문이다.

② 조석의 형태

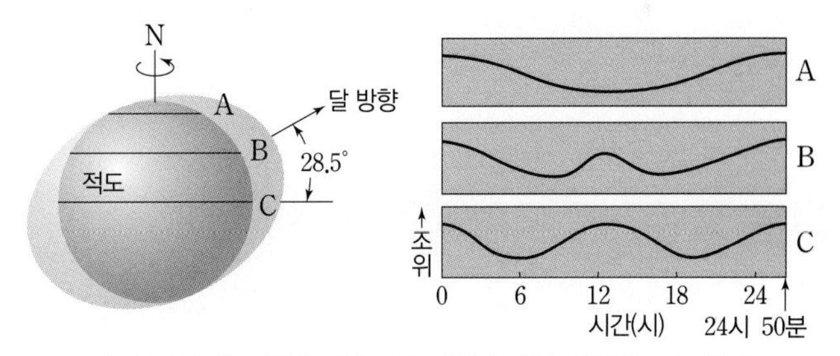

달의 공전 궤도 최대 기울기와 지역에 따른 다양한 조석 형태

- 일주조(A): 하루에 만조와 간조가 한 번씩만 나타난다.
- 혼합조(B): 일주조와 반일주조가 혼합된 형태
- 반일주조(C): 하루에 만조와 간조가 대략 두 번씩 나타난다.

더 알기 조석 자료(수위 변화 곡선)의 해석

- 하루에 만조와 간조는 각각 약 2회씩 일어나며, 조석 주기는 약 12시간 25분이다.
- 해수면의 높이 변화는 지구, 달, 태양의 상대적인 위치에 따라 주기적으로 나타난다.
- 해수면의 높이 변화가 가장 크게 나타나는 시기는 태양과 달이 지구와 일직선을 이루고 있는 삭이나 망일 때이다.
- 해수면의 높이 변화가 가장 작게 나타나는 시기는 달과 태양의 기조력이 서로 직각 방향으로 작용하는 상현이나 하현일 때이다.

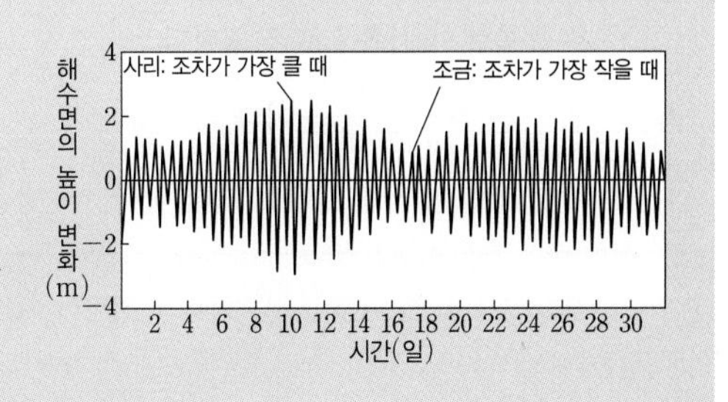

테마 대표 문제

| 2025학년도 수능 |

그림은 해파 ㉠이 해역 A를, 해파 ㉡이 해역 B를 각각 지날 때 관측한 물 입자 운동의 수평 거리를 수심에 따라 나타낸 것이다. ㉠과 ㉡은 각각 심해파와 천해파 중 하나이다.

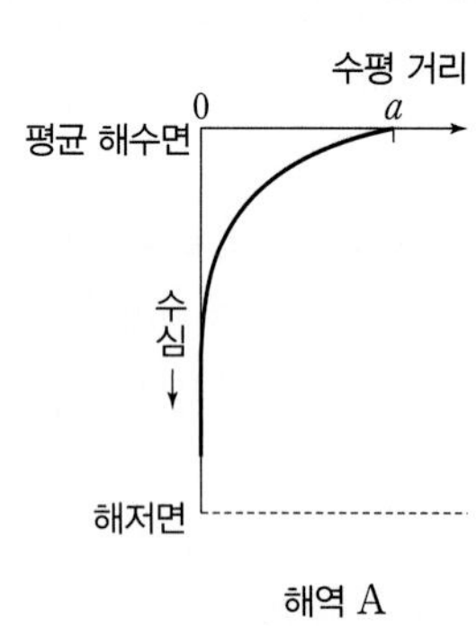

해역 A

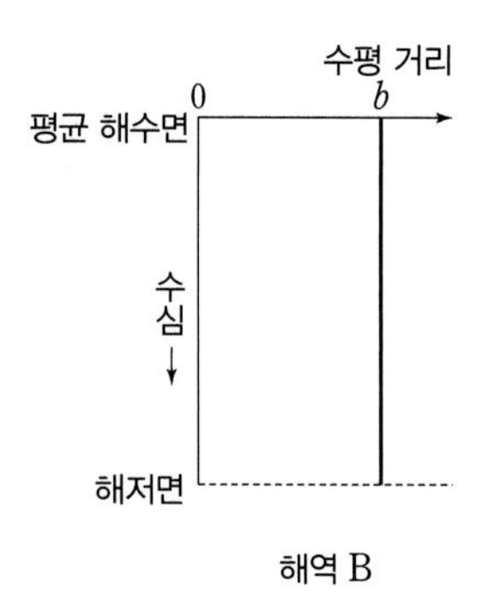

해역 B

이 자료에 대한 설명으로 옳은 것만을 〈보기〉에서 있는 대로 고른 것은?

보기
ㄱ. ㉠은 심해파이다.
ㄴ. ㉡의 물 입자 운동은 해저면의 영향을 받는다.
ㄷ. $\frac{a}{㉠의\ 파고} < \frac{b}{㉡의\ 파고}$이다.

① ㄱ ② ㄷ ③ ㄱ, ㄴ ④ ㄴ, ㄷ ⑤ ㄱ, ㄴ, ㄷ

접근 전략

해파가 진행할 때 물 입자 운동의 수평 거리를 수심에 따라 나타낸 그래프를 해석하여 심해파인지 천해파인지 판단할 수 있어야 한다.

간략 풀이

심해파는 물 입자가 원 궤도 운동을 하며 깊이가 깊어질수록 원의 반지름이 감소하므로 물 입자 운동의 수평 거리는 수심에 따라 감소한다. 천해파는 물 입자가 타원 궤도 운동을 하며 깊이가 깊어질수록 더 납작한 타원 운동을 하므로 물 입자 운동의 수평 거리는 수심에 따라 일정하다.

ㄱ. ㉠은 해역 A에서 물 입자의 수평 거리가 수심에 따라 감소하므로 심해파이고, ㉡은 해역 B에서 물 입자의 수평 거리가 수심에 따라 일정하므로 천해파이다.

ㄴ. ㉡은 천해파로, 물 입자 운동은 해저면의 마찰의 영향을 받아 물 입자는 타원 궤도 운동을 한다.

ㄷ. a는 ㉠의 물 입자 운동의 수평 거리로 물 입자 원운동의 지름이고, ㉠의 파고는 해파의 골에서 마루까지의 거리로 물 입자 원운동의 지름과 같다. $\frac{a}{㉠의\ 파고}=1$이다. b는 ㉡의 물 입자 운동의 수평 거리로 물 입자 타원 운동의 긴 지름이고, ㉡의 파고는 해파의 골에서 마루까지의 거리로 물 입자 타원 운동의 짧은 지름과 같다. $\frac{b}{㉡의\ 파고}>1$이다. 따라서 $\frac{a}{㉠의\ 파고} < \frac{b}{㉡의\ 파고}$이다.

정답 | ⑤

닮은 꼴 문제로 유형 익히기

정답과 해설 15쪽

▸ 25073-0099

그림은 파장이 400 m인 해파 ㉠, ㉡이 각각 해역 A, B에서 진행할 때 해수면에 있는 물 입자의 운동을 나타낸 것이다. ㉠과 ㉡은 각각 심해파와 천해파 중 하나이다. 이에 대한 설명으로 옳은 것만을 〈보기〉에서 있는 대로 고른 것은?

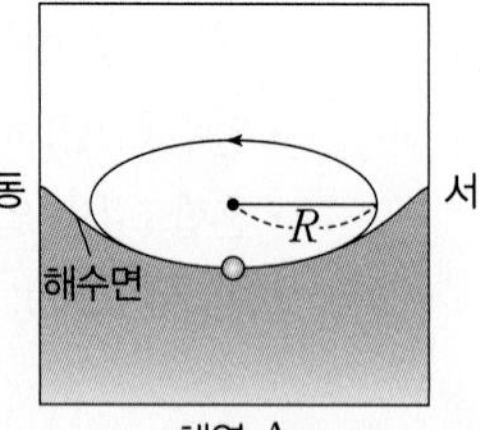

해역 A

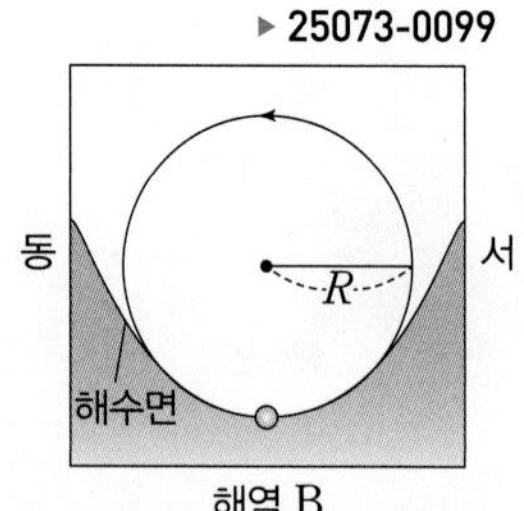

해역 B

보기
ㄱ. ㉠은 동쪽에서 서쪽으로 진행한다.
ㄴ. $\frac{R}{㉠의\ 파고} > \frac{R}{㉡의\ 파고}$이다.
ㄷ. A와 B의 수심 차는 180 m보다 작다.

① ㄱ ② ㄴ ③ ㄱ, ㄷ ④ ㄴ, ㄷ ⑤ ㄱ, ㄴ, ㄷ

유사점과 차이점

천해파와 심해파의 물 입자 운동을 다룬다는 점에서 대표 문제와 유사하지만, 수심에 따른 물 입자 운동의 수평 거리를 제시하는 대신 해수면에서 물 입자 운동의 모습을 제시한다는 점에서 대표 문제와 다르다.

배경 지식

- 마루에 위치한 물 입자의 운동 방향은 해파의 진행 방향과 같고, 골에 위치한 물 입자의 운동 방향은 해파의 진행 방향의 반대 방향이다.
- 천해파는 수심이 파장의 $\frac{1}{20}$보다 얕은 곳에서 진행하는 해파이고, 심해파는 수심이 파장의 $\frac{1}{2}$보다 깊은 곳에서 진행하는 해파이다.

테마 대표 문제

| 2025학년도 수능 |

그림은 북반구 어느 지역에서 부는 지상풍과 이에 작용하는 힘 A, B, C의 방향을 등압선과 함께 나타낸 것이다. A, B, C는 각각 기압 경도력, 마찰력, 전향력 중 하나이다.

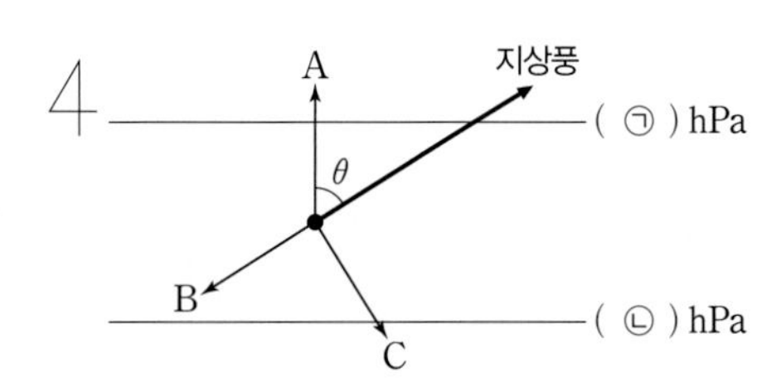

이에 대한 설명으로 옳은 것만을 〈보기〉에서 있는 대로 고른 것은? (단, 화살표의 길이는 힘의 크기와 무관하다.)

보기
ㄱ. ㉠>㉡이다.
ㄴ. 힘의 크기는 A가 C보다 크다.
ㄷ. B의 크기가 작을수록 지상풍과 A가 이루는 각(θ)은 작다.

① ㄱ ② ㄴ ③ ㄷ ④ ㄱ, ㄴ ⑤ ㄴ, ㄷ

접근 전략

지상풍에 작용하는 기압 경도력, 전향력, 마찰력의 크기와 방향을 알고, 지상풍과 기압 경도력이 이루는 각(θ)과 마찰력의 크기 관계를 판단할 수 있어야 한다.

간략 풀이

A는 기압 경도력, B는 마찰력, C는 전향력이다.

ㄱ. 기압 경도력(A)이 ㉡에서 ㉠ 쪽으로 향하는 것으로 보아, ㉠은 ㉡보다 작다.

ㄴ. 지상풍은 전향력과 마찰력의 합력이 기압 경도력과 평형을 이루면서 부는 바람이므로, 기압 경도력(A)이 전향력(C)보다 크다.

ㄷ. 마찰력(B)의 크기가 작을수록 지상풍과 등압선이 이루는 각은 작아지고, 지상풍과 기압 경도력(A)이 이루는 각(θ)은 커진다. 마찰력이 0이 되면 지상풍과 기압 경도력이 이루는 각은 90°가 된다.

정답 | ②

닮은 꼴 문제로 유형 익히기

정답과 해설 23쪽

▸ 25073-0133

그림 (가)와 (나)는 북반구의 두 지점 A, B에서 부는 지상풍을 등압선과 함께 나타낸 것이다. A, B에서 공기의 밀도는 같다.

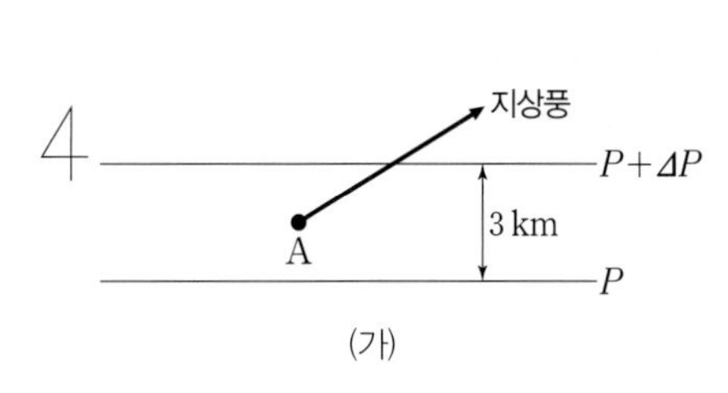

(가)

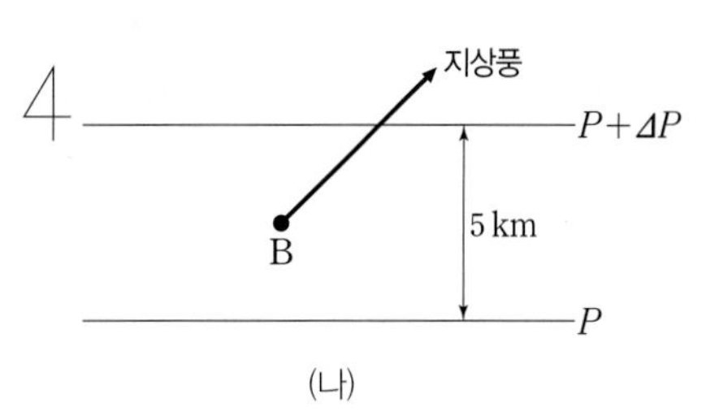

(나)

이에 대한 설명으로 옳은 것만을 〈보기〉에서 있는 대로 고른 것은? (단, 화살표는 바람의 방향만을 나타내며 바람의 세기와는 무관하다.)

보기
ㄱ. $\Delta P>0$이다.
ㄴ. 전향력과 마찰력의 합력의 크기는 A가 B보다 크다.
ㄷ. 지상풍의 풍속은 A가 B보다 크다.

① ㄱ ② ㄷ ③ ㄱ, ㄴ ④ ㄴ, ㄷ ⑤ ㄱ, ㄴ, ㄷ

유사점과 차이점

지상풍을 제시하고 지상풍에 작용하는 힘을 다룬다는 점에서 대표 문제와 유사하지만, 두 지점에서 지상풍의 세기를 비교한다는 점에서 대표 문제와 다르다.

배경 지식

- 지상풍에 작용하는 힘에서 전향력과 마찰력의 합력의 크기는 기압 경도력의 크기와 같다.
- 공기의 밀도와 기압 차가 같을 때 기압 경도력은 $\frac{1}{\Delta L}$(ΔL: 등압선 사이의 간격)에 비례한다.
- 마찰력의 크기가 클수록 지상풍과 등압선이 이루는 각(경각)의 크기가 커진다.

01

▸25073-0134

그림은 정역학 평형을 이루고 있는 높이 z와 $z+\Delta z$ 사이의 공기 기둥의 윗면과 아랫면에 작용하는 압력 P와 $P+\Delta P$를 나타낸 것이다.

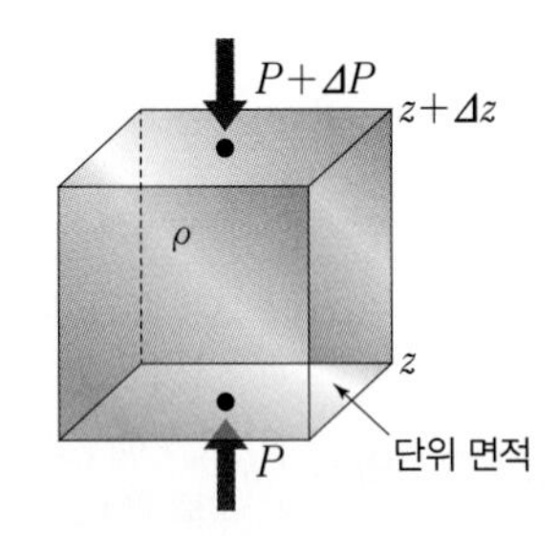

이에 대한 설명으로 옳은 것만을 〈보기〉에서 있는 대로 고른 것은? (단, 공기의 밀도는 ρ이고, 중력 가속도는 일정하다.)

보기

ㄱ. $\Delta P<0$이다.
ㄴ. 공기 기둥의 질량은 $\rho\times\Delta z$이다.
ㄷ. 높이 z에서의 기압은 공기 기둥의 무게와 같다.

① ㄱ ② ㄷ ③ ㄱ, ㄴ
④ ㄴ, ㄷ ⑤ ㄱ, ㄴ, ㄷ

02

▸25073-0135

그림은 북반구 어느 지상에서 4 hPa 간격의 등압선 분포를 나타낸 것이다. P 지점에서 수평 기압 경도력은 ㉠~㉣ 중 하나의 방향으로 작용한다.

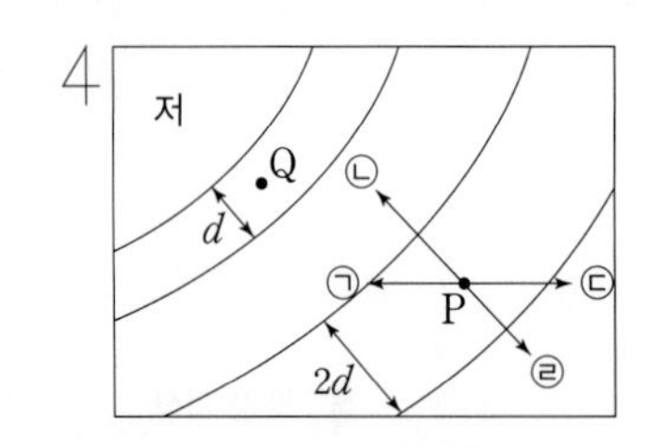

이에 대한 설명으로 옳은 것만을 〈보기〉에서 있는 대로 고른 것은? (단, 공기의 밀도는 일정하다.)

보기

ㄱ. P에서 수평 기압 경도력은 ㉠ 방향으로 작용한다.
ㄴ. 1 kg의 공기에 작용하는 수평 기압 경도력의 크기는 P가 Q의 $\frac{1}{2}$배이다.
ㄷ. P에서 공기가 이동하기 시작할 때, 전향력은 남서쪽으로 작용한다.

① ㄱ ② ㄴ ③ ㄱ, ㄷ
④ ㄴ, ㄷ ⑤ ㄱ, ㄴ, ㄷ

03

▸25073-0136

그림은 물체의 속력이 A, B일 때, 위도에 따라 물체에 작용하는 전향력의 크기를 나타낸 것이다.

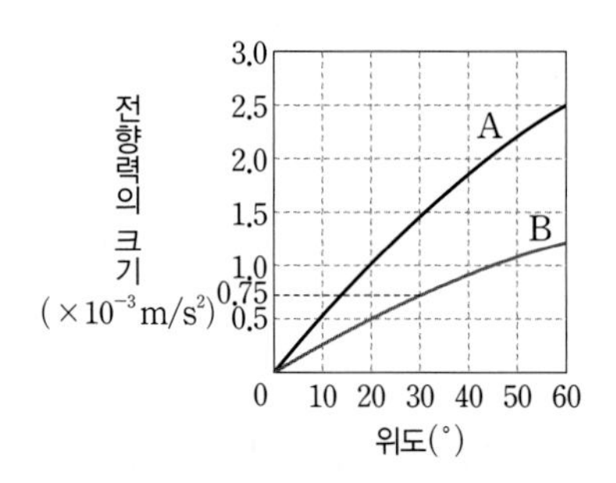

이에 대한 설명으로 옳은 것만을 〈보기〉에서 있는 대로 고른 것은?

보기

ㄱ. 속력이 일정할 때, 전향력은 위도가 높을수록 크다.
ㄴ. 속력은 A가 B의 2배이다.
ㄷ. 속력이 B일 때 위도 90°에서 전향력의 크기는 1.5×10^{-3} m/s^{2}이다.

① ㄱ ② ㄴ ③ ㄱ, ㄷ
④ ㄴ, ㄷ ⑤ ㄱ, ㄴ, ㄷ

04

▸25073-0137

그림은 남반구의 P 지점에서 지상풍이 불 때 공기에 작용하는 마찰력의 방향과 등압선 분포를 나타낸 것이다. 경각(θ)은 45°이다.

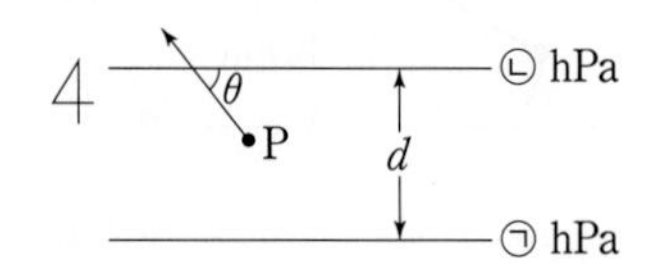

이에 대한 설명으로 옳은 것만을 〈보기〉에서 있는 대로 고른 것은?

보기

ㄱ. ㉠은 ㉡보다 크다.
ㄴ. P 지점에 작용하는 전향력의 방향은 북동쪽이다.
ㄷ. 대기 경계층 내에서는 P 지점에서 연직 상공으로 올라갈수록 풍향은 시계 방향으로 바뀐다.

① ㄱ ② ㄴ ③ ㄱ, ㄷ
④ ㄴ, ㄷ ⑤ ㄱ, ㄴ, ㄷ

05

▸25073-0138

그림 (가)와 (나)는 위도가 다른 두 지역의 상공에서 부는 지균풍(⟶)을 등압선과 함께 나타낸 것이다. 두 지역의 위도는 각각 30°N과 45°S 중 하나이고, 두 지역의 공기의 밀도는 동일하다.

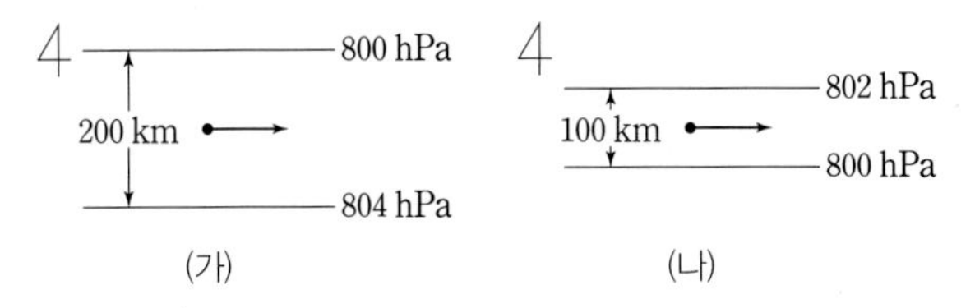

이에 대한 설명으로 옳은 것만을 〈보기〉에서 있는 대로 고른 것은?

보기
ㄱ. (가)의 위도는 30°N이다.
ㄴ. 전향력의 크기는 (가)가 (나)보다 작다.
ㄷ. 지균풍의 풍속은 (가)가 (나)의 2배이다.

① ㄱ ② ㄴ ③ ㄱ, ㄷ
④ ㄴ, ㄷ ⑤ ㄱ, ㄴ, ㄷ

06

▸25073-0139

그림 (가)와 (나)는 서로 다른 지역에서 등압선이 원형일 때 부는 바람을 나타낸 것이다.

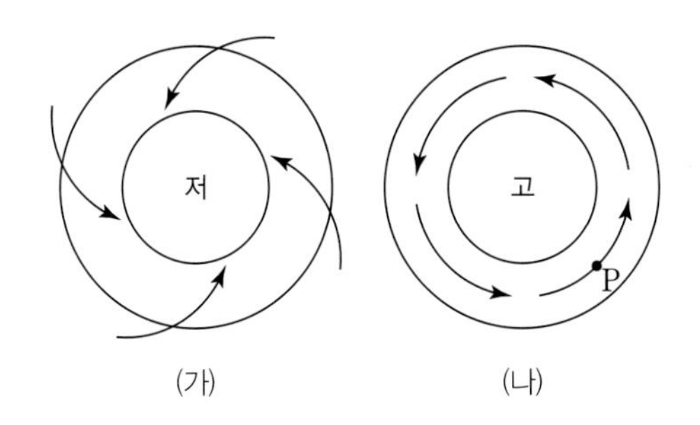

이에 대한 설명으로 옳은 것만을 〈보기〉에서 있는 대로 고른 것은?

보기
ㄱ. 바람이 부는 지면으로부터의 높이는 (가)가 (나)보다 높다.
ㄴ. (나)는 남반구에 위치한다.
ㄷ. P 지점에 작용하는 힘의 크기는 전향력이 기압 경도력보다 크다.

① ㄱ ② ㄴ ③ ㄱ, ㄷ
④ ㄴ, ㄷ ⑤ ㄱ, ㄴ, ㄷ

07

▸25073-0140

그림은 북반구 중위도의 어느 지역에서 높이에 따른 풍속의 상대적인 크기를 화살표로 나타낸 것이다. h_1은 지균풍이 불기 시작하는 높이이고, 높이에 따른 수평 기압 경도력은 일정하다.

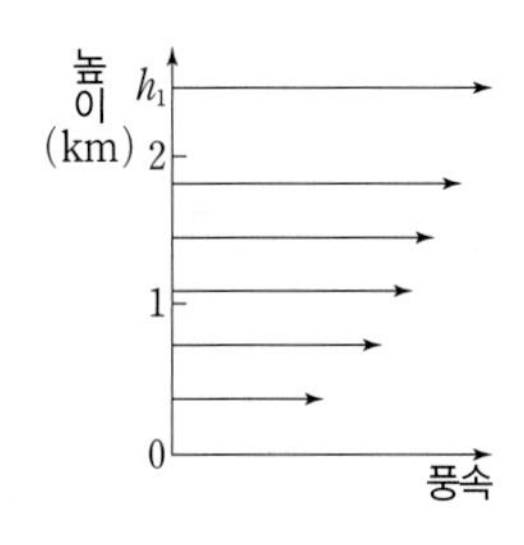

이에 대한 설명으로 옳은 것만을 〈보기〉에서 있는 대로 고른 것은? (단, h_1에서는 서풍이 불고 있다.)

보기
ㄱ. 지상풍에 작용하는 마찰력은 지표가 높이 1 km보다 크다.
ㄴ. 지표~h_1 구간에서는 지표 부근에서 상공으로 갈수록 풍향은 시계 방향으로 변한다.
ㄷ. 다른 조건이 같은 경우, 지표면의 마찰의 영향이 커질수록 h_1은 높아진다.

① ㄱ ② ㄴ ③ ㄱ, ㄷ
④ ㄴ, ㄷ ⑤ ㄱ, ㄴ, ㄷ

08

▸25073-0141

그림 (가)와 (나)는 각각 북반구와 남반구 중 한 곳에 위치하는 지점 P와 Q의 공기에 작용하는 전향력의 방향을 나타낸 것이다. P와 Q에서는 경도풍이 시계 방향으로 불고 있고, 전향력의 크기는 같다.

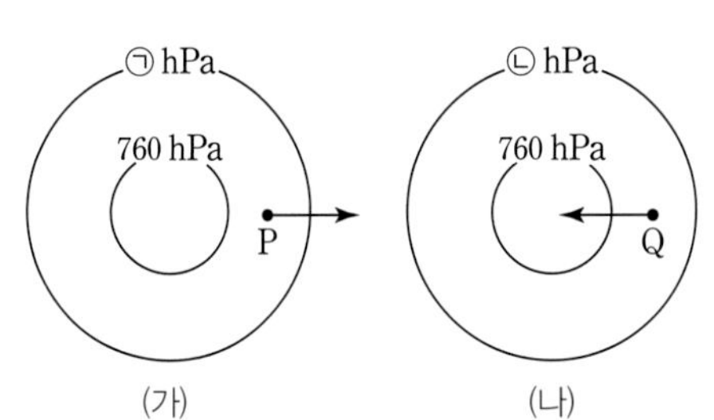

이에 대한 설명으로 옳은 것만을 〈보기〉에서 있는 대로 고른 것은?

보기
ㄱ. ㉠은 ㉡보다 크다.
ㄴ. P는 북반구에 위치한다.
ㄷ. 공기에 작용하는 기압 경도력의 크기는 P가 Q보다 작다.

① ㄱ ② ㄴ ③ ㄱ, ㄷ
④ ㄴ, ㄷ ⑤ ㄱ, ㄴ, ㄷ

01

▸25073-0142

그림은 상층에서 지균풍이 불고 있는 북반구 어느 지역의 지점 A～D에서 관측한 높이에 따른 기온 분포를 나타낸 것이다. 높이 0 km에서 기압은 네 지점 모두 1000 hPa이고, 각 지점 사이의 수평 거리는 500 km로 일정하다.

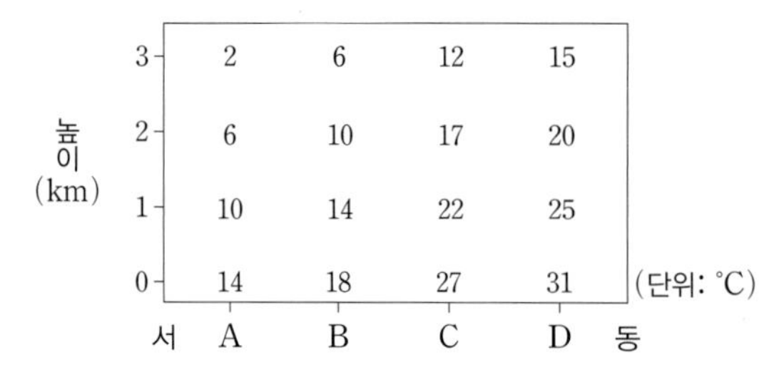

A～D에 대한 설명으로 옳은 것만을 <보기>에서 있는 대로 고른 것은? (단, 대기는 정역학 평형 상태이고, 등압면의 기울기는 일정하며, 등압면의 남북 방향의 경사는 없다.)

보기

ㄱ. 높이 1 km에서 기압은 A가 가장 높다.
ㄴ. 네 지점 모두 높이 2 km에서 남풍이 분다.
ㄷ. 1000～900 hPa 대기층의 두께는 A가 D보다 두껍다.

① ㄱ ② ㄴ ③ ㄷ ④ ㄱ, ㄴ ⑤ ㄱ, ㄷ

02

▸25073-0143

그림 (가)와 (나)는 정역학 평형 상태에 있는 밀도가 각각 1 kg/m^3, 1.25 kg/m^{3}인 공기 기둥을 나타낸 것이다.

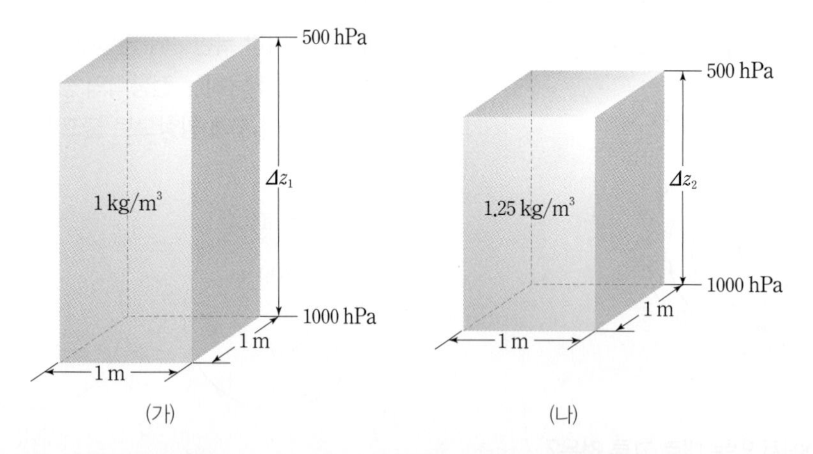

(가) (나)

이에 대한 설명으로 옳은 것만을 <보기>에서 있는 대로 고른 것은? (단, 중력 가속도는 10 m/s^{2}이고, Pa=N/m^{2}이다.)

보기

ㄱ. $\frac{\Delta z_2}{\Delta z_1}$는 $\frac{4}{5}$이다.
ㄴ. $\frac{\text{(나)의 공기 기둥의 질량}}{\text{(가)의 공기 기둥의 질량}}$은 1.25이다.
ㄷ. 공기의 밀도가 클수록 높이에 따른 기압 감소 폭이 크다.

① ㄱ ② ㄴ ③ ㄱ, ㄷ ④ ㄴ, ㄷ ⑤ ㄱ, ㄴ, ㄷ

03

▸25073-0144

그림은 남반구 중위도 어느 지역의 기압의 연직 분포를 **700 hPa** 등압선(········)과 함께 나타낸 것이다. **A**와 **B**는 **700 hPa** 등압선상에 위치하고, **B** 지점에서는 힘의 평형 상태에 도달한 바람이 불고 있다.

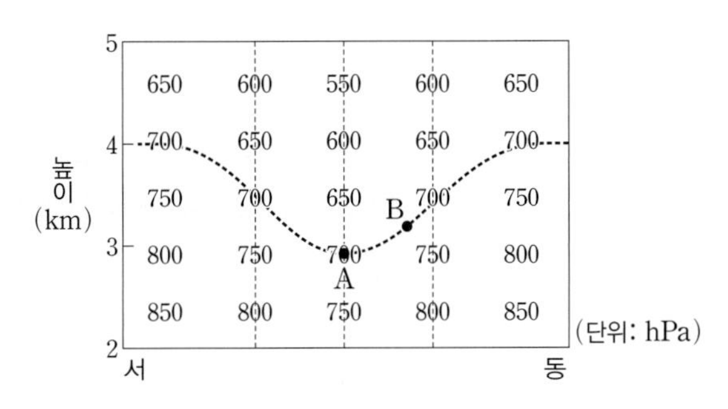

이 자료에 대한 설명으로 옳은 것만을 〈보기〉에서 있는 대로 고른 것은? (단, 각 관측 지점 사이의 거리는 **500 km**로 일정하다.)

보기
ㄱ. 700 hPa 등압면 일기도에서 A는 저기압 중심 부근에 위치한다.
ㄴ. B에서 부는 바람에 작용하는 기압 경도력은 전향력보다 크다.
ㄷ. B에서 바람은 시계 방향으로 등압선에 나란하게 분다.

① ㄱ ② ㄴ ③ ㄱ, ㄷ ④ ㄴ, ㄷ ⑤ ㄱ, ㄴ, ㄷ

04

▸25073-0145

그림 (가)와 (나)는 각각 위도가 **30°N**과 **60°S** 상공의 **4 hPa** 간격의 등압선 분포를 나타낸 것이다. 지점 **P**와 **Q**에는 지균풍이 불고 있으며, 공기의 밀도는 같고, 화살표(⟶)는 바람의 방향만을 나타낸다.

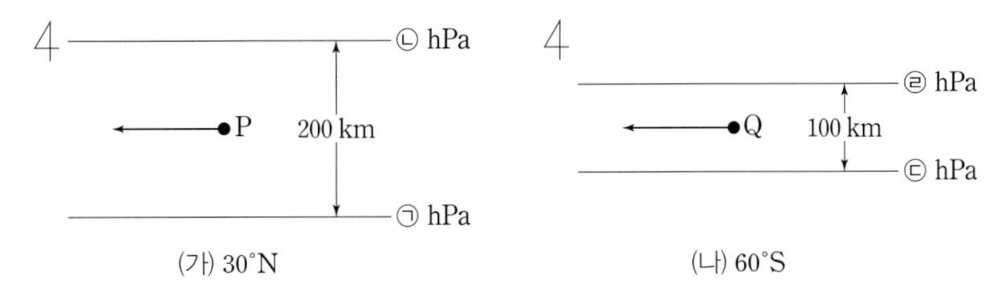

(가) 30°N (나) 60°S

이에 대한 설명으로 옳은 것만을 〈보기〉에서 있는 대로 고른 것은?

보기
ㄱ. ㉠>㉡이고, ㉢<㉣이다.
ㄴ. 공기 1 kg에 작용하는 전향력의 크기는 P가 Q의 $\frac{1}{2}$배이다.
ㄷ. 지균풍의 풍속은 P가 Q의 $\frac{\sqrt{3}}{2}$배이다.

① ㄱ ② ㄴ ③ ㄱ, ㄷ ④ ㄴ, ㄷ ⑤ ㄱ, ㄴ, ㄷ

편서풍 파동과 대기 대순환

1 편서풍 파동과 제트류

(1) 편서풍 파동

① 발생 원인: 저위도와 고위도의 기온 차와 지구 자전에 의한 전향력

② 역할 및 영향: 저위도에서 고위도로 에너지를 수송하고, 지상에 온대 저기압과 이동성 고기압을 발달시킨다.

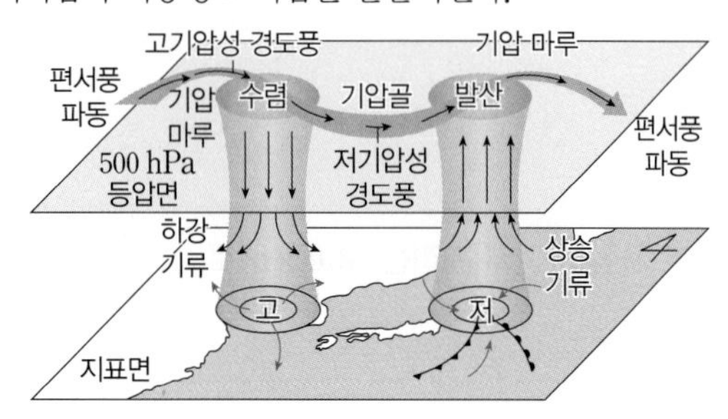

(2) 편서풍 파동과 날씨

① 기압골 서쪽: 상층 공기 수렴, 하강 기류 발달, 지상에 고기압 발달

② 기압골 동쪽: 상층 공기 발산, 상승 기류 발달, 지상에 저기압 발달

(3) 제트류: 상층 대기 편서풍 내의 좁은 영역에서 아주 강하게 나타나는 공기의 흐름 ➡ 남북으로 굽이치면서 이동

① 발생 원인: 남북 간의 온도 차

② 생성 과정: 남북 간 온도 차에 따른 기압 차 발생, 따라서 고위도 쪽으로 기압 경도력 발생 → 고도가 증가할수록 등압면 기울기 증가 → 대류권 계면 부근에서 서풍의 풍속 최대 → 제트류 형성

(4) 한대 (전선) 제트류와 아열대 제트류

① 한대 (전선) 제트류: 한대 전선대(위도 60° 부근) 상공에서 형성, 겨울철에 남하하고 여름철에 북상

② 아열대 제트류: 위도 30° 부근 상공에서 형성

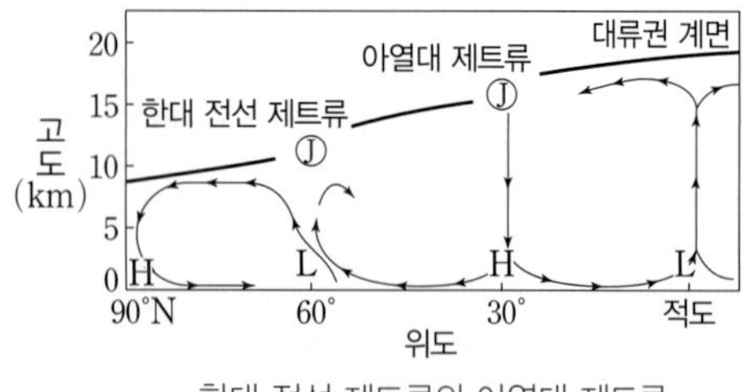

한대 전선 제트류와 아열대 제트류

2 대기 대순환

(1) 대기 대순환

① 지구의 복사 평형: 태양 복사 에너지 흡수량과 지구 복사 에너지 방출량이 같아서 연평균 기온이 일정하게 유지된다.

② 위도별 열수지: 지구 전체적으로는 복사 평형을 이루지만 위도에 따라 에너지 불균형 발생 → 저위도의 과잉 에너지를 고위도로 수송 → 대기 대순환 발생

(2) 대기 대순환의 모델

① 지구 자전에 의한 전향력을 고려하지 않는 경우(단일 세포 순환 모델): 적도 지방에서는 상승 기류, 극지방에서는 하강 기류가 발달하고, 북반구 지상에서는 북풍, 남반구 지상에서는 남풍이 분다.

② 지구 자전에 의한 전향력을 고려한 경우(3세포 순환 모델)

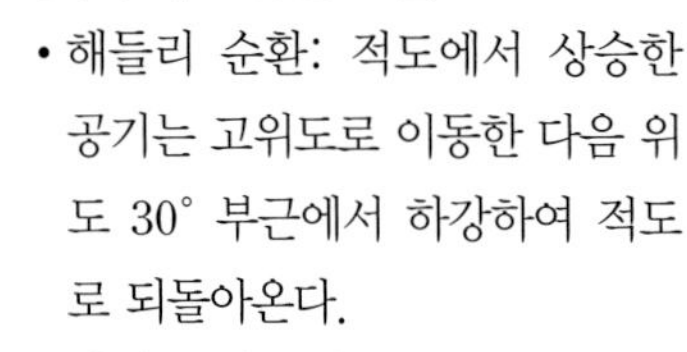

- 해들리 순환: 적도에서 상승한 공기는 고위도로 이동한 다음 위도 30° 부근에서 하강하여 적도로 되돌아온다.
- 페렐 순환: 위도 30° 부근에서 하강한 공기는 고위도로 이동한 다음 위도 60° 부근에서 상승한다.

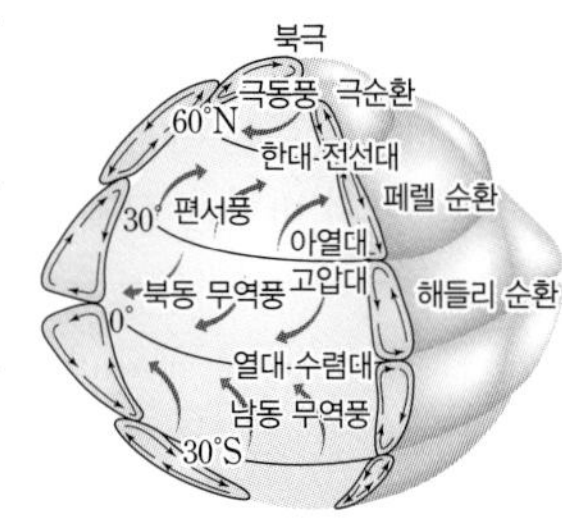

3세포 순환 모델

- 극순환: 극에서 하강한 공기는 저위도로 이동하다가 위도 60° 부근에서 상승한 후 극으로 되돌아온다.

(3) 대기 순환의 규모

① 대기 순환의 규모: 미규모, 중간 규모, 종관 규모, 지구 규모로 구분한다.

② 대기 순환 규모의 특징

- 대체로 공간 규모(수평 규모)가 클수록 시간 규모도 크다.

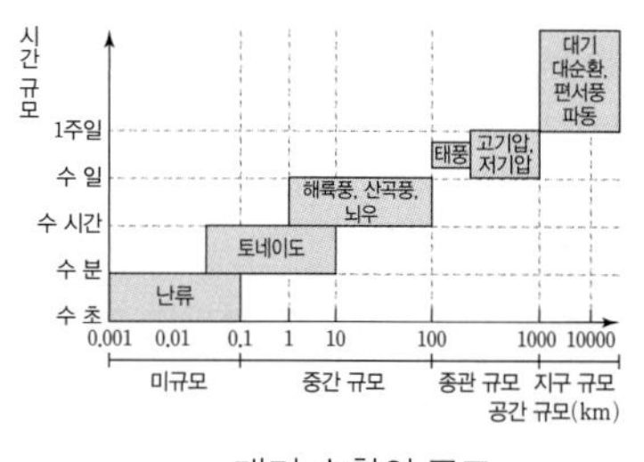

대기 순환의 규모

- 미규모와 중간 규모 순환은 크기가 작아서 일기도에 잘 나타나지 않으며, 전향력의 효과는 무시할 수 있을 정도로 작다.

더 알기 회전 원통을 이용한 편서풍 파동 실험

1. 회전 속도가 느릴 때: 물이 회전판과 같은 방향으로 흐르면서 따뜻한 외벽을 따라 상승하고 얼음이 든 내벽을 따라 하강한다.
2. 회전 속도가 중간 정도일 때: 물의 흐름이 파동의 형태를 이룬다.
3. 회전 속도가 빠를 때: 파동의 수가 늘어나고 파동의 안쪽과 바깥쪽에 회전 방향이 서로 반대인 소용돌이가 생긴다.

➡ 회전 속도가 느릴 때는 회전판과 같은 방향의 동심원을 그리는 흐름이 나타나고, 회전 속도가 빠를 때는 편서풍 파동에 해당하는 흐름이 나타난다.

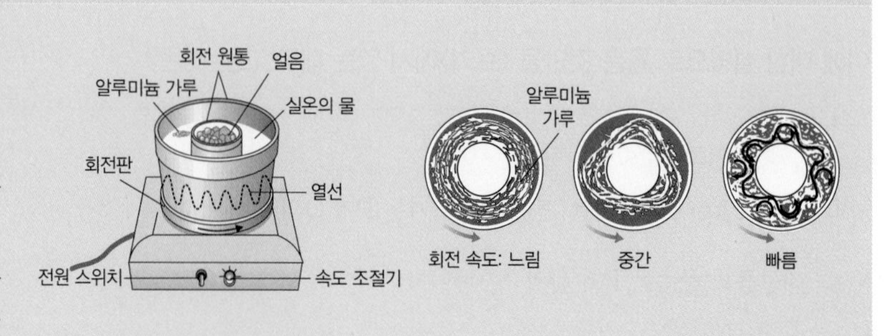

테마 대표 문제

| 2025학년도 수능 |

그림은 어느 시기에 관측한 대기 대순환의 연직 단면을 모식적으로 나타낸 것이다. A와 B는 각각 페렐 순환과 해들리 순환 중 하나이고, 이 시기는 북반구의 여름철과 겨울철 중 하나이다.

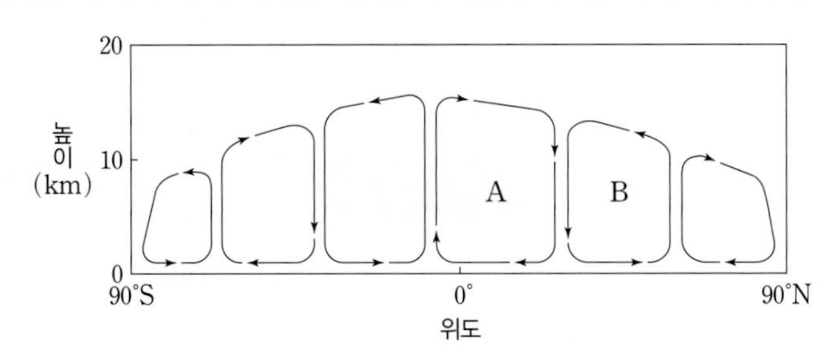

이 자료에 대한 설명으로 옳은 것만을 〈보기〉에서 있는 대로 고른 것은?

보기

ㄱ. A는 페렐 순환이다.
ㄴ. A와 B 사이의 지상에는 고압대가 형성된다.
ㄷ. 이 시기는 북반구의 겨울철이다.

① ㄱ ② ㄴ ③ ㄱ, ㄷ ④ ㄴ, ㄷ ⑤ ㄱ, ㄴ, ㄷ

접근 전략

대기 대순환은 3개의 순환 세포로 구성되며, 양쪽 반구에서 대칭으로 나타난다. 또한, 양쪽 반구의 대칭 기준이 되는 적도 저압대의 위치를 파악하여 계절을 판단해야 한다.

간략 풀이

A는 해들리 순환, B는 페렐 순환이다.

ㄱ. 대기 대순환은 양극부터 차례로 극순환, 페렐 순환, 해들리 순환으로 구분된다. 따라서 A는 해들리 순환이다.

ㄴ. A와 B 사이에는 대기 대순환의 하강 기류로 인해 지상에서는 고압대가 형성된다.

ㄷ. 남반구와 북반구 대기 대순환의 대칭이 되는 적도 저압대는 북반구 기준 여름철에는 북반구에, 겨울철에는 남반구에 위치한다. 따라서 이 시기는 북반구의 겨울철이다.

정답 | ④

닮은 꼴 문제로 유형 익히기

정답과 해설 26쪽

▸25073-0146

그림은 북반구의 겨울철 또는 여름철에 관측한 대기 대순환의 연직 단면을 모식적으로 나타낸 것이다. A는 페렐 순환과 해들리 순환 중 하나이고, P와 Q는 각각 적도와 북극 중 하나이다.

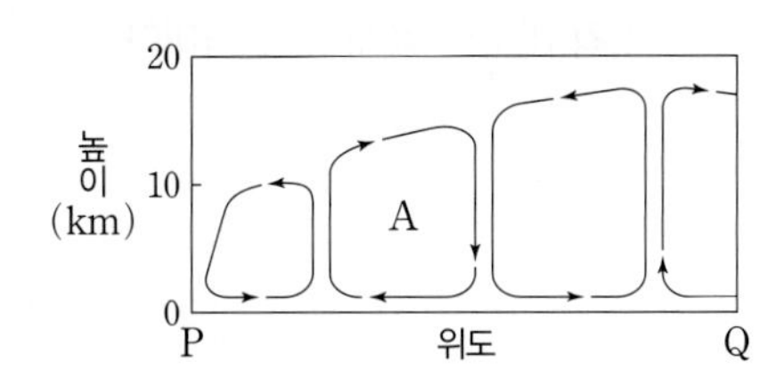

이에 대한 설명으로 옳은 것만을 〈보기〉에서 있는 대로 고른 것은?

보기

ㄱ. P는 북극이다.
ㄴ. 지구가 자전하지 않는다면 A 순환은 나타나지 않는다.
ㄷ. 이 시기는 남반구의 여름철이다.

① ㄱ ② ㄷ ③ ㄱ, ㄴ ④ ㄴ, ㄷ ⑤ ㄱ, ㄴ, ㄷ

유사점과 차이점

대기 대순환의 연직 단면을 제시하고 계절, 순환 세포의 종류를 판단하는 점은 유사하지만, 북반구 자료만 제시한 점과 적도와 극을 제시하지 않은 점에서 대표 문제와 다르다.

배경 지식

- 대기 대순환은 3개의 순환 세포로 구성된다.
- 위도가 높을수록 대기 대순환의 순환 세포가 나타나는 최고 고도가 낮아진다.

01

▸25073-0147

그림 (가), (나), (다)는 편서풍 파동의 성장 과정을 순서 없이 나타낸 것이다. A와 B의 고도는 편서풍 파동의 고도와 같다.

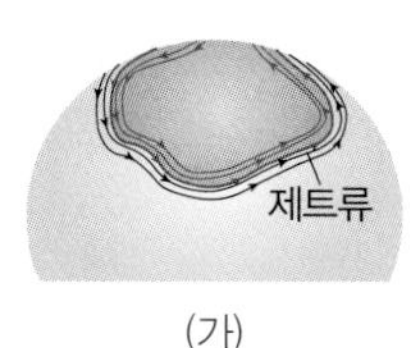

(가)

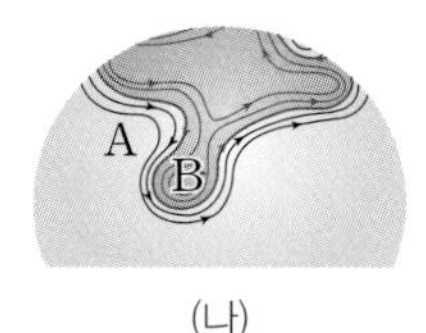

(나)

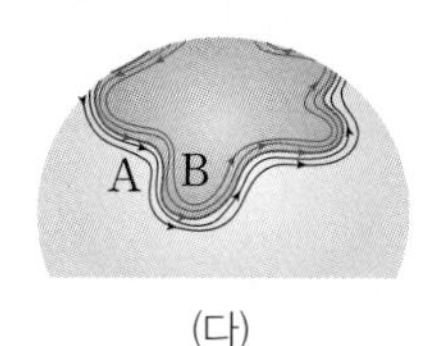

(다)

이에 대한 설명으로 옳은 것만을 <보기>에서 있는 대로 고른 것은?

> 보기
> ㄱ. 기온은 A가 B보다 높다.
> ㄴ. (나)의 B가 떨어져 나가면 편서풍 파동의 진폭은 작아진다.
> ㄷ. 성장 과정 중 시간 순서는 (가) → (나) → (다)이다.

① ㄱ ② ㄷ ③ ㄱ, ㄴ
④ ㄴ, ㄷ ⑤ ㄱ, ㄴ, ㄷ

02

▸25073-0148

그림은 북반구에서 500 hPa 등압면상의 편서풍 파동을 나타낸 것이다. A～D 지점에 있는 공기에 작용하는 기압 경도력의 크기는 모두 같고, 각 지점에서 지균풍 또는 경도풍이 불고 있다.

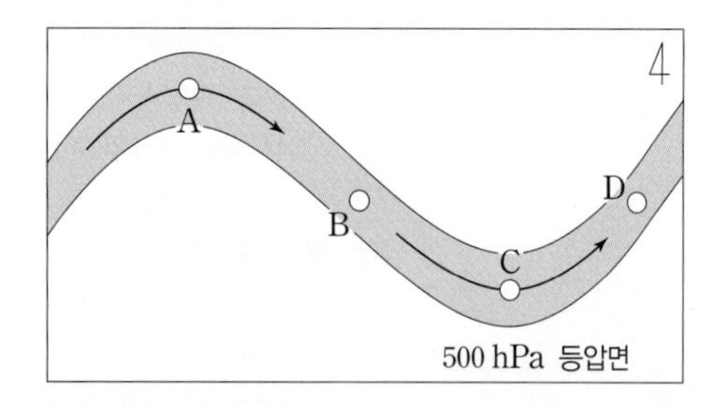

500 hPa 등압면에 위치한 지점 A～D에 대한 설명으로 옳은 것만을 <보기>에서 있는 대로 고른 것은? (단, A～D의 위도 차는 고려하지 않는다.)

> 보기
> ㄱ. 풍속은 A가 C보다 빠르다.
> ㄴ. B의 지상에서는 하강 기류가 발달한다.
> ㄷ. 지상의 고기압 중심은 D 하부 주변에 위치한다.

① ㄱ ② ㄷ ③ ㄱ, ㄴ
④ ㄴ, ㄷ ⑤ ㄱ, ㄴ, ㄷ

03

▸25073-0149

그림 (가)와 (나)는 북반구에서 한대 전선 제트류의 위치와 풍속 변화를 나타낸 것이다. (가)와 (나)는 각각 2월과 8월 중 한 시기이다.

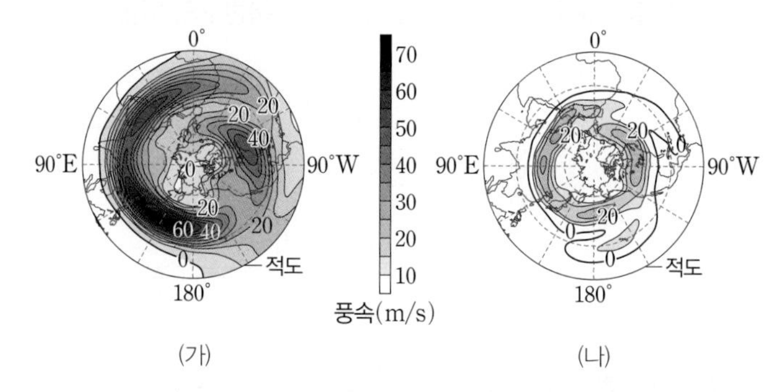

(가) (나)

이에 대한 설명으로 옳은 것만을 <보기>에서 있는 대로 고른 것은?

> 보기
> ㄱ. (가)는 2월이다.
> ㄴ. 제트류 주변의 남북 간 온도 차는 (가)가 (나)보다 크다.
> ㄷ. (가)와 (나)의 제트류는 모두 그림에서 시계 반대 방향으로 회전한다.

① ㄱ ② ㄴ ③ ㄱ, ㄷ
④ ㄴ, ㄷ ⑤ ㄱ, ㄴ, ㄷ

04

▸25073-0150

그림 (가)와 (나)는 해륙풍이 부는 어느 해안 지역에서 각각 낮과 밤의 지표 부근 기압 분포를 순서대로 나타낸 것이다. A와 B는 각각 바다와 육지 중 하나이다.

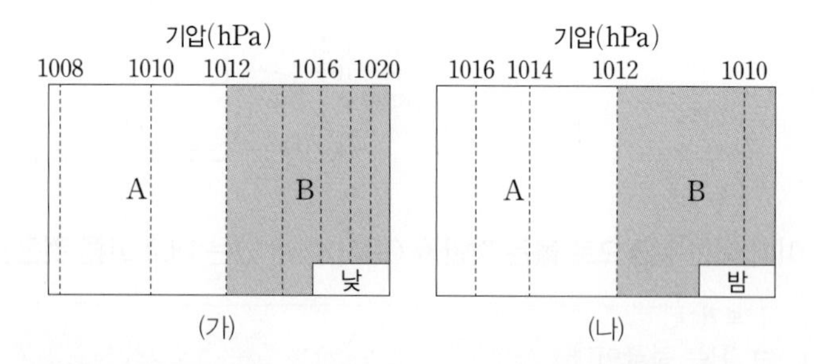

(가) (나)

이에 대한 설명으로 옳은 것만을 <보기>에서 있는 대로 고른 것은?

> 보기
> ㄱ. A는 바다이다.
> ㄴ. (가)에서 상승 기류는 A에서가 B에서보다 강하다.
> ㄷ. (가)와 (나)의 순환은 종관 규모이다.

① ㄱ ② ㄴ ③ ㄱ, ㄷ
④ ㄴ, ㄷ ⑤ ㄱ, ㄴ, ㄷ

05
▸25073-0151

표는 대기 순환의 공간 규모와 시간 규모를 정리한 것이다. A, B, C는 각각 미규모, 중간 규모, 종관 규모 중 하나이다.

대기 순환	공간 규모	시간 규모
A	100∼1000 km	
B	0.001∼0.1 km	수 초
C		수 시간∼수 일

이에 대한 설명으로 옳은 것만을 〈보기〉에서 있는 대로 고른 것은?

보기
ㄱ. 뇌우는 A에 해당한다.
ㄴ. 공간 규모가 50 km인 대기 순환은 C에 포함된다.
ㄷ. $\frac{\text{연직 규모}}{\text{수평 규모}}$는 A가 B보다 크다.

① ㄱ ② ㄴ ③ ㄱ, ㄷ
④ ㄴ, ㄷ ⑤ ㄱ, ㄴ, ㄷ

06
▸25073-0152

그림은 위도별 태양 복사 에너지 흡수량과 지구 복사 에너지 방출량을 A와 B로 순서 없이 나타낸 것이다.

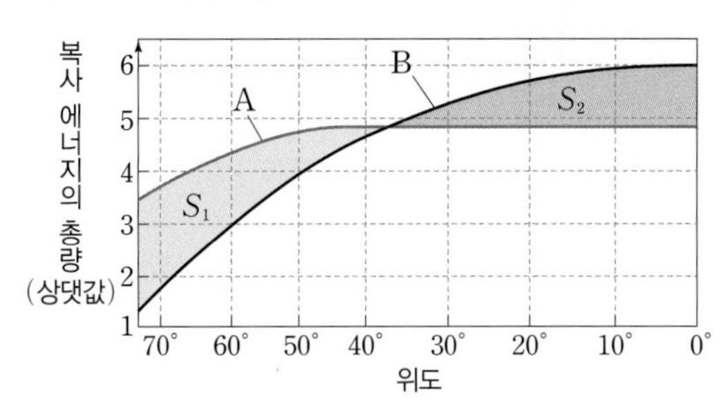

이에 대한 설명으로 옳은 것만을 〈보기〉에서 있는 대로 고른 것은?

보기
ㄱ. A는 태양 복사 에너지 흡수량이다.
ㄴ. S_2의 남는 에너지는 S_1로 이동한다.
ㄷ. 대기와 해수의 순환으로 고위도의 과잉 에너지가 저위도로 수송된다.

① ㄱ ② ㄴ ③ ㄱ, ㄷ
④ ㄴ, ㄷ ⑤ ㄱ, ㄴ, ㄷ

07
▸25073-0153

그림은 복사 평형 상태에 있는 지구의 열수지를 나타낸 것이다.

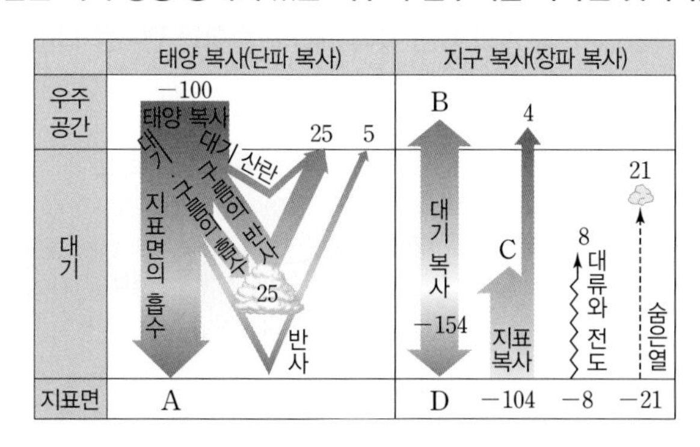

이에 대한 설명으로 옳은 것만을 〈보기〉에서 있는 대로 고른 것은?

보기
ㄱ. A는 45이다.
ㄴ. A∼D 중 가장 큰 값인 것은 D이다.
ㄷ. 대기 중 온실 기체의 증가는 C를 증가시킨다.

① ㄱ ② ㄴ ③ ㄱ, ㄷ
④ ㄴ, ㄷ ⑤ ㄱ, ㄴ, ㄷ

08
▸25073-0154

그림 (가)와 (나)는 지구가 자전할 때와 자전하지 않을 때의 대기 순환 모델을 순서 없이 나타낸 것이다.

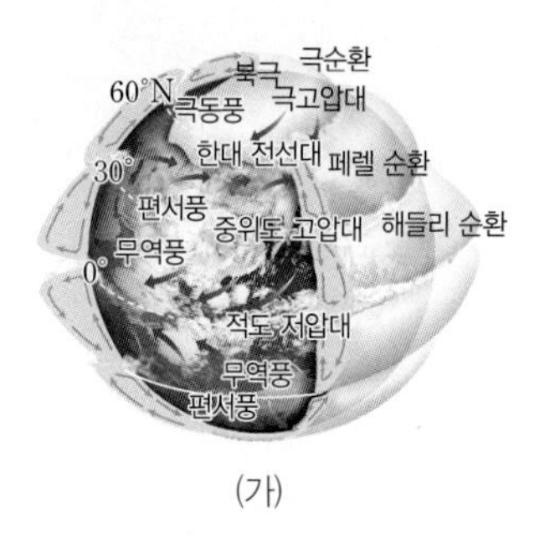

(가)

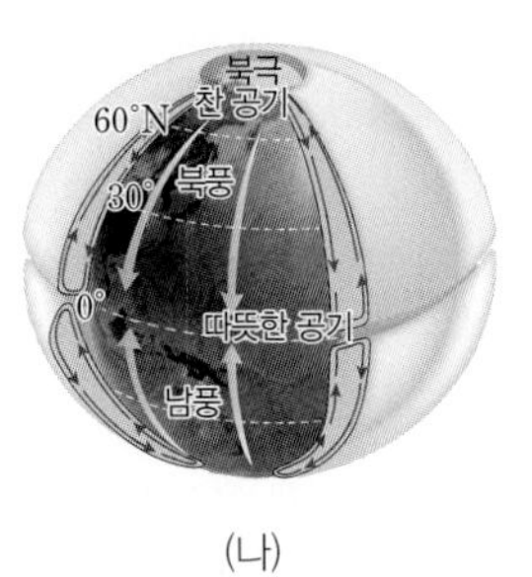

(나)

이에 대한 설명으로 옳은 것만을 〈보기〉에서 있는 대로 고른 것은?

보기
ㄱ. (가)는 지구가 자전할 때이다.
ㄴ. (나)의 대기 대순환에서 북반구 지상의 남풍을 설명할 수 없다.
ㄷ. (가)와 (나) 모두 적도에서 상승 기류가 발달한다.

① ㄱ ② ㄴ ③ ㄱ, ㄷ
④ ㄴ, ㄷ ⑤ ㄱ, ㄴ, ㄷ

01

▸25073-0155

그림 (가)는 회전 원통을 이용한 편서풍 파동 실험 장치를, (나)는 회전 속도가 느릴 때와 빠를 때를 A와 B로 순서 없이 나타낸 것이다. A와 B는 각각 해들리 순환과 편서풍 파동에 해당하는 흐름 중 하나가 나타난다.

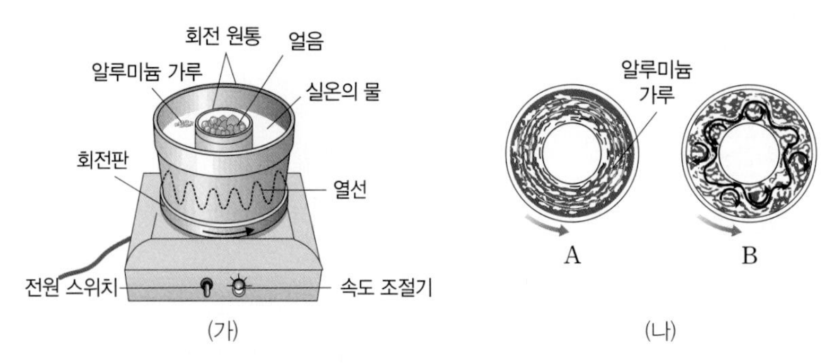

이에 대한 설명으로 옳은 것만을 <보기>에서 있는 대로 고른 것은?

보기

ㄱ. 물의 상승류는 회전 원통의 외벽이 내벽보다 강하다.
ㄴ. 회전 속도는 A가 B보다 빠르다.
ㄷ. 편서풍 파동은 A에서 뚜렷하게 나타난다.

① ㄱ ② ㄴ ③ ㄷ ④ ㄱ, ㄴ ⑤ ㄱ, ㄷ

02

▸25073-0156

그림은 우리나라 부근 300 hPa 등압면의 등고선을 나타낸 것이다. X와 Y에는 각각 한대 전선 제트류와 아열대 제트류 중 하나가 지나가고, 지점 A, B, X, Y는 300 hPa 등압면에 위치한다.

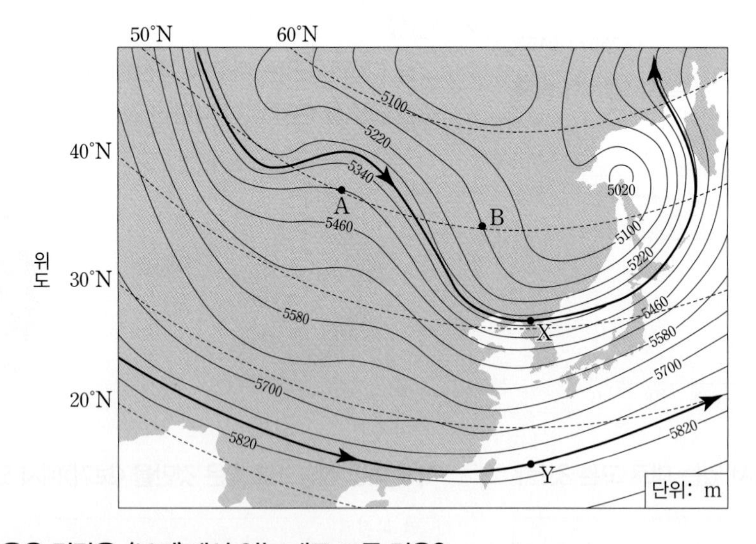

이에 대한 설명으로 옳은 것만을 <보기>에서 있는 대로 고른 것은?

보기

ㄱ. X에는 아열대 제트류가 지나간다.
ㄴ. 기온은 A가 B보다 높다.
ㄷ. A와 B 사이의 하층에서는 상승 기류가 하강 기류보다 우세하다.

① ㄱ ② ㄴ ③ ㄱ, ㄷ ④ ㄴ, ㄷ ⑤ ㄱ, ㄴ, ㄷ

03

▸25073-0157

그림 (가)는 어느 산악 지역의 산 정상과 계곡에서 시간에 따른 기온 변화를, (나)는 A와 B 중 한 시기의 바람 방향을 나타낸 것이다. X와 Y는 각각 산 정상과 계곡에서의 기온 중 하나이다.

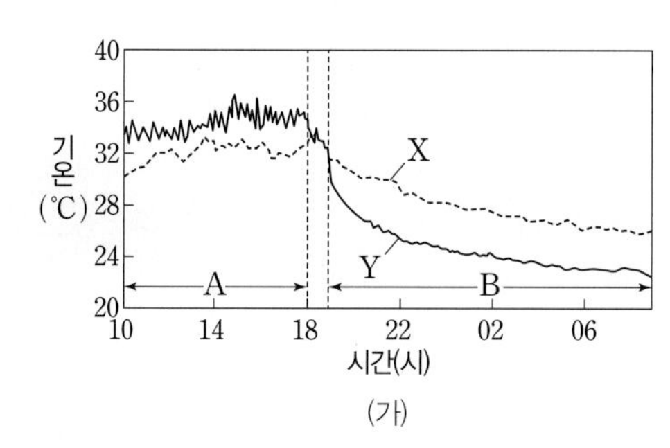

(가)

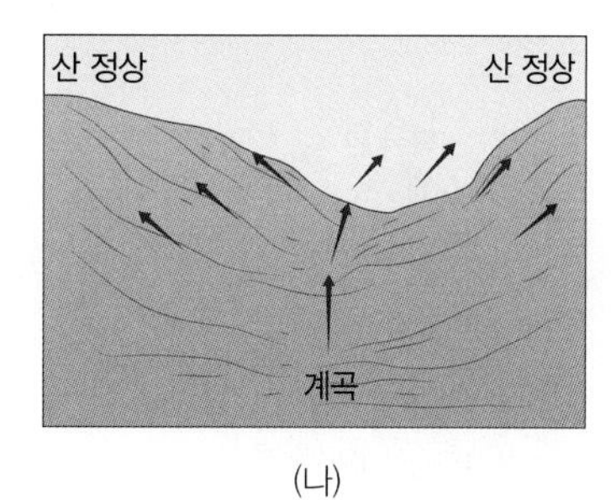

(나)

이에 대한 설명으로 옳은 것만을 〈보기〉에서 있는 대로 고른 것은?

보기

ㄱ. (나)는 A 시기이다.
ㄴ. X는 계곡에서의 기온을 나타낸다.
ㄷ. B 시기에 산 정상에서 하강 기류가 나타난다.

① ㄱ ② ㄴ ③ ㄱ, ㄷ ④ ㄴ, ㄷ ⑤ ㄱ, ㄴ, ㄷ

04

▸25073-0158

그림은 북반구에서 여름철 또는 겨울철에 자오면상의 평균 대기 흐름을 실선(——)으로 나타낸 것이다. A와 B는 각각 북극과 적도 중 하나이다.

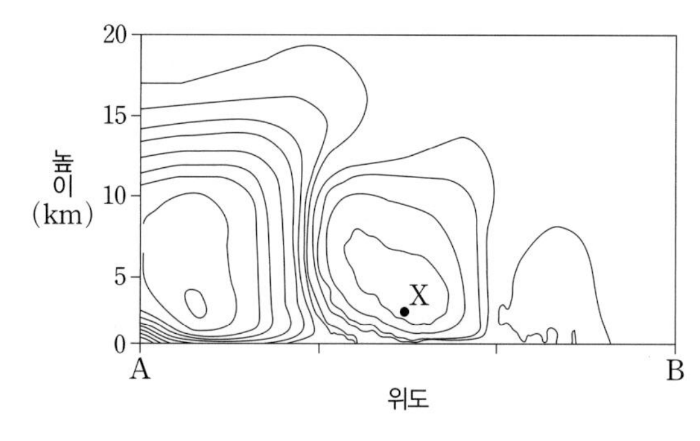

이에 대한 설명으로 옳은 것만을 〈보기〉에서 있는 대로 고른 것은?

보기

ㄱ. A는 적도이다.
ㄴ. 북반구 겨울철 자료를 나타낸 것이다.
ㄷ. X에는 주로 동풍 계열의 바람이 불고 있다.

① ㄱ ② ㄷ ③ ㄱ, ㄴ ④ ㄴ, ㄷ ⑤ ㄱ, ㄴ, ㄷ

테마

11 좌표계와 태양계 모형

1 천체의 위치와 좌표계

(1) 방위

① 지구에서의 방위: 관측자를 통과하는 경선(북극과 남극을 최단으로 잇는 선)을 기준으로 동쪽과 서쪽을 나타낸다.

② 지구의 위도와 경도

- 위도: 적도로부터 남북 방향으로 측정한 각도
- 경도: 그리니치 천문대를 지나는 경선으로부터 동서 방향으로 측정한 각도

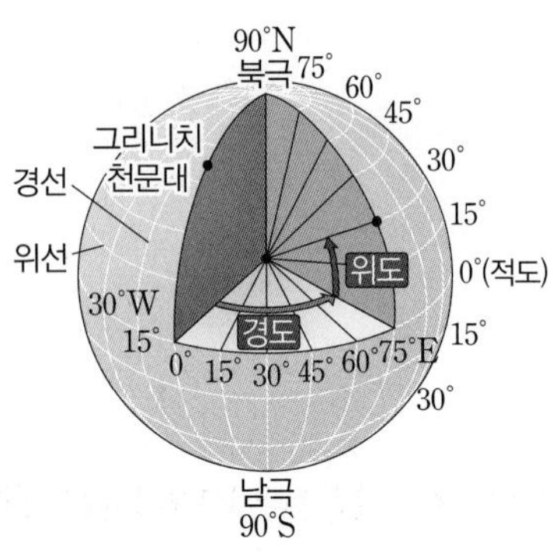

위도와 경도

(2) 천체의 좌표계

① 천구의 기준점과 기준선

- 천정(천저): 관측자를 지나는 연직선이 천구와 만나는 두 점 중 위(아래)에 있는 점
- 천구의 북극과 남극: 지구의 자전축을 연장할 때 천구와 만나는 두 점
- 북점(남점): 자오선이 지평선과 만나는 두 점 중 정북(정남) 쪽에 위치한 천구상의 점
- 천구의 적도: 지구의 적도면을 연장하여 천구와 만나서 생기는 대원
- 지평선: 관측자가 서 있는 평면을 연장하여 천구와 만나서 생기는 대원
- 시간권: 천구의 북극과 남극을 지나는 천구상의 대원 ➡ 시간권은 천구의 적도와 수직
- 수직권: 천정과 천저를 지나는 천구상의 대원 ➡ 수직권은 지평선과 수직
- 자오선: 천구의 북극과 남극, 천정과 천저를 동시에 지나는 천구상의 대원

천구의 기준점과 기준선

② 지평 좌표계: 천체의 위치를 방위각(A)과 고도(h)로 나타내는 좌표계로, 좌표의 기준은 북점(또는 남점)과 지평선이다.

- 방위각: 북점(또는 남점)으로부터 지평선을 따라 시계 방향으로 천체를 지나는 수직권까지 잰 각
- 고도: 지평선에서 천체까지 수직권을 따라 잰 각

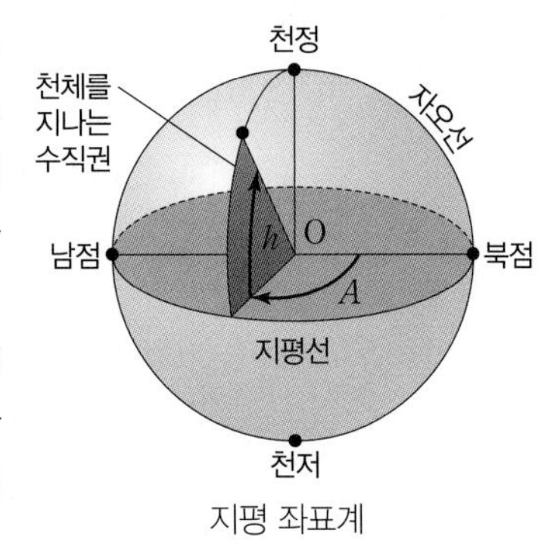

지평 좌표계

③ 적도 좌표계: 천체의 위치를 적경(α)과 적위(δ)로 나타내는 좌표계로, 좌표의 기준은 춘분점과 천구의 적도이다.

- 적경: 춘분점을 기준으로 천구의 적도를 따라 천체를 지나는 시간권까지 시계 반대 방향(서 → 동)으로 잰 각으로, 15°를 1시간으로 환산하여 0^h~24^h로 나타낸다.
- 적위: 천구의 적도에서 시간권을 따라 천체까지 잰 각으로 천구의 적도를 기준으로 북쪽은 (+), 남쪽은 (−)로 나타낸다.

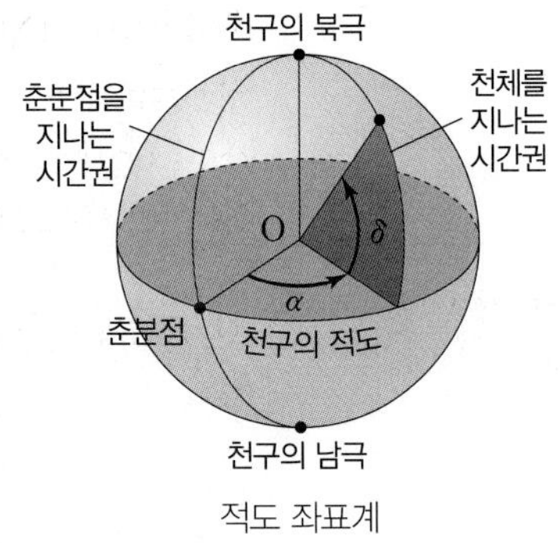

적도 좌표계

(3) 태양의 연주 운동: 지구의 공전으로 태양은 별자리에 대해서 서에서 동으로 천구상을 1년 동안 1바퀴 도는 겉보기 운동을 한다.

- 황도: 천구상에서 태양이 연주 운동하는 경로로, 지구의 공전 궤도를 연장하여 천구와 만나는 대원에 해당하며, 천구의 적도와 약 23.5° 기울어져 있다.

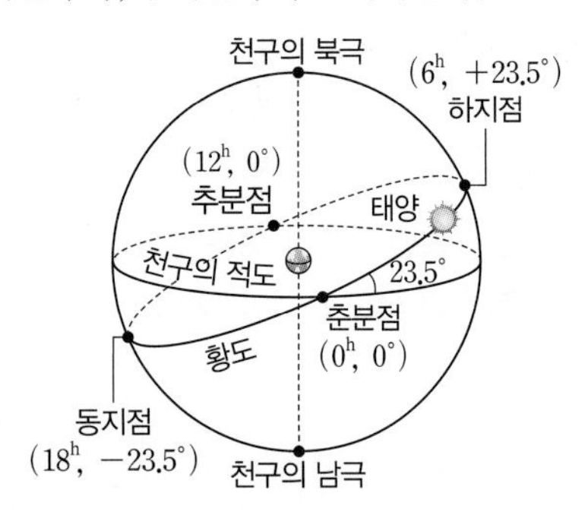

더 알기 계절에 따른 태양의 남중 고도 변화(북반구 중위도 지역)

- 태양의 남중 고도: 북반구에서 관측자의 위도가 φ, 태양의 적위가 δ일 때 태양의 남중 고도(h)는 $90° - \varphi + \delta$이다.($\varphi > \delta$인 경우)
- 춘분날(추분날): 태양은 적위가 0°이므로 천구의 적도에 위치하여 정동에서 떠서 정서로 진다. 낮과 밤의 길이가 같다.
- 하짓날: 태양은 적위가 +23.5°이므로 남중 고도가 가장 높다. 태양이 북동쪽에서 떠서 북서쪽으로 지며, 1년 중 낮의 길이가 가장 길다.
- 동짓날: 태양은 적위가 −23.5°이므로 남중 고도가 가장 낮다. 태양이 남동쪽에서 떠서 남서쪽으로 지며, 1년 중 낮의 길이가 가장 짧다.

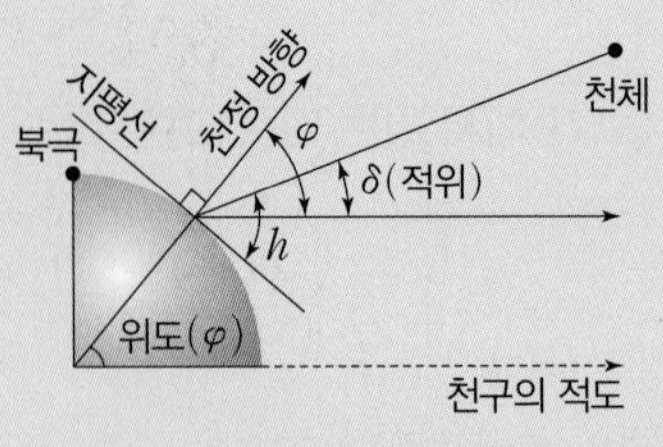

천체의 남중 고도(h)

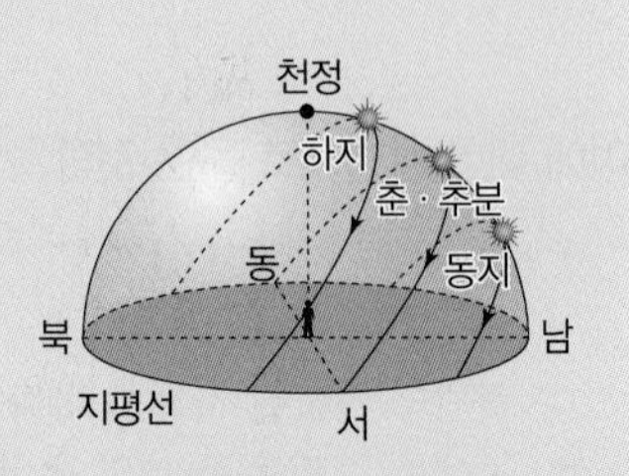

태양의 남중 고도 변화

2 행성의 겉보기 운동

(1) 행성의 겉보기 운동

① 순행: 별자리를 기준으로 서쪽에서 동쪽으로 이동하는 겉보기 운동 ➡ A → B, C → D

② 역행: 별자리를 기준으로 동쪽에서 서쪽으로 이동하는 겉보기 운동 ➡ B → C

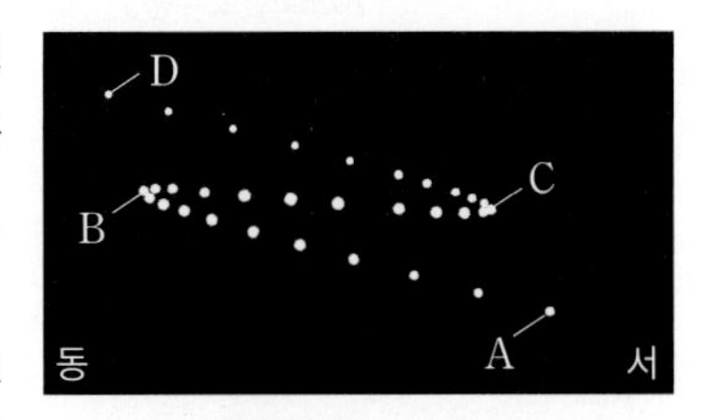

행성의 겉보기 운동

③ 유: 순행에서 역행, 역행에서 순행으로 이동 방향이 바뀔 때 행성이 정지한 것처럼 보이는 시기(B, C)

(2) 내행성의 위치와 겉보기 운동

① 내합: 태양—내행성—지구 순으로 일직선을 이루는 위치

② 외합: 내행성—태양—지구 순으로 일직선을 이루는 위치

③ 최대 이각: 내행성의 이각이 최대일 때로, 행성이 태양보다 동쪽에 위치하면 동방 최대 이각, 서쪽에 위치하면 서방 최대 이각이다.

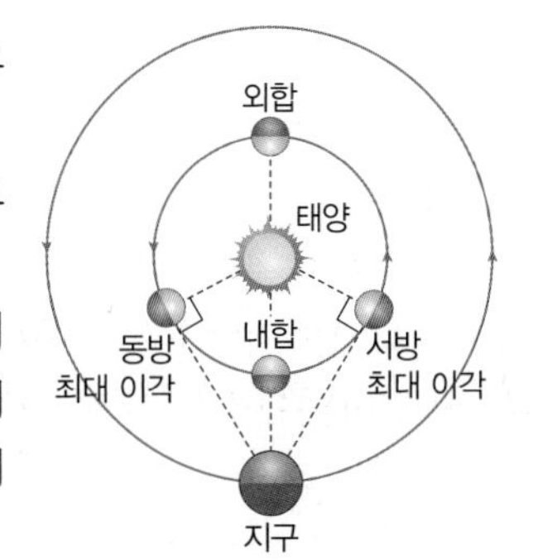

내행성의 위치 관계

④ 내행성은 지구보다 공전 속도가 빠르므로 외합 → 동방 최대 이각 → 내합 → 서방 최대 이각 순으로 위치 관계가 변한다.

(3) 외행성의 위치와 겉보기 운동

① 합: 외행성—태양—지구 순으로 일직선을 이루는 위치

② 충: 태양—지구—외행성 순으로 일직선을 이루는 위치

③ 구: 태양을 기준으로 행성이 동쪽 직각 방향에 위치하면 동구, 서쪽 직각 방향에 위치하면 서구이다.

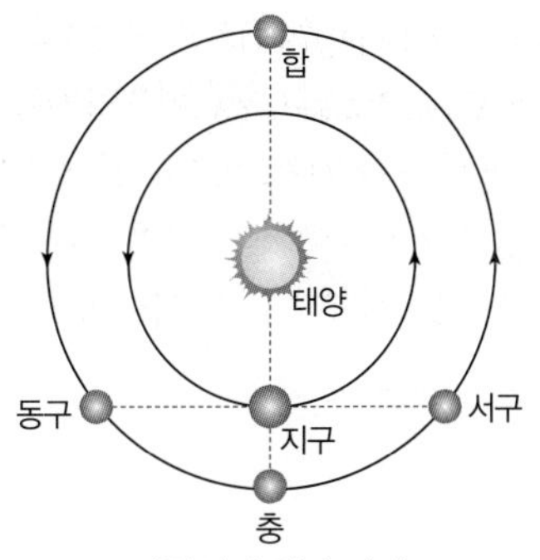

외행성의 위치 관계

④ 외행성은 지구보다 공전 속도가 느리므로 충→동구→합→서구의 순으로 위치 관계가 변한다.

3 지구 중심설과 태양 중심설

(1) 프톨레마이오스의 지구 중심설: 모든 천체들이 지구 주위를 원 궤도로 공전하고 있다는 우주관

① 행성들은 주전원을 돌고, 주전원의 중심이 지구 주위를 돈다. ➡ 행성의 역행 설명

② 수성과 금성의 주전원 중심은 항상 지구와 태양을 잇는 일직선상에 위치한다. ➡ 내행성의 최대 이각 설명

지구 중심설

(2) 코페르니쿠스의 태양 중심설: 지구를 포함한 행성들이 원 궤도로 태양 주위를 공전하고 있다는 우주관

① 태양을 중심으로 행성들이 원 궤도로 공전한다. ➡ 행성들의 공전 속도 차로 역행 설명

② 수성과 금성은 지구보다 안쪽 궤도에서 공전한다. ➡ 내행성의 최대 이각 설명

태양 중심설

(3) 티코 브라헤의 지구 중심설: 태양 중심설과 지구 중심설을 절충하여 수정한 지구 중심 우주관

① 지구는 우주의 중심이고, 달과 태양은 지구 둘레를 공전한다.

② 수성, 금성, 화성, 목성, 토성은 태양 둘레를 공전한다. ➡ 행성의 역행과 내행성의 최대 이각 설명

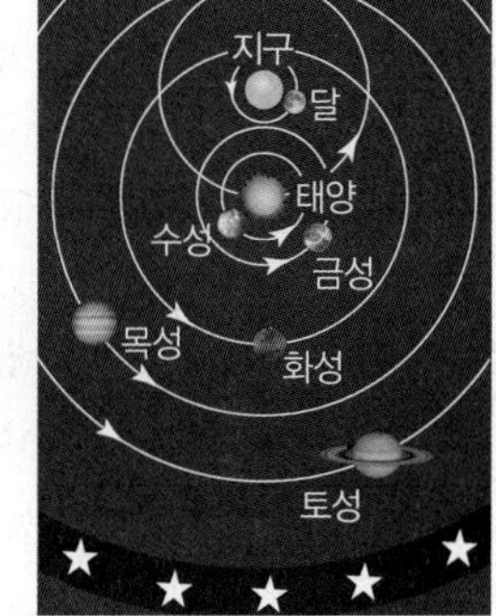

수정 지구 중심설

(4) 갈릴레이의 관측과 우주관의 확립

① 목성의 위성 관측: 목성의 위성 관측은 모든 천체가 지구를 중심으로 돈다고 주장한 지구 중심설로는 설명되지 않는다.

② 보름달 모양의 금성 위상 관측: 금성이 태양과 지구 사이에서 주전원 운동한다고 주장한 지구 중심설로는 설명되지 않는다.

더 알기 지구 중심설과 태양 중심설에서 금성의 위상 변화

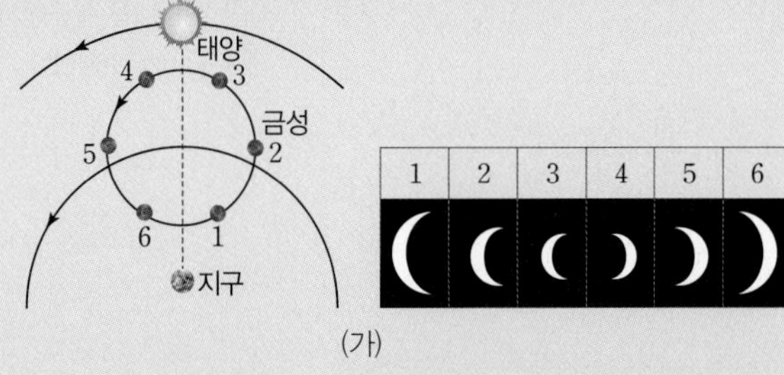

(가)

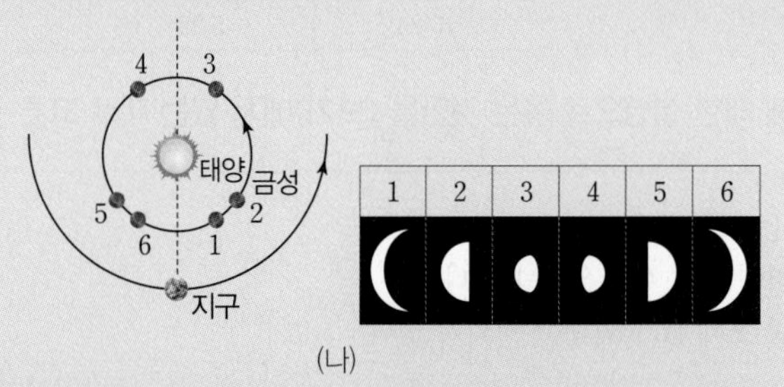

(나)

• (가): 금성이 1 → 3으로 이동하는 동안 위상은 그믐달 모양으로 나타난다. 한편, 4 → 6으로 이동하는 동안 위상은 초승달 모양으로 나타난다.

• (나): 달처럼 모든 모양의 위상이 나타난다. 특히 태양 반대편 부근에 위치하는 3, 4에서는 보름달에 가까운 모양으로 관측된다.

테마 대표 문제

| 2025학년도 수능 |

그림은 어느 기간 동안 지구로부터 행성 A, B까지의 거리 변화를 나타낸 것이다. A와 B는 각각 금성과 화성 중 하나이다.

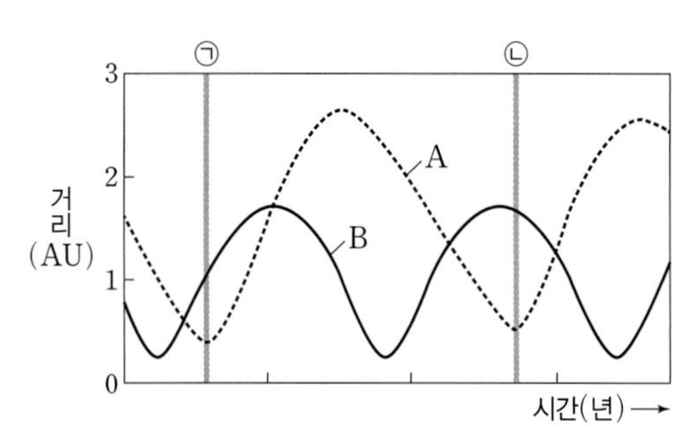

이에 대한 설명으로 옳은 것만을 〈보기〉에서 있는 대로 고른 것은?

보기
ㄱ. A는 금성이다.
ㄴ. ㉠ 시기에 우리나라에서 B는 새벽 동쪽 하늘에서 관측된다.
ㄷ. ㉡ 시기에 A는 역행하고 있다.

① ㄱ ② ㄷ ③ ㄱ, ㄴ ④ ㄴ, ㄷ ⑤ ㄱ, ㄴ, ㄷ

접근 전략

금성은 내행성이므로 지구로부터의 거리가 가장 멀 때의 거리가 2 AU보다 작다. 화성은 외행성이므로 지구로부터의 거리가 가장 멀 때의 거리가 2 AU보다 크다. 이를 이용하여 A와 B가 각각 금성과 화성 중 무엇에 해당하는지를 알아내야 한다.

간략 풀이

A는 지구로부터의 거리가 가장 멀 때의 거리가 2 AU보다 크므로 외행성인 화성이며, B는 금성이다.

~~ㄱ~~. A는 외행성인 화성이다.

ⓛ. B는 내행성인 금성이며, ㉠ 시기는 지구로부터의 거리가 가장 가까운 내합을 지나 외합으로 이동하는 중이므로 태양보다 서쪽에 위치한다. 따라서 새벽에 동쪽 하늘에서 관측된다.

ⓒ. A는 화성이며 ㉡ 시기에 지구로부터 화성까지의 거리가 가장 가까우므로 충에 위치한다. 외행성은 충 부근에서 역행하므로 ㉡ 시기에 A는 역행하고 있다.

정답 | ④

닮은 꼴 문제로 유형 익히기

정답과 해설 28쪽

▸25073-0159

표는 어느 기간 동안 행성 A, B의 시지름 변화를 나타낸 것이다. A와 B는 각각 금성과 화성 중 하나이며, 5월 5일에 뜨는 시각은 금성이 태양보다 빨랐다.

날짜 (월/일)	시지름(″)	
	A	B
4/25	4.68	9.89
5/5	4.77	9.77
5/15	4.86	9.69
5/25	4.96	9.64
6/4	5.06	9.62
6/14	5.17	9.63
6/24	5.29	9.67

이 자료에 대한 설명으로 옳은 것만을 〈보기〉에서 있는 대로 고른 것은?

보기
ㄱ. A는 화성이다.
ㄴ. 5월에 A의 이각은 증가한다.
ㄷ. 6월 초에 B가 역행한 시기가 있다.

① ㄱ ② ㄴ ③ ㄷ ④ ㄱ, ㄴ ⑤ ㄱ, ㄷ

유사점과 차이점

지구로부터 행성까지의 거리를 이용하여 행성의 위치 관계와 겉보기 운동을 알아내야 한다는 점에서 대표 문제와 유사하지만, 지구로부터 행성까지의 거리를 행성의 시지름을 이용하여 알아내야 한다는 점에서 대표 문제와 다르다.

배경 지식

- 지구로부터 행성까지의 거리가 멀수록 시지름은 작아진다.
- 내행성은 내합 부근에서, 외행성은 충 부근에서 역행한다.

01

▸25073-0160

그림은 별 A와 B의 위치를 천구상에 나타낸 것이다. ㉠과 ㉡은 각각 천구의 적도와 지평선 중 하나이다.

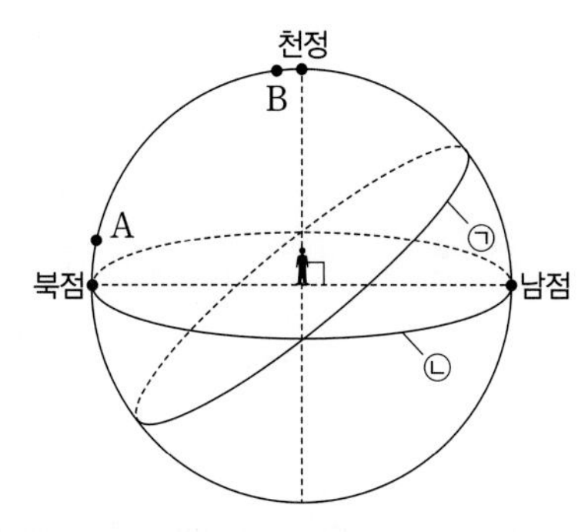

이에 대한 설명으로 옳은 것만을 〈보기〉에서 있는 대로 고른 것은?

보기

ㄱ. A와 B의 적경은 같다.
ㄴ. A는 자오선상에 위치한다.
ㄷ. A와 B는 같은 수직권에 위치한다.

① ㄱ ② ㄴ ③ ㄱ, ㄷ
④ ㄴ, ㄷ ⑤ ㄱ, ㄴ, ㄷ

02

▸25073-0161

그림은 북반구 중위도에 위치한 관측자와 자오선상에 위치한 별 A, B, C의 방향을 나타낸 것이다.

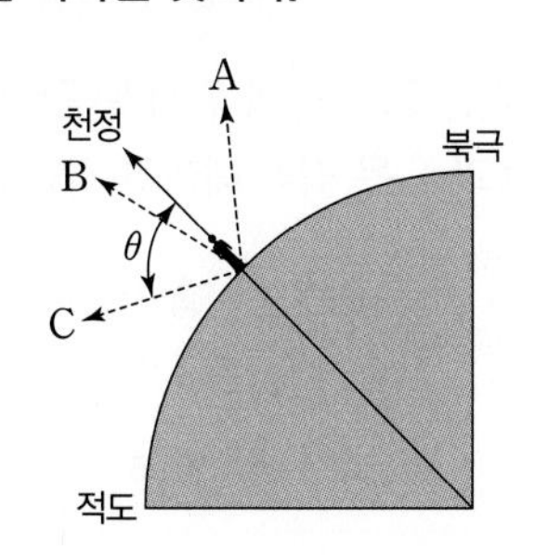

이에 대한 설명으로 옳은 것만을 〈보기〉에서 있는 대로 고른 것은?

보기

ㄱ. 적위는 A가 B보다 작다.
ㄴ. A는 일주 운동하는 동안 지평선 아래로 지지 않는다.
ㄷ. C의 남중 고도는 $(90° - \theta)$이다.

① ㄱ ② ㄴ ③ ㄱ, ㄷ
④ ㄴ, ㄷ ⑤ ㄱ, ㄴ, ㄷ

03

▸25073-0162

그림은 어느 지역에서 별 A, B, C의 위치를 천구상에 나타낸 것이다.

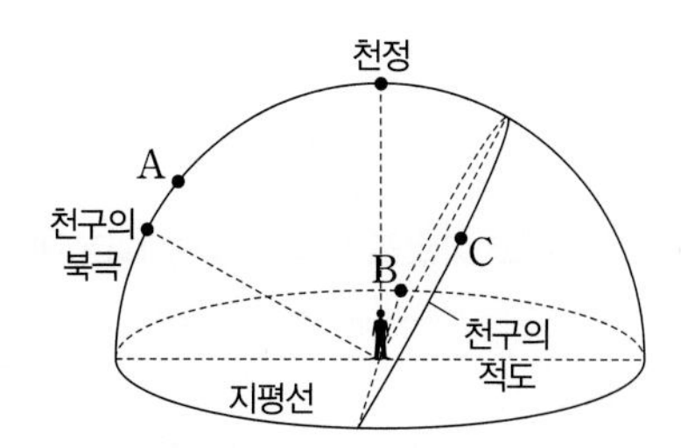

이에 대한 설명으로 옳은 것만을 〈보기〉에서 있는 대로 고른 것은? (단, 방위각은 북점을 기준으로 측정한다.)

보기

ㄱ. 적위는 A가 B보다 크다.
ㄴ. 방위각은 B가 C보다 작다.
ㄷ. 하루 중 최대 고도는 A가 C보다 높다.

① ㄱ ② ㄷ ③ ㄱ, ㄴ
④ ㄴ, ㄷ ⑤ ㄱ, ㄴ, ㄷ

04

▸25073-0163

그림은 A, B, C 지역에서 서로 다른 시기에 태양이 남중했을 때 위치와 일주권을 나타낸 것이다.

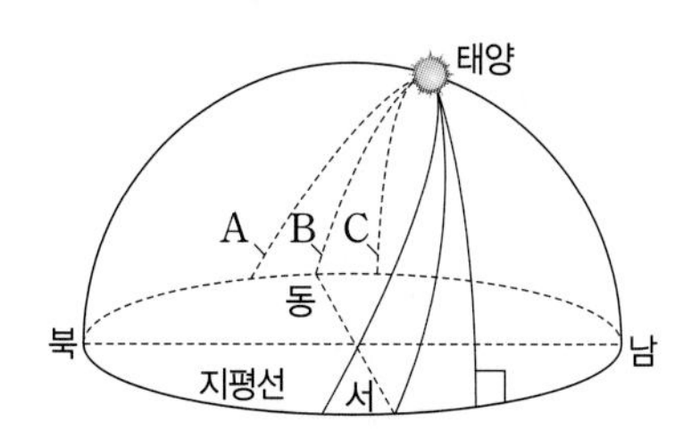

이 자료에 대한 설명으로 옳은 것만을 〈보기〉에서 있는 대로 고른 것은?

보기

ㄱ. 낮의 길이는 A가 B보다 길다.
ㄴ. 위도는 B가 C보다 높다.
ㄷ. A와 C에서 태양의 적위는 모두 (−) 값을 갖는다.

① ㄱ ② ㄷ ③ ㄱ, ㄴ
④ ㄴ, ㄷ ⑤ ㄱ, ㄴ, ㄷ

05

▸25073-0164

표는 어느 날 태양과 행성 A, B의 적경을 나타낸 것이다. A와 B는 각각 토성과 금성 중 하나이다.

천체	태양	A	B
적경	$16^h 30^m$	$23^h 00^m$	$19^h 38^m$

이에 대한 설명으로 옳은 것만을 〈보기〉에서 있는 대로 고른 것은?

보기
ㄱ. A는 금성이다.
ㄴ. 이날 남중 시각은 태양이 B보다 빠르다.
ㄷ. 이날 우리나라에서 남중 고도는 태양이 A보다 높다.

① ㄱ ② ㄴ ③ ㄱ, ㄷ
④ ㄴ, ㄷ ⑤ ㄱ, ㄴ, ㄷ

06

▸25073-0165

그림은 어느 날 지구에 대한 태양, 금성, 화성의 상대적인 위치를 나타낸 것이다.

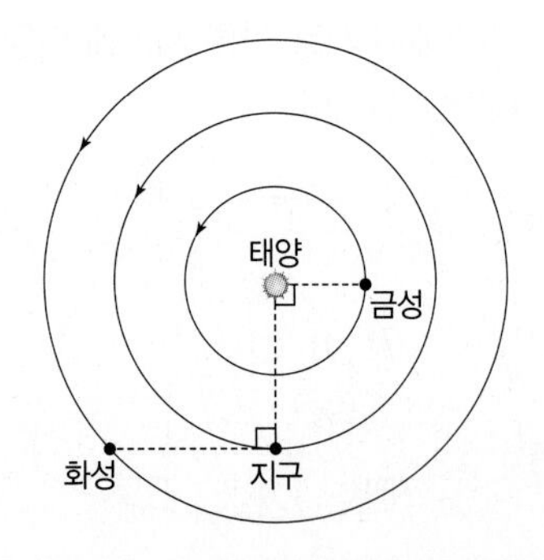

이에 대한 설명으로 옳은 것만을 〈보기〉에서 있는 대로 고른 것은?

보기
ㄱ. 금성은 서방 최대 이각에 위치한다.
ㄴ. 지구와 화성 사이의 거리는 멀어지고 있다.
ㄷ. 금성이 지평선 부근에서 관측될 때, 화성은 남서쪽 하늘에서 관측된다.

① ㄱ ② ㄴ ③ ㄱ, ㄷ
④ ㄴ, ㄷ ⑤ ㄱ, ㄴ, ㄷ

07

▸25073-0166

그림은 추분날 지구 및 별 A, B, C의 위치를 나타낸 것이다. A, B, C는 모두 천구의 적도에 위치한다.

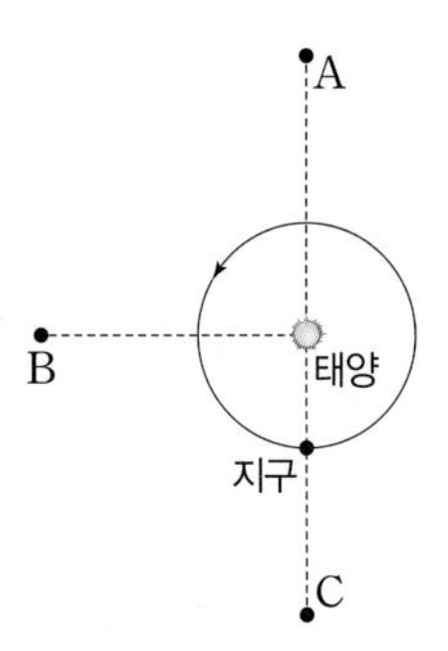

이에 대한 설명으로 옳은 것만을 〈보기〉에서 있는 대로 고른 것은?

보기
ㄱ. A의 적경은 12^h이다.
ㄴ. 적경은 A가 B보다 크다.
ㄷ. 우리나라에서 관측할 때, 남중 고도는 B가 C보다 낮다.

① ㄱ ② ㄷ ③ ㄱ, ㄴ
④ ㄴ, ㄷ ⑤ ㄱ, ㄴ, ㄷ

08

▸25073-0167

표는 2024년 어느 기간 중 수성의 위치 및 각각에 위치하는 날짜를 나타낸 것이다. ㉠과 ㉡은 각각 내합과 외합 중 하나이다.

위치	유	서방 최대 이각	동방 최대 이각	(㉠)	(㉡)
날짜(월/일)	4/2, 4/24	1/13	3/25	4/12	2/28

이에 대한 설명으로 옳은 것만을 〈보기〉에서 있는 대로 고른 것은?

보기
ㄱ. ㉠은 내합, ㉡은 외합이다.
ㄴ. 4월 2일에 수성의 이각은 감소한다.
ㄷ. 3월 27일에 수성은 순행한다.

① ㄱ ② ㄷ ③ ㄱ, ㄴ
④ ㄴ, ㄷ ⑤ ㄱ, ㄴ, ㄷ

09

▸25073-0168

그림은 어느 해에 우리나라에서 3개월 동안 관측한 수성, 금성, 토성의 지는 시각을 일몰 시각과 함께 나타낸 것이다.

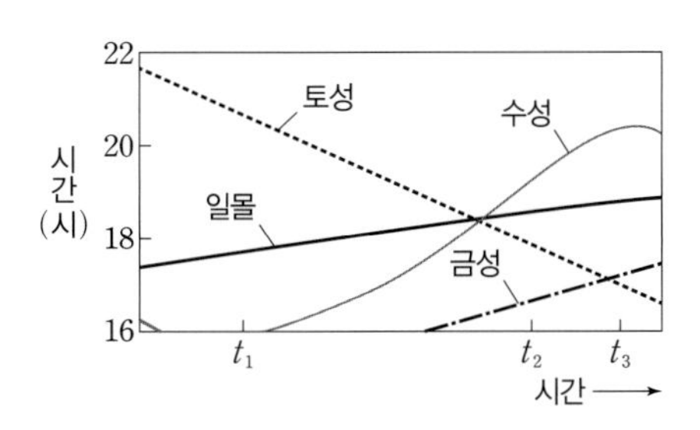

이에 대한 설명으로 옳은 것만을 <보기>에서 있는 대로 고른 것은?

보기

ㄱ. 이 기간 동안 태양의 적위는 커지고 있다.

ㄴ. t_1~t_2 기간 동안 토성은 역행하였다.

ㄷ. t_2~t_3 기간 동안 수성과 금성의 이각은 모두 증가하였다.

① ㄱ ② ㄴ ③ ㄱ, ㄷ ④ ㄴ, ㄷ ⑤ ㄱ, ㄴ, ㄷ

10

▸25073-0169

그림은 위도가 37°N인 어느 지역에서 12개월 동안 태양의 남중 고도 변화를 나타낸 것이다.

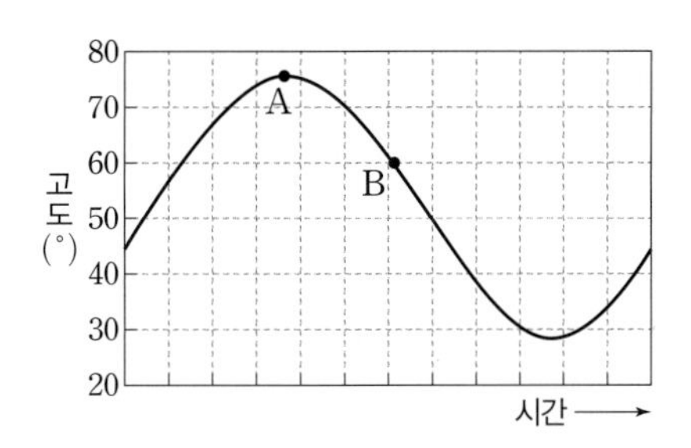

이에 대한 설명으로 옳은 것만을 <보기>에서 있는 대로 고른 것은?

보기

ㄱ. A 시기에 태양의 적경은 12^h이다.

ㄴ. B 시기에 태양은 북동쪽에서 뜬다.

ㄷ. A 시기에 위도 50°N인 지역에서 태양의 남중 고도는 80° 보다 높을 것이다.

① ㄱ ② ㄴ ③ ㄱ, ㄷ ④ ㄴ, ㄷ ⑤ ㄱ, ㄴ, ㄷ

11

▸25073-0170

그림은 프톨레마이오스의 우주관에서 설명하는 행성의 운동을 나타낸 것이다. 이 행성은 수성 또는 금성 중 하나이다.

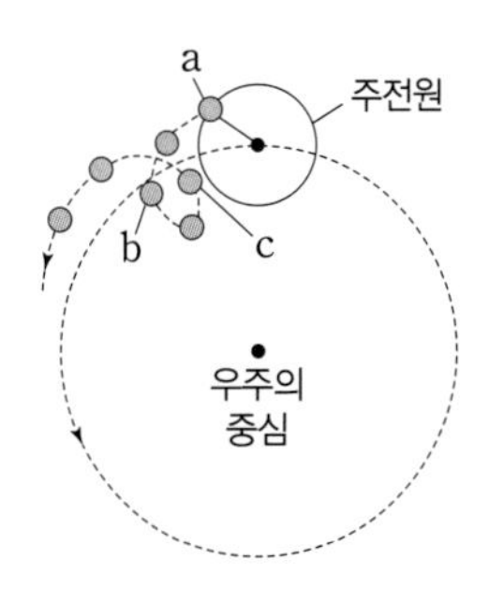

이에 대한 설명으로 옳은 것만을 <보기>에서 있는 대로 고른 것은?

보기

ㄱ. 우주의 중심에는 태양이 위치한다.

ㄴ. 행성이 a → b로 이동하는 동안 행성은 순행한다.

ㄷ. 적도에서 관측할 때 행성이 c에 위치한 시기에 태양은 행성보다 먼저 뜬다.

① ㄱ ② ㄴ ③ ㄱ, ㄷ ④ ㄴ, ㄷ ⑤ ㄱ, ㄴ, ㄷ

12

▸25073-0171

그림은 코페르니쿠스의 우주관을 나타낸 것이다.

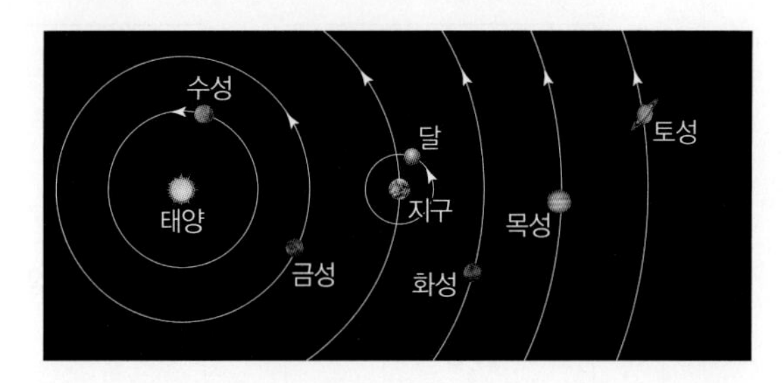

이 우주관에 대한 설명으로 옳은 것만을 <보기>에서 있는 대로 고른 것은?

보기

ㄱ. 행성은 태양 주위를 타원 궤도로 공전한다.

ㄴ. 행성의 공전 속도는 태양으로부터 멀수록 느려진다.

ㄷ. 금성의 보름달 모양의 위상을 설명할 수 있다.

① ㄱ ② ㄴ ③ ㄱ, ㄷ ④ ㄴ, ㄷ ⑤ ㄱ, ㄴ, ㄷ

01

▸25073-0172

그림은 우리나라에서 관측한 태양과 별 A~D의 위치를 나타낸 것이다.

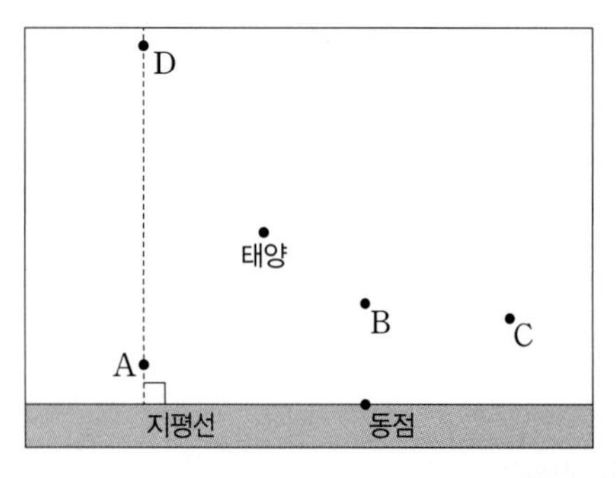

이에 대한 설명으로 옳은 것만을 〈보기〉에서 있는 대로 고른 것은? (단, 방위각은 북점을 기준으로 측정한다.)

보기
ㄱ. A와 B의 적위는 (+) 값을 갖는다.
ㄴ. 적경은 A가 D보다 크다.
ㄷ. (방위각−고도)의 값은 C가 D보다 크다.

① ㄱ ② ㄷ ③ ㄱ, ㄴ ④ ㄴ, ㄷ ⑤ ㄱ, ㄴ, ㄷ

02

▸25073-0173

그림 (가), (나), (다)는 각각 우리나라에서 5월 11일, 5월 25일, 6월 12일 같은 시각에 관측되는 태양, 수성, 금성, 목성의 위치를 나타낸 것이다.

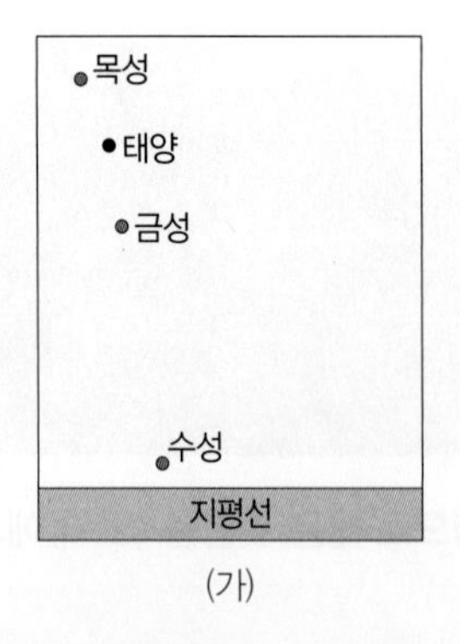

(가)

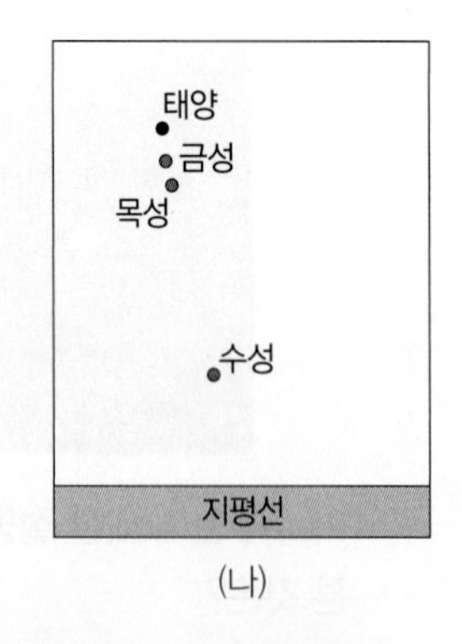

(나)

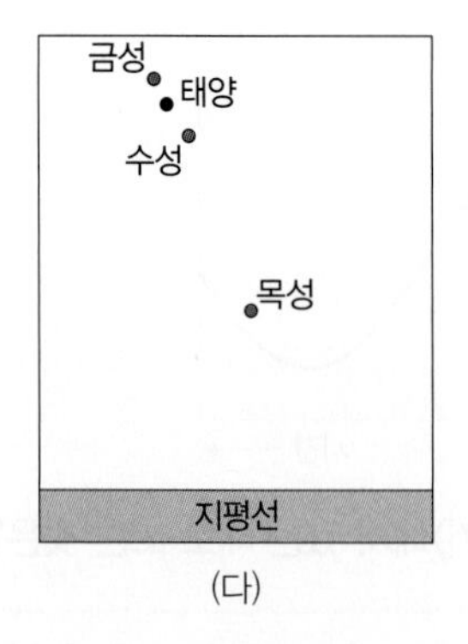

(다)

이에 대한 설명으로 옳은 것만을 〈보기〉에서 있는 대로 고른 것은?

보기
ㄱ. 이 기간 동안 수성은 금성보다 항상 먼저 뜬다.
ㄴ. (나) → (다) 기간 동안 금성의 태양면 통과 현상이 나타날 수 있다.
ㄷ. 이 기간 동안 목성의 적경은 계속 증가하였다.

① ㄱ ② ㄴ ③ ㄱ, ㄷ ④ ㄴ, ㄷ ⑤ ㄱ, ㄴ, ㄷ

03

▸25073-0174

그림은 2026년 추분날 어느 시각의 수성과 금성 위치를 황도와 함께 적도 좌표계에 나타낸 것이다.

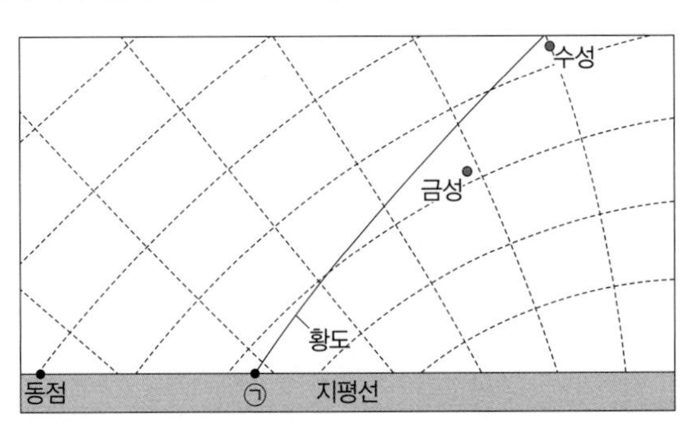

이 자료에 대한 설명으로 옳은 것만을 〈보기〉에서 있는 대로 고른 것은?

보기

ㄱ. 이 시각은 새벽이다.
ㄴ. 수성의 적위는 (−) 값을 갖는다.
ㄷ. 황도와 지평선이 만나는 지점(㉠)과 동점 사이의 각거리는 오전 7시가 오전 11시보다 작다.

① ㄱ ② ㄷ ③ ㄱ, ㄴ ④ ㄴ, ㄷ ⑤ ㄱ, ㄴ, ㄷ

04

▸25073-0175

그림은 어느 해에 두 달 동안 관측한 수성의 겉보기 이동 경로를 황도와 함께 적도 좌표계에 나타낸 것이다.

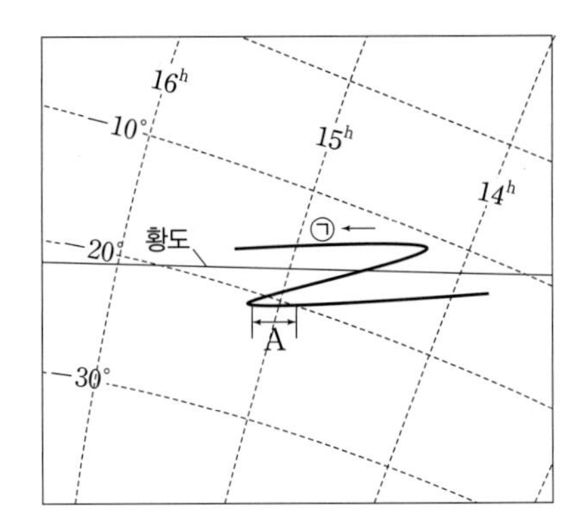

이에 대한 설명으로 옳은 것만을 〈보기〉에서 있는 대로 고른 것은?

보기

ㄱ. 봄철에 관측한 것이다.
ㄴ. 수성의 겉보기 운동은 ㉠ 방향으로 일어났다.
ㄷ. A 기간 동안 수성은 새벽에 관측된다.

① ㄱ ② ㄴ ③ ㄱ, ㄷ ④ ㄴ, ㄷ ⑤ ㄱ, ㄴ, ㄷ

05

▸25073-0176

그림은 춘분날 지구에서 관측한 태양, 수성, 금성, 화성, 목성의 방향을 나타낸 것이다. 4개의 행성 중 하나의 행성만 역행 중이다.

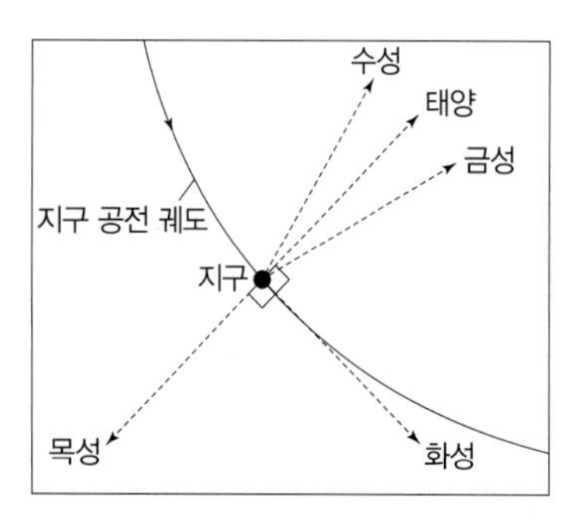

이에 대한 설명으로 옳은 것만을 〈보기〉에서 있는 대로 고른 것은?

보기

ㄱ. 수성의 시지름은 커지고 있다.
ㄴ. 지구와 화성 사이의 거리는 멀어지고 있다.
ㄷ. 금성과 목성의 적경 차는 이날이 다음 날보다 크다.

① ㄱ ② ㄴ ③ ㄱ, ㄷ ④ ㄴ, ㄷ ⑤ ㄱ, ㄴ, ㄷ

06

▸25073-0177

표 (가)와 (나)는 각각 어느 해 7월과 9월에 나타나는 주요 천문 현상을 순서 없이 나타낸 것이다.

날짜(일)	행성	천문 현상
2	천왕성	유(순행 → 역행)
5	수성	서방 최대 이각
8	토성	충
21	해왕성	충

(가)

날짜(일)	행성	천문 현상
1	토성	유(순행 → 역행)
3	해왕성	유(순행 → 역행)
5	지구	원일점
22	수성	동방 최대 이각

(나)

이에 대한 설명으로 옳은 것만을 〈보기〉에서 있는 대로 고른 것은?

보기

ㄱ. (가)는 9월이다.
ㄴ. 수성은 8월에 역행한 적이 있다.
ㄷ. 9월에는 천왕성과 수성이 동시에 지평선 위에 떠 있는 시기가 있다.

① ㄱ ② ㄷ ③ ㄱ, ㄴ ④ ㄴ, ㄷ ⑤ ㄱ, ㄴ, ㄷ

07

▸25073-0178

그림은 어느 날 행성 A와 B의 지구에 대한 상대적인 위치를 나타낸 것이다. 이날 A는 이각이 최대였으며, B는 동구와 충 사이에 위치하였다.

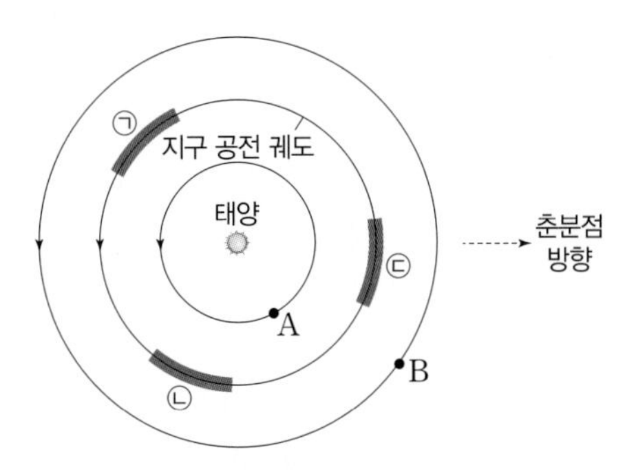

이에 대한 설명으로 옳은 것만을 <보기>에서 있는 대로 고른 것은?

보기

ㄱ. 지구는 ㉡ 구간에 위치한다.
ㄴ. 이날 태양의 적경은 $4^h \sim 6^h$ 사이이다.
ㄷ. A와 B 모두 남중 시각은 다음 날이 이날보다 빠르다.

① ㄱ ② ㄷ ③ ㄱ, ㄴ ④ ㄴ, ㄷ ⑤ ㄱ, ㄴ, ㄷ

08

▸25073-0179

그림은 티코 브라헤 우주관의 일부를 나타낸 것이다. A, B, C는 각각 달, 수성, 화성 중 하나이다.

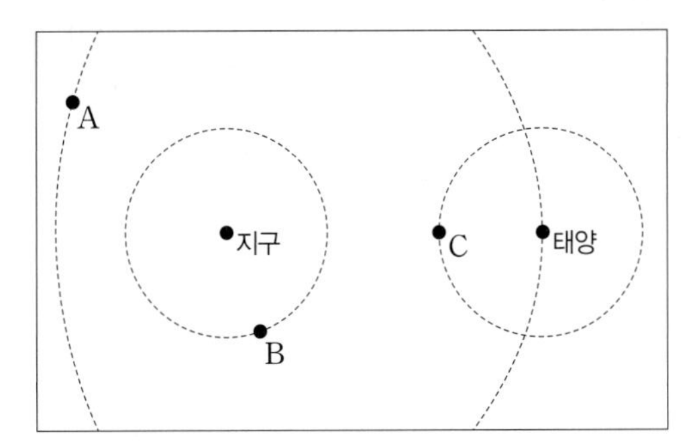

이 우주관에 대한 설명으로 옳은 것만을 <보기>에서 있는 대로 고른 것은?

보기

ㄱ. 수성은 B이다.
ㄴ. 연주 시차가 나타나는 현상을 설명할 수 없다.
ㄷ. A와 C의 역행을 설명할 수 있다.

① ㄱ ② ㄷ ③ ㄱ, ㄴ ④ ㄴ, ㄷ ⑤ ㄱ, ㄴ, ㄷ

12 행성의 궤도 운동

1 행성의 공전 주기와 궤도 반지름

(1) 회합 주기

① 회합 주기: 내행성이 내합(또는 외합)에서 다음 내합(또는 외합)이 되는 데까지, 외행성이 충(또는 합)에서 다음 충(또는 합)이 되는 데까지 걸리는 시간이다.

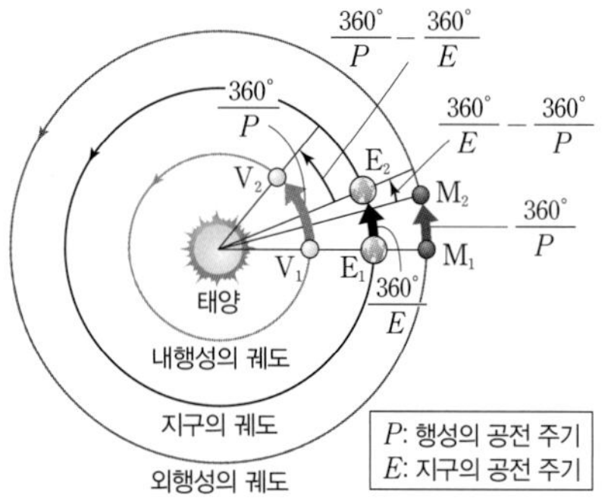

② 지구에서 직접 행성의 공전 주기를 측정하기 어려워, 회합 주기를 이용하여 행성의 공전 주기를 구한다. 행성의 회합 주기(S)와 공전 주기(P) 사이에는 다음과 같은 관계가 성립한다.

$$\text{내행성: } \frac{1}{S}=\frac{1}{P}-\frac{1}{E},\ \text{외행성: } \frac{1}{S}=\frac{1}{E}-\frac{1}{P}$$

(2) 행성의 공전 궤도 반지름

① 내행성의 공전 궤도 반지름은 내행성의 최대 이각을 관측하여 구할 수 있다.

➡ 지구의 공전 궤도 반지름이 10 cm이고, 금성의 최대 이각이 45°일 때 작도를 하면 금성의 공전 궤도 반지름(r)은 약 7 cm(10 cm × sin45° $=5\sqrt{2}\fallingdotseq 7$ cm)이다.

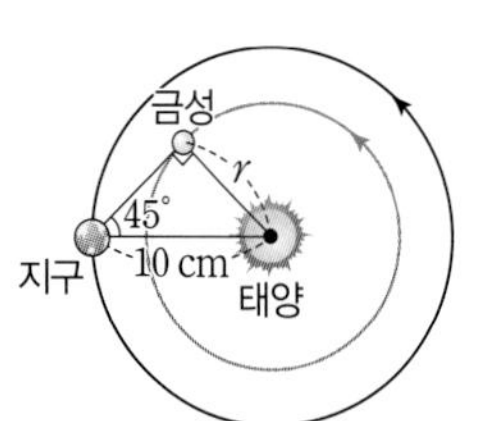

② 외행성의 공전 궤도 반지름은 행성의 공전 주기와 이각을 이용하여 구할 수 있다.

- 화성이 한 바퀴 공전했을 때, 지구의 위치는 E_1에서 E_2로 변하였다.
- E_1, E_2에서 측정한 이각 144°와 112°를 이용하여 화성의 위치를 찾은 다음, 공전 궤도 반지름을 구한다.

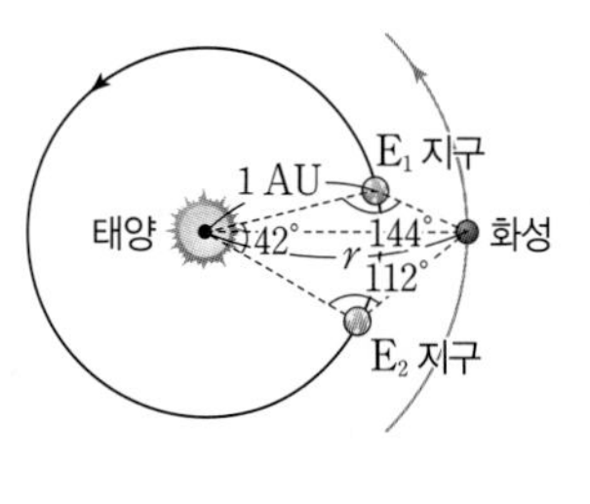

2 케플러 법칙

(1) 케플러 제1법칙(타원 궤도 법칙): 행성은 태양을 초점으로 하는 타원 궤도를 그리며 공전한다.

① 궤도 긴반지름: 타원 궤도의 중심으로부터 원일점 또는 근일점까지의 거리이다.

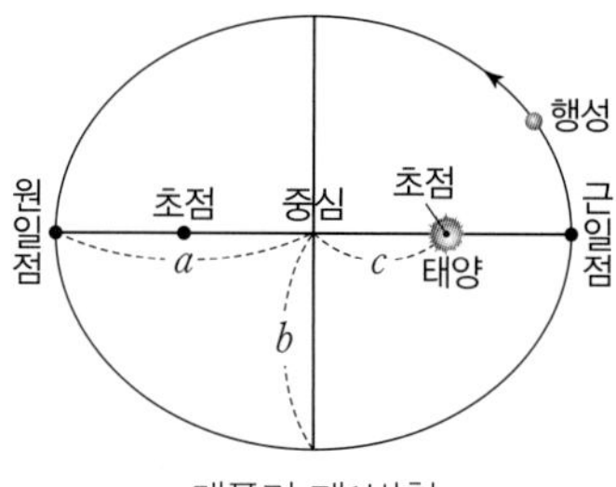

케플러 제1법칙

② 타원의 긴반지름을 a, 짧은반지름을 b, 중심에서 초점까지의 거리를 c라고 할 때, 이심률(e)은 다음과 같이 나타낸다.

➡ $e=\frac{c}{a}=\frac{\sqrt{a^2-b^2}}{a}$

(2) 케플러 제2법칙(면적 속도 일정 법칙): 태양과 행성을 연결한 선분은 같은 시간 동안에 같은 면적을 휩쓸고 지나간다.

➡ $S_1=S_2=S_3$

① 행성의 공전 속도는 근일점에서 가장 빠르고, 원일점에서 가장 느리다.

② 타원 궤도의 이심률이 클수록 근일점과 원일점에서의 공전 속도 차가 크다.

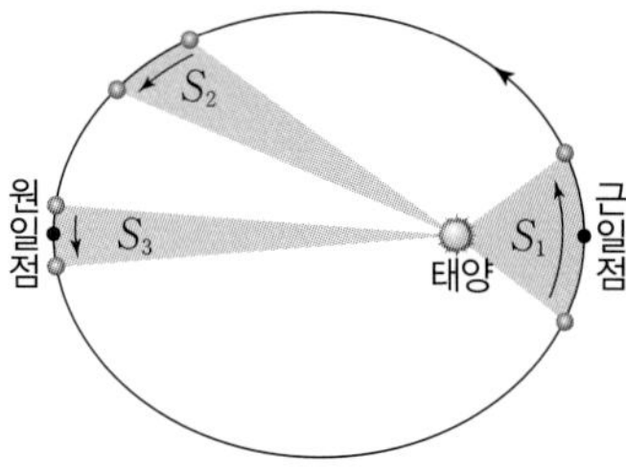

케플러 제2법칙

(3) 케플러 제3법칙(조화 법칙): 행성의 공전 주기(P)의 제곱은 공전 궤도 긴반지름(a)의 세제곱에 비례한다. ➡ $\frac{P^2}{a^3}=k$(일정)

① 공전 주기 P의 단위를 년, 궤도 긴반지름 a의 단위를 AU로 하면, 태양계의 행성에서 비례 상수 $k=1$이 된다.

② 두 별 사이의 거리와 공전 주기를 알면 케플러 제3법칙으로부터 쌍성계의 질량을 구할 수 있다.

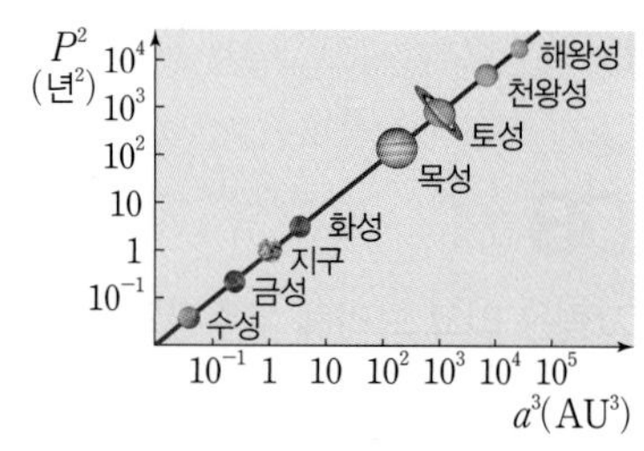

케플러 제3법칙

더 알기 행성의 회합 주기

- 내행성은 공전 궤도 반지름이 클수록 회합 주기가 길다.
- 외행성은 공전 궤도 반지름이 클수록 회합 주기가 짧아지면서 점점 1년에 가까워진다.

행성	수성	금성	지구	화성	목성	토성	천왕성	해왕성
회합 주기 (일)	116	584	–	780	399	378	370	368
공전 주기 (일)	88 (0.24년)	225 (0.62년)	365 (1년)	687 (1.88년)	4333 (11.86년)	10759 (29.46년)	30685 (84.01년)	60188 (164.78년)

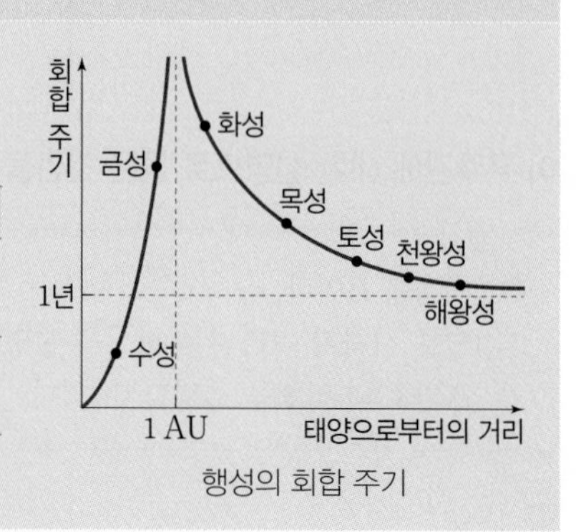

행성의 회합 주기

테마 대표 문제

| 2025학년도 수능 |

그림은 태양을 공전하는 소행성 P의 공전 궤도를 나타낸 것이다. 태양과 P를 잇는 선분이 1년 동안 쓸고 지나간 면적 S는 전체 궤도 면적의 $\frac{1}{8}$이다.

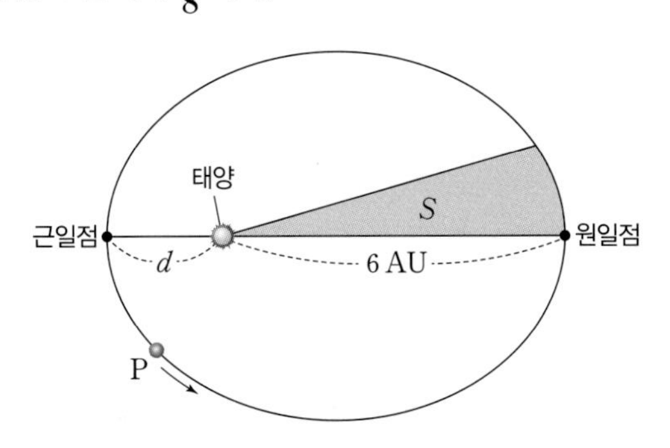

이 자료에 대한 설명으로 옳은 것만을 〈보기〉에서 있는 대로 고른 것은?

보기
ㄱ. 공전 주기는 8년이다.
ㄴ. $d=2$ AU이다.
ㄷ. 공전 속도는 근일점에서 원일점으로 갈수록 빨라진다.

① ㄱ ② ㄷ ③ ㄱ, ㄴ ④ ㄴ, ㄷ ⑤ ㄱ, ㄴ, ㄷ

접근 전략

케플러 제2법칙을 이용하여 공전 주기를 구할 수 있으며, 케플러 제3법칙을 이용하여 행성의 공전 궤도 긴반지름을 구할 수 있음을 이용해야 한다.

간략 풀이

공전 주기를 P(년), 공전 궤도 긴반지름을 a(AU)라고 할 때, $P^2=a^3$이 성립한다. 근일점에서 원일점까지의 거리는 a의 2배이다.

ⓞ. 태양과 P를 잇는 선분이 1년 동안 쓸고 지나간 면적이 전체 궤도 면적의 $\frac{1}{8}$이므로, P의 공전 주기는 8년이다.

ⓞ. $P=8$년이므로 $P^2=a^3$에서 $a=4$ AU이다. $(d+6$ AU)는 a의 2배이므로, $d=2$ AU이다.

✗. 태양과 행성을 잇는 선분의 길이는 근일점에서 가장 짧고, 원일점에서 가장 길다. 따라서 면적 속도 일정 법칙에 따르면 공전 속도는 근일점에서 원일점으로 갈수록 느려진다.

정답 | ③

닮은 꼴 문제로 유형 익히기

정답과 해설 31쪽

▸25073-0180

그림은 태양을 공전하는 소행성 P의 공전 궤도를 나타낸 것이다. P는 1년 동안 a에서 b까지 공전하였다.

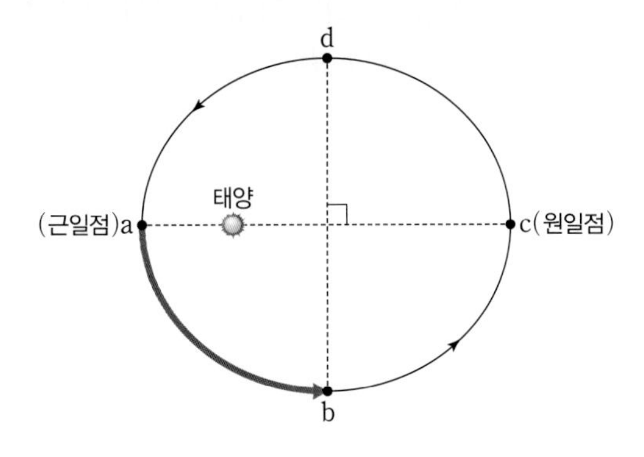

P에 대한 설명으로 옳은 것만을 〈보기〉에서 있는 대로 고른 것은?

보기
ㄱ. a에서 b로 갈수록 공전 속도는 느려진다.
ㄴ. c에서 d까지 공전하는 데 걸리는 시간은 1년이다.
ㄷ. 공전 주기는 4년이다.

① ㄱ ② ㄴ ③ ㄷ ④ ㄱ, ㄴ ⑤ ㄴ, ㄷ

유사점과 차이점

특정 기간 동안 태양과 소행성을 잇는 선분이 쓸고 지나간 면적을 이용하여 공전 주기를 알아내야 하는 점에서 대표 문제와 유사하지만, 서로 다른 두 시기에 태양과 소행성을 잇는 선분이 쓸고 지나간 면적을 비교해야 한다는 점에서 대표 문제와 다르다.

배경 지식

- 근일점에서 원일점으로 갈수록 공전 속도는 느려진다.
- 태양과 소행성을 잇는 선분은 같은 시간 동안 같은 면적을 쓸고 지나간다.

정답과 해설 31쪽

01

▸25073-0181

표는 태양계 행성 A와 B의 평균 공전 각속도를 나타낸 것이다. 평균 공전 각속도는 행성이 공전 궤도상에서 하루 동안 공전하는 각도의 평균값이다.

행성	A	B
평균 공전 각속도(°/일)	0.52	1.60

이에 대한 설명으로 옳은 것만을 〈보기〉에서 있는 대로 고른 것은?

보기
ㄱ. A는 내행성이다.
ㄴ. B가 근일점에 위치할 때 하루 동안 공전한 각도는 1.6°보다 크다.
ㄷ. B의 평균 공전 각속도가 지금보다 커진다면, A에서 관측한 B의 회합 주기는 길어질 것이다.

① ㄱ ② ㄴ ③ ㄱ, ㄷ
④ ㄴ, ㄷ ⑤ ㄱ, ㄴ, ㄷ

02

▸25073-0182

표는 지구와 태양계 행성 A, B의 평균 공전 속도 및 지구와의 회합 주기를 나타낸 것이다.

행성	A	지구	B
평균 공전 속도(km/s)	47.36	29.78	9.65
회합 주기(일)	115.9	–	(㉠)

이에 대한 설명으로 옳은 것만을 〈보기〉에서 있는 대로 고른 것은?

보기
ㄱ. 공전 궤도 긴반지름은 A가 B보다 짧다.
ㄴ. A는 금성이다.
ㄷ. ㉠은 365보다 작다.

① ㄱ ② ㄴ ③ ㄱ, ㄷ
④ ㄴ, ㄷ ⑤ ㄱ, ㄴ, ㄷ

03

▸25073-0183

그림은 어느 시기에 가상의 태양계 행성 A와 B의 방향 및 A와 B가 0.3년 동안 각각 A′과 B′으로 공전했을 때의 방향을 나타낸 것이다. A와 B는 같은 평면에서 원 궤도로 공전하며, 공전 주기는 0.3년보다 길다.

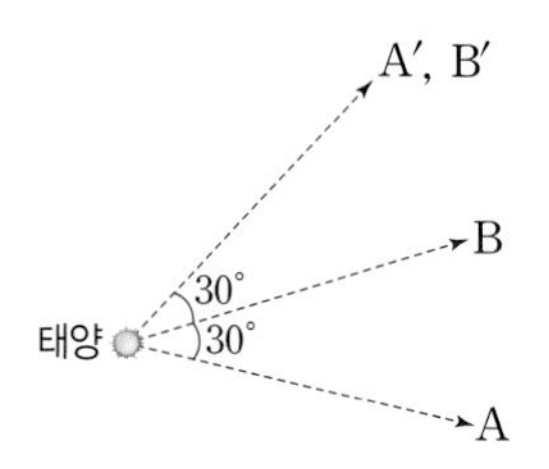

이에 대한 설명으로 옳은 것만을 〈보기〉에서 있는 대로 고른 것은?

보기
ㄱ. 공전 궤도 반지름은 A가 B보다 작다.
ㄴ. A의 공전 주기는 1.8년이다.
ㄷ. A에서 관측한 B의 회합 주기는 B의 공전 주기와 같다.

① ㄱ ② ㄷ ③ ㄱ, ㄴ
④ ㄴ, ㄷ ⑤ ㄱ, ㄴ, ㄷ

04

▸25073-0184

그림은 어느 가상의 태양계 행성의 공전 궤도를 나타낸 것이다. A 구간을 공전하는 데 걸린 시간(t_A)은 B 구간을 공전하는 데 걸린 시간(t_B)보다 길다.

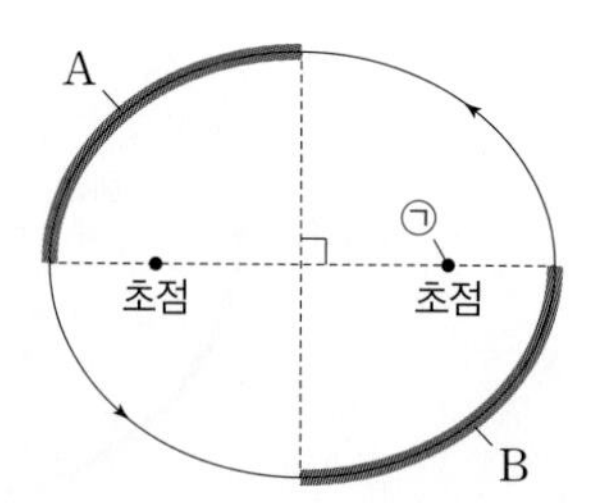

이에 대한 설명으로 옳은 것만을 〈보기〉에서 있는 대로 고른 것은?

보기
ㄱ. 태양은 ㉠에 위치한다.
ㄴ. 이 행성의 공전 주기는 $2(t_A+t_B)$이다.
ㄷ. 행성과 태양을 잇는 선분이 쓸고 지나간 면적은 A 구간을 공전할 때가 B 구간을 공전할 때보다 넓다.

① ㄱ ② ㄷ ③ ㄱ, ㄴ
④ ㄴ, ㄷ ⑤ ㄱ, ㄴ, ㄷ

05

▸25073-0185

표는 수성, 금성, 지구의 공전 궤도 긴반지름과 공전 궤도 이심률을 나타낸 것이다.

행성	공전 궤도 긴반지름(AU)	공전 궤도 이심률
수성	0.387	0.206
금성	0.723	0.007
지구	1.000	0.017

이에 대한 설명으로 옳은 것만을 〈보기〉에서 있는 대로 고른 것은?

보기

ㄱ. 수성의 근일점 거리는 수성의 공전 궤도 긴반지름의 80 % 보다 짧다.

ㄴ. 지구의 원일점 거리는 1.02 AU보다 길다.

ㄷ. (원일점 거리−근일점 거리)는 금성이 가장 크다.

① ㄱ ② ㄴ ③ ㄱ, ㄷ

④ ㄴ, ㄷ ⑤ ㄱ, ㄴ, ㄷ

06

▸25073-0186

그림은 어느 쌍성계에서 원 궤도로 공전하는 별 A와 B의 공전 속도 및 A와 B 사이의 거리를 나타낸 것이다. A와 B는 동일 평면에서 공전하며, A의 질량은 태양과 같다.

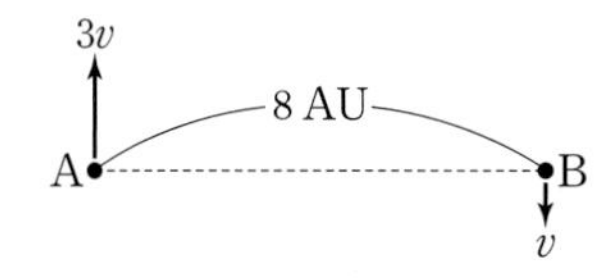

이에 대한 설명으로 옳은 것만을 〈보기〉에서 있는 대로 고른 것은?

보기

ㄱ. 공통 질량 중심으로부터의 거리는 B가 A의 3배이다.

ㄴ. 질량은 B가 A의 3배이다.

ㄷ. A의 공전 주기는 8년보다 길다.

① ㄱ ② ㄷ ③ ㄱ, ㄴ

④ ㄴ, ㄷ ⑤ ㄱ, ㄴ, ㄷ

07

▸25073-0187

다음은 가상의 태양계 행성 A와 B의 공전과 관련된 내용을 나타낸 것이다.

- 행성 A: 근일점에 위치한 때로부터 1년 동안 A와 태양을 잇는 선분이 쓸고 지나간 면적은 전체 궤도 면적의 $\frac{1}{8}$이다.
- 행성 B: 원일점에 위치한 때로부터 1년 동안 공전한 궤도 길이는 전체 궤도 길이의 $\frac{1}{4}$이다.

이에 대한 설명으로 옳은 것만을 〈보기〉에서 있는 대로 고른 것은?

보기

ㄱ. A와 B가 각각 1년 동안 공전하는 기간 동안 공전 속도는 모두 빨라졌다.

ㄴ. B의 공전 주기는 4년이다.

ㄷ. A와 B의 공전 궤도 긴반지름 차는 1 AU보다 크다.

① ㄱ ② ㄷ ③ ㄱ, ㄴ

④ ㄴ, ㄷ ⑤ ㄱ, ㄴ, ㄷ

08

▸25073-0188

다음은 행성의 타원 궤도를 그려보는 탐구이다.

[탐구 과정]

(가) 그림과 같이 고정된 두 압정 A, B에 실의 양 끝을 묶은 후, 실을 팽팽히 유지하며 연필을 한 바퀴 돌리면서 타원을 그린다.

(나) ㉠A와 B에 묶인 실의 길이 및 ㉡A와 B 사이의 거리를 변화시켜 가며 여러 가지 타원을 그려본다.

이에 대한 설명으로 옳은 것만을 〈보기〉에서 있는 대로 고른 것은?

보기

ㄱ. (나)에서 ㉠이 일정하고 ㉡이 길수록 $\frac{\text{공전 궤도 짧은반지름}}{\text{공전 궤도 긴반지름}}$의 값은 작아진다.

ㄴ. (나)에서 ㉡이 일정하고 ㉠이 길수록 공전 궤도 이심률은 커진다.

ㄷ. (나)에서 ㉠이 일정하고 ㉡이 짧을수록 연필과 압정이 가장 가까울 때의 거리는 멀어진다.

① ㄱ ② ㄴ ③ ㄱ, ㄷ

④ ㄴ, ㄷ ⑤ ㄱ, ㄴ, ㄷ

01

▸25073-0189

표는 어느 해 12월 한 달 동안 어느 내행성의 궤도 물리량을 나타낸 것이다. 수성의 공전 궤도 긴반지름은 0.387 AU이다.

날짜(일)	태양으로부터의 거리($\times 10^6$ km)	지구로부터의 거리(AU)
1	107.653	0.426
6	107.592	0.460
11	107.544	0.496
16	107.508	0.533
21	107.487	0.570
26	107.480	0.607
31	107.487	0.645

이 행성에 대한 설명으로 옳은 것만을 〈보기〉에서 있는 대로 고른 것은?

보기

ㄱ. 금성이다.
ㄴ. 1일부터 21일까지 공전 속도는 계속 빨라진다.
ㄷ. 이 기간 동안 우리나라에서는 초저녁에 관측된다.

① ㄱ ② ㄷ ③ ㄱ, ㄴ ④ ㄴ, ㄷ ⑤ ㄱ, ㄴ, ㄷ

02

▸25073-0190

그림 (가)와 (나)는 일부 태양계 행성들의 공전 주기와 지구와의 회합 주기를 나타낸 것이다.

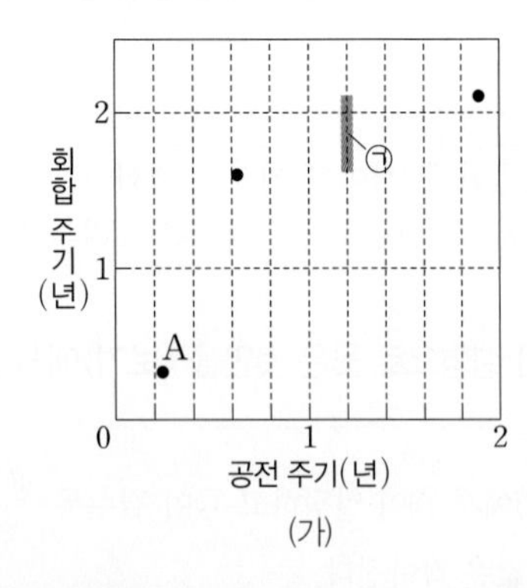

(가)

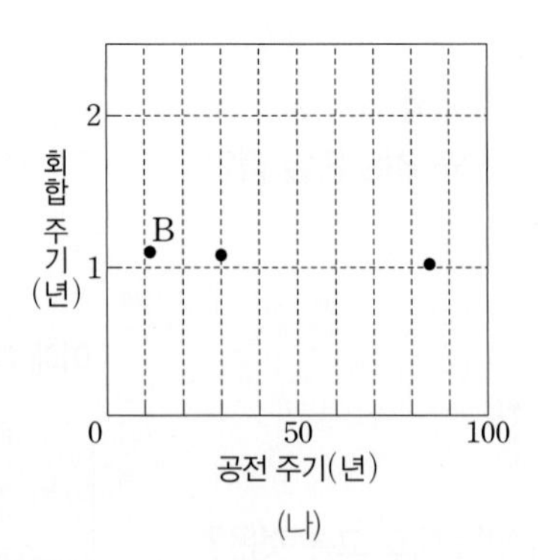

(나)

이에 대한 설명으로 옳은 것만을 〈보기〉에서 있는 대로 고른 것은?

보기

ㄱ. 행성이 하루 동안 공전한 각도는 A가 B보다 크다.
ㄴ. 공전 주기가 1.2년인 가상의 태양계 행성은 지구와의 회합 주기가 ㉠ 구간에 위치할 것이다.
ㄷ. 공전 주기가 약 165년인 해왕성의 회합 주기는 1년보다 짧다.

① ㄱ ② ㄴ ③ ㄱ, ㄷ ④ ㄴ, ㄷ ⑤ ㄱ, ㄴ, ㄷ

03

▸25073-0191

그림은 우리나라에서 춘분날 자정에 관측한 목성과 해왕성의 위치를 나타낸 것이다.

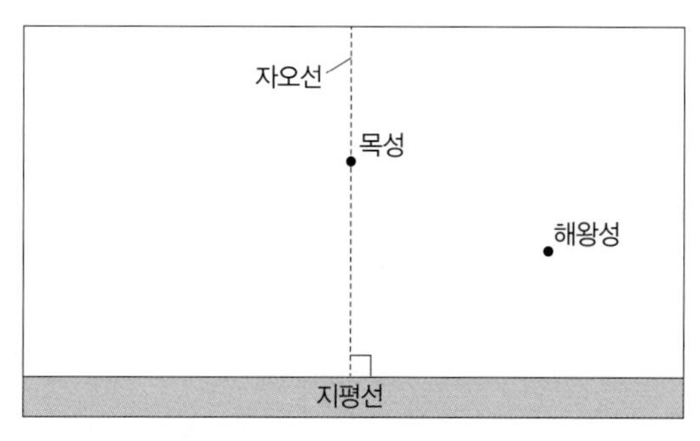

이에 대한 설명으로 옳은 것만을 〈보기〉에서 있는 대로 고른 것은?

보기

ㄱ. 지구와의 회합 주기는 목성이 해왕성보다 길다.

ㄴ. 이날로부터 1년째 되는 날 목성의 적경은 12^h보다 크다.

ㄷ. 이날 이후 처음으로 목성이 자정에 남중한 날 목성–지구–해왕성이 이루는 각은 이날보다 크다.

① ㄱ ② ㄴ ③ ㄱ, ㄷ ④ ㄴ, ㄷ ⑤ ㄱ, ㄴ, ㄷ

04

▸25073-0192

그림 (가)는 어느 쌍성계에서 공통 질량 중심을 원 궤도로 공전하는 별 A와 B를, (나)는 A가 공전하는 동안 관측되는 시선 속도를 나타낸 것이다.

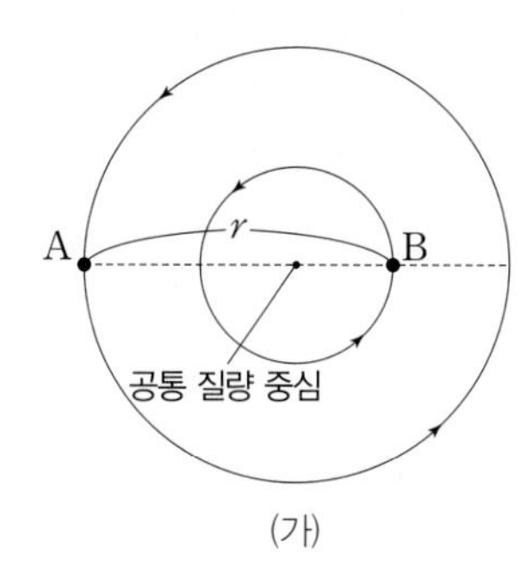

(가)

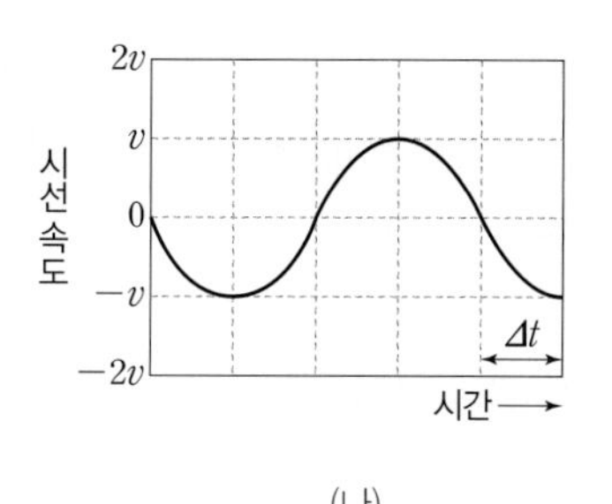

(나)

r와 A의 질량이 일정하고, B의 질량이 증가할 경우 예상되는 A의 시선 속도를 나타낸 것으로 가장 적절한 것은? (단, Δt의 길이는 일정하다.)

①

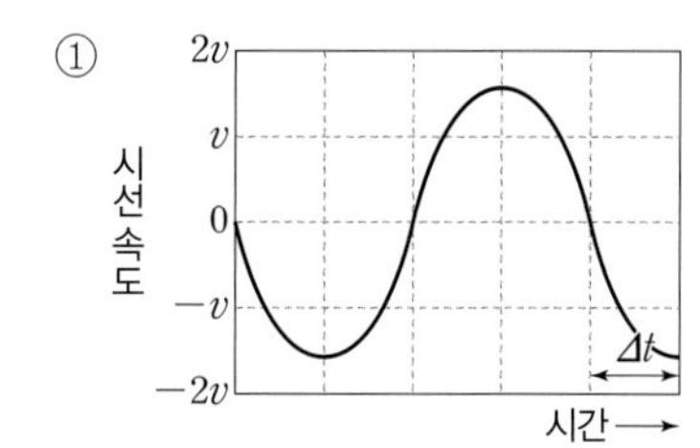

②

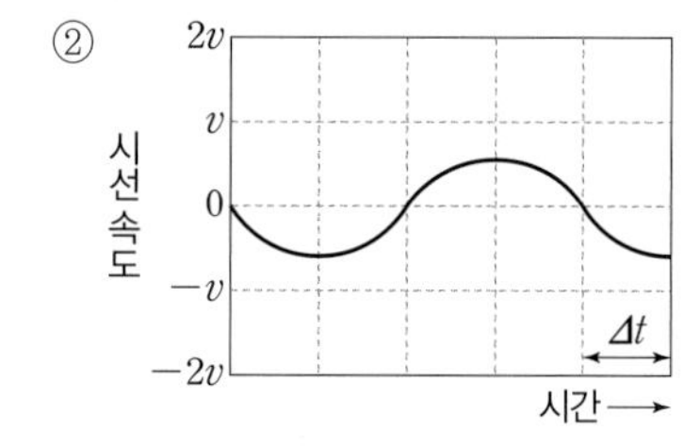

③

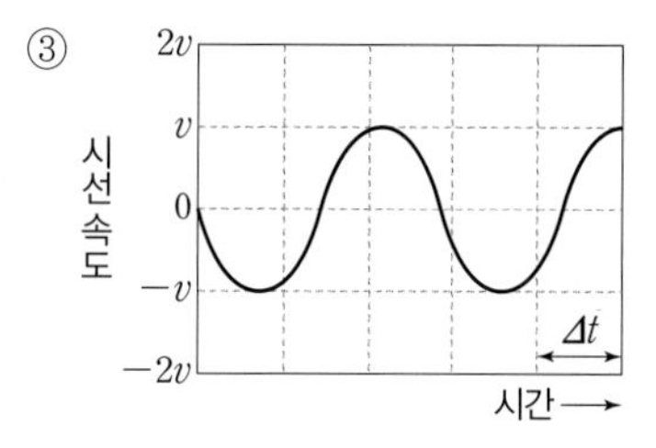

④

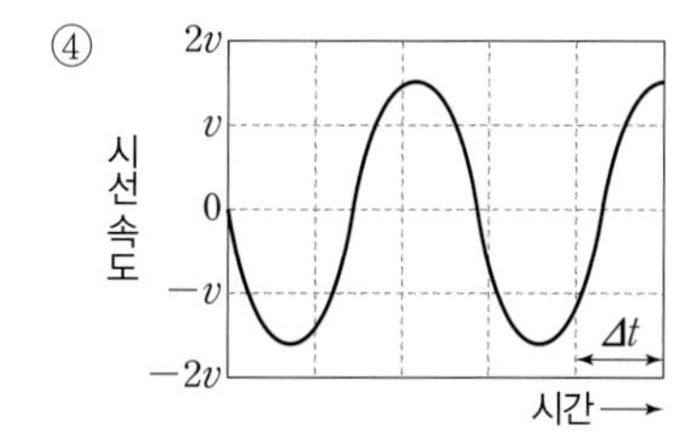

⑤

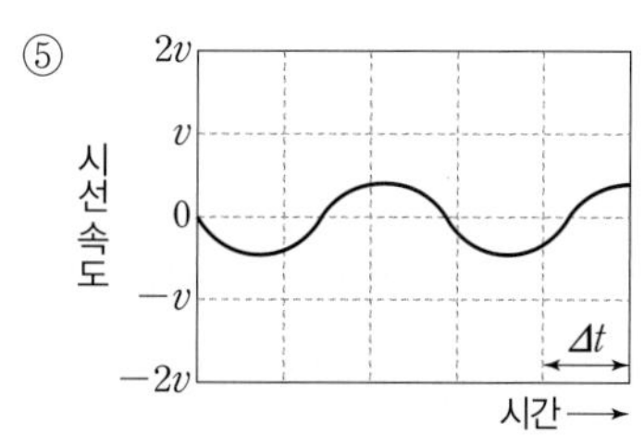

13 천체의 거리

1 천체의 거리

(1) 연주 시차 이용

① 연주 시차(p''): 지구 공전 궤도의 양 끝에서 별을 바라보았을 때 나타나는 각(시차)의 $\frac{1}{2}$이다.

② 비교적 가까운 거리에 있는 별들의 거리(r)를 구하는 데 이용된다.

➡ $r(\text{pc})=\frac{1}{p''}$

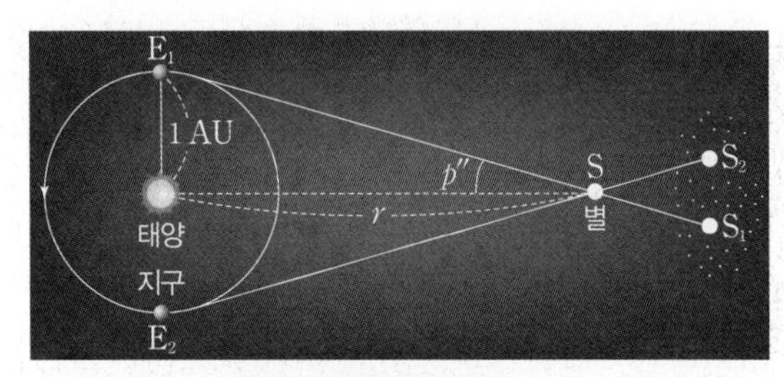

연주 시차와 별까지의 거리

③ 지구에서 가까운 거리에 있는 별일수록 연주 시차가 크며, 1 pc은 약 3.26광년이다.

- 1 AU(천문단위): 태양과 지구 사이의 평균 거리 ≒1.496×10^8 km
- 1 LY(광년): 빛의 속도로 1년 동안 움직인 거리 ≒9.46×10^{12} km≒63000 AU
- 1 pc(파섹): 연주 시차가 1''인 별까지의 거리 ≒3.26광년≒206265 AU

④ 연주 시차가 0.001''보다 작은 별은 정확한 시차를 측정하기 어려우므로 주로 1000 pc 이내의 가까운 별의 거리를 구할 때 이용된다.

(2) 별의 밝기 이용

① 등급과 밝기 사이의 관계(포그슨 방정식): 겉보기 등급이 각각 m_1, m_2인 두 별의 밝기를 각각 l_1, l_2라고 하면 $\frac{l_1}{l_2}=10^{\frac{2}{5}(m_2-m_1)}$이므로 $m_2-m_1=2.5\log\frac{l_1}{l_2}$이다.

② 별의 밝기와 거리: 별의 밝기는 별까지 거리의 제곱에 반비례한다. 따라서 실제 밝기가 같고, 겉보기 밝기가 l_1, l_2인 두 별까지의 거리를 각각 r_1, r_2라고 하면, $\frac{l_1}{l_2}=\left(\frac{r_2}{r_1}\right)^2$이므로 $m_2-m_1=5\log\frac{r_2}{r_1}$이다.

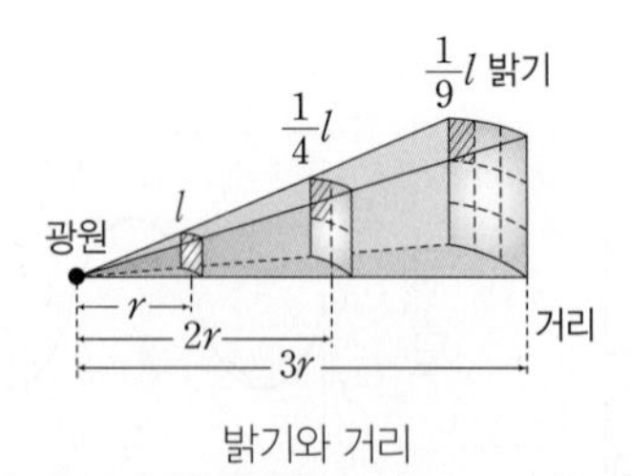

밝기와 거리

③ 거리 지수: 거리가 r(pc)인 어떤 별의 겉보기 등급을 m, 절대 등급을 M이라 하면 $m-M=5\log\frac{r}{10}$이므로 $m-M=5\log r-5$이다. 이때 $m-M$을 거리 지수라고 하며, 거리 지수가 클수록 별까지의 거리가 멀다.

(3) 맥동 변광성 이용

맥동 변광성 이용: 맥동 변광성은 별의 내부가 불안정하여 팽창과 수축을 반복하면서 밝기가 주기적으로 변하는 별로, 변광 주기와 절대 등급 사이의 관계를 이용하여 거리를 구할 수 있다.

① 세페이드 변광성: 변광 주기가 1~50일 정도인 맥동 변광성이다.
➡ 변광 주기를 관측하여 별의 절대 등급을 구한 후, 겉보기 등급과 비교하여 별이 속한 성단이나 외부 은하까지의 거리를 측정할 수 있다.

② 거문고자리 RR형 변광성: 변광 주기가 1일 이내인 맥동 변광성이다. ➡ 절대 등급이 약 0.75이므로 겉보기 등급만 측정하면 별의 거리를 구할 수 있다.

(4) 성단의 색등급도 이용

① 색지수: (사진 등급－안시 등급)의 값으로, 표면 온도가 높을수록 색지수가 작아진다. ➡ 색지수: $U-B$ 또는 $B-V$ [단, U, B, V는 각각 자외선(0.36 μm), 파란색(0.42 μm), 노란색(0.54 μm) 부근의 빛을 통과시키는 필터를 사용하여 정한 겉보기 등급이다.]

② 색등급도와 주계열 맞추기

- 색등급도(C-M도): 별의 색지수를 가로축에, 별의 등급을 세로축에 표현한 그림을 색등급도(C-M도)라고 한다. 성단의 색등급도는 별의 등급으로 겉보기 등급(m)을 사용한다.
- 성단의 주계열 맞추기: 색지수와 절대 등급이 알려진 표준 주계열성의 색등급도와 성단의 색등급도를 비교하면 성단을 구성하는 별들의 절대 등급을 알 수 있고, 이로부터 거리 지수($m-M$)를 구할 수 있다. 성단을 구성하는 별의 거리는 거의 같다고 할 수 있으므로 거리 지수($m-M$)로부터 성단까지의 거리를 구할 수 있다. 이를 주계열 맞추기라고 한다.

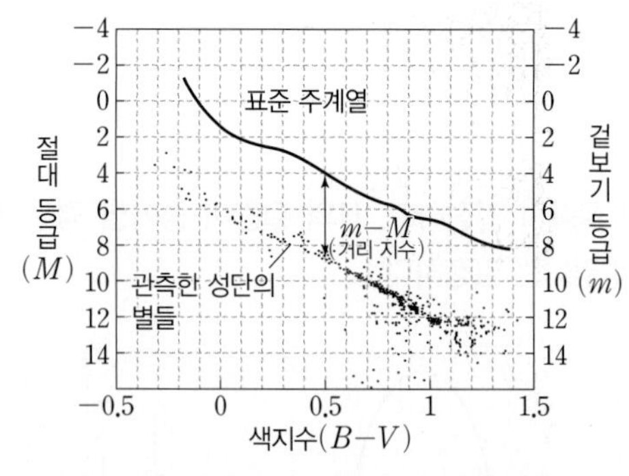

주계열 맞추기로 성단의 거리 구하기

(가) 표준 주계열의 색지수(또는 표면 온도)와 절대 등급을 색등급도에 표시한다.
(나) 거리를 구하고자 하는 성단을 구성하는 별들의 겉보기 등급과 색지수(또는 표면 온도)를 (가)의 색등급도에 표시한다.
(다) (가)와 (나)의 색등급도를 비교하여 거리 지수를 결정한다.
(라) $m-M=5\log r-5$를 이용하여 거리를 구한다.

2 산개 성단과 구상 성단

(1) **산개 성단**: 수백~수천 개의 별들이 느슨하게 모여 있는 집단이다. 나이가 젊고, 고온의 파란색 별들이 많으며, 우리은하에서만 1000개가 넘게 발견된다. 주로 나선 은하와 불규칙 은하에서 발견된다.

산개 성단(플레이아데스 성단)

① 같은 분자 구름에서 형성되어 나이가 비슷하고 비교적 최근에 형성되었기 때문에 젊은 별이 많다.

② 성단의 색: 질량과 광도가 큰 주계열 단계의 별이 많기 때문에 성단은 대체로 파란색을 띤다.

(2) **구상 성단**: 수만~수십만 개의 별들이 구형으로 매우 조밀하게 모여 있는 집단이다.

구상 성단(M3)

① 나이가 100억 년 이상인 것들도 관측될 만큼 오래전에 형성되었다. 형성 초기에 존재하였던 질량이 큰 별들은 주계열 단계를 벗어났다.

② 성단의 색: 현재 관측되는 별들은 대부분 적색 거성 또는 질량이 작은 주계열성이기 때문에 성단은 대체로 붉은색을 띤다.

(3) **산개 성단과 구상 성단의 비교**

구분	산개 성단	구상 성단
질량(태양=1)	10^2~10^3	10^4~10^5
반지름(광년)	6~50	60~300
성단의 색	주로 파란색	주로 붉은색
분포	은하면, 나선팔	은하 중심부, 헤일로

(4) **전향점과 성단의 나이**

① 질량이 큰 별은 수명이 짧아 주계열 단계를 빠르게 벗어난다.

② 색등급도에서 성단을 이루는 주계열성 중 광도가 가장 큰 별(주계열에서 거성으로 진화하기 직전의 별)의 위치를 전향점이라 하고, 성단의 나이가 많을수록 전향점이 오른쪽 아래로 이동한다.

(5) **성단의 색등급도**: 성단은 거대한 분자운에서 수백~수십만 개의 별들이 거의 동시에 형성되어 서로의 중력으로 모여 있는 집단이므로 성단의 각 구성원은 본질적으로 동일한 화학 조성을 갖고 나이가 거의 같다. 그러나 성단을 구성하는 별들의 질량은 다를 수 있으므로 별들의 진화 속도가 달라 성단의 색등급도에서 진화 단계가 다른 별들을 볼 수 있다.

① 산개 성단의 색등급도

- 대부분 주계열성으로, 표면 온도가 높고 광도가 큰 별들이 많다.
- 전향점은 표면 온도가 높고 광도가 큰 곳에 위치하므로 산개 성단은 비교적 나이가 젊다는 것을 알 수 있다.
- 플레이아데스 성단의 전향점은 히아데스 성단의 전향점보다 광도가 큰 곳에 위치하므로 히아데스 성단보다 나이가 젊다는 것을 알 수 있다.
- 산개 성단의 색등급도에서는 광도가 클수록 주계열 단계와 적색 거성 단계 사이에 별들이 거의 없는데 이는 주계열성의 광도가 클수록 빠르게 진화하기 때문이다.

② 구상 성단의 색등급도

- 구상 성단의 색등급도에서 전향점에 위치하는 별은 산개 성단에서보다 상대적으로 어둡고 색지수가 크다. ➡ 주계열 단계에 남아 있는 별들은 질량이 작고 표면 온도가 낮아서 광도가 작은 별들이다.
- 구상 성단의 색등급도에는 주계열에 연결되는 적색 거성 가지에 별들이 많이 분포하고, 산개 성단에는 나타나지 않는 점근 거성 가지와 수평 가지에도 별들이 나타난다. 즉, 구상 성단은 나이가 많은 천체로 구성되어 있다.

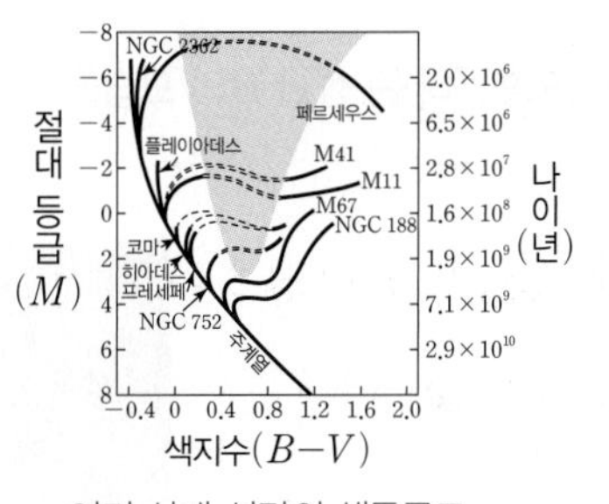

여러 산개 성단의 색등급도

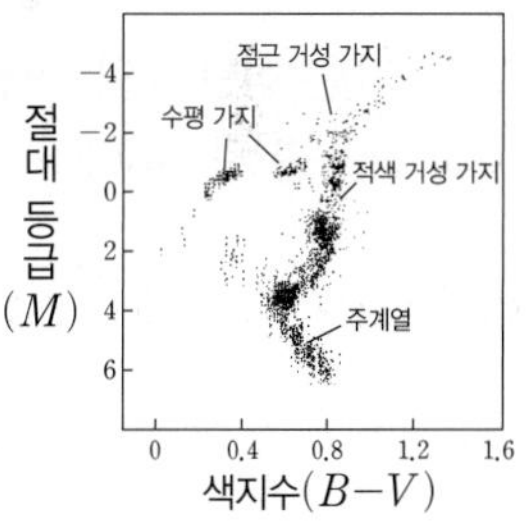

구상 성단의 색등급도

더 알기 세페이드 변광성의 변광 주기-광도 관계를 이용한 거리 측정

- 세페이드 변광성의 광도 곡선: 별의 내부가 불안정한 세페이드 변광성은 팽창과 수축을 주기적으로 반복함에 따라 겉보기 등급이 주기적으로 변화한다. 광도 곡선을 해석하면 변광 주기와 평균 겉보기 등급(m)을 구할 수 있다. 그림의 세페이드 변광성은 평균 겉보기 등급이 4.0등급, 변광 주기가 15일이다.
- 세페이드 변광성의 변광 주기-광도 관계: 세페이드 변광성은 변광 주기가 길수록 절대 등급이 작다. 즉, 변광 주기가 길수록 광도가 크다.
- 세페이드 변광성의 거리 측정: 광도 곡선에서 별의 변광 주기를 구하면 변광 주기-광도 관계를 이용하여 별의 절대 등급(M)을 알 수 있다. 이를 $m-M=5\log r-5$에 대입하면 별까지의 거리를 계산할 수 있다. 세페이드 변광성의 거리 측정을 통해 변광성이 속한 성단이나 외부 은하까지의 거리를 측정할 수 있다.

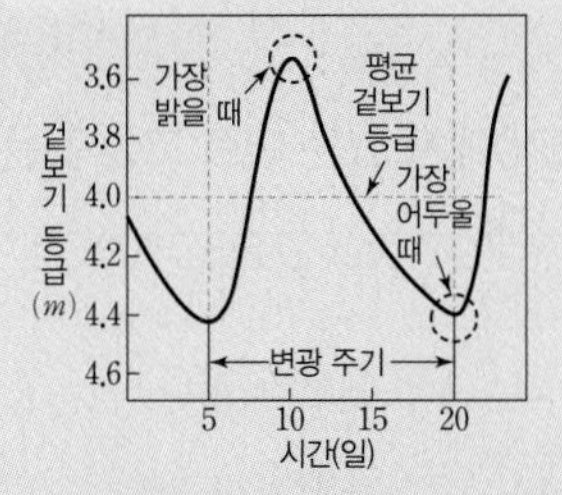

세페이드 변광성의 광도 곡선

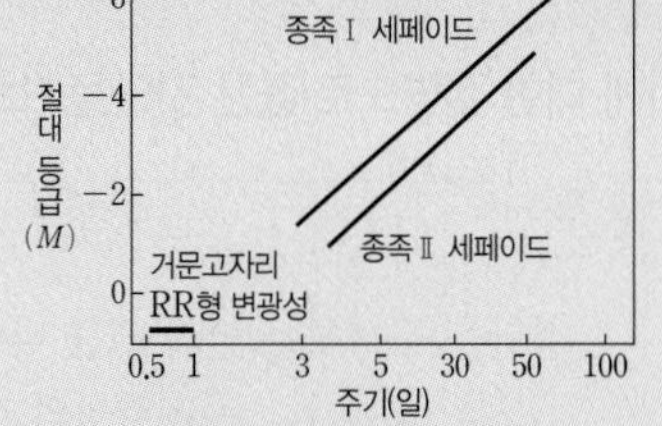

변광 주기-광도 관계

테마 대표 문제

| 2025학년도 수능 |

그림 (가)와 (나)는 구상 성단과 산개 성단을 순서 없이 나타낸 것이다.

(가)

(나)

이에 대한 설명으로 옳은 것만을 〈보기〉에서 있는 대로 고른 것은?

보기
ㄱ. (가)는 산개 성단이다.
ㄴ. (나)는 우리은하에서 원반에 주로 분포한다.
ㄷ. 성단의 나이는 (가)가 (나)보다 적다.

① ㄱ　② ㄴ　③ ㄷ　④ ㄱ, ㄴ　⑤ ㄴ, ㄷ

접근 전략

(가)와 (나)의 사진을 통해 전체적인 별의 개수를 비교해 보고, 상대적으로 별이 허술하게 모여 있는지 아니면 조밀하게 모여 있는지를 비교한 후 구상 성단과 산개 성단을 찾아내야 한다.

간략 풀이

산개 성단은 수백~수천 개의 별들이 허술하게 모여 있는 집단이고, 구상 성단은 수만~수십만 개의 별들이 구형으로 매우 조밀하게 모여 있는 집단이다.

ㄱ. (가)는 수많은 별이 조밀하게 모여 있으므로 구상 성단이다.

ㄴ. 산개 성단인 (나)는 우리은하의 원반을 이루는 나선팔에 주로 분포한다.

ㄷ. 성단의 나이는 구상 성단인 (가)가 산개 성단인 (나)보다 많다.

정답 | ②

닮은 꼴 문제로 유형 익히기

정답과 해설 34쪽

▸25073-0193

그림 (가)는 성단 A의 색등급도를, (나)는 성단 B의 모습을 나타낸 것이다. A와 B는 각각 산개 성단과 구상 성단 중 하나이다.

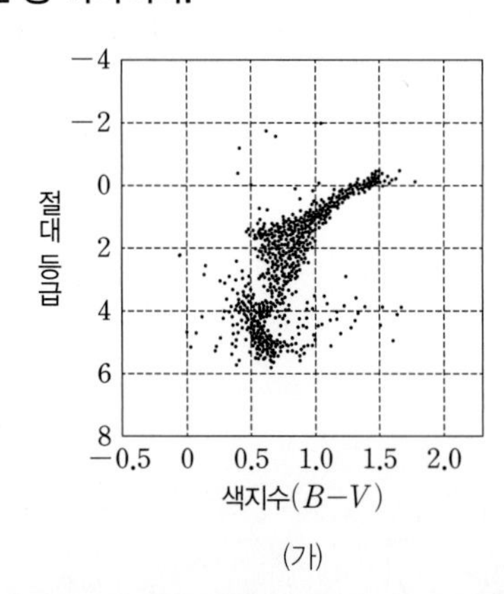

(가)

(나)

이에 대한 설명으로 옳은 것만을 〈보기〉에서 있는 대로 고른 것은?

보기
ㄱ. A는 구상 성단이다.
ㄴ. 성단을 구성하는 별의 평균 나이는 A가 B보다 많다.
ㄷ. 성단을 구성하는 $\frac{\text{주계열성의 개수}}{\text{전체 별의 개수}}$는 A가 B보다 작다.

① ㄱ　② ㄴ　③ ㄱ, ㄷ　④ ㄴ, ㄷ　⑤ ㄱ, ㄴ, ㄷ

유사점과 차이점

산개 성단과 구상 성단을 구분하고, 각각의 특징을 알아내야 하는 점에서 대표 문제와 유사하지만, 색등급도와 사진을 이용하여 산개 성단과 구상 성단을 구분해야 한다는 점에서 대표 문제와 다르다.

배경 지식

- 산개 성단의 색등급도에서 별은 대부분 주계열에 분포하며, 구상 성단의 색등급도에서 별은 주계열에 연결되는 적색 거성 가지에 많이 분포하고 점근 거성 가지와 수평 가지에도 별들이 나타난다.

01

▸25073-0194

표는 별 A, B, C의 물리량을 나타낸 것이다.

별	거리(pc)	겉보기 등급	색지수($B-V$)
A	143	+2.12	+0.60
B	77	+0.12	−0.03
C	3	−1.46	0.00

이에 대한 설명으로 옳은 것만을 〈보기〉에서 있는 대로 고른 것은?

보기

ㄱ. 표면 온도는 A가 가장 높다.
ㄴ. C의 절대 등급은 −1.46보다 크다.
ㄷ. B의 거리가 2배 멀어진다면 A보다 어둡게 보일 것이다.

① ㄱ ② ㄴ ③ ㄱ, ㄷ
④ ㄴ, ㄷ ⑤ ㄱ, ㄴ, ㄷ

02

▸25073-0195

그림은 지구 공전 궤도면 및 별 A~D의 위치를 나타낸 것이다. 지구로부터의 거리는 A=C=D>B이다.

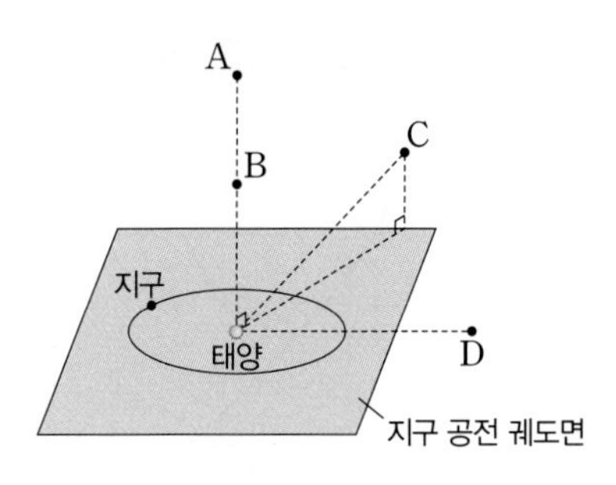

이에 대한 설명으로 옳은 것만을 〈보기〉에서 있는 대로 고른 것은? (단, B, C, D의 공간 속도는 0이다.)

보기

ㄱ. 연주 시차는 A가 B보다 크다.
ㄴ. 연주 시차는 C가 D보다 작다.
ㄷ. 1년 동안 배경별에 대해서 별이 움직인 궤적의 길이는 B>C>D이다.

① ㄱ ② ㄷ ③ ㄱ, ㄴ
④ ㄴ, ㄷ ⑤ ㄱ, ㄴ, ㄷ

03

▸25073-0196

그림은 별 X와 Y의 파장에 따른 복사 에너지의 세기를 나타낸 것이다. ㉠과 ㉡은 각각 B 필터와 V 필터 영역 중 하나이다.

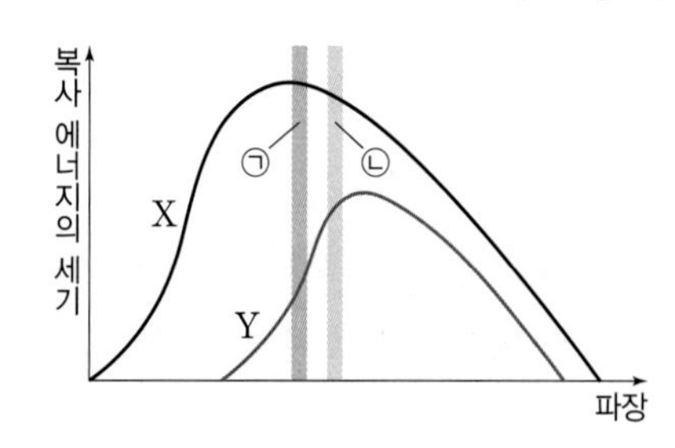

이에 대한 설명으로 옳은 것만을 〈보기〉에서 있는 대로 고른 것은?

보기

ㄱ. B 필터 영역은 ㉠이다.
ㄴ. V 등급은 X가 Y보다 크다.
ㄷ. Y는 파란색 별이다.

① ㄱ ② ㄴ ③ ㄱ, ㄷ
④ ㄴ, ㄷ ⑤ ㄱ, ㄴ, ㄷ

04

▸25073-0197

그림 (가)와 (나)는 각각 거문고자리 RR형 변광성과 종족 Ⅰ 세페이드 변광성의 주기−광도 관계를 순서 없이 나타낸 것이다.

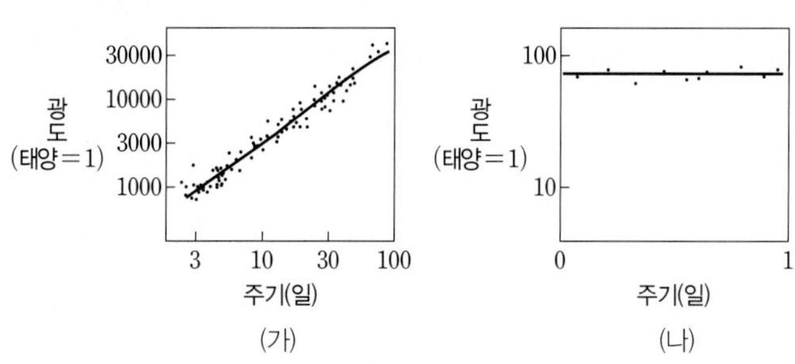

이에 대한 설명으로 옳은 것만을 〈보기〉에서 있는 대로 고른 것은?

보기

ㄱ. 거문고자리 RR형 변광성의 주기−광도 관계를 나타낸 것은 (나)이다.
ㄴ. 변광 주기는 거문고자리 RR형 변광성이 종족 Ⅰ 세페이드 변광성보다 길다.
ㄷ. 겉보기 등급이 같을 때 별까지의 거리는 거문고자리 RR형 변광성이 종족 Ⅰ 세페이드 변광성보다 가깝다.

① ㄱ ② ㄴ ③ ㄷ
④ ㄱ, ㄴ ⑤ ㄱ, ㄷ

05

▸25073-0198

다음은 성단을 구성하는 별의 물리량을 나타낸 것이다.

(가) 별의 개수
(나) 별의 평균 연령
(다) 전향점에 위치한 별의 광도
(라) 주계열성의 평균 온도

구상 성단이 산개 성단보다 대체로 큰 값을 갖는 것을 고른 것은?

① (가), (나) ② (가), (다) ③ (가), (라)
④ (나), (다) ⑤ (나), (라)

06

▸25073-0199

그림은 어느 성단의 색등급도를 나타낸 것이다.

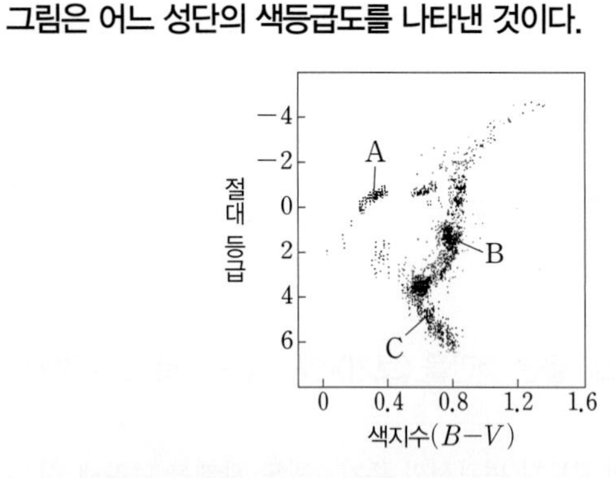

이에 대한 설명으로 옳은 것만을 <보기>에서 있는 대로 고른 것은?

보기
ㄱ. A는 주계열성이다.
ㄴ. 별의 질량은 B가 C보다 크다.
ㄷ. 전향점에 위치한 별의 절대 등급은 2보다 작다.

① ㄱ ② ㄴ ③ ㄱ, ㄷ
④ ㄴ, ㄷ ⑤ ㄱ, ㄴ, ㄷ

07

▸25073-0200

그림 (가)는 어느 산개 성단과 구상 성단을 A와 B로 순서 없이 나타낸 것이고, (나)는 A와 B 중 한 성단의 색등급도를 나타낸 것이다.

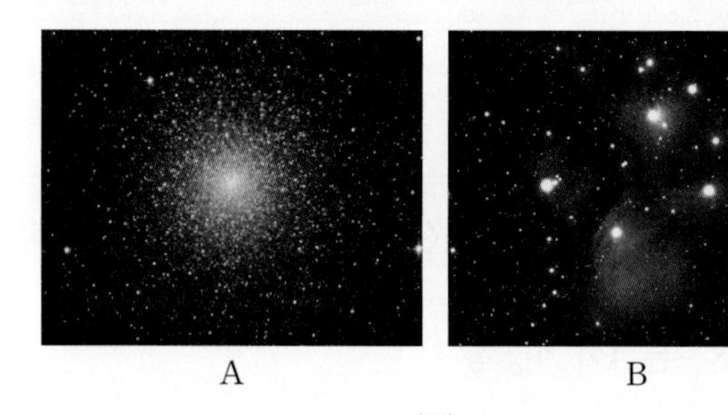

(가)

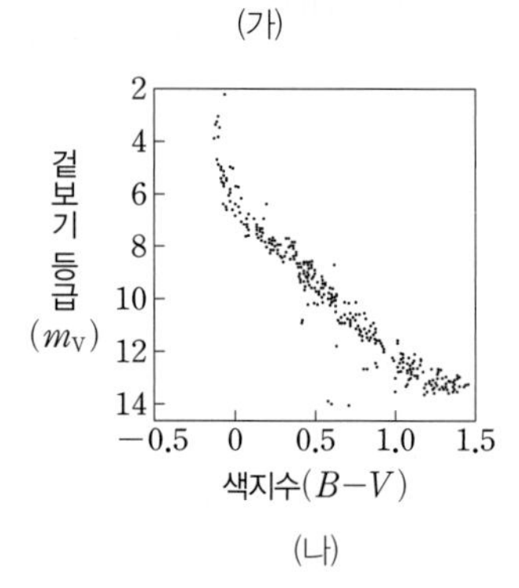

(나)

이에 대한 설명으로 옳은 것만을 <보기>에서 있는 대로 고른 것은?

보기
ㄱ. 성단을 구성하는 별의 평균 색지수는 A가 B보다 크다.
ㄴ. 주계열성의 평균 절대 등급은 A가 B보다 크다.
ㄷ. (나)는 A의 색등급도이다.

① ㄱ ② ㄷ ③ ㄱ, ㄴ
④ ㄴ, ㄷ ⑤ ㄱ, ㄴ, ㄷ

08

▸25073-0201

그림은 어느 성단 A와 B의 색등급도를 나타낸 것이다.

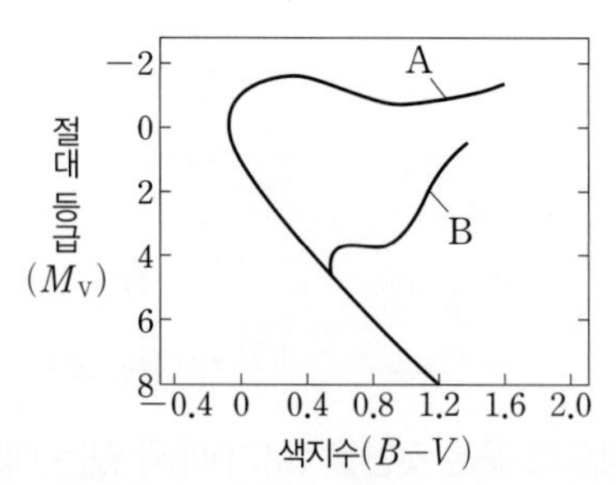

이에 대한 설명으로 옳은 것만을 <보기>에서 있는 대로 고른 것은?

보기
ㄱ. 성단을 구성하는 $\frac{\text{주계열성의 개수}}{\text{전체 별의 개수}}$는 A가 B보다 작다.
ㄴ. 전향점에 위치한 별의 표면 온도는 A가 B보다 높다.
ㄷ. 성단의 나이는 A가 B보다 적다.

① ㄱ ② ㄴ ③ ㄱ, ㄷ
④ ㄴ, ㄷ ⑤ ㄱ, ㄴ, ㄷ

01

▸25073-0202

그림은 별 A, B, C까지의 거리 및 겉보기 등급(m)을 나타낸 것이다.

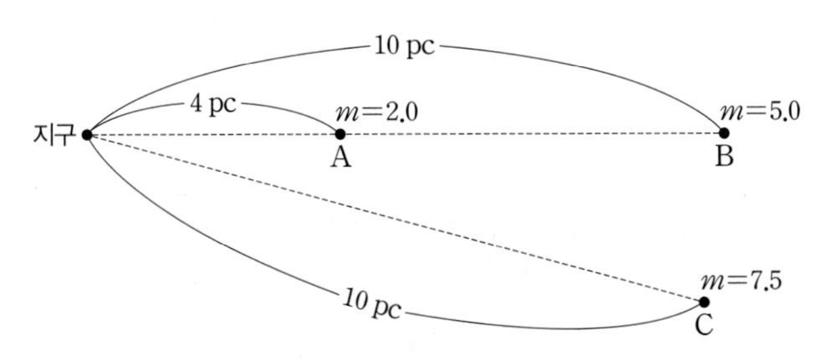

이에 대한 설명으로 옳은 것만을 ⟨보기⟩에서 있는 대로 고른 것은?

보기

ㄱ. 실제 밝기는 A가 B보다 밝다.
ㄴ. A의 연주 시차는 0.25″이다.
ㄷ. 별의 실제 밝기는 B가 C의 10배이다.

① ㄱ ② ㄴ ③ ㄱ, ㄷ ④ ㄴ, ㄷ ⑤ ㄱ, ㄴ, ㄷ

02

▸25073-0203

그림은 동일한 성단에서 관측된 같은 종류의 세페이드 변광성 A와 B의 시간에 따른 겉보기 등급의 변화를 나타낸 것이다. ㉠과 ㉡은 각각 A와 B의 평균 겉보기 등급이다.

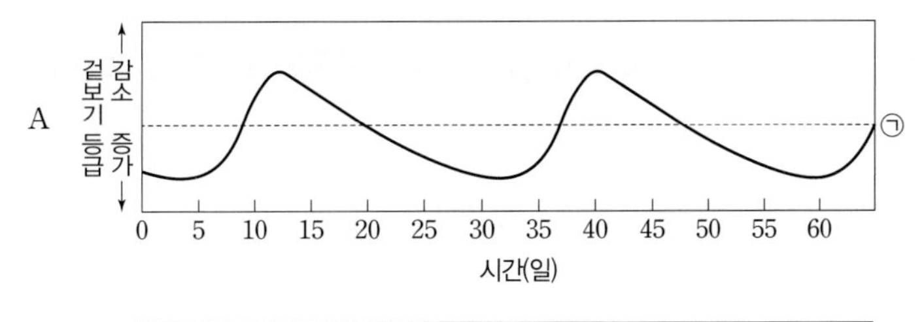

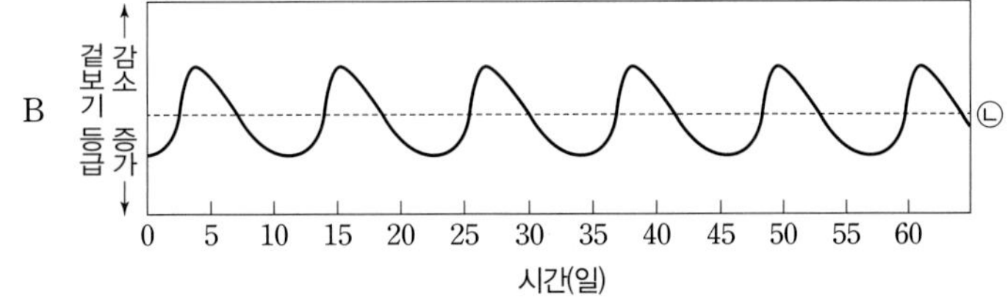

이에 대한 설명으로 옳은 것만을 ⟨보기⟩에서 있는 대로 고른 것은?

보기

ㄱ. 변광 주기는 A가 B보다 길다.
ㄴ. 광도는 A가 B보다 크다.
ㄷ. ㉠은 ㉡보다 크다.

① ㄱ ② ㄷ ③ ㄱ, ㄴ ④ ㄴ, ㄷ ⑤ ㄱ, ㄴ, ㄷ

03

▸25073-0204

그림 (가)는 어느 성단의 색등급도를, (나)는 주계열 맞추기를 통해 이 성단까지의 거리를 알아보기 위해 (가)를 표준 주계열성의 색등급도 위의 A와 B 위치에 올려놓은 모습을 나타낸 것이다.

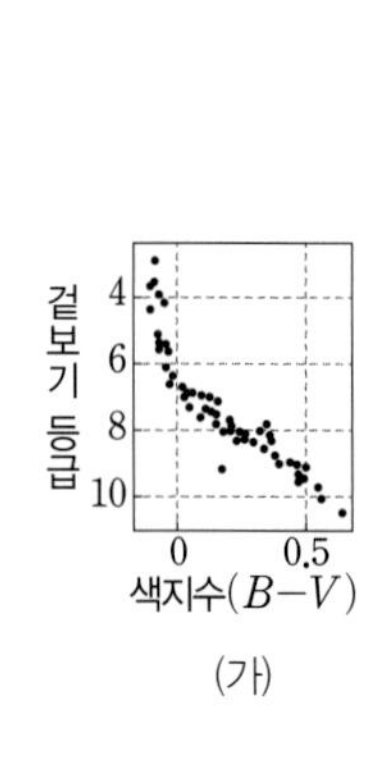

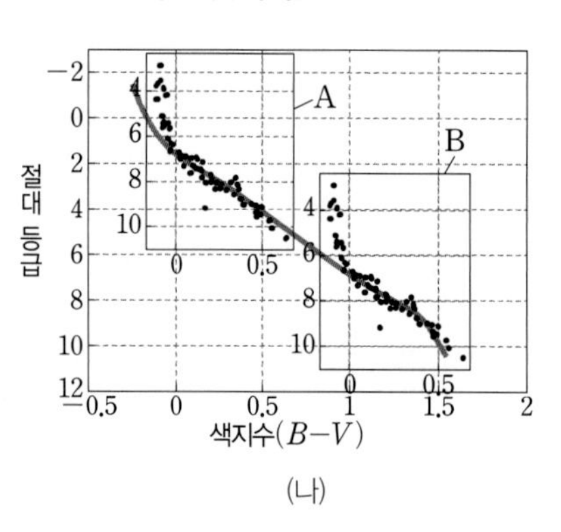

(가) (나)

이에 대한 설명으로 옳은 것만을 〈보기〉에서 있는 대로 고른 것은? (단, 성간 소광과 성간 적색화는 고려하지 않는다.)

보기

ㄱ. 이 성단은 구상 성단이다.
ㄴ. 주계열 맞추기를 통해 성단까지의 거리를 알아보기 위해 (가)를 올려놓아야 하는 위치로는 A가 B보다 적합하다.
ㄷ. 이 성단까지의 거리는 50 pc보다 멀다.

① ㄱ ② ㄷ ③ ㄱ, ㄴ ④ ㄴ, ㄷ ⑤ ㄱ, ㄴ, ㄷ

04

▸25073-0205

그림 (가)와 (나)는 어느 성단 X를 구성하는 별 및 지구와 X 사이에 위치한 별을 6개월 간격으로 관측한 모습을 나타낸 것이다. a의 연주 시차는 0.015″이다.

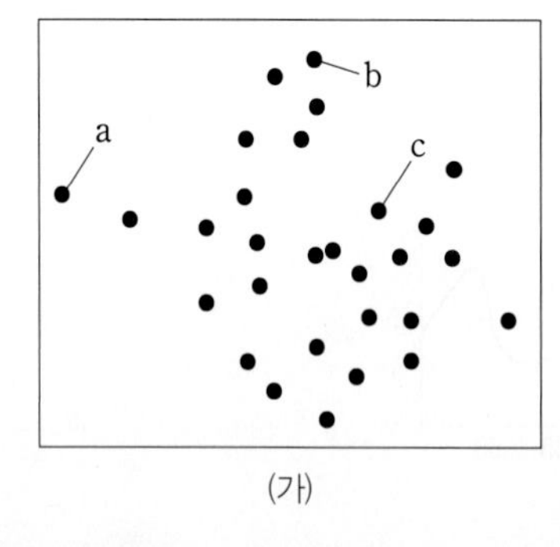

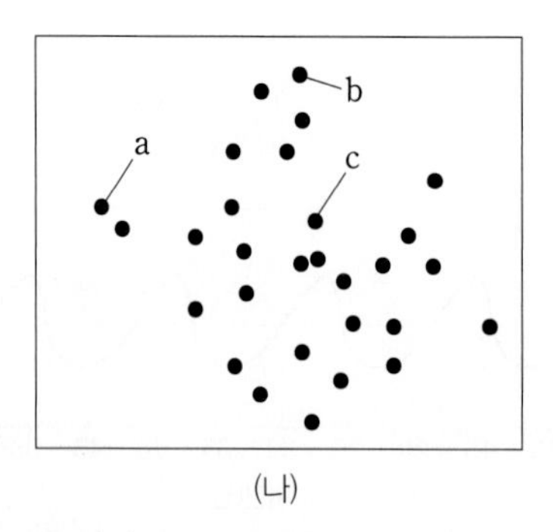

(가) (나)

이에 대한 설명으로 옳은 것만을 〈보기〉에서 있는 대로 고른 것은?

보기

ㄱ. 지구로부터의 거리는 a가 b보다 멀다.
ㄴ. X까지의 거리는 60 pc보다 멀다.
ㄷ. c는 X를 구성하는 별이다.

① ㄱ ② ㄴ ③ ㄱ, ㄷ ④ ㄴ, ㄷ ⑤ ㄱ, ㄴ, ㄷ

05

▸25073-0206

그림 (가), (나), (다)는 어느 성단의 나이에 따른 색등급도를 순서 없이 나타낸 것이다.

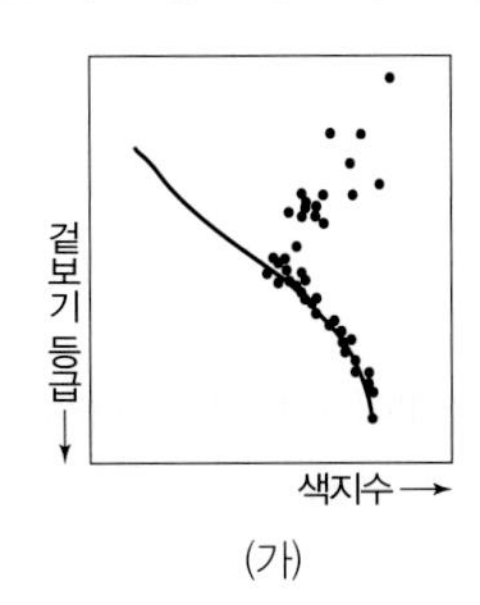

(가)

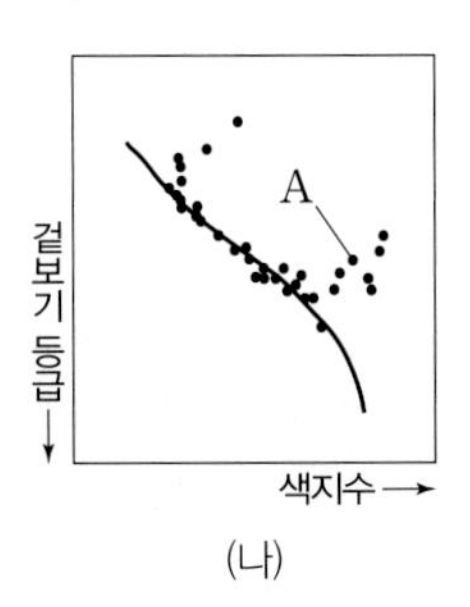

(나)

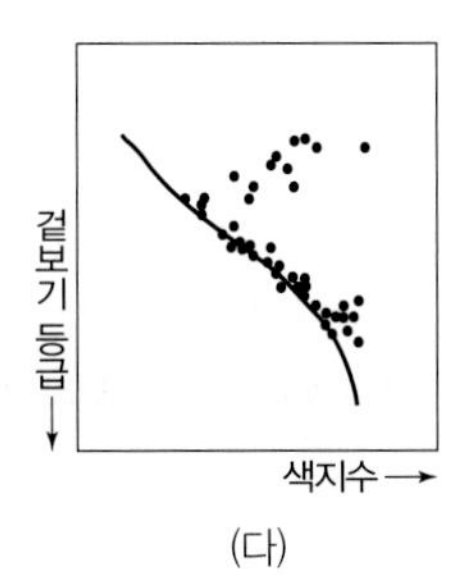

(다)

이에 대한 설명으로 옳은 것만을 〈보기〉에서 있는 대로 고른 것은?

보기
ㄱ. 성단의 나이는 (가)일 때가 (나)일 때보다 많다.
ㄴ. A는 주계열 단계를 벗어난 별이다.
ㄷ. 전향점에 위치한 별의 표면 온도는 (가)가 (다)보다 높다.

① ㄱ ② ㄷ ③ ㄱ, ㄴ ④ ㄴ, ㄷ ⑤ ㄱ, ㄴ, ㄷ

06

▸25073-0207

그림은 서로 다른 두 성단 (가)와 (나)의 색등급도를 나타낸 것이다.

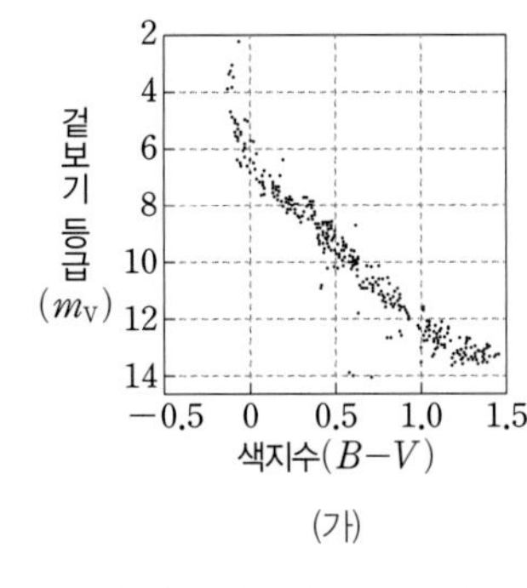

(가)

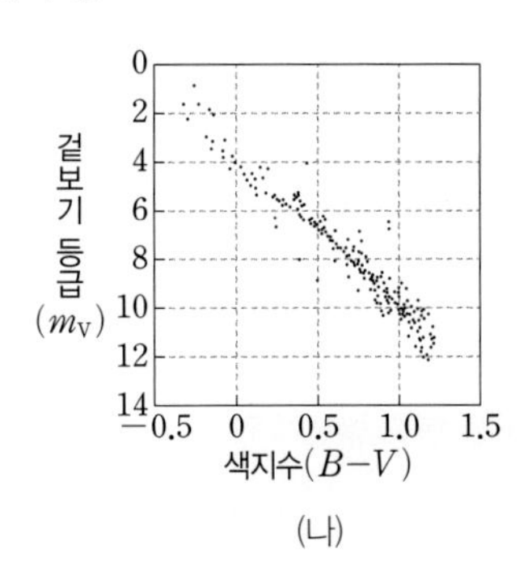

(나)

이에 대한 설명으로 옳은 것만을 〈보기〉에서 있는 대로 고른 것은?

보기
ㄱ. (가)는 주로 주계열성으로 이루어져 있다.
ㄴ. (나)에서 색지수가 0.5보다 큰 별들은 대부분 적색 거성 가지에 분포한다.
ㄷ. 성단까지의 거리는 (가)가 (나)보다 멀다.

① ㄱ ② ㄴ ③ ㄱ, ㄷ ④ ㄴ, ㄷ ⑤ ㄱ, ㄴ, ㄷ

14 우리은하의 구조

1 우리은하의 구조

(1) 우리은하의 발견

① 허셜: 밤하늘에 있는 별의 수를 세어 최초로 우리은하 지도를 작성하였다. ➡ 허셜은 은하의 중심에 태양이 있다고 믿었으며, 이를 중심으로 우리은하는 약 2~3 kpc을 지름으로 하는 볼록 렌즈 모양이라고 생각하였다.

② 캅테인: 별의 분포를 통계적으로 연구하였다. ➡ 하늘을 206개의 구역으로 나누고, 밝은 별은 가깝고 어두운 별은 멀리 있다고 가정하여 별의 공간 분포를 계산해 은하의 모습을 추정하였다. 별들이 납작한 타원체 모양으로 분포하며, 그 지름은 16 kpc 정도로 생각하였다.

③ 섀플리: 변광성을 이용하여 93개 구상 성단의 공간 분포를 알아내어 우리은하의 구조를 연구하였다.
- 우리은하의 중심이 태양이 아니라는 사실을 밝혀내었다.
- 성간 소광을 고려하지 않아 우리은하의 지름을 실제보다 큰 100 kpc 정도로 생각하였다.

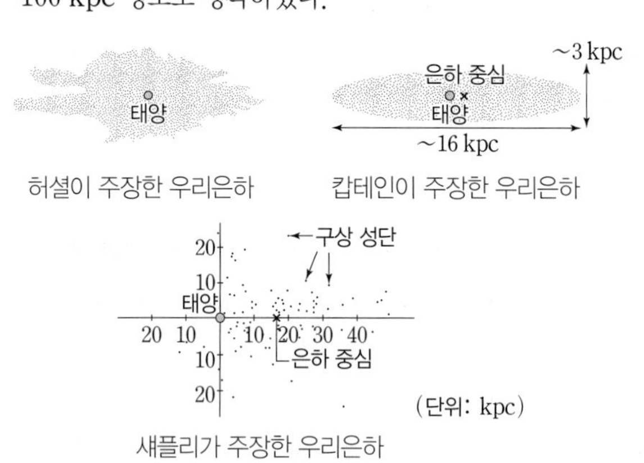

허셜이 주장한 우리은하　캅테인이 주장한 우리은하

섀플리가 주장한 우리은하

(2) 우리은하의 구조

① 우리은하는 막대 모양의 구조와 나선팔을 가지고 있는 막대 나선 은하이다.

② 우리은하는 중심부에 구형의 은하 팽대부, 은하면에 해당하는 은하 원반, 이를 둘러싸고 있는 헤일로로 구성되어 있다.

③ 은하면에는 젊고 푸른 별이 많고 성간 물질이 풍부하며 산개 성단이 주로 분포한다. 반면 헤일로에는 늙고 붉은 별이 많고 구상 성단이 주로 분포한다.

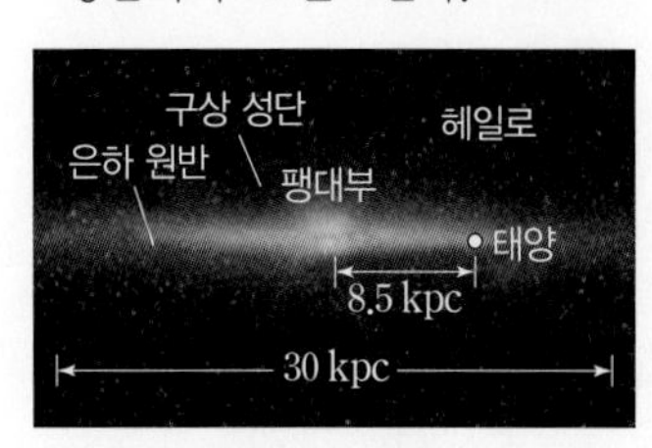

옆에서 본 모습

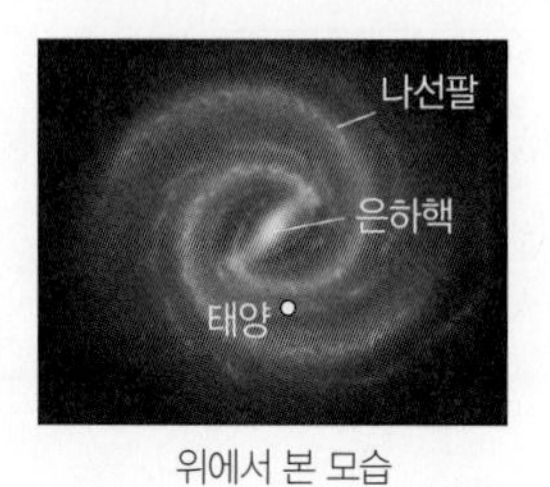

위에서 본 모습

우리은하의 구조

2 성간 물질

(1) **성간 물질**: 성간 기체(약 99 %)와 성간 티끌(약 1 %)로 구성된다.

(2) **성간 기체**: 대부분 수소로 이루어져 있다.

① 분자운: 온도가 10 K 정도로 낮아 수소가 분자 상태로 존재하는 성운으로 별이 태어나기 좋은 곳이다.

② HⅠ 영역: 온도가 수백 K 정도이고, 수소가 주로 원자 상태로 존재하는 성운이다.

③ HⅡ 영역: 고온의 별빛이 주변 성운의 수소를 전리시켜 대부분의 수소가 이온 상태로 존재하는 영역이다.

(3) 성간 티끌

① 성간 소광
- 성간 소광: 성간 티끌에 의한 별빛의 흡수와 산란으로 인해 별빛이 실제보다 더 어둡게 보이는 현상이다.
- 소광 보정: 성간 소광이 일어나면 별의 겉보기 등급이 실제보다 크게 관측되므로 관측한 별의 겉보기 등급에 성간 소광된 양을 등급으로 나타낸 값(A)만큼 보정해 주어야 정확한 거리를 구할 수 있다.

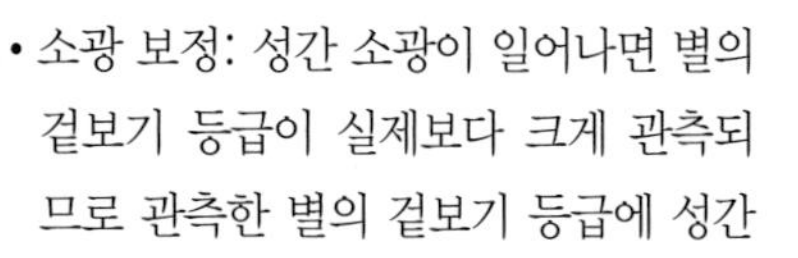

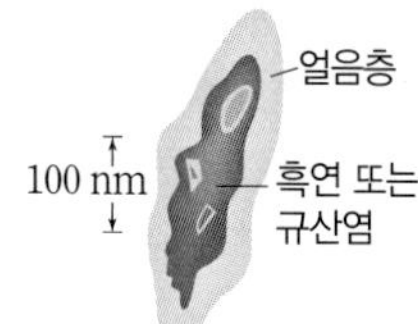

성간 티끌

$$m-A-M=5\log r-5$$

② 성간 적색화
- 성간 적색화: 성간 티끌층을 통과하면서 파란빛이 붉은빛보다 더 많이 산란되어 별빛이 실제보다 더 붉게 보이는 현상이다.
- 색초과: 실제로 측정한 별의 색지수($B-V$)와 그 별의 분광형에 대응하는 고유의 색지수의 차이이다. ➡ 색초과 값이 클수록 성간 적색화가 크게 일어난 것이다.

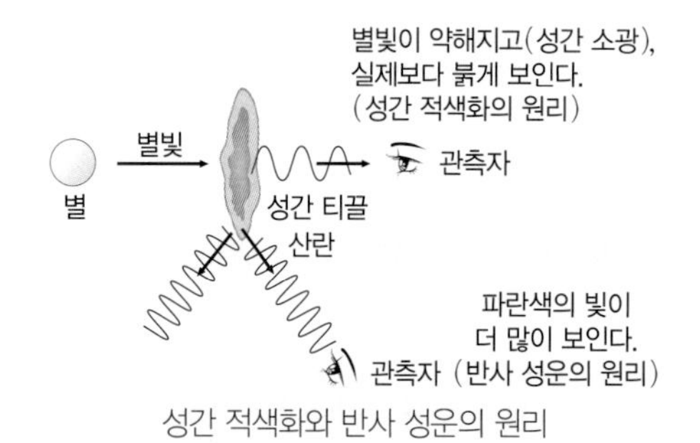

성간 적색화와 반사 성운의 원리

(4) 성운

① 암흑 성운: 성간 티끌에 의해 배경 별빛이 통과하지 못해 어둡게 보이는 성운이다.

② 반사 성운: 성간 티끌이 주변 별빛을 산란시켜 파란색으로 빛나는 성운이다.

③ 방출 성운: HⅡ 영역에서 전리된 수소가 전자와 결합하면서 방출하는 빛에 의해 붉게 빛나는 성운이다.

바너드68(암흑 성운)

메로페 성운(반사 성운)

장미 성운(방출 성운)

3 우리은하의 나선 구조

(1) 별의 공간 운동

① 고유 운동(μ): 별이 1년 동안 천구상을 움직인 각거리
➡ 단위: ″/년

② 접선 속도(V_t): 시선 방향에 수직인 방향의 속도를 말한다.
➡ V_t(km/s)$=4.74\mu r$ (r: 별까지의 거리, μ: 고유 운동)

③ 시선 속도(V_r): 별이 관측자의 시선 방향으로 멀어지거나 접근하는 속도를 말한다. ➡ $V_r = c \times \frac{\Delta\lambda}{\lambda_0}$($c$: 빛의 속도, λ_0: 흡수선의 고유 파장, $\Delta\lambda$: 흡수선의 파장 변화량)

④ 공간 속도(V): 별이 우주 공간에서 실제로 운동하는 것을 공간 운동이라고 하며, 공간 속도 $V=\sqrt{V_t^2+V_r^2}$이다.

(2) 태양 부근 별들의 공간 운동: 은하면에서 태양으로부터의 거리가 같은 별들의 시선 속도를 관측하면 은경에 따라 이중 사인 곡선을 나타낸다. ➡ 태양 근처의 별들은 은하 중심에서 멀수록 회전 속도가 느려진다.

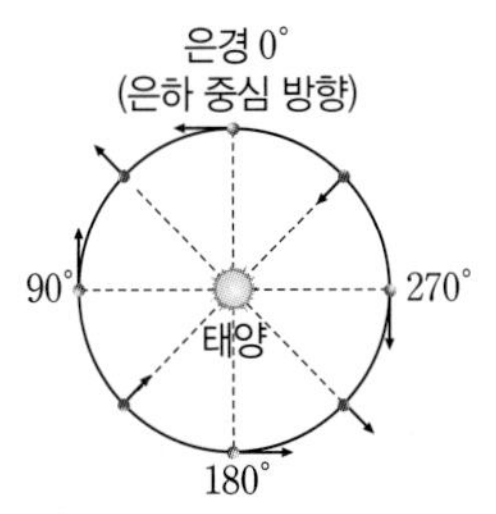

태양 부근 별의 상대 운동

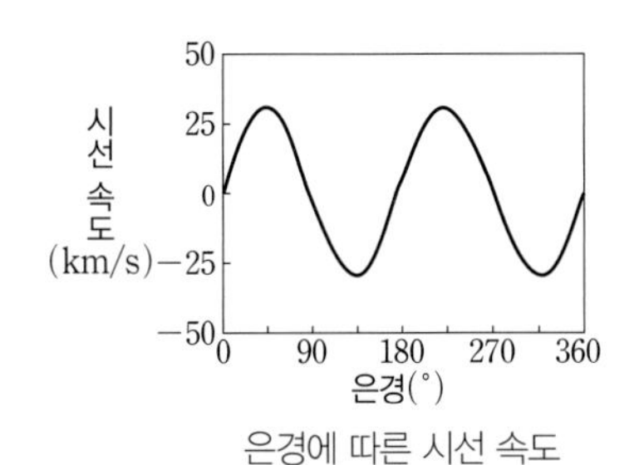

은경에 따른 시선 속도

(3) 중성 수소 21 cm파의 관측과 해석

① 21 cm파: 원자 상태로 존재하는 중성 수소는 양성자와 전자의 스핀 방향에 따라 두 종류의 에너지 상태로 존재하며, 자연적으로 에너지가 높은 상태에서 낮은 상태로 바뀌기도 하는데 이때 방출되는 것이 21 cm파이다.

② 나선팔 구조의 발견: 중성 수소 원자에서 방출되는 21 cm파를 관측하여 알아내었다.

4 우리은하의 회전과 질량 분포

(1) 우리은하의 회전 곡선

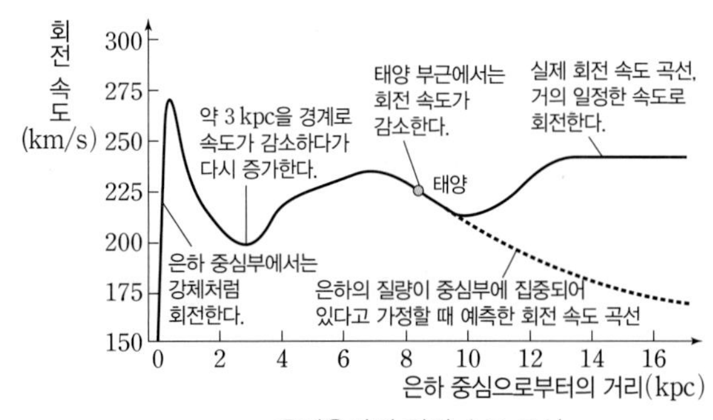

우리은하의 회전 속도 곡선

① 은하 중심부에서는 중심에서 밖으로 갈수록 속도가 증가하는 강체 회전을 한다.

② 은하 중심부를 벗어나면 약 3 kpc까지 케플러 회전과 유사한 분포를 보이지만 그 바깥에서는 회전 속도가 증가하다가 다시 조금 감소하고 약 13 kpc부터는 거의 일정한 속도를 유지한다.

③ 우리은하의 질량이 중심부에 집중되어 있지 않고 은하 외곽에도 상당히 분포하고 있다.

- 우리은하의 회전 속도 분포를 설명하기 위해서는 관측되는 물질보다 더 많은 암흑 물질이 존재해야 한다.
- 태양 궤도 안쪽의 모든 질량을 M, 태양의 질량을 $m_\odot$, 은하 중심에서 태양까지의 거리를 r, 태양의 공전 속도를 v라고 할 때, $G\frac{Mm_\odot}{r^2}=\frac{m_\odot v^2}{r}$이므로 $M=\frac{rv^2}{G}$이다. r를 약 8.5 kpc, v를 약 225 km/s로 간주하면 $M \approx 10^{11} m_\odot$가 된다. 이와 같은 원리로 우리은하를 구성하는 가장 바깥에 있는 천체의 회전 속도를 이용하면 우리은하의 총 질량을 구할 수 있다.

(2) 암흑 물질

① 암흑 물질: 빛을 내지 않아서 관측되지 않으므로 중력적인 방법으로만 존재를 간접적으로 추정할 수 있는 물질이다.

② 중력 렌즈 현상: 큰 중력에 의해 공간이 휘어져 빛이 굴절되어 나타나는 현상으로 암흑 물질의 존재 확인에 이용된다.

③ 암흑 물질의 후보: 갈색 왜성, 블랙홀 같은 무거운 일반적 천체나 액시온(AXION), 윔프(WIMP), 비활성 중성미자와 같은 작은 입자들이 있다.

더 알기 21 cm 수소선의 관측 자료 해석

- 중성 수소 구름에서 나오는 방출선의 파장은 우리은하의 회전 때문에 도플러 이동을 일으킨다.
- 중성 수소 구름 A～D가 케플러 회전을 할 때, 태양보다 회전 속도가 느린 A의 시선 속도는 (−), 회전 속도가 빠른 B, C, D의 시선 속도는 (+)를 나타낸다.
- A～D는 태양과의 회전 속도 차가 클수록 시선 속도의 절댓값이 크다.
- 중성 수소 구름에서 나오는 21 cm파의 세기는 수소 원자 개수 밀도에 비례하므로 복사 강도가 가장 강한 B 영역에 수소의 양이 가장 많다.

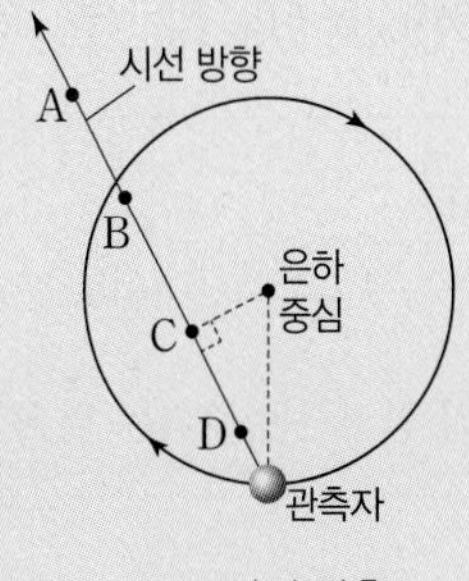

21 cm파의 관측

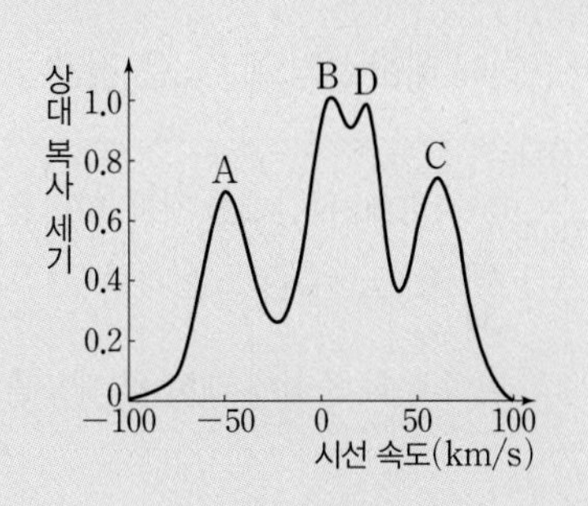

21 cm파의 세기 분포

테마 대표 문제

| 2025학년도 수능 |

그림은 가상의 나선 은하 A, B의 은하 중심으로부터 거리(r)에 따른 누적 질량(M_r)을 일부 구간에 대해 나타낸 것이다. M_r는 r까지 은하를 구성하는 물질의 총질량이고, $M_\odot$는 태양 질량이다.

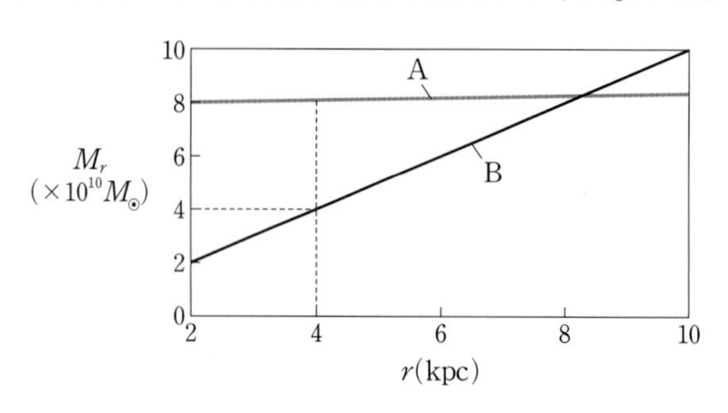

이 자료에 대한 설명으로 옳은 것만을 <보기>에서 있는 대로 고른 것은? (단, r에 위치한 별에 작용하는 만유인력은 M_r가 은하 중심에 집중되어 있는 경우에 작용하는 만유인력과 같다.)

보기
ㄱ. 2~10 kpc 구간에서 A는 강체 회전을 한다.
ㄴ. 4~6 kpc 구간에 존재하는 물질의 총질량은 A가 B보다 작다.
ㄷ. 4 kpc의 거리에 위치한 별이 은하 중심에 대해 원 궤도를 따라 공전하는 주기는 A가 B의 $\sqrt{2}$배이다.

① ㄱ ② ㄴ ③ ㄱ, ㄷ ④ ㄴ, ㄷ ⑤ ㄱ, ㄴ, ㄷ

접근 전략

은하 A, B의 은하 중심으로부터 거리(r)에 따른 누적 질량(M_r) 그래프를 해석하여 은하 회전 속도(v)와 은하 중심으로부터 거리(r)의 관계를 알아내야 한다.

간략 풀이

A는 r가 커져도 M_r가 거의 일정하고 B는 r가 커지면 M_r도 커진다.

ㄱ. (×) 2~10 kpc 구간에서 A는 M_r가 거의 일정하므로 $v \propto \frac{1}{\sqrt{r}}$이고 케플러 회전을 한다.

ㄴ. (○) A의 4~6 kpc 구간에서는 M_r가 거의 일정하므로 4~6 kpc 구간에 존재하는 물질의 총질량은 거의 0이다.

ㄷ. (×) $M_r = \frac{rv^2}{G}$이므로 4 kpc의 거리에서 A와 B의 공전 주기 비는 $\frac{P_A}{P_B} = \frac{v_B}{v_A} = \frac{1}{\sqrt{2}}$이다.

정답 | ②

닮은 꼴 문제로 유형 익히기

정답과 해설 36쪽

▸25073-0208

그림은 가상의 나선 은하의 은하 중심으로부터 거리(r)에 따른 회전 속도(v)를 일부 구간에 대해 나타낸 것이다. M_r는 은하 중심으로부터 거리(r)에 있는 별 궤도 안쪽의 모든 질량이고, r에 위치한 별에 작용하는 만유인력은 M_r가 은하 중심에 집중되어 있는 경우에 작용하는 만유인력과 같다.

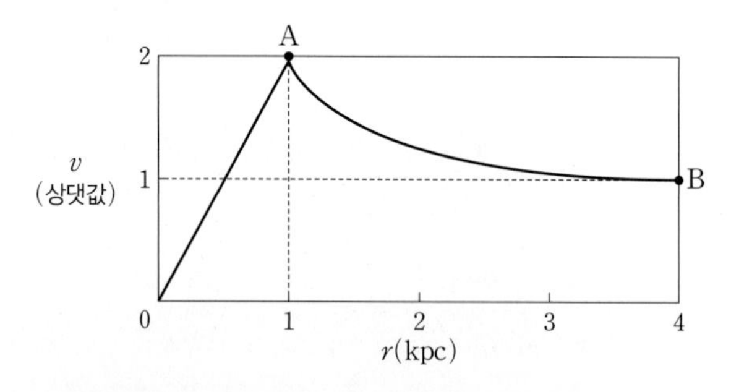

이 은하에 대한 설명으로 옳은 것만을 <보기>에서 있는 대로 고른 것은?

보기
ㄱ. 0~1 kpc 구간에서 강체 회전을 한다.
ㄴ. $\frac{M_{4\,\text{kpc}}}{M_{1\,\text{kpc}}}$은 2보다 크다.
ㄷ. 별이 은하 중심에 대해 원 궤도를 따라 공전하는 주기는 별 B가 별 A의 8배이다.

① ㄱ ② ㄴ ③ ㄱ, ㄷ ④ ㄴ, ㄷ ⑤ ㄱ, ㄴ, ㄷ

유사점과 차이점

그래프를 제시하고 은하 질량을 다룬다는 점에서 대표 문제와 유사하지만, 그래프의 세로축이 은하 중심으로부터의 누적 질량이 아니라 회전 속도라는 점에서 대표 문제와 다르다.

배경 지식

- 강체 회전에서는 $v \propto r$이고, 케플러 회전에서는 $v \propto \frac{1}{\sqrt{r}}$이다.
- 별이 은하 중심에 대해 원 궤도를 따라 공전하는 주기(P)는 $vP = 2\pi r$에서 구할 수 있다.

01

▸25073-0209

그림 (가)와 (나)는 허셜과 섀플리가 각각 관측한 우리은하에서 천체들의 분포를 순서 없이 나타낸 것이다.

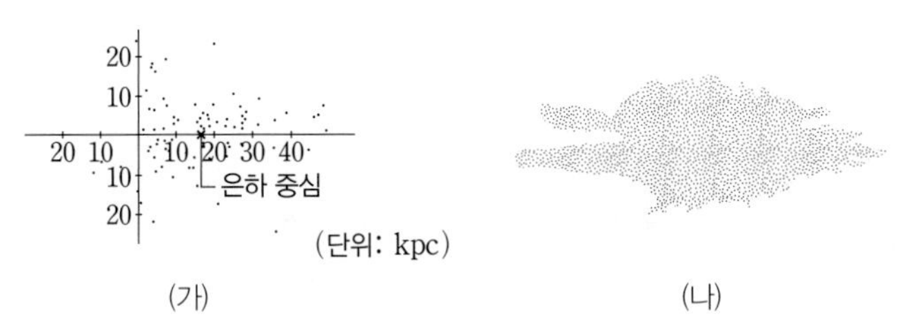

(가) (나)

이에 대한 설명으로 옳은 것만을 〈보기〉에서 있는 대로 고른 것은?

보기
ㄱ. (가)는 섀플리의 모형이다.
ㄴ. (나)는 구상 성단의 공간 분포를 통해 추정되었다.
ㄷ. (가)와 (나) 모두 태양은 은하 중심에 위치한다.

① ㄱ ② ㄷ ③ ㄱ, ㄴ
④ ㄴ, ㄷ ⑤ ㄱ, ㄴ, ㄷ

02

▸25073-0210

그림은 스피처 우주 망원경을 통해 알아낸 우리은하의 모습을 나타낸 것이다. ㉠과 ㉡은 각각 중앙 팽대부와 나선팔 중 하나이다.

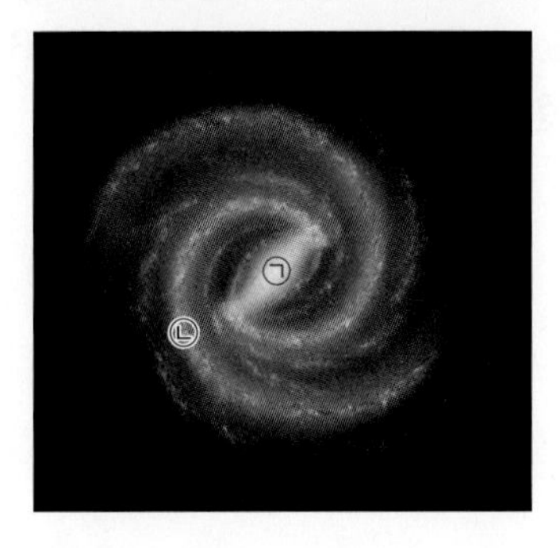

이에 대한 설명으로 옳은 것만을 〈보기〉에서 있는 대로 고른 것은?

보기
ㄱ. 태양은 ㉠에 위치한다.
ㄴ. 구상 성단은 주로 ㉡에 분포한다.
ㄷ. 젊은 별의 분포 비율은 ㉠보다 ㉡에서 높다.

① ㄱ ② ㄷ ③ ㄱ, ㄴ
④ ㄴ, ㄷ ⑤ ㄱ, ㄴ, ㄷ

03

▸25073-0211

다음은 성간 물질에 대해 학생들이 나눈 대화이다.

제시한 내용이 옳은 학생만을 있는 대로 고른 것은?

① A ② B ③ A, C
④ B, C ⑤ A, B, C

04

▸25073-0212

그림 (가), (나), (다)는 각각 방출 성운, 반사 성운, 암흑 성운을 나타낸 것이다.

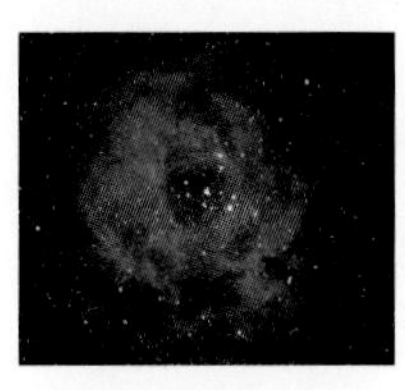
(가) 방출 성운

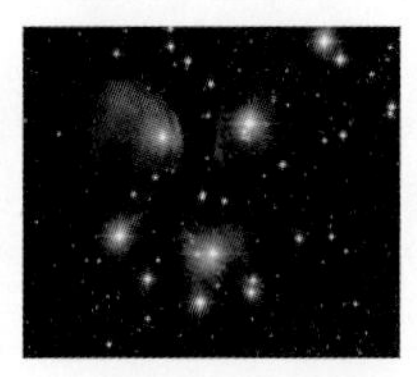
(나) 반사 성운

(다) 암흑 성운

이에 대한 설명으로 옳은 것만을 〈보기〉에서 있는 대로 고른 것은?

보기
ㄱ. (가)에는 온도가 높은 별이 위치한다.
ㄴ. (나)는 주로 파란색으로 관측된다.
ㄷ. (다)는 성운 뒤쪽에 별이 거의 존재하지 않아 어둡게 보인다.

① ㄱ ② ㄷ ③ ㄱ, ㄴ
④ ㄴ, ㄷ ⑤ ㄱ, ㄴ, ㄷ

05
▸25073-0213

그림 (가)와 (나)는 지구에서 우리은하를 관측하는 두 가지 상황을 가정하여 나타낸 것이다. (가)와 (나)에서 은하 내 별의 개수 밀도는 일정하고, (가)에서 지구는 구형의 은하 중심에, (나)에서 지구는 원반 형태의 은하 중심에서 떨어진 위치에 있다.

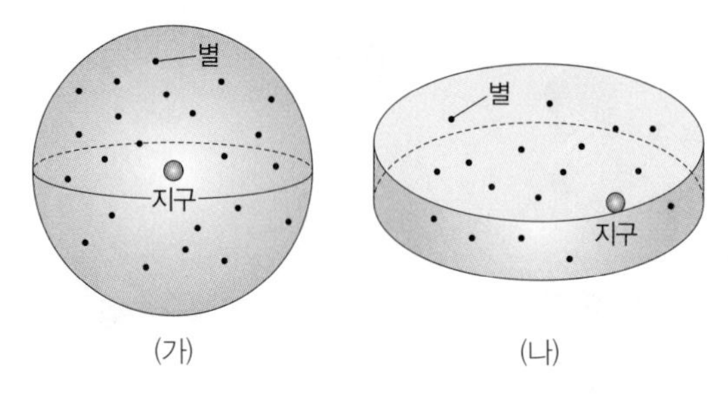

(가) (나)

이에 대한 설명으로 옳은 것만을 〈보기〉에서 있는 대로 고른 것은?

보기

ㄱ. (가)에서는 모든 방향에서 관측되는 별의 개수 밀도가 일정하다.
ㄴ. (나)에서는 원반면 방향과 원반면에 수직인 방향으로 관측되는 별의 개수 밀도가 같다.
ㄷ. (가)와 (나) 모두 은하수가 관측된다.

① ㄱ ② ㄷ ③ ㄱ, ㄴ
④ ㄴ, ㄷ ⑤ ㄱ, ㄴ, ㄷ

06
▸25073-0214

표는 어떤 별에 대한 관측 자료를 나타낸 것이다.

관측 항목	관측값	비고
접선 속도	1000 km/s	–
스펙트럼 흡수선의 파장	6020 Å	정지 상태에서의 파장: 6000 Å

이 별에 대한 설명으로 옳은 것만을 〈보기〉에서 있는 대로 고른 것은? (단, 빛의 속도는 3×10^5 km/s이다.)

보기

ㄱ. 지구에 접근하고 있다.
ㄴ. 시선 속도는 접선 속도보다 빠르다.
ㄷ. 공간 속도는 $1000\sqrt{2}$ km/s이다.

① ㄱ ② ㄷ ③ ㄱ, ㄴ
④ ㄴ, ㄷ ⑤ ㄱ, ㄴ, ㄷ

07
▸25073-0215

그림은 성간 티끌에 입사된 별빛이 산란되거나 통과하는 것을 모식적으로 나타낸 것이다.

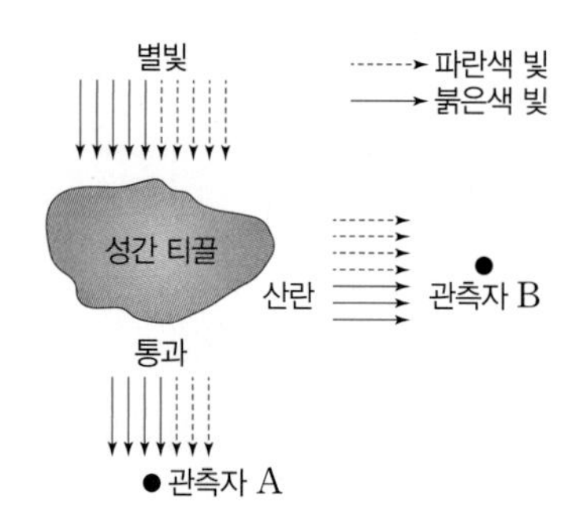

이에 대한 설명으로 옳은 것만을 〈보기〉에서 있는 대로 고른 것은?

보기

ㄱ. A에게는 별의 색지수가 고유의 값보다 작게 관측된다.
ㄴ. B에게는 파란색의 빛보다 붉은색의 빛이 더 많이 보인다.
ㄷ. 파장이 긴 빛은 파장이 짧은 빛에 비해 상대적으로 성간 티끌을 잘 통과한다.

① ㄱ ② ㄷ ③ ㄱ, ㄴ
④ ㄴ, ㄷ ⑤ ㄱ, ㄴ, ㄷ

08
▸25073-0216

그림은 지구에 대한 별 A의 공간 운동을, 표는 별 A와 B의 고유 운동, 시선 속도, 거리를 나타낸 것이다. 별 A와 B의 처음 위치는 동일한 시선 방향이다.

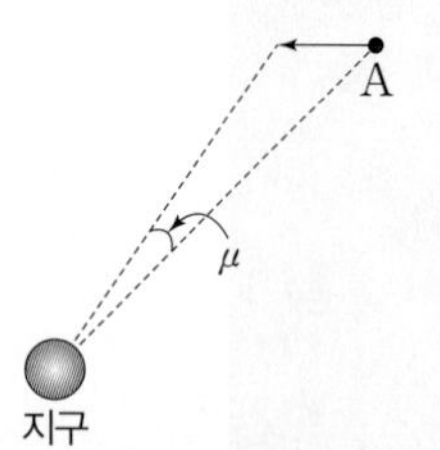

별	A	B
고유 운동	μ	2μ
시선 속도	$-v$	$+v$
거리	r	$2r$

이에 대한 설명으로 옳은 것만을 〈보기〉에서 있는 대로 고른 것은?

보기

ㄱ. B는 지구에서 멀어지고 있다.
ㄴ. 접선 속도는 B가 A의 2배이다.
ㄷ. 공간 속도는 B가 A보다 크다.

① ㄱ ② ㄴ ③ ㄱ, ㄷ
④ ㄴ, ㄷ ⑤ ㄱ, ㄴ, ㄷ

09

▸25073-0217

그림은 21 cm파를 이용해 알아낸 우리은하의 나선팔 구조를 나타낸 것이다.

이에 대한 설명으로 옳은 것만을 <보기>에서 있는 대로 고른 것은?

보기
ㄱ. 중성 수소는 에너지가 낮은 상태에서 높은 상태로 바뀔 때 21 cm파가 방출된다.
ㄴ. 성간 소광의 영향은 전파보다 가시광선에서 크다.
ㄷ. 중성 수소 원자는 밝은 영역보다 어두운 영역에 많이 분포한다.

① ㄱ ② ㄴ ③ ㄱ, ㄷ
④ ㄴ, ㄷ ⑤ ㄱ, ㄴ, ㄷ

10

▸25073-0218

그림 (가)는 태양 주위의 은하면에 위치하는 별 A와 B를, (나)는 태양 주위 별들의 은경에 따른 시선 속도를 나타낸 것이다.

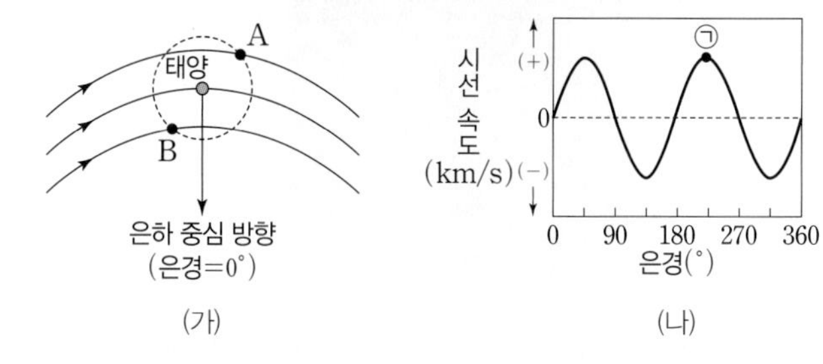

이에 대한 설명으로 옳은 것만을 <보기>에서 있는 대로 고른 것은?

보기
ㄱ. A의 은경과 시선 속도는 ㉠에 해당한다.
ㄴ. B의 시선 속도는 (−) 값으로 나타난다.
ㄷ. A와 B의 접선 속도 방향은 같다.

① ㄱ ② ㄴ ③ ㄱ, ㄷ
④ ㄴ, ㄷ ⑤ ㄱ, ㄴ, ㄷ

11

▸25073-0219

그림은 지구로부터 같은 거리에서 같은 공간 속도로 운동하는 별 A, B, C를 나타낸 것이다.

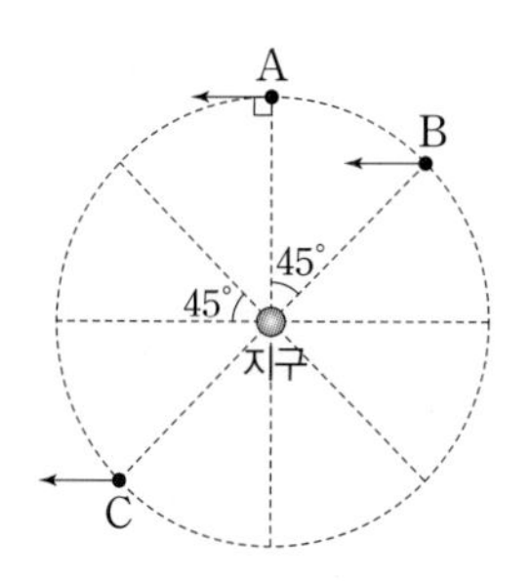

이에 대한 설명으로 옳은 것만을 <보기>에서 있는 대로 고른 것은? (단, 지구의 운동은 고려하지 않는다.)

보기
ㄱ. 시선 속도의 크기는 A보다 B가 크다.
ㄴ. 접선 속도의 크기는 A보다 C가 크다.
ㄷ. A, B, C의 고유 운동은 같다.

① ㄱ ② ㄴ ③ ㄷ
④ ㄱ, ㄴ ⑤ ㄴ, ㄷ

12

▸25073-0220

그림은 나선 은하 M33의 회전 곡선을 나타낸 것이다. ㉠과 ㉡은 실제 관측한 회전 곡선과 은하 질량 대부분이 은하 중심에 분포한다고 가정할 때의 회전 곡선을 순서 없이 나타낸 것이다.

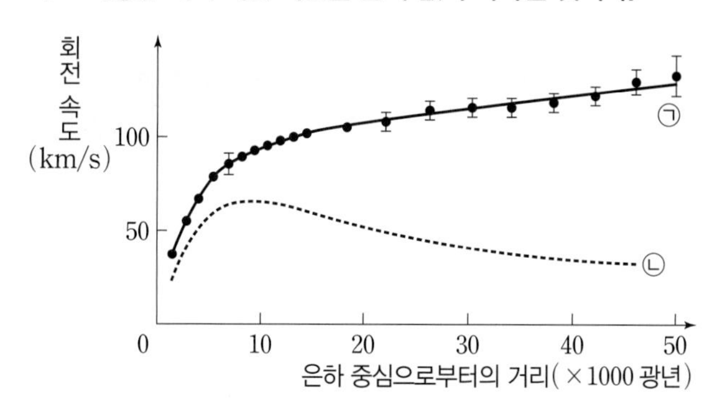

이에 대한 설명으로 옳은 것만을 <보기>에서 있는 대로 고른 것은?

보기
ㄱ. 은하 중심에서 약 5천 광년 사이의 별들은 강체 회전을 한다.
ㄴ. ㉠은 실제 관측한 회전 곡선이다.
ㄷ. ㉡은 은하 외곽에 많은 양의 암흑 물질이 존재한다는 것을 의미한다.

① ㄱ ② ㄷ ③ ㄱ, ㄴ
④ ㄴ, ㄷ ⑤ ㄱ, ㄴ, ㄷ

13

▸25073-0221

그림은 우리은하의 회전 속도 곡선을 나타낸 것이다.

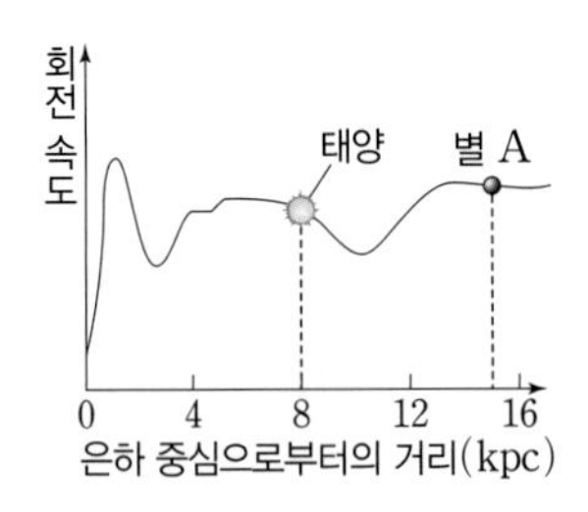

이에 대한 설명으로 옳은 것만을 〈보기〉에서 있는 대로 고른 것은?

보기

ㄱ. 케플러 회전을 하는 구간에서는 은하 중심에서 멀수록 회전 속도가 느리다.
ㄴ. 은하 질량의 대부분은 은하 중심에 모여 있다.
ㄷ. 태양보다 별 A의 회전 속도가 큰 것은 암흑 에너지로 설명할 수 있다.

① ㄱ ② ㄷ ③ ㄱ, ㄴ ④ ㄴ, ㄷ ⑤ ㄱ, ㄴ, ㄷ

14

▸25073-0222

그림은 우리은하 중심을 케플러 회전하는 태양과 별 A, B, C를 나타낸 것이다.

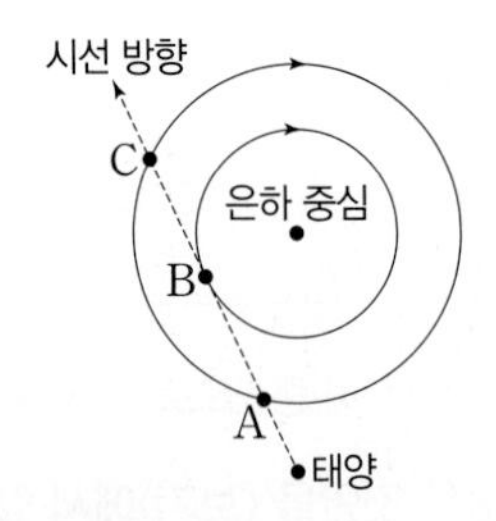

이에 대한 설명으로 옳은 것만을 〈보기〉에서 있는 대로 고른 것은?

보기

ㄱ. 회전 속도는 A보다 B가 크다.
ㄴ. 시선 속도는 B보다 C가 크다.
ㄷ. A, B, C 모두 적색 편이가 나타난다.

① ㄱ ② ㄴ ③ ㄱ, ㄷ ④ ㄴ, ㄷ ⑤ ㄱ, ㄴ, ㄷ

15

▸25073-0223

그림은 두 외부 은하 A와 B의 회전 속도 곡선을 나타낸 것이다.

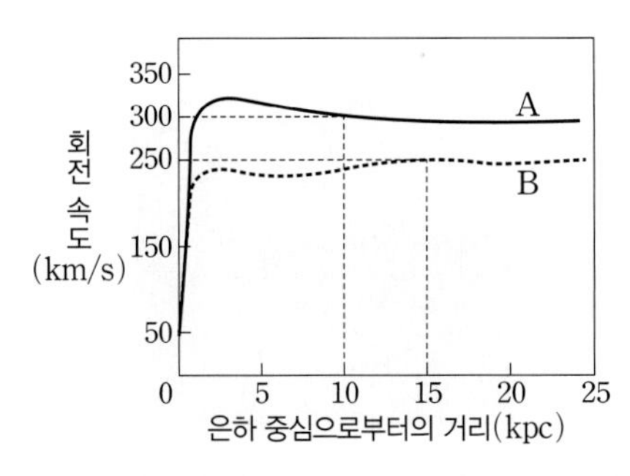

은하 A에서 은하 중심으로부터 10 kpc까지의 질량은 은하 B에서 은하 중심으로부터 15 kpc까지의 질량의 몇 배인가?

① $\frac{2}{3}$배 ② $\frac{3}{4}$배 ③ $\frac{5}{7}$배 ④ $\frac{19}{20}$배 ⑤ $\frac{24}{25}$배

16

▸25073-0224

그림은 지구에서 관측된 A와 B 은하의 모습을 ㉠과 ㉡으로 순서 없이 나타낸 것이다. 지구에서 A와 B 은하는 같은 방향에서 관측되고, B 은하는 A 은하보다 지구에 가까우며 질량이 매우 크다.

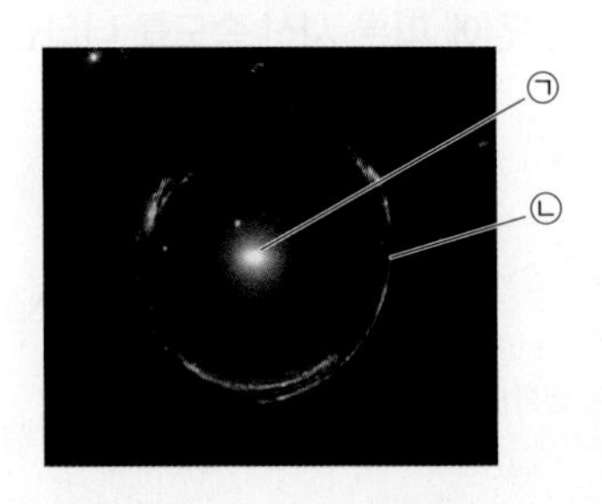

이에 대한 설명으로 옳은 것만을 〈보기〉에서 있는 대로 고른 것은?

보기

ㄱ. ㉠은 A 은하이다.
ㄴ. ㉡은 중력 렌즈 현상에 의해 원래 모양이 왜곡되어 관측된다.
ㄷ. 중력 렌즈 현상에 의한 빛의 경로는 중력 렌즈 중심에 가까울수록 많이 휘어진다.

① ㄱ ② ㄴ ③ ㄱ, ㄷ ④ ㄴ, ㄷ ⑤ ㄱ, ㄴ, ㄷ

01

▸25073-0225

그림은 우리은하 모형 A, B, C의 특징을 나타낸 것이다. A, B, C는 각각 허셜, 캅테인, 섀플리의 모형 중 하나이다.

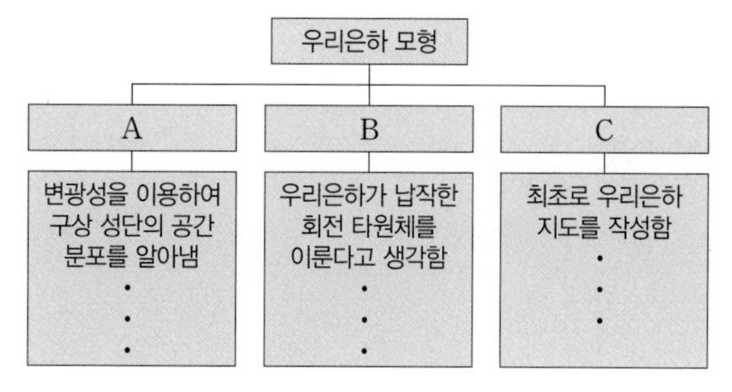

이에 대한 설명으로 옳은 것만을 <보기>에서 있는 대로 고른 것은?

보기

ㄱ. A는 성간 소광을 고려하지 않았다.
ㄴ. B는 캅테인의 모형이다.
ㄷ. C는 우리은하의 중심이 태양계가 아니라는 사실을 밝혀냈다.

① ㄱ ② ㄷ ③ ㄱ, ㄴ ④ ㄴ, ㄷ ⑤ ㄱ, ㄴ, ㄷ

02

▸25073-0226

그림 (가)와 (나)는 가시광선과 적외선으로 관측한 우리은하를 순서 없이 나타낸 것이다.

(가)

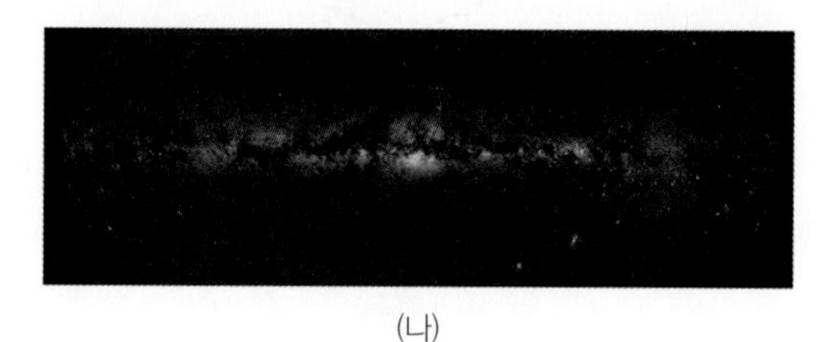
(나)

이에 대한 설명으로 옳은 것만을 <보기>에서 있는 대로 고른 것은?

보기

ㄱ. (가)는 적외선으로 관측한 것이다.
ㄴ. (가)는 (나)보다 성간 소광이 많이 일어난다.
ㄷ. (가)와 (나)의 가운데 부분에서 어두운 띠가 보이는 것은 별이 거의 존재하지 않는 지역이기 때문이다.

① ㄱ ② ㄷ ③ ㄱ, ㄴ ④ ㄴ, ㄷ ⑤ ㄱ, ㄴ, ㄷ

03

▸25073-0227

그림은 관측자 A, B, C의 시선 방향을 따라 전달되는 별빛의 모습을 나타낸 것이다.

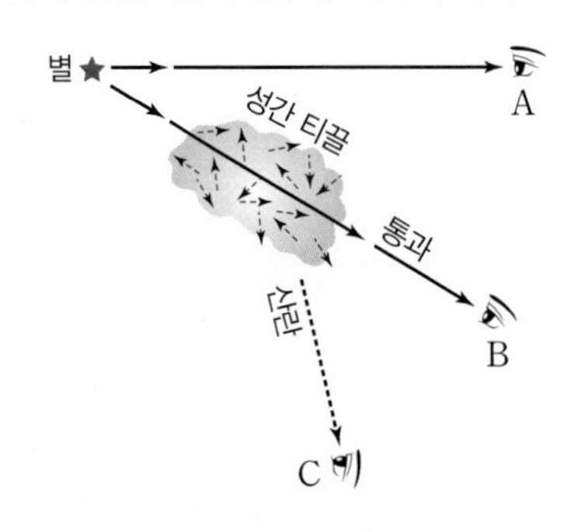

이에 대한 설명으로 옳은 것만을 〈보기〉에서 있는 대로 고른 것은?

보기

ㄱ. 색초과 값은 A보다 B에서 크다.
ㄴ. 반사 성운을 관측할 가능성은 B보다 C에서 크다.
ㄷ. 성간 소광량은 B보다 A에서 크다.

① ㄱ ② ㄴ ③ ㄷ ④ ㄱ, ㄴ ⑤ ㄴ, ㄷ

04

▸25073-0228

그림은 성간 기체를 구성하는 수소를 상태에 따라 분류하는 과정을 나타낸 것이다.

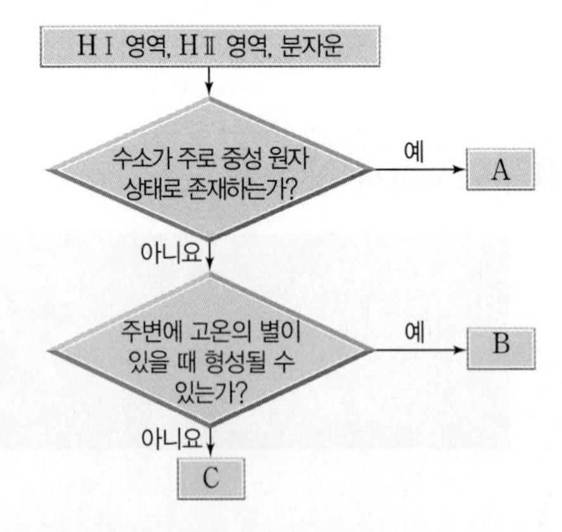

이에 대한 설명으로 옳은 것만을 〈보기〉에서 있는 대로 고른 것은?

보기

ㄱ. A는 H Ⅰ 영역이다.
ㄴ. B의 수소는 방출 성운과 관련이 있다.
ㄷ. C의 수소는 주로 분자 상태로 존재한다.

① ㄱ ② ㄷ ③ ㄱ, ㄴ ④ ㄴ, ㄷ ⑤ ㄱ, ㄴ, ㄷ

05

▸25073-0229

그림 (가)는 케플러 회전을 하는 태양과 중성 수소 영역 A, B, C를, (나)는 A, B, C 영역의 시선 속도에 따른 21 cm 전파의 복사 세기를 나타낸 것이다. ㉠은 A, B, C 중 하나의 복사 세기이다.

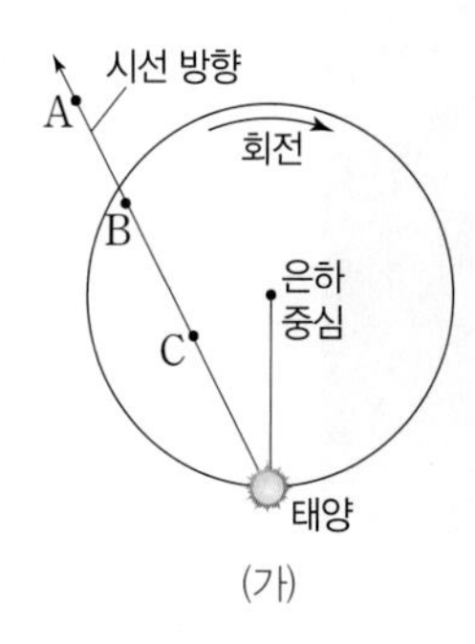

(가)

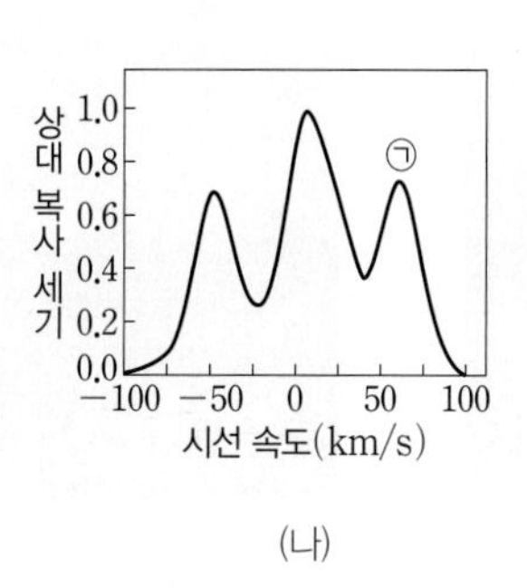

(나)

이에 대한 설명으로 옳은 것만을 〈보기〉에서 있는 대로 고른 것은?

보기

ㄱ. ㉠은 A에서 방출한 복사 세기이다.
ㄴ. B는 적색 편이가 관측된다.
ㄷ. 은하 회전 속도는 태양보다 C가 빠르다.

① ㄱ ② ㄴ ③ ㄱ, ㄷ ④ ㄴ, ㄷ ⑤ ㄱ, ㄴ, ㄷ

06

▸25073-0230

그림은 어떤 별의 파장에 따른 상대 소광량(등급)을, 표는 이 별의 물리량을 나타낸 것이다.

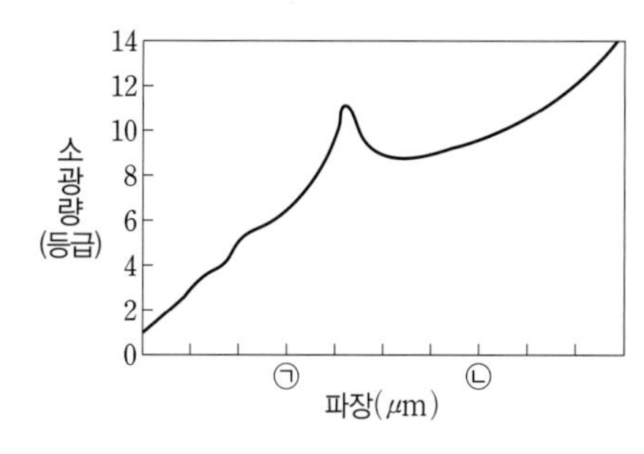

관측한 겉보기 등급	5
절대 등급	−5
소광량(등급)	2
관측한 겉보기 등급으로 구한 거리	r_P
소광 보정 후 구한 거리	r_Q

이에 대한 설명으로 옳은 것만을 〈보기〉에서 있는 대로 고른 것은?

보기

ㄱ. ㉠보다 ㉡의 파장이 짧다.
ㄴ. 적외선보다 가시광선으로 관측할 때 성간 소광량이 크다.
ㄷ. r_Q는 r_P보다 크다.

① ㄱ ② ㄷ ③ ㄱ, ㄴ ④ ㄴ, ㄷ ⑤ ㄱ, ㄴ, ㄷ

07

▸25073-0231

그림 (가)와 (나)는 나선 은하 M83을 가시광선과 적외선 영역에서 관측한 모습을 순서 없이 나타낸 것이다.

(가)

(나)

이에 대한 설명으로 옳은 것만을 〈보기〉에서 있는 대로 고른 것은?

보기

ㄱ. (가)는 가시광선 영역에서 관측한 모습이다.
ㄴ. HⅡ 영역은 (가)보다 (나)에서 잘 나타난다.
ㄷ. 성간 티끌에 의한 성간 소광은 (가)보다 (나)에서 뚜렷하다.

① ㄱ ② ㄴ ③ ㄷ ④ ㄱ, ㄴ ⑤ ㄴ, ㄷ

08

▸25073-0232

그림은 별 A와 B가 고유 운동과 연주 시차로 인해 천구상에서 이동한 모습을 나타낸 것이다. A와 B의 고유 운동과 연주 시차는 각각 천구상의 같은 직선상에서 일어났고, 6개월 간격의 별의 위치는 시차가 가장 크게 관측되는 위치이다.

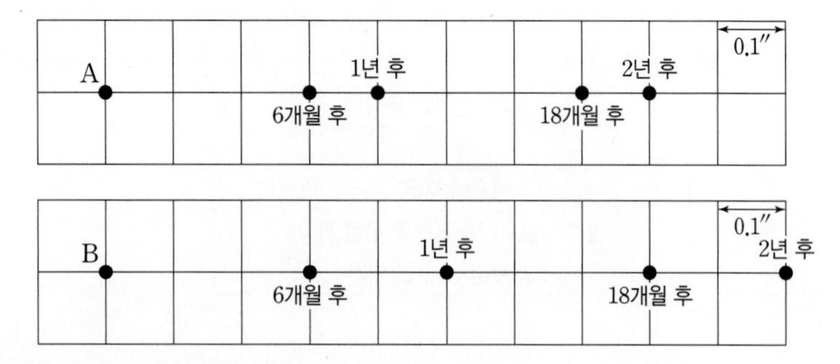

이에 대한 설명으로 옳은 것만을 〈보기〉에서 있는 대로 고른 것은?

보기

ㄱ. A와 B는 황극(황도의 북극) 부근에 위치한다.
ㄴ. 고유 운동은 A보다 B가 크다.
ㄷ. (B까지의 거리−A까지의 거리)는 20 pc이다.

① ㄱ ② ㄷ ③ ㄱ, ㄴ ④ ㄴ, ㄷ ⑤ ㄱ, ㄴ, ㄷ

15 우주의 구조

1 은하들의 집단

은하들은 독립적으로 존재하는 것이 아니라 다양한 규모의 집단을 이루고 있다.

은하 → 은하군, 은하단 → 초은하단 → 우주 거대 구조

(1) **은하군**: 은하의 무리를 이루는 가장 작은 단위로 수십 개의 은하들이 서로의 중력에 속박되어 구성된 집단이다.

• 국부 은하군: 우리은하가 속해 있는 은하군이다. 국부 은하군의 무게 중심은 은하군 내에서 질량이 큰 우리은하와 안드로메다은하 사이에 있다.

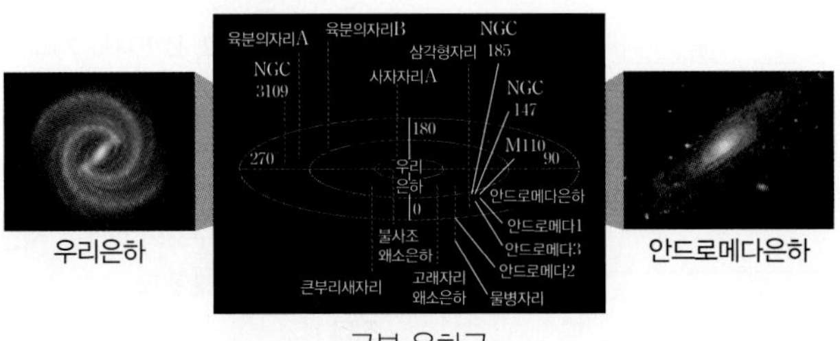

국부 은하군

(2) **은하단**: 수백~수천 개의 은하로 구성되어 은하군보다 규모가 큰 집단으로, 우주에서 서로의 중력에 묶여 있는 천체들 중 규모가 가장 크다. ➡ 우리은하에서 가장 가까운 은하단인 처녀자리 은하단은 매우 강력한 중력을 가지고 있어서 국부 은하군은 처녀자리 은하단 방향으로 서서히 움직이고 있다.

(3) **초은하단**: 은하군과 은하단으로 이루어진 대규모 은하의 집단으로, 은하들의 집단으로서는 가장 큰 단위이다. 초은하단을 이루는 각 은하단들은 서로 중력적으로 묶여 있지 않아 우주가 팽창함에 따라 흩어지고 있다. ➡ 처녀자리 초은하단은 처녀자리 은하단과 국부 은하군을 포함하여 약 100여 개의 은하군과 은하단으로 구성되어 있다.

2 우주 거대 구조

은하들은 우주에 고르게 분포하는 것이 아니라 일부 지역에 모여 집중적으로 분포한다.

(1) **필라멘트(filament) 구조**: 대부분의 은하들이 그물망과 비슷한 필라멘트(거대 가락) 구조를 따라 존재한다. 필라멘트가 만나는 부분에는 은하들의 밀도가 높아 초은하단이 존재한다.

(2) **은하 장성(Great Wall)**: 초은하단보다 더 거대한 규모의 구조로, 우주에서 볼 수 있는 구조 중 규모가 가장 크다. 은하 장성은 크기가 10억 광년 이상이다.

(3) **거대 공동(void)**: 우주에서 은하가 거의 없는 공간이다.

① 거대 공동의 밀도는 우주 평균 밀도의 $\frac{1}{10}$보다 작으며, 지름은 대략 11 Mpc~150 Mpc에 이른다.

② 우주 거대 구조는 거대 가락이 거대 공동을 둘러싼 거품처럼 생긴 구조이다.

(4) **우주 거대 구조의 형성**

① 우주는 큰 구조 안에 작은 구조가 순차적으로 포함된 계층적 구조를 이루고 있으며, 우주 거대 구조는 암흑 물질에 의해 형성된 것으로 여겨진다. ➡ 그물 모양으로 우주에 분포하는 암흑 물질이 물질 분포에 영향을 주어 우주 거대 구조가 형성되었다.

② 초기 우주에 미세한 물질 분포의 차이가 있었고, 물질은 중력의 영향으로 밀도가 큰 곳으로 모여들어 별과 은하를 만들었으며, 시간이 흘러 현재와 같은 은하 분포와 우주 거대 구조를 만들게 되었다.

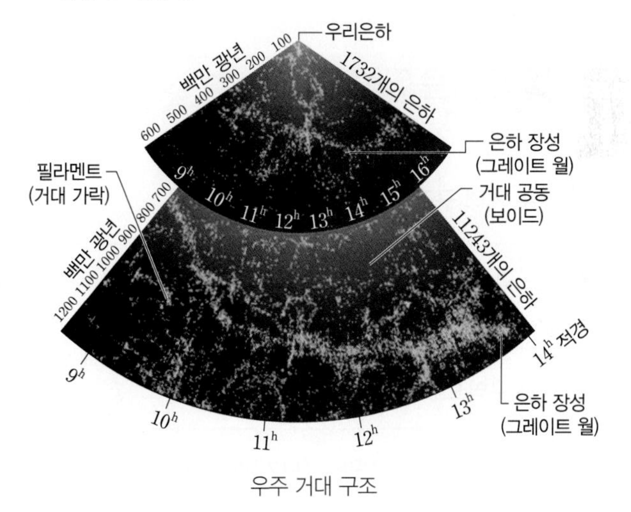

우주 거대 구조

더 알기 우주 거대 구조의 형성

• 현대 우주론에 따르면 초기 우주에는 미세한 물질 분포의 차이가 있었고, 시간이 지날수록 그 차이가 점점 커지면서 우주 거대 구조가 만들어졌다.

• 물질은 중력의 영향으로 밀도가 큰 곳으로 모여들어 별과 은하를 만들었고, 이 과정에서 밀도가 평균보다 큰 곳에서는 은하들이 계속 성장하여 은하군, 은하단, 초은하단을 이루었으며, 밀도가 작은 곳은 점점 더 비어 있는 공간으로 남게 되었다.

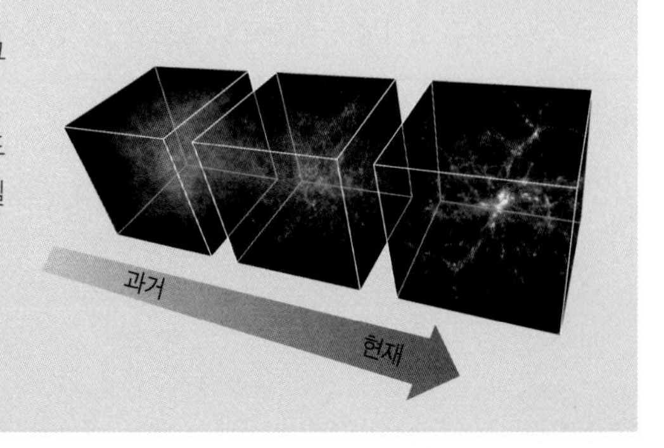

테마 대표 문제

| 2025학년도 9월 모의평가 |

그림은 우주 거대 구조의 일부에 영역 A와 B를 나타낸 것이다.

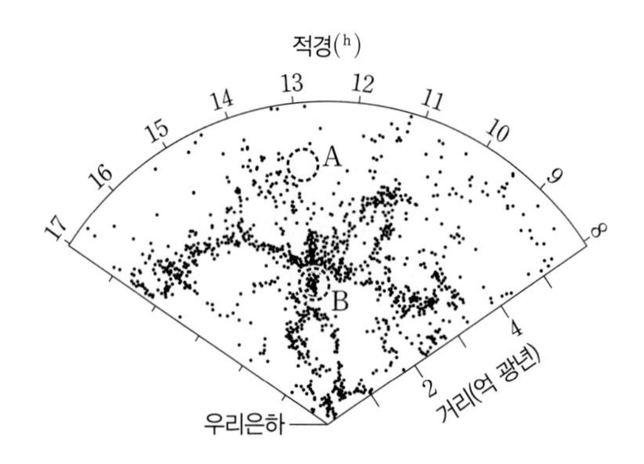

이 자료에 대한 설명으로 옳은 것만을 〈보기〉에서 있는 대로 고른 것은?

보기
ㄱ. A와 B 사이의 거리는 1억 광년보다 가깝다.
ㄴ. A보다 B에 은하들이 밀집되어 있다.
ㄷ. 현재 우주 거대 구조의 물질 분포는 우주 초기와 동일하다.

① ㄱ ② ㄴ ③ ㄱ, ㄷ ④ ㄴ, ㄷ ⑤ ㄱ, ㄴ, ㄷ

접근 전략

우주 팽창의 결과로 밀도가 평균보다 큰 곳에서는 은하군, 은하단, 초은하단이 형성되었고, 밀도가 작은 곳은 점점 더 비어 있는 공간으로 남게 되었다는 점을 이해해야 한다.

간략 풀이

우주에서 은하가 거의 없는 공간을 거대 공동(보이드)이라고 한다. 대부분의 은하들은 그물망과 비슷한 모양의 거대 가락(필라멘트) 구조를 따라 존재한다.

ㄱ. 우리은하에서 A까지의 거리는 약 5억 광년이고, B까지의 거리는 약 3억 광년이다.

ㄴ. 그림에서 검은 점으로 표시되어 있는 은하는 A보다 B에 밀집되어 있다.

ㄷ. 우주 거대 구조의 형태는 시간에 따라 조금씩 변해 왔다.

정답 | ②

닮은 꼴 문제로 유형 익히기

정답과 해설 40쪽

▸25073-0233

다음은 우주 거대 구조에 대한 설명이다.

은하들은 긴 실가닥이 모인 그물망 같은 형태를 이루고 분포하는데, 이를 (㉠)(이)라고 한다. (㉠)이/가 길게 늘어져 있어서 은하들이 거대한 벽 모양 속에 모여 있는 것 같은 구조를 (㉡)(이)라고 하는데 우주에서 볼 수 있는 최대 규모의 구조이다. 우주 공간에서 텅 빈 것처럼 보이는 구역으로 은하가 거의 없는 공간을 (㉢)(이)라고 한다.

이에 대한 설명으로 옳은 것만을 〈보기〉에서 있는 대로 고른 것은?

보기
ㄱ. ㉠은 우주 전체에 고르게 분포한다.
ㄴ. 우주 전체 공간에서 차지하는 부피는 ㉡보다 ㉢이 크다.
ㄷ. ㉢은 우주 초기에 상대적으로 밀도가 큰 곳에 형성되었다.

① ㄱ ② ㄴ ③ ㄱ, ㄷ ④ ㄴ, ㄷ ⑤ ㄱ, ㄴ, ㄷ

유사점과 차이점

우주 거대 구조를 다룬다는 점에서 대표 문제와 유사하지만, 그림이 아닌 제시문을 통해 우주 거대 구조의 특징을 묻는다는 점에서 대표 문제와 다르다.

배경 지식

- 우주에서 볼 수 있는 가장 큰 규모의 구조는 은하 장성이다.
- 거대 공동에는 은하가 거의 없다.

01

▸25073-0234

그림 (가), (나), (다)는 각각 로버트의 4중주 은하군, 우리은하, 페르세우스자리 은하단을 나타낸 것이다.

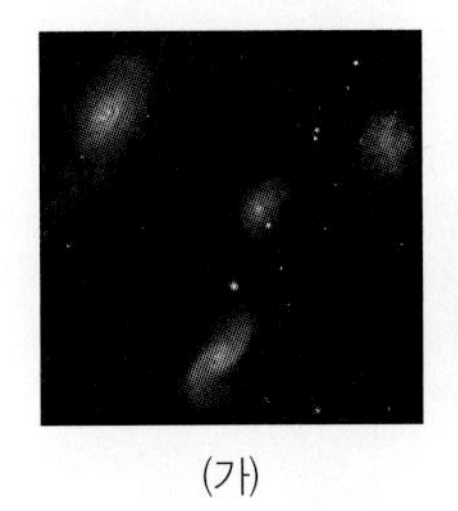
(가)

(나)

(다)

(가), (나), (다)를 공간적 규모가 큰 것부터 순서대로 나열한 것은?

① (가)>(나)>(다)
② (가)>(다)>(나)
③ (나)>(가)>(다)
④ (다)>(가)>(나)
⑤ (다)>(나)>(가)

02

▸25073-0235

다음은 학생 A, B, C가 우주의 구조에 대해 나눈 대화이다.

은하군은 보통 수백 개~수천 개의 은하로 이루어져 있어.
대부분의 은하들은 거대 가락 구조를 따라 존재해.
밀도가 평균보다 큰 곳에 거대 공동이 형성되었어.
학생 A
학생 B
학생 C

제시한 내용이 옳은 학생만을 있는 대로 고른 것은?

① A ② B ③ A, C
④ B, C ⑤ A, B, C

03

▸25073-0236

다음은 우주 거대 구조를 구성하는 은하와 은하 집단 A~D이다.

> A: 안드로메다은하, B: 대마젤란은하,
> C: 국부 은하군, D: 처녀자리 은하단

은하와 은하 집단의 포함 관계를 옳게 나타낸 것은?

①
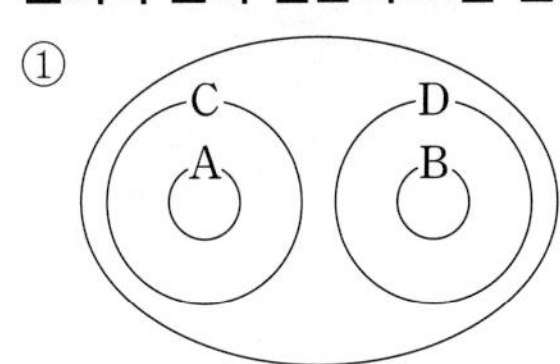

②
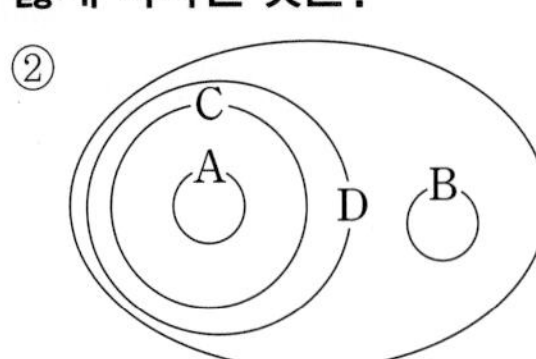

③
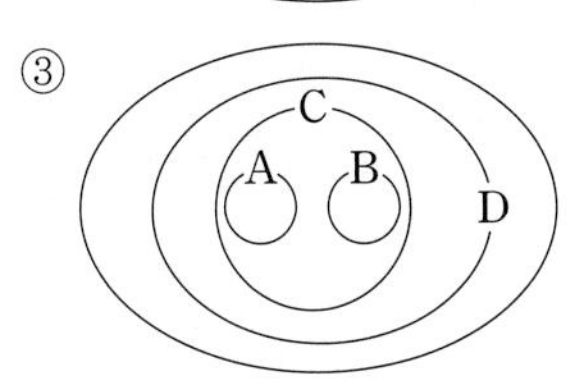

④
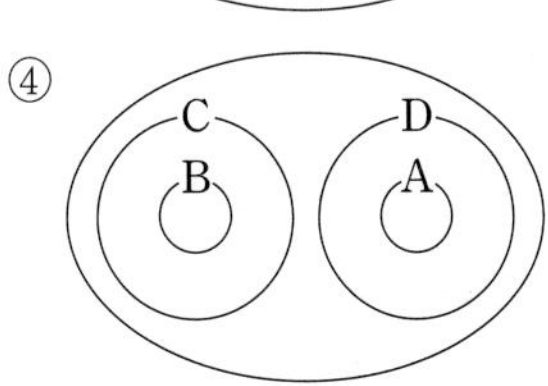

⑤
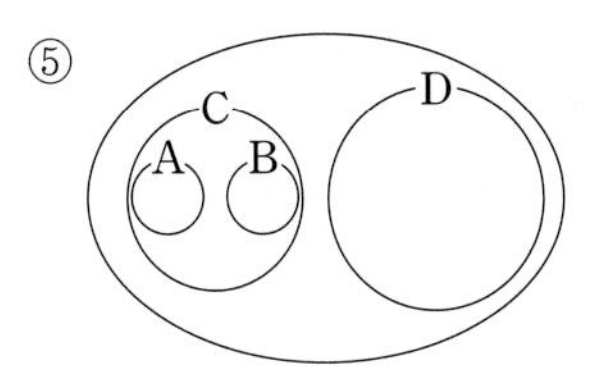

04

▸25073-0237

그림은 분광 관측으로 알아낸 외부 은하들의 분포와 은하 A, B의 위치를 나타낸 것이다.

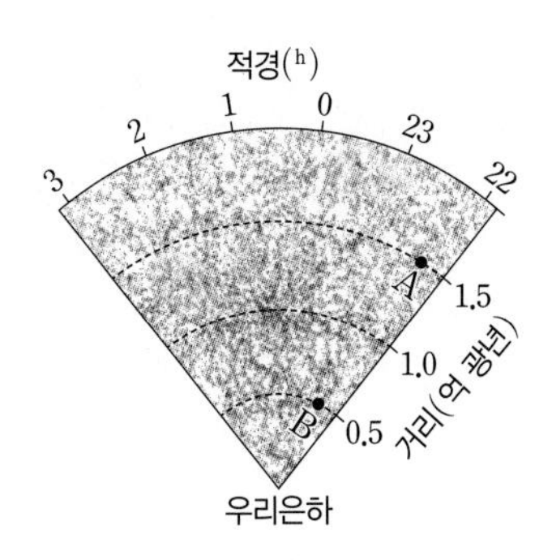

이에 대한 설명으로 옳은 것만을 〈보기〉에서 있는 대로 고른 것은?

> 보기
> ㄱ. 우주가 팽창해도 A와 B 사이의 거리는 일정하다.
> ㄴ. 우리은하와 B는 같은 은하군에 속한다.
> ㄷ. 암흑 물질은 은하가 거의 존재하지 않는 곳보다 밀집한 곳에 많이 분포한다.

① ㄱ ② ㄷ ③ ㄱ, ㄴ
④ ㄴ, ㄷ ⑤ ㄱ, ㄴ, ㄷ

01

▸25073-0238

그림은 은하들의 집단을 분류하는 과정을 나타낸 것이다.

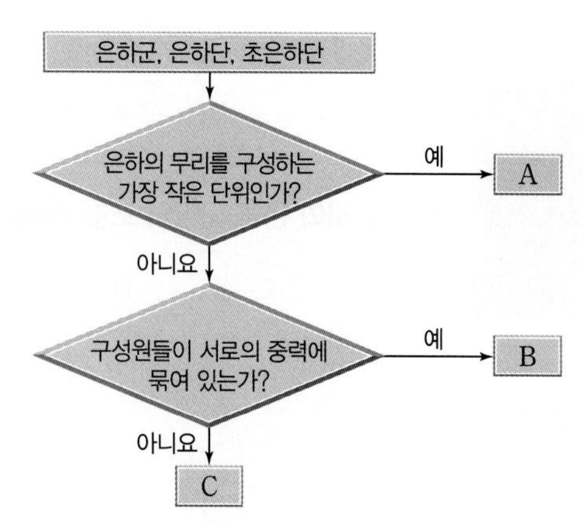

이에 대한 설명으로 옳은 것만을 〈보기〉에서 있는 대로 고른 것은?

보기
ㄱ. A는 은하단이다.
ㄴ. B는 A와 C를 포함한다.
ㄷ. 구성하는 은하의 수는 C>B>A이다.

① ㄱ ② ㄷ ③ ㄱ, ㄴ ④ ㄴ, ㄷ ⑤ ㄱ, ㄴ, ㄷ

02

▸25073-0239

그림은 우주 거대 구조의 일부를 나타낸 것이다.

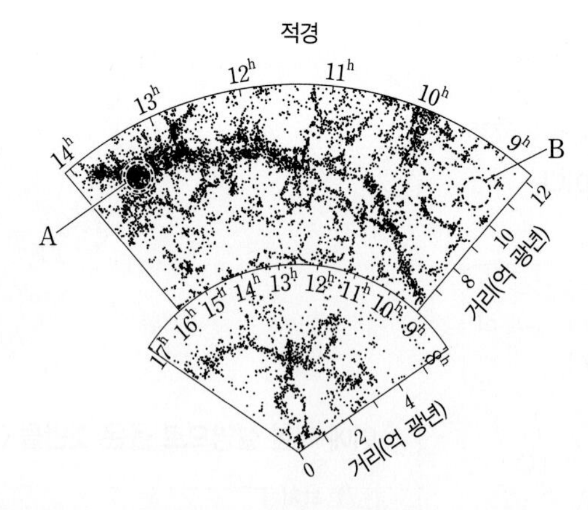

이 자료에 대한 설명으로 옳은 것만을 〈보기〉에서 있는 대로 고른 것은?

보기
ㄱ. 은하들은 우주에 고르게 분포한다.
ㄴ. A는 은하 장성의 일부이다.
ㄷ. B의 밀도는 우주 평균 밀도보다 작다.

① ㄱ ② ㄷ ③ ㄱ, ㄴ ④ ㄴ, ㄷ ⑤ ㄱ, ㄴ, ㄷ

과학탐구영역 **지구과학Ⅱ**

실전 모의고사

실전 모의고사 1회

(제한시간 30분) (배점 50점) 정답과 해설 41쪽

문항에 따라 배점이 다르니, 각 물음의 끝에 표시된 배점을 참고하시오. 3점 문항에만 점수가 표시되어 있습니다. 점수 표시가 없는 문항은 모두 2점입니다.

01

▸25073-0240

그림은 어느 지진에 대해 각각 관측소 A, B, C에서 진원 거리를 이용하여 그린 원의 모습을 나타낸 것이다. P파가 A에 도달하는 데 걸린 시간은 1초이다.

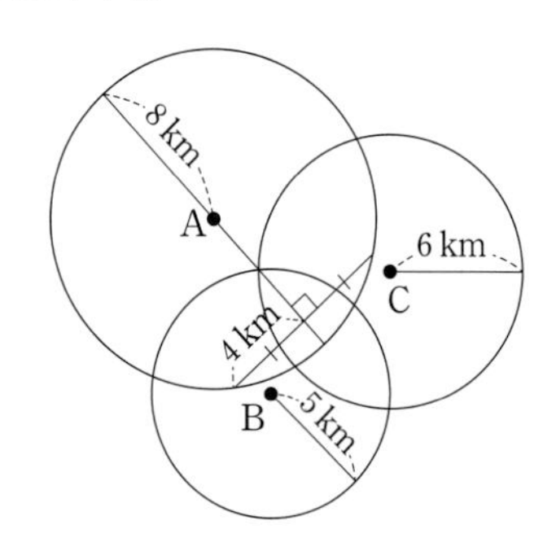

이에 대한 설명으로 옳은 것만을 〈보기〉에서 있는 대로 고른 것은?

보기
ㄱ. P파의 속도는 8 km/s이다.
ㄴ. 진원 깊이는 4 km이다.
ㄷ. PS시는 A, B, C 중에서 A가 가장 길다.

① ㄱ ② ㄷ ③ ㄱ, ㄴ
④ ㄴ, ㄷ ⑤ ㄱ, ㄴ, ㄷ

02

▸25073-0241

그림은 북반구의 위도가 같은 지역에서 가상의 지하 구조와 지표 상의 세 지점 ㉠, ㉡, ㉢에서 측정한 중력 이상을 나타낸 것이다. 암석 A, B, C를 구성하는 물질의 밀도는 서로 다르다.

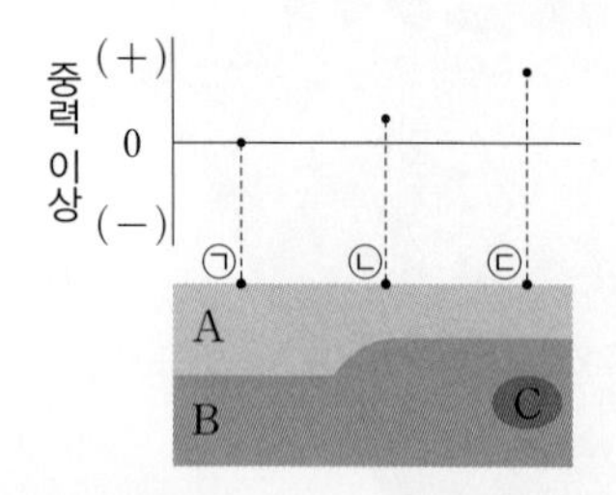

이에 대한 설명으로 옳은 것만을 〈보기〉에서 있는 대로 고른 것은?

보기
ㄱ. 표준 중력은 ㉠이 ㉡보다 크다.
ㄴ. 동일한 단진자의 진동 주기는 ㉠이 ㉢보다 길다.
ㄷ. 밀도는 A, B, C 중에서 C가 가장 크다.

① ㄱ ② ㄴ ③ ㄱ, ㄷ
④ ㄴ, ㄷ ⑤ ㄱ, ㄴ, ㄷ

03

▸25073-0242

그림은 서로 다른 세 지역 (가), (나), (다)에서의 지구 자기장 방향을 나타낸 것이다.

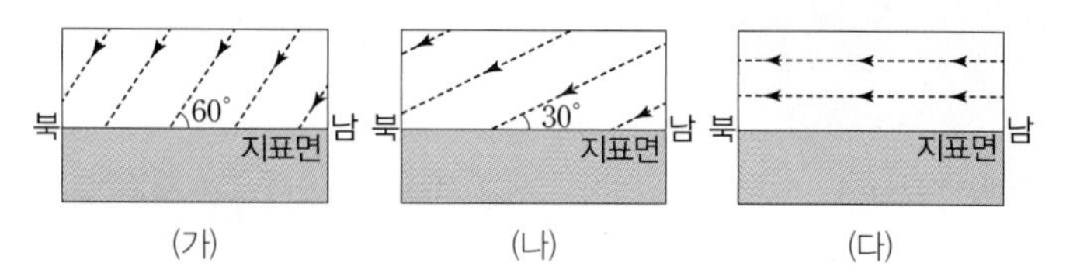

이에 대한 설명으로 옳은 것만을 〈보기〉에서 있는 대로 고른 것은?

보기
ㄱ. (가)는 북반구에 위치한다.
ㄴ. 복각은 (가)가 (나)보다 크다.
ㄷ. $\frac{\text{수평 자기력}}{\text{전 자기력}}$은 (가)가 (다)보다 크다.

① ㄱ ② ㄷ ③ ㄱ, ㄴ
④ ㄴ, ㄷ ⑤ ㄱ, ㄴ, ㄷ

04

▸25073-0243

그림은 지각 평형 상태인 지각과 맨틀의 단면을 모식적으로 나타낸 것이다. 지각 A, B, C의 밀도는 각각 ρ_A, ρ_B, ρ_C이고, ρ_B와 ρ_C는 같다.

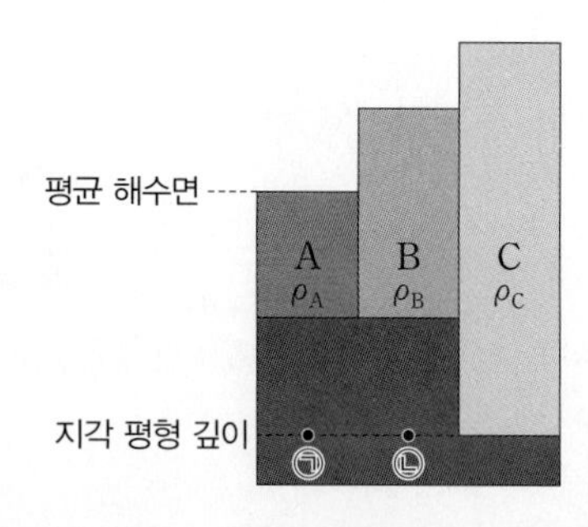

이에 대한 설명으로 옳은 것만을 〈보기〉에서 있는 대로 고른 것은? [3점]

보기
ㄱ. $\frac{\rho_B}{\rho_A}$는 1보다 크다.
ㄴ. 지점 ㉠과 ㉡에서의 압력은 같다.
ㄷ. B와 C의 평형 상태는 프래트의 지각 평형설로 설명할 수 있다.

① ㄱ ② ㄴ ③ ㄱ, ㄷ
④ ㄴ, ㄷ ⑤ ㄱ, ㄴ, ㄷ

05

▸25073-0244

표는 규산염 광물 (가)와 (나)의 주요 특징을 나타낸 것이다. (가)와 (나)는 각각 휘석과 흑운모 중 하나이다.

광물	(가)	(나)
결합 구조		
굳기	5 ~ 6.5	2.5 ~ 3

• : 규소(Si) ○: 산소(O)

이에 대한 설명으로 옳은 것만을 〈보기〉에서 있는 대로 고른 것은? [3점]

보기

ㄱ. (가)는 휘석이다.

ㄴ. (나)로 (가)를 긁으면 (가)가 긁힌다.

ㄷ. SiO_4 사면체 결합 구조에서 $\frac{\text{O 원자 수}}{\text{Si 원자 수}}$는 (가)가 (나)보다 크다.

① ㄱ ② ㄴ ③ ㄱ, ㄷ ④ ㄴ, ㄷ ⑤ ㄱ, ㄴ, ㄷ

06

▸25073-0245

다음은 해양 에너지 자원을 이용한 발전 방식에 대해 학생 A, B, C가 대화하는 모습이다. (가)와 (나)는 각각 조력 발전 방식과 조류 발전 방식 중 하나이다.

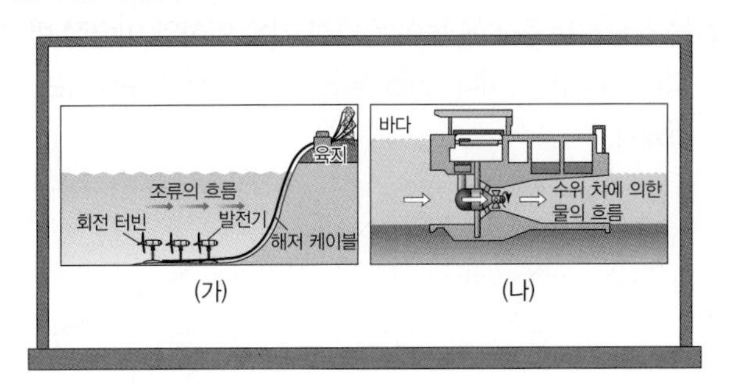

(가)는 조류 발전 방식이야.
(나)는 해수의 위치 에너지를 이용해.
(가)와 (나)는 모두 재생 가능한 에너지를 이용해.
학생 A
학생 B
학생 C

제시한 내용이 옳은 학생만을 있는 대로 고른 것은?

① A ② C ③ A, B ④ B, C ⑤ A, B, C

07

▸25073-0246

그림은 어느 지역의 지질도를 나타낸 것이다.

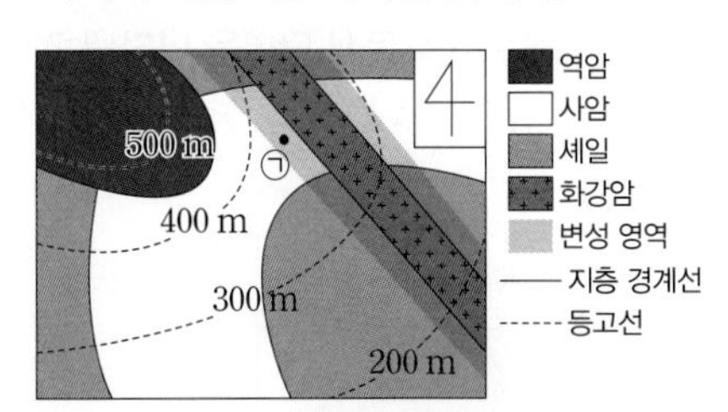

이에 대한 설명으로 옳은 것만을 〈보기〉에서 있는 대로 고른 것은? [3점]

보기

ㄱ. 사암층의 주향은 EW이다.

ㄴ. ㉠에서는 암석에서 입상 변정질 조직이 나타난다.

ㄷ. 역암층과 셰일층은 부정합 관계이다.

① ㄱ ② ㄴ ③ ㄱ, ㄷ ④ ㄴ, ㄷ ⑤ ㄱ, ㄴ, ㄷ

08

▸25073-0247

그림 (가)는 우리나라에서 생성 시기가 다른 암석 분포를, (나)는 우리나라 지질 계통의 일부를 나타낸 것이다. ㉠과 ㉡은 각각 조선 누층군과 평안 누층군 중 하나이다.

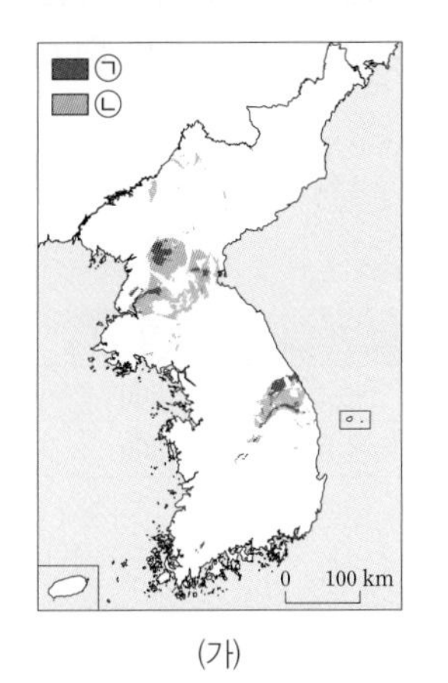

(가)

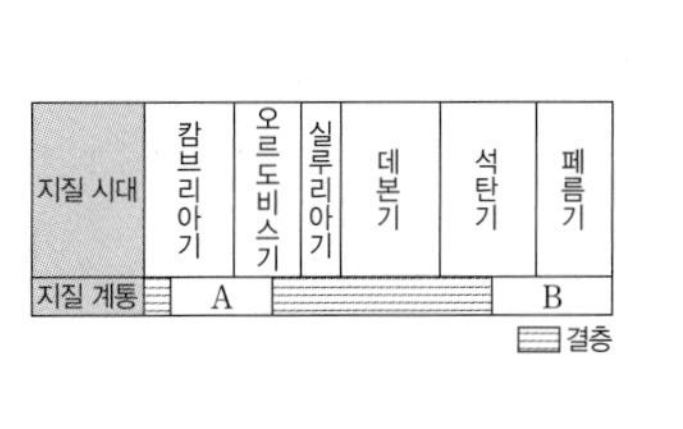

지질 시대	캄브리아기	오르도비스기	실루리아기	데본기	석탄기	페름기
지질 계통	결층, A	A, 결층	결층	결층	결층, B	B

결층

(나)

이에 대한 설명으로 옳은 것만을 〈보기〉에서 있는 대로 고른 것은?

보기

ㄱ. ㉠은 주로 해성층이다.

ㄴ. A에서는 삼엽충 화석이 산출된다.

ㄷ. ㉡은 B에 해당한다.

① ㄱ ② ㄴ ③ ㄱ, ㄷ ④ ㄴ, ㄷ ⑤ ㄱ, ㄴ, ㄷ

09

▸25073-0248

그림은 정역학 평형과 지형류 평형이 이루어진 북반구 어느 해역의 밀도가 ρ_1과 ρ_2인 해수층의 동서 단면을 나타낸 것이다.

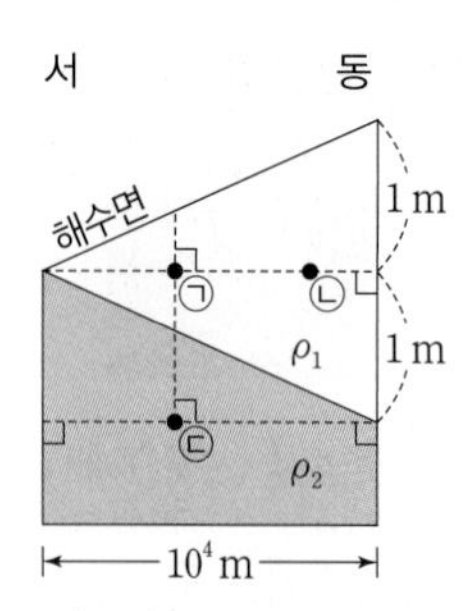

이에 대한 설명으로 옳은 것만을 〈보기〉에서 있는 대로 고른 것은? (단, 중력 가속도는 10 m/s^2, $2\Omega\sin\varphi=10^{-4}$/s, $\rho_2>\rho_1$이다. Ω는 지구 자전 각속도이고, φ는 이 해역의 위도이다.) [3점]

보기

ㄱ. ㉠에서 지형류는 북쪽으로 흐른다.
ㄴ. ㉡에서 유속은 10 m/s이다.
ㄷ. 해수면에서의 깊이가 ㉠에서 50 cm일 때, ㉢에서 수압은 ㉠에서 수압의 3배이다.

① ㄱ ② ㄷ ③ ㄱ, ㄴ
④ ㄴ, ㄷ ⑤ ㄱ, ㄴ, ㄷ

10

▸25073-0249

그림은 파장이 500 m인 어느 해파가 두 지점 ㉠과 ㉡으로 전파되는 모습을, 표는 지점 ㉠과 ㉡에서의 물 입자 운동과 파장을 나타낸 것이다. ㉠과 ㉡에서 해파는 각각 천해파와 심해파 중 하나이고, h는 ㉠의 수심이다.

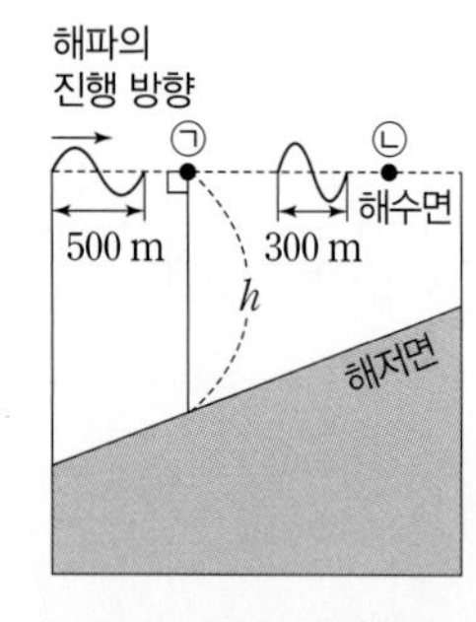

지점	물 입자 운동	파장(m)
㉠	원운동	500
㉡	타원 운동	300

이에 대한 설명으로 옳은 것만을 〈보기〉에서 있는 대로 고른 것은? (단, 중력 가속도는 일정하다.)

보기

ㄱ. ㉡에서 해파는 천해파이다.
ㄴ. 파고는 ㉠이 ㉡보다 높다.
ㄷ. h는 200 m보다 얕다.

① ㄱ ② ㄴ ③ ㄱ, ㄷ
④ ㄴ, ㄷ ⑤ ㄱ, ㄴ, ㄷ

11

▸25073-0250

그림 (가)는 달에 의한 기조력으로 인해 해수면이 부푼 모습과 지점 A, B, C의 위치를, (나)는 A와 B에서 각각 측정한 해수면의 높이 변화를 ㉠과 ㉡으로 순서 없이 나타낸 것이다.

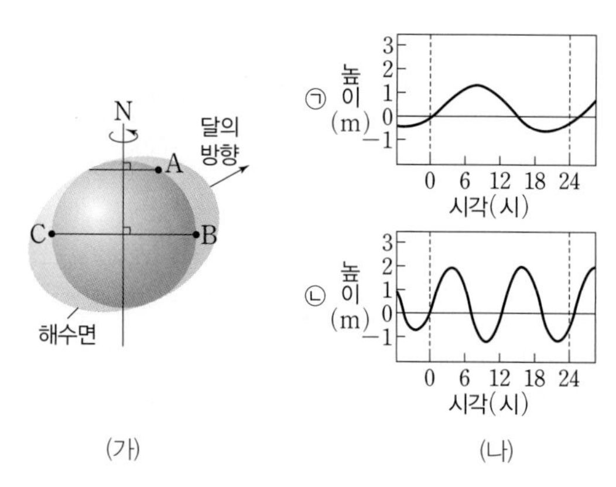

이에 대한 설명으로 옳은 것만을 〈보기〉에서 있는 대로 고른 것은? [3점]

보기

ㄱ. ㉠은 A에서 관측한 것이다.
ㄴ. 조차는 ㉠이 ㉡보다 크다.
ㄷ. B가 만조일 때, C에서는 간조가 나타난다.

① ㄱ ② ㄷ ③ ㄱ, ㄴ
④ ㄴ, ㄷ ⑤ ㄱ, ㄴ, ㄷ

12

▸25073-0251

그림 (가)와 (나)는 어느 공기 덩어리가 0 km에서 높이가 2 km인 산을 상승하는 동안에 높이에 따른 기온 변화와 이슬점 변화를 순서 없이 나타낸 것이다. 산을 넘는 동안 응결한 수증기는 모두 비로 내렸다.

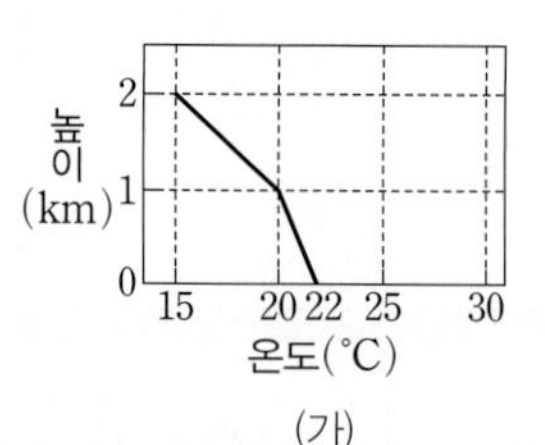

(가)

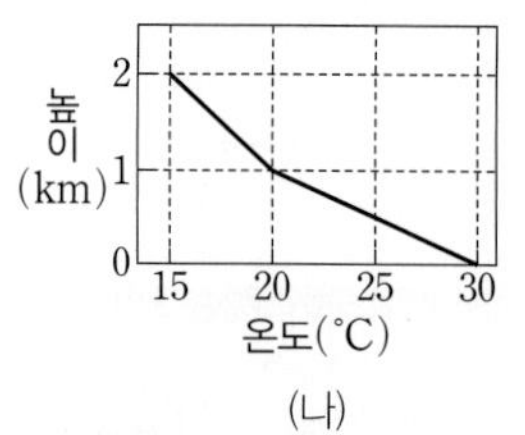

(나)

이에 대한 설명으로 옳은 것만을 〈보기〉에서 있는 대로 고른 것은? (단, 건조 단열 감률은 10 °C/km, 습윤 단열 감률은 5 °C/km, 이슬점 감률은 2 °C/km이다.)

보기

ㄱ. (가)는 이슬점 변화이다.
ㄴ. 상승 응결 고도는 1 km이다.
ㄷ. 공기 덩어리의 상대 습도는 높이 0 km보다 높이 1.5 km일 때 낮다.

① ㄱ ② ㄷ ③ ㄱ, ㄴ
④ ㄴ, ㄷ ⑤ ㄱ, ㄴ, ㄷ

13

▸25073-0252

그림 (가)는 북반구 중위도 지역의 500 hPa 등압면의 등고선 분포를, (나)는 지점 B에서 연직 방향 아래 지상의 등압선 분포를 나타낸 것이다. 지점 A, B, C는 500 hPa 등압면상에 위치한다.

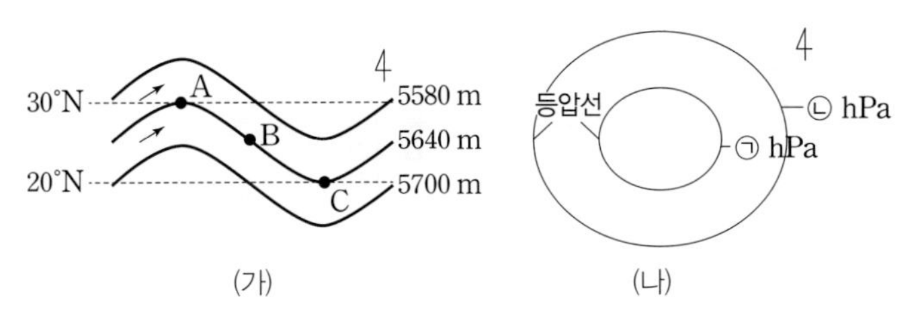

이에 대한 설명으로 옳은 것만을 〈보기〉에서 있는 대로 고른 것은? (단, 지점 A, B, C에서 기압 경도력의 크기는 같다.) [3점]

보기
ㄱ. A에서는 고기압성 경도풍이 분다.
ㄴ. 풍속은 B가 C보다 느리다.
ㄷ. ㉠이 ㉡보다 크다.

① ㄱ ② ㄴ ③ ㄱ, ㄷ
④ ㄴ, ㄷ ⑤ ㄱ, ㄴ, ㄷ

14

▸25073-0253

그림은 대기 순환을 공간 규모와 시간 규모에 따라 구분하여 나타낸 것이다. A, B, C는 각각 규모가 다른 대기 순환에 해당한다.

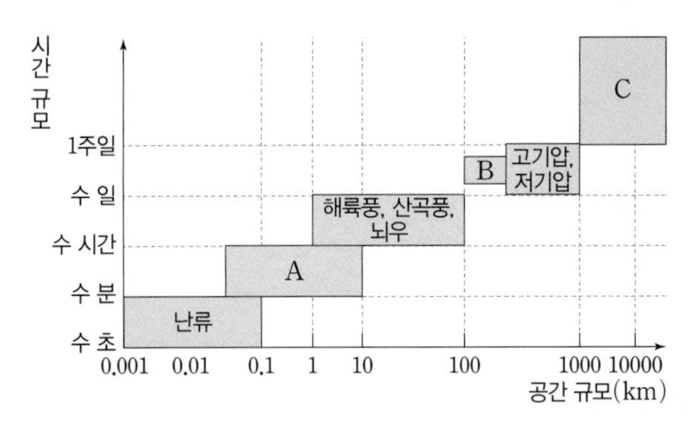

이에 대한 설명으로 옳은 것만을 〈보기〉에서 있는 대로 고른 것은?

보기
ㄱ. 토네이도는 A에 해당한다.
ㄴ. A는 B보다 전향력의 영향을 적게 받는다.
ㄷ. C는 종관 규모에 해당한다.

① ㄱ ② ㄷ ③ ㄱ, ㄴ
④ ㄴ, ㄷ ⑤ ㄱ, ㄴ, ㄷ

15

▸25073-0254

그림 (가)와 (나)는 프톨레마이오스의 우주관과 코페르니쿠스의 우주관을 순서 없이 나타낸 것이다.

(가)

(나)

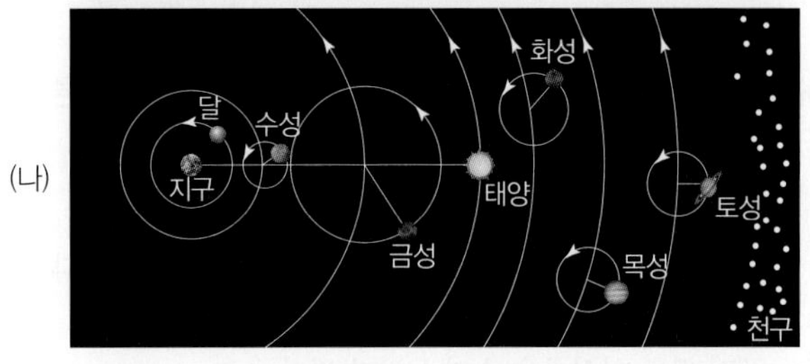

이에 대한 설명으로 옳은 것만을 〈보기〉에서 있는 대로 고른 것은?

보기
ㄱ. (가)는 프톨레마이오스의 우주관이다.
ㄴ. (나)는 연주 시차를 설명할 수 있다.
ㄷ. (가)와 (나)는 모두 행성의 역행을 설명할 수 있다.

① ㄱ ② ㄷ ③ ㄱ, ㄴ
④ ㄴ, ㄷ ⑤ ㄱ, ㄴ, ㄷ

16

▸25073-0255

그림은 어느 날 지구에 대한 금성과 화성의 상대적인 위치를 나타낸 것이다.

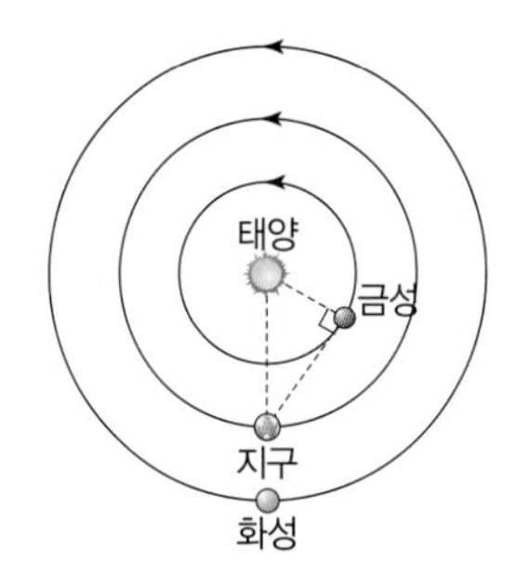

이에 대한 설명으로 옳은 것만을 〈보기〉에서 있는 대로 고른 것은? [3점]

보기
ㄱ. 금성은 초저녁에 관측된다.
ㄴ. 화성은 역행하고 있다.
ㄷ. 다음 날 금성이 태양과 이루는 이각은 감소한다.

① ㄱ ② ㄴ ③ ㄱ, ㄷ
④ ㄴ, ㄷ ⑤ ㄱ, ㄴ, ㄷ

17

▸25073-0256

그림 (가)와 (나)는 각각 동일 평면상에서 태양을 공전하는 가상의 소행성 A와 B의 공전 궤도를 나타낸 것이다. 각 공전 궤도상에서 P_1과 P_3은 근일점, P_2와 P_4는 원일점이다.

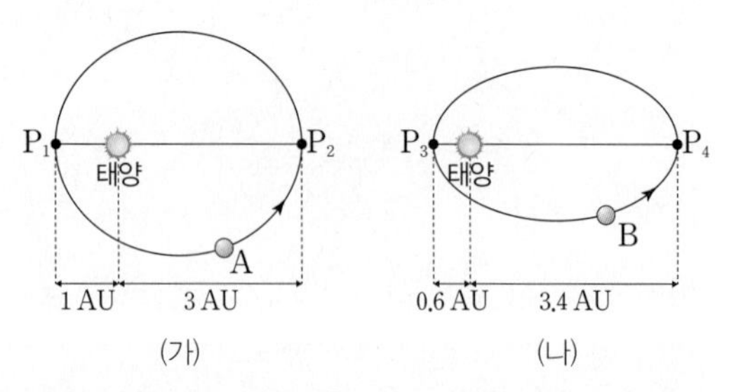

이에 대한 설명으로 옳은 것만을 〈보기〉에서 있는 대로 고른 것은? [3점]

보기

ㄱ. A가 P_1에서 P_2로 공전하는 데 걸리는 시간은 2년이다.
ㄴ. B의 공전 속도는 P_3보다 P_4에서 빠르다.
ㄷ. 공전 궤도 이심률은 A가 B보다 작다.

① ㄱ ② ㄷ ③ ㄱ, ㄴ
④ ㄴ, ㄷ ⑤ ㄱ, ㄴ, ㄷ

18

▸25073-0257

그림은 종족 Ⅰ 세페이드 변광성의 주기-광도 관계를, 표는 종족 Ⅰ 세페이드 변광성 A와 B의 평균 겉보기 등급과 주기를 나타낸 것이다.

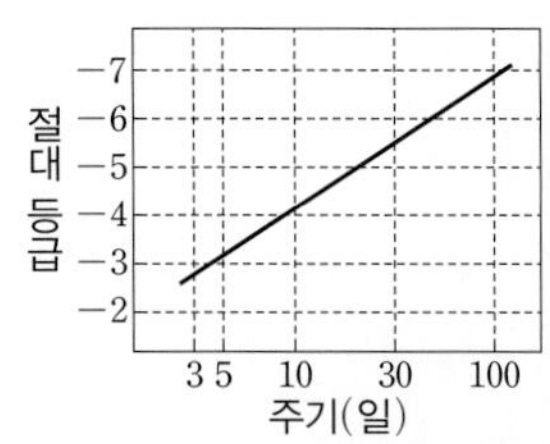

	평균 겉보기 등급	주기(일)
A	14	30
B	4	15

이에 대한 설명으로 옳은 것만을 〈보기〉에서 있는 대로 고른 것은? [3점]

보기

ㄱ. 종족 Ⅰ 세페이드 변광성에서 주기가 길수록 광도가 커진다.
ㄴ. A의 절대 등급은 약 −5.5이다.
ㄷ. 거리 지수는 A가 B보다 크다.

① ㄱ ② ㄷ ③ ㄱ, ㄴ
④ ㄴ, ㄷ ⑤ ㄱ, ㄴ, ㄷ

19

▸25073-0258

그림 (가)와 (나)는 어느 산개 성단과 구상 성단의 색등급도를 순서 없이 나타낸 것이다.

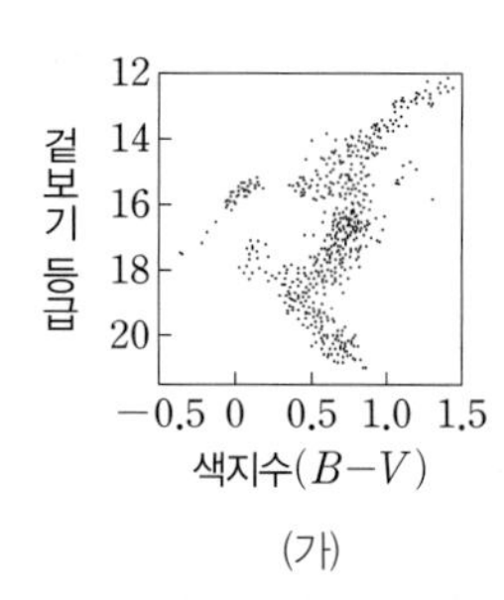

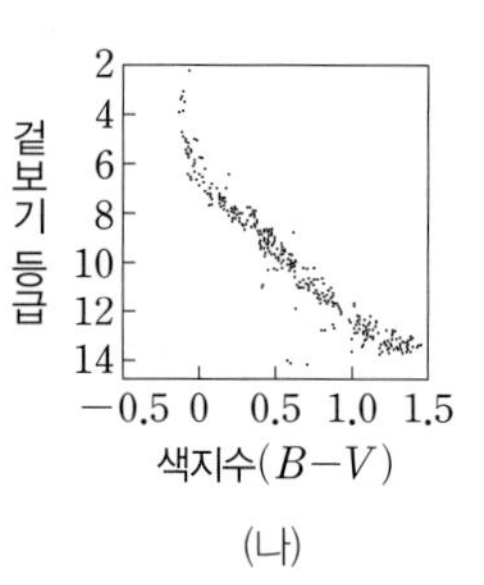

이에 대한 설명으로 옳은 것만을 〈보기〉에서 있는 대로 고른 것은?

보기

ㄱ. (가)는 산개 성단의 색등급도이다.
ㄴ. 전향점의 겉보기 등급은 (가)의 성단이 (나)의 성단보다 크다.
ㄷ. (가)의 성단은 (나)의 성단보다 주로 나이가 많은 천체로 구성되어 있다.

① ㄱ ② ㄴ ③ ㄱ, ㄷ
④ ㄴ, ㄷ ⑤ ㄱ, ㄴ, ㄷ

20

▸25073-0259

그림 (가)는 우리은하의 중심에 대해 은하면을 따라 원 궤도로 케플러 회전하는 태양과 중성 수소 구름 A, B, C의 위치를, (나)는 A, B, C의 시선 속도에 따른 상대적인 복사 세기를 각각 ㉠, ㉡, ㉢으로 순서 없이 나타낸 것이다.

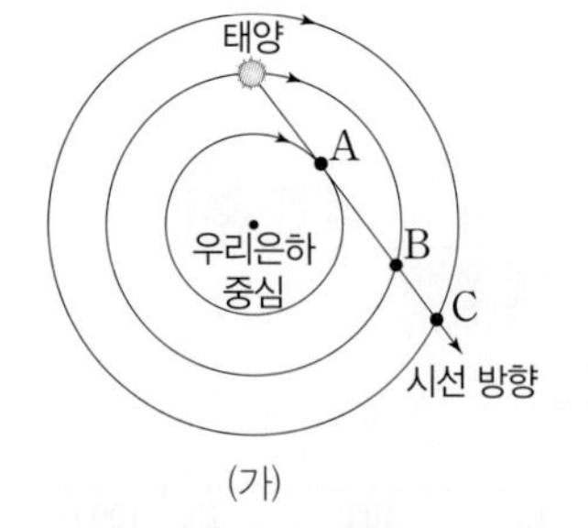

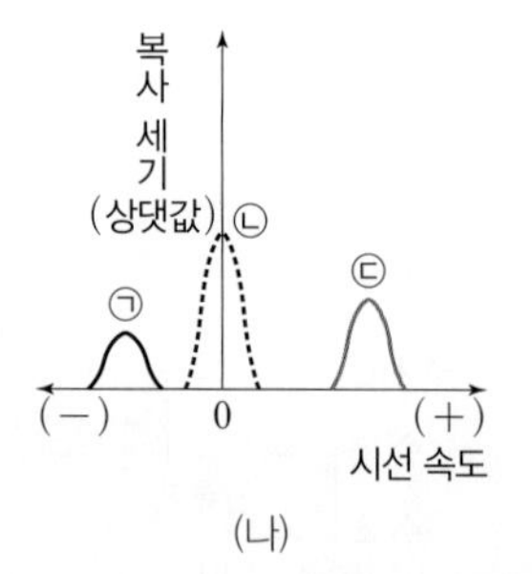

이에 대한 설명으로 옳은 것만을 〈보기〉에서 있는 대로 고른 것은? [3점]

보기

ㄱ. ㉠은 C를 관측한 것이다.
ㄴ. A를 관측할 때 수소선의 적색 편이가 나타난다.
ㄷ. 중성 수소의 양은 A가 B보다 많다.

① ㄱ ② ㄷ ③ ㄱ, ㄴ
④ ㄴ, ㄷ ⑤ ㄱ, ㄴ, ㄷ

실전 모의고사 2회

(제한시간 30분) (배점 50점) 정답과 해설 43쪽

문항에 따라 배점이 다르니, 각 물음의 끝에 표시된 배점을 참고하시오. 3점 문항에만 점수가 표시되어 있습니다. 점수 표시가 없는 문항은 모두 2점입니다.

01

▸25073-0260

그림은 원시 지구의 진화 과정의 일부를 나타낸 것이다.

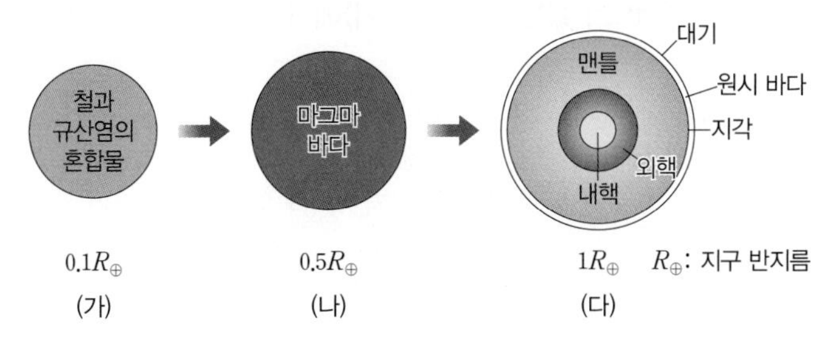

이에 대한 설명으로 옳은 것만을 〈보기〉에서 있는 대로 고른 것은?

보기
ㄱ. (가) → (나) 과정에서 지구 크기 변화의 주된 요인은 미행성체들의 충돌이다.
ㄴ. (나) → (다) 과정에서 지구 중심부의 밀도는 증가하였다.
ㄷ. (다)에서 원시 지각은 원시 바다보다 나중에 형성되었다.

① ㄱ ② ㄷ ③ ㄱ, ㄴ
④ ㄴ, ㄷ ⑤ ㄱ, ㄴ, ㄷ

02

▸25073-0261

그림은 지구 타원체상에서 힘 A, B, C의 크기를 위도에 따라 나타낸 것이다. A, B, C는 각각 만유인력, 중력, 지구 자전에 의한 원심력 중 하나이다.

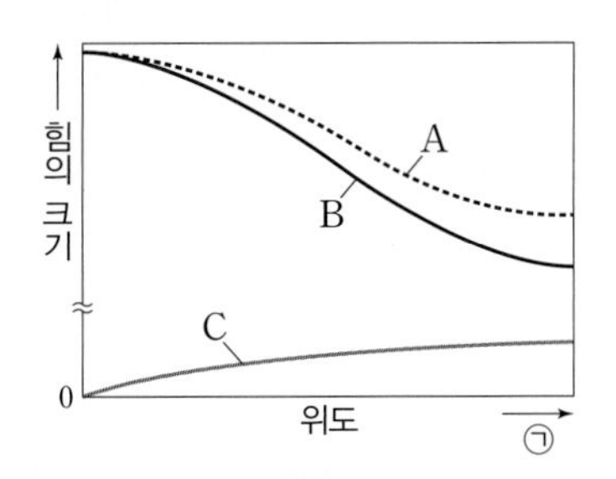

이에 대한 설명으로 옳은 것만을 〈보기〉에서 있는 대로 고른 것은? [3점]

보기
ㄱ. ㉠ 방향으로 갈수록 고위도이다.
ㄴ. 적도에서 B의 크기는 A와 C 크기의 차와 같다.
ㄷ. 지구 자전 속도가 느려지면 45°N에서 B의 크기는 커진다.

① ㄱ ② ㄴ ③ ㄱ, ㄷ
④ ㄴ, ㄷ ⑤ ㄱ, ㄴ, ㄷ

03

▸25073-0262

그림은 지구 일부 지역의 중력 이상 분포를 나타낸 것이다. A, B, C의 위도는 같고, 지하 물질 이외의 요인은 동일하다.

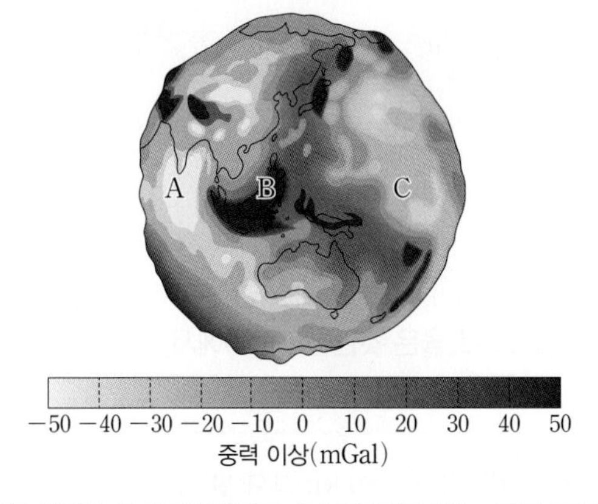

이에 대한 설명으로 옳은 것만을 〈보기〉에서 있는 대로 고른 것은?

보기
ㄱ. 표준 중력은 A보다 B에서 크다.
ㄴ. 지하 물질의 평균 밀도는 A보다 C에서 크다.
ㄷ. 동일한 단진자의 주기는 B보다 C에서 길다.

① ㄱ ② ㄷ ③ ㄱ, ㄴ
④ ㄴ, ㄷ ⑤ ㄱ, ㄴ, ㄷ

04

▸25073-0263

그림은 몇 가지 광상을 분류하는 과정을 나타낸 것이다.

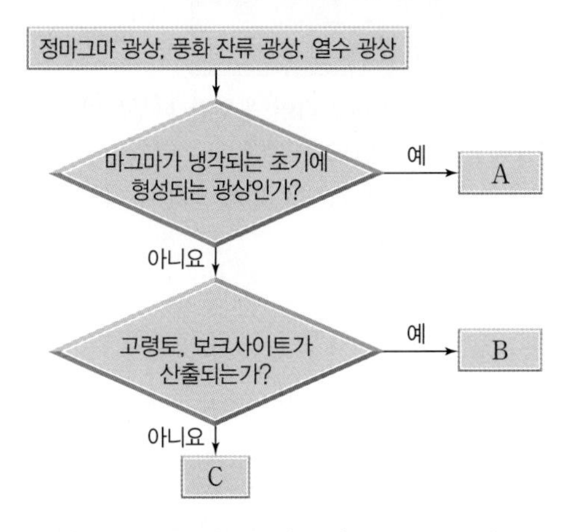

이에 대한 설명으로 옳은 것만을 〈보기〉에서 있는 대로 고른 것은?

보기
ㄱ. A는 화성 광상이다.
ㄴ. 희토류는 주로 B에서 산출된다.
ㄷ. A, B, C 중 가장 고온에서 형성되는 광상은 C이다.

① ㄱ ② ㄴ ③ ㄱ, ㄷ
④ ㄴ, ㄷ ⑤ ㄱ, ㄴ, ㄷ

05

▸25073-0264

그림 (가)는 관측소 A, B, C에서 어떤 지진을 관측하여 진앙의 위치와 진원의 깊이를 알아내는 방법을, (나)는 이 지진의 P파와 S파의 주시 곡선을 나타낸 것이다. A에서 PS시는 10초이고, $\overline{AP}=\overline{PH}$이다.

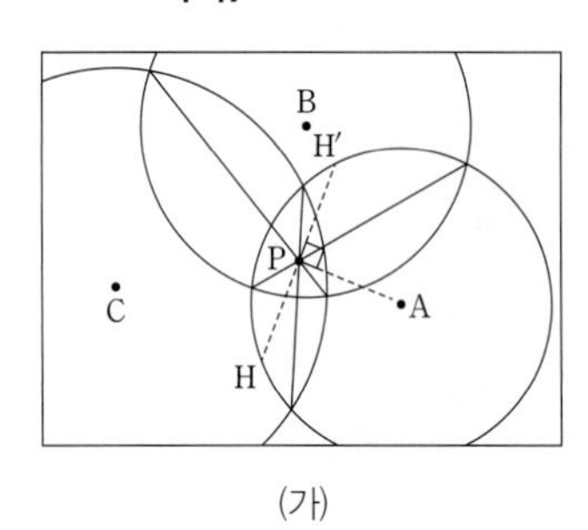

(가)

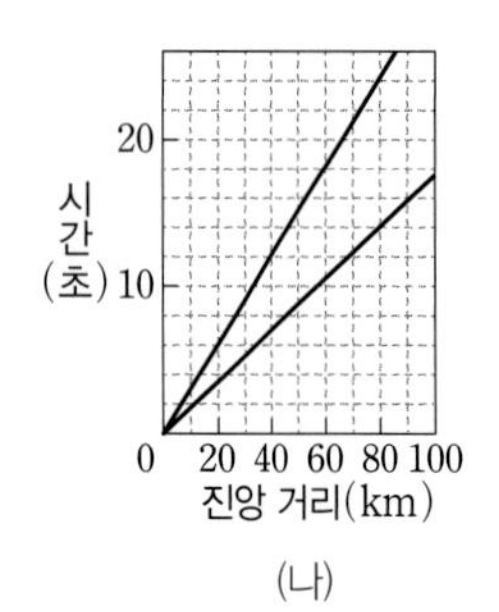

(나)

이에 대한 설명으로 옳은 것만을 〈보기〉에서 있는 대로 고른 것은? [3점]

보기
ㄱ. A에서 진원 거리는 80 km보다 멀다.
ㄴ. PS시는 세 관측소 중 C에서 가장 길다.
ㄷ. 진원의 깊이는 100 km보다 깊다.

① ㄱ ② ㄷ ③ ㄱ, ㄴ ④ ㄴ, ㄷ ⑤ ㄱ, ㄴ, ㄷ

06

▸25073-0265

다음은 지각 평형의 원리를 알아보기 위한 실험이다.

[실험 과정]

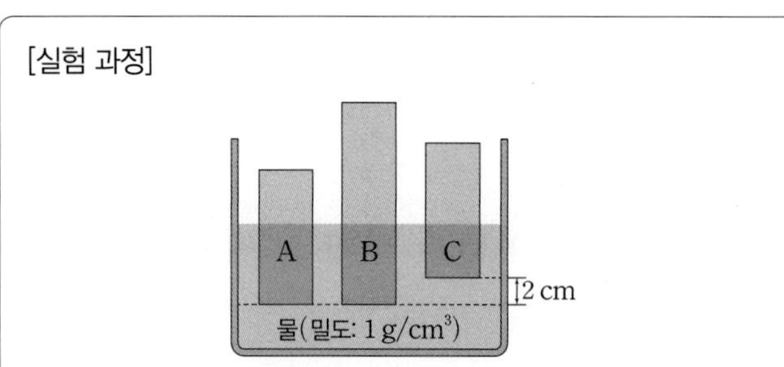

(가) 수조에 담긴 물에 단면적이 동일한 나무토막 A, B, C를 띄운다. B와 C의 밀도는 같다.
(나) 평형을 이루었을 때 A, B, C의 전체 두께와 수면 아랫부분의 두께를 측정한다.

[실험 결과]

구분	A	B	C
전체 두께(cm)	10	15	10
수면 아랫부분의 두께(cm)		㉠	

이에 대한 설명으로 옳은 것만을 〈보기〉에서 있는 대로 고른 것은? [3점]

보기
ㄱ. ㉠은 6 cm이다.
ㄴ. A의 밀도는 0.8 g/cm³이다.
ㄷ. A와 B의 실험 결과는 에어리의 지각 평형설로, B와 C의 실험 결과는 프래트의 지각 평형설로 설명할 수 있다.

① ㄱ ② ㄴ ③ ㄱ, ㄷ ④ ㄴ, ㄷ ⑤ ㄱ, ㄴ, ㄷ

07

▸25073-0266

그림은 어느 지역의 지질도를 나타낸 것이다.

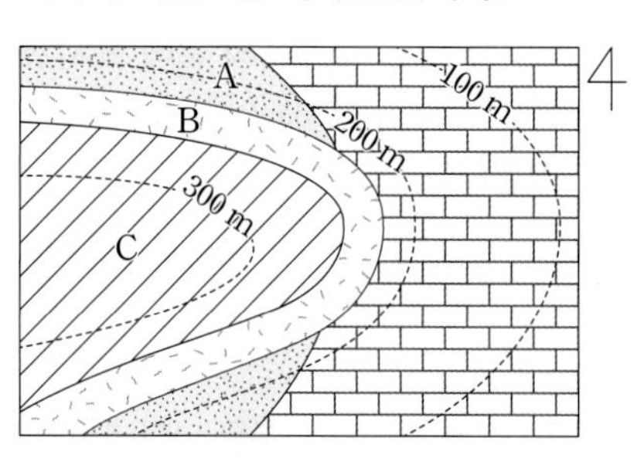

이에 대한 설명으로 옳은 것만을 〈보기〉에서 있는 대로 고른 것은?

보기
ㄱ. A층은 서쪽으로 경사져 있다.
ㄴ. A층과 B층은 시간 공백이 없이 연속적으로 퇴적되었다.
ㄷ. A, B, C층 중 C층이 가장 먼저 생성되었다.

① ㄱ ② ㄷ ③ ㄱ, ㄴ
④ ㄴ, ㄷ ⑤ ㄱ, ㄴ, ㄷ

08

▸25073-0267

그림 (가)와 (나)는 편광 현미경을 이용하여 박편을 관찰하는 모습이며, 이에 대해 학생 A, B, C가 대화하는 모습을 나타낸 것이다.

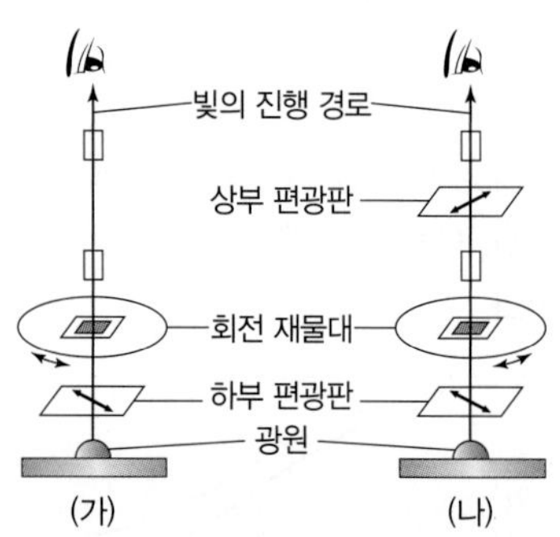

제시한 내용이 옳은 학생만을 있는 대로 고른 것은?

① A ② C ③ A, B
④ B, C ⑤ A, B, C

09

▸25073-0268

그림은 정역학 평형 상태에 있는 해역에서 해수 덩어리에 연직 방향으로 작용하는 힘 ㉠, ㉡을 나타낸 것이다. 해수의 밀도는 $1020 \mathrm{~kg/m^3}$, 중력 가속도는 $10 \mathrm{~m/s^2}$이다.

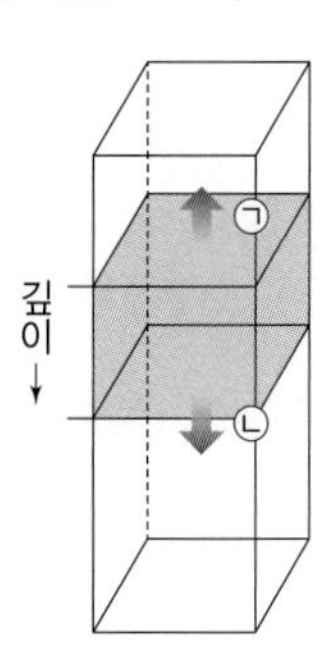

이에 대한 설명으로 옳은 것만을 〈보기〉에서 있는 대로 고른 것은? [3점]

보기
ㄱ. ㉠은 수평 수압 경도력이다.
ㄴ. 해수 1 kg에 작용하는 ㉡의 크기는 10 N이다.
ㄷ. 해수 $1 \mathrm{~m^3}$에 작용하는 ㉡의 크기는 10^4 N보다 크다.

① ㄱ ② ㄷ ③ ㄱ, ㄴ
④ ㄴ, ㄷ ⑤ ㄱ, ㄴ, ㄷ

10

▸25073-0269

그림은 지형류 평형 상태에 있는 아열대 해양의 표층 순환을 나타낸 것이다. A와 B에서 해수면 경사와 중력 가속도는 같다.

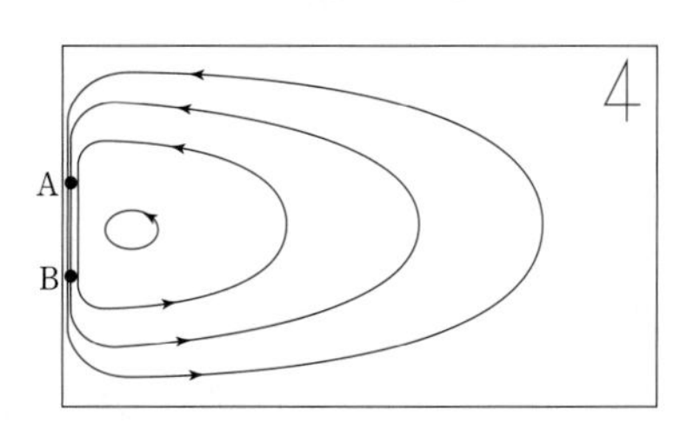

이에 대한 설명으로 옳은 것만을 〈보기〉에서 있는 대로 고른 것은?

보기
ㄱ. A에서 수압 경도력은 서쪽으로 작용한다.
ㄴ. 해수에 작용하는 전향력은 A보다 B에서 크다.
ㄷ. 지형류의 속도는 A보다 B에서 빠르다.

① ㄱ ② ㄴ ③ ㄱ, ㄷ
④ ㄴ, ㄷ ⑤ ㄱ, ㄴ, ㄷ

11

▸25073-0270

표는 서로 다른 해파 A, B, C의 파장과 해파가 통과하는 지역의 수심을 나타낸 것이다. C는 심해파이다.

해파	파장(m)	통과 지역의 수심(m)
A	1000	700
B	2000	90
C	(㉠)	100

이에 대한 설명으로 옳은 것만을 〈보기〉에서 있는 대로 고른 것은? (단, 천해파의 속도는 $\sqrt{gh}$(g: 중력 가속도, h: 수심)이고, 심해파의 속도는 $\sqrt{\frac{gL}{2\pi}}$(L: 파장)이다.) [3점]

보기
ㄱ. A의 물 입자는 수면 부근에서 원운동을 한다.
ㄴ. 해파의 속도는 B가 C보다 빠르다.
ㄷ. ㉠은 200 m보다 짧다.

① ㄱ ② ㄷ ③ ㄱ, ㄴ
④ ㄴ, ㄷ ⑤ ㄱ, ㄴ, ㄷ

12

▸25073-0271

그림은 높이에 따른 기온과 상승하는 공기의 단열 변화선 및 형성된 구름의 모습을 나타낸 것이다.

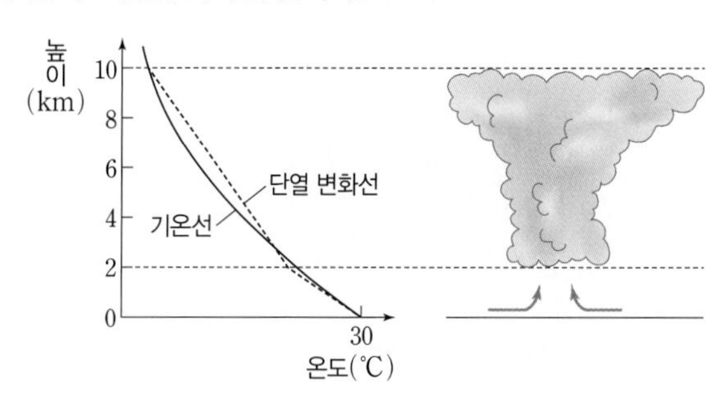

이에 대한 설명으로 옳은 것만을 〈보기〉에서 있는 대로 고른 것은? (단, 건조 단열 감률은 10 ℃/km, 습윤 단열 감률은 5 ℃/km, 이슬점 감률은 2 ℃/km이다.)

보기
ㄱ. 지표면에서 이슬점은 15 ℃보다 낮다.
ㄴ. 높이 3~4 km에서 대기의 안정도는 절대 안정이다.
ㄷ. 높이 2 km까지 상승하는 동안 공기 덩어리의 상대 습도는 낮아진다.

① ㄱ ② ㄴ ③ ㄱ, ㄷ
④ ㄴ, ㄷ ⑤ ㄱ, ㄴ, ㄷ

13

▸25073-0272

그림 (가)와 (나)는 지균풍이 형성되는 과정의 서로 다른 두 시기에 공기 입자에 작용하는 힘 A와 B를 나타낸 것이다. (가)와 (나)에서 B의 크기는 같다.

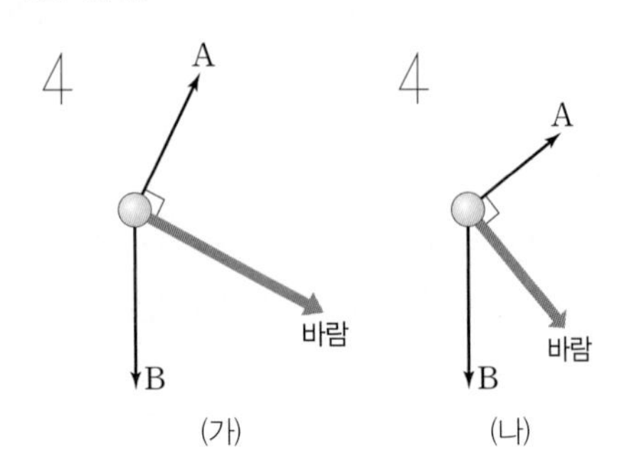

이에 대한 설명으로 옳은 것만을 〈보기〉에서 있는 대로 고른 것은?

보기
ㄱ. 이 지역은 북반구에 위치한다.
ㄴ. A의 크기는 (나)가 (가)보다 크다.
ㄷ. 지균풍이 형성되는 과정은 (나) → (가)이다.

① ㄱ ② ㄷ ③ ㄱ, ㄴ ④ ㄴ, ㄷ ⑤ ㄱ, ㄴ, ㄷ

14

▸25073-0273

그림은 우리나라 부근에서 500 hPa 등압면의 등고선과 바람의 방향을 나타낸 것이다. A와 B는 500 hPa 등압면에 위치한다.

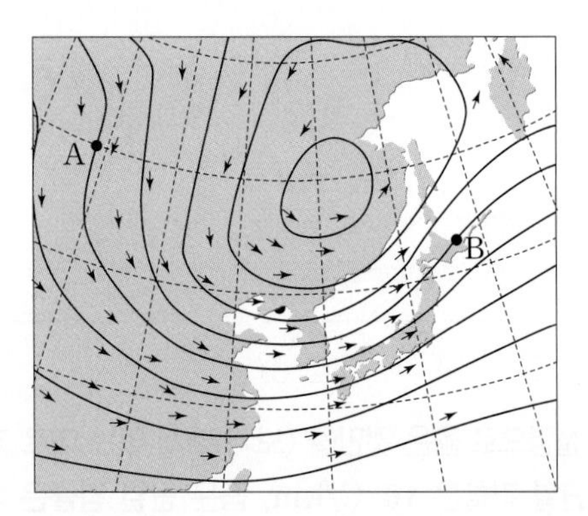

이에 대한 설명으로 옳은 것만을 〈보기〉에서 있는 대로 고른 것은? [3점]

보기
ㄱ. A는 B보다 고도가 높다.
ㄴ. A의 지상에는 고기압이 발달한다.
ㄷ. B에서는 공기의 발산이 일어난다.

① ㄱ ② ㄷ ③ ㄱ, ㄴ ④ ㄴ, ㄷ ⑤ ㄱ, ㄴ, ㄷ

15

▸25073-0274

그림은 태양의 위치를 적도 좌표계에 두 달 간격으로 순서 없이 나타낸 것이다.

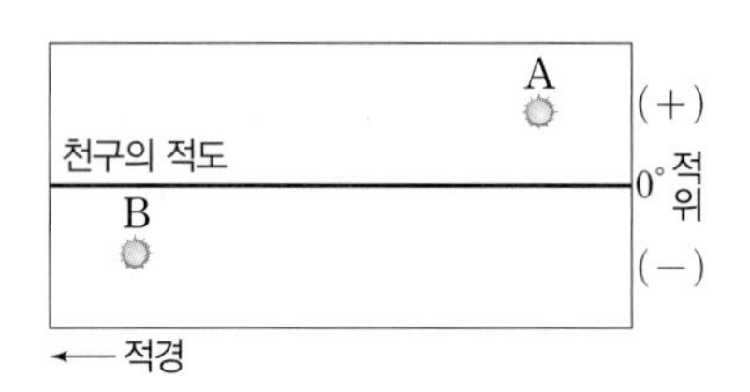

이에 대한 설명으로 옳은 것만을 〈보기〉에서 있는 대로 고른 것은? [3점]

보기
ㄱ. 두 달 동안 태양은 A → B로 이동하였다.
ㄴ. A는 2월 말 태양의 위치이다.
ㄷ. 우리나라에서 태양이 뜨는 위치는 A보다 B가 더 북쪽으로 치우친다.

① ㄱ ② ㄷ ③ ㄱ, ㄴ ④ ㄴ, ㄷ ⑤ ㄱ, ㄴ, ㄷ

16

▸25073-0275

그림은 어느 해 우리나라에서 행성 A, B, C가 지는 시각을 나타낸 것이다.

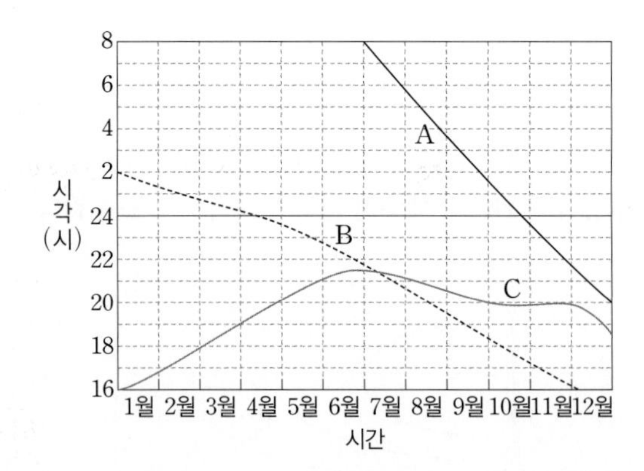

이에 대한 설명으로 옳은 것만을 〈보기〉에서 있는 대로 고른 것은? [3점]

보기
ㄱ. 지구와 A 사이의 거리는 10월이 7월보다 멀다.
ㄴ. B는 내행성이다.
ㄷ. 6월에 C는 서방 이각에 위치한다.

① ㄱ ② ㄷ ③ ㄱ, ㄴ ④ ㄴ, ㄷ ⑤ ㄱ, ㄴ, ㄷ

17

▸25073-0276

그림은 태양계 가상의 소행성 A와 B의 공전 궤도상 위치를 나타낸 것이다. A는 원일점에 위치하고, B는 원 궤도로 공전하며, A와 B의 공전 궤도는 동일 평면상에 있다.

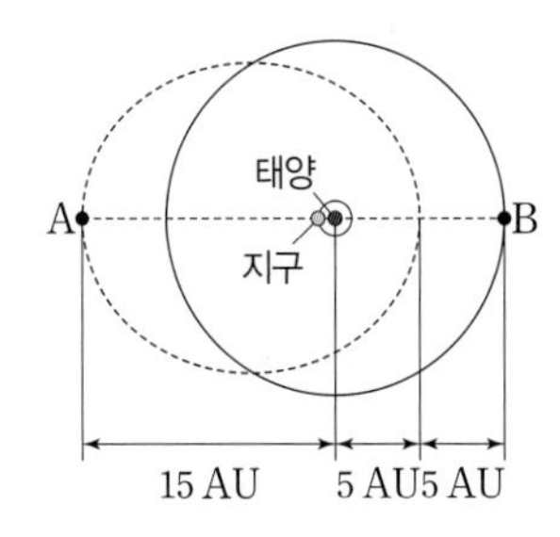

이에 대한 설명으로 옳은 것만을 <보기>에서 있는 대로 고른 것은? [3점]

보기

ㄱ. 공전 주기는 A가 B보다 짧다.
ㄴ. A의 공전 속도는 근일점에서가 원일점에서보다 3배 빠르다.
ㄷ. 태양과 소행성을 잇는 선분이 1년 동안 쓸고 지나가는 면적은 A와 B가 같다.

① ㄱ ② ㄴ ③ ㄱ, ㄷ ④ ㄴ, ㄷ ⑤ ㄱ, ㄴ, ㄷ

18

▸25073-0277

그림 (가)와 (나)는 서로 다른 두 우주관에서 금성의 운동을 나타낸 것이다. (가)와 (나)는 각각 프톨레마이오스와 티코 브라헤의 우주관 중 하나이다.

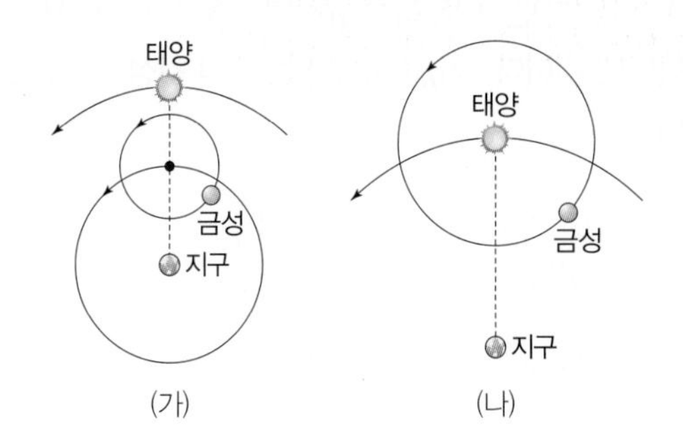

이에 대한 설명으로 옳은 것만을 <보기>에서 있는 대로 고른 것은?

보기

ㄱ. (가)는 금성이 새벽이나 초저녁에만 관측되는 현상을 설명할 수 있다.
ㄴ. (나)는 금성이 태양을 중심으로 공전하는 태양 중심의 우주관이다.
ㄷ. (가)와 (나) 모두 별의 연주 시차를 설명하지 못한다.

① ㄱ ② ㄴ ③ ㄱ, ㄷ ④ ㄴ, ㄷ ⑤ ㄱ, ㄴ, ㄷ

19

▸25073-0278

표는 서로 다른 종류의 성운 (가)와 (나)의 모습과 특징을 나타낸 것이다.

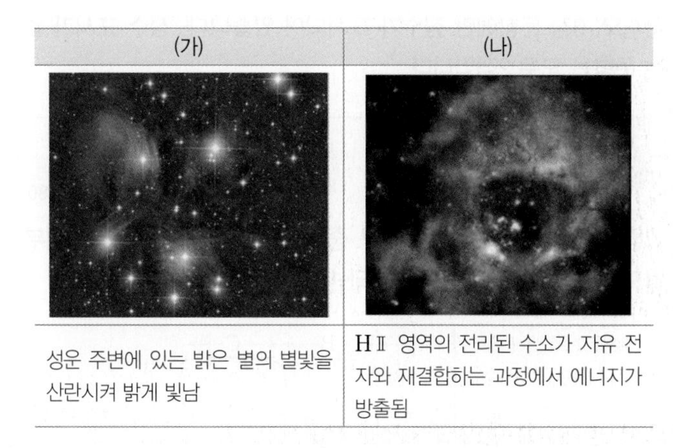

(가)	(나)
성운 주변에 있는 밝은 별의 별빛을 산란시켜 밝게 빛남	HⅡ 영역의 전리된 수소가 자유 전자와 재결합하는 과정에서 에너지가 방출됨

이에 대한 설명으로 옳은 것만을 <보기>에서 있는 대로 고른 것은?

보기

ㄱ. (가)의 산란은 주로 성간 티끌에 의해 일어난다.
ㄴ. (나)의 에너지는 HⅠ이 HⅡ로 되는 과정에서 방출된다.
ㄷ. (가)는 주로 붉은색으로, (나)는 주로 파란색으로 관측된다.

① ㄱ ② ㄷ ③ ㄱ, ㄴ ④ ㄴ, ㄷ ⑤ ㄱ, ㄴ, ㄷ

20

▸25073-0279

그림은 태양에서 관측되는 태양 부근 별들의 시선 속도를 나타낸 것이다. 태양과 별 A, B, C는 우리은하 중심을 원 궤도로 케플러 회전한다.

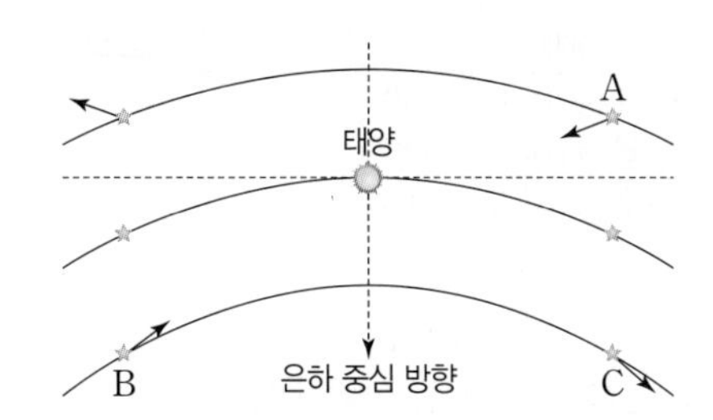

이에 대한 설명으로 옳은 것만을 <보기>에서 있는 대로 고른 것은? [3점]

보기

ㄱ. A의 시선 속도는 (−) 값이다.
ㄴ. A는 B보다 회전 속도가 느리다.
ㄷ. B와 C 사이의 거리는 점점 멀어진다.

① ㄱ ② ㄷ ③ ㄱ, ㄴ ④ ㄴ, ㄷ ⑤ ㄱ, ㄴ, ㄷ

실전 모의고사 3회

제한시간 30분 | 배점 50점 | 정답과 해설 46쪽

문항에 따라 배점이 다르니, 각 물음의 끝에 표시된 배점을 참고하시오. 3점 문항에만 점수가 표시되어 있습니다. 점수 표시가 없는 문항은 모두 2점입니다.

01

▸25073-0280

그림은 지구 탄생 초기에 지구 중심부와 표면의 밀도 차(중심부 밀도－표면 밀도)의 변화를 나타낸 것이다.

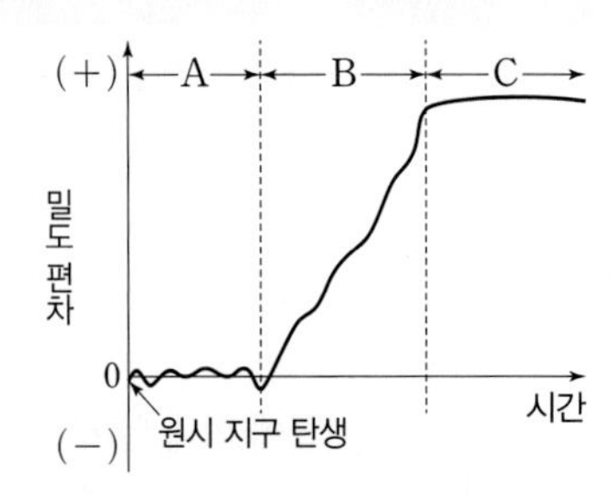

이에 대한 설명으로 옳은 것만을 <보기>에서 있는 대로 고른 것은? [3점]

보기

ㄱ. A 시기에 핵과 맨틀은 분리되어 있다.
ㄴ. B 시기에 원시 바다가 형성되었다.
ㄷ. 지구 중심 물질 중 철이 차지하는 비율은 A 시기가 C 시기보다 낮다.

① ㄱ ② ㄷ ③ ㄱ, ㄴ ④ ㄴ, ㄷ ⑤ ㄱ, ㄴ, ㄷ

02

▸25073-0281

그림은 지구 내부의 깊이에 따른 온도와 용융점의 변화를 나타낸 것이다. A와 B는 각각 지구 내부 온도와 용융점 중 하나이다.

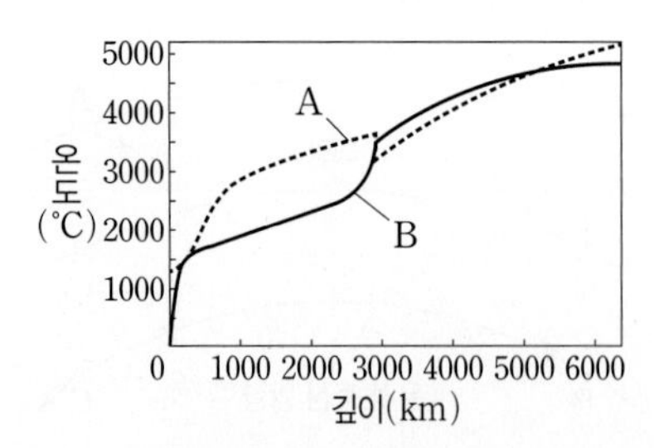

이에 대한 설명으로 옳은 것만을 <보기>에서 있는 대로 고른 것은?

보기

ㄱ. A는 지구 내부 온도이다.
ㄴ. 깊이 4000 km에서는 대부분의 물질이 액체 상태이다.
ㄷ. 깊이에 따른 밀도 변화 폭은 깊이 2900 km 부근이 깊이 5100 km 부근보다 크다.

① ㄱ ② ㄷ ③ ㄱ, ㄴ ④ ㄴ, ㄷ ⑤ ㄱ, ㄴ, ㄷ

03

▸25073-0282

그림 (가)는 수심이 일정한 어느 해양에서 측정한 중력 이상을, (나)는 중력 측정에 사용되는 단진자를 나타낸 것이다. A와 B의 위도는 동일하다.

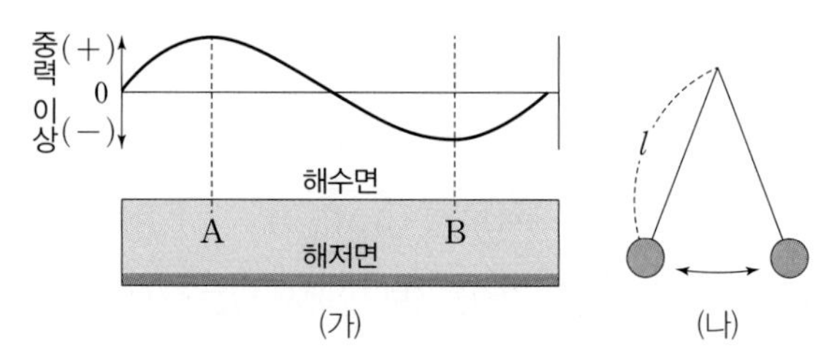

이에 대한 설명으로 옳은 것만을 <보기>에서 있는 대로 고른 것은? [3점]

보기

ㄱ. 지하 물질의 밀도는 A가 B보다 크다.
ㄴ. (나)의 단진자로 측정한 주기는 A가 B보다 짧다.
ㄷ. 단진자 줄의 길이(l)를 2배로 늘리면 주기도 2배가 된다.

① ㄱ ② ㄷ ③ ㄱ, ㄴ ④ ㄴ, ㄷ ⑤ ㄱ, ㄴ, ㄷ

04

▸25073-0283

그림 (가), (나), (다)는 서로 다른 규산염 광물의 SiO_4 사면체 결합 구조를 나타낸 것이다. (가), (나), (다)는 각각 각섬석, 휘석, 흑운모 중 하나이다.

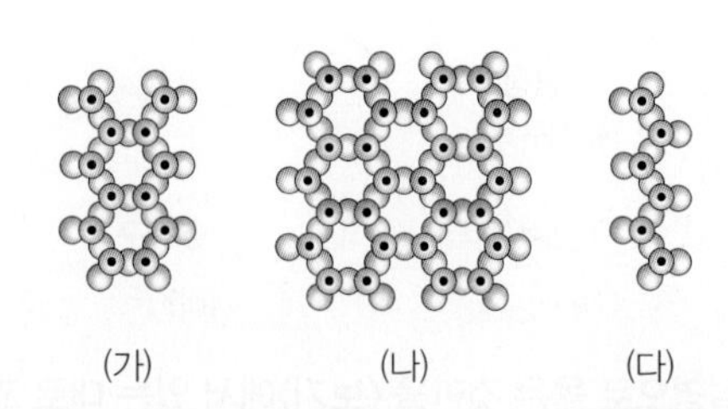

이에 대한 설명으로 옳은 것만을 <보기>에서 있는 대로 고른 것은?

보기

ㄱ. (가)는 각섬석이다.
ㄴ. (나)는 한 방향의 쪼개짐이 나타난다.
ㄷ. 규소(Si) 원자 한 개당 산소(O) 원자의 수는 (가)가 (다)보다 적다.

① ㄱ ② ㄷ ③ ㄱ, ㄴ ④ ㄴ, ㄷ ⑤ ㄱ, ㄴ, ㄷ

13

▸25073-0332

그림은 해발 고도가 같은 지표면의 세 지점 A, B, C를, 표는 각 지점에서의 지표면 기압과 500 hPa 등압면 고도를 나타낸 것이다.

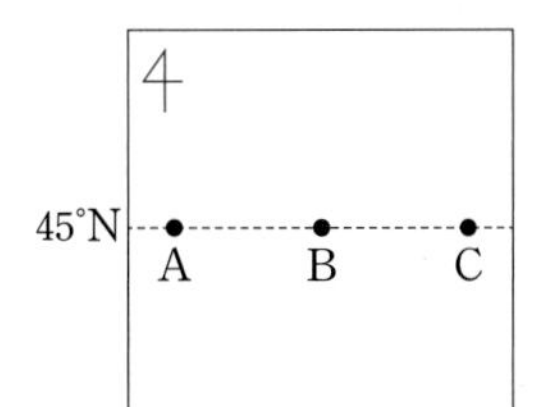

구분	A	B	C
지표면 기압 (hPa)	1014	1014	1000
500 hPa 등압면 고도(m)	5600	5550	5500

이 자료에 대한 설명으로 옳은 것만을 〈보기〉에서 있는 대로 고른 것은?

보기

ㄱ. 지표면으로부터 500 hPa 등압면 고도까지 공기의 평균 밀도는 A가 B보다 작다.

ㄴ. A, B, C 중 고도가 5550 m인 지점에서 기압은 A가 가장 높다.

ㄷ. B의 고도 5550 m인 지점에서는 북풍 계열의 바람이 우세하다.

① ㄱ ② ㄴ ③ ㄱ, ㄷ ④ ㄴ, ㄷ ⑤ ㄱ, ㄴ, ㄷ

14

▸25073-0333

그림은 대기 대순환의 연직 단면을 나타낸 것이다. A와 B는 각각 아열대 제트와 한대 (전선) 제트 중 하나이다.

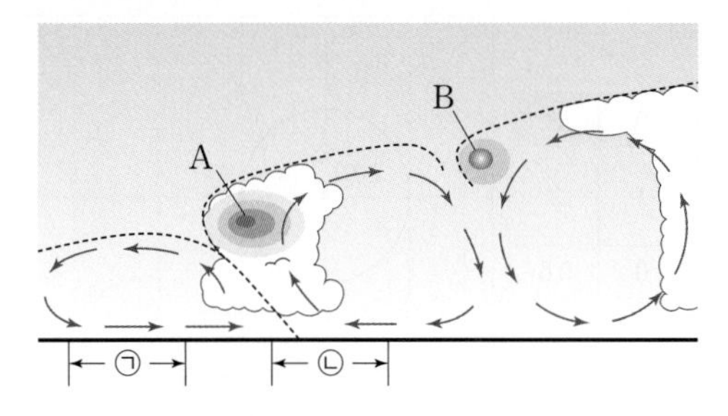

이에 대한 설명으로 옳은 것만을 〈보기〉에서 있는 대로 고른 것은?

보기

ㄱ. 아열대 제트는 B이다.

ㄴ. 각 구간의 지표면 부근에서 위도에 따른 평균 기온 변화율은 ㉠이 ㉡보다 크다.

ㄷ. 500 hPa 등압면의 평균 고도는 ㉠ 구간이 ㉡ 구간보다 높다.

① ㄱ ② ㄷ ③ ㄱ, ㄴ ④ ㄴ, ㄷ ⑤ ㄱ, ㄴ, ㄷ

15

▸25073-0334

그림은 적도에 위치한 어느 지역에서 세 시기에 관측한 태양의 위치를 나타낸 것이다. A는 동점과 서점 중 하나이다.

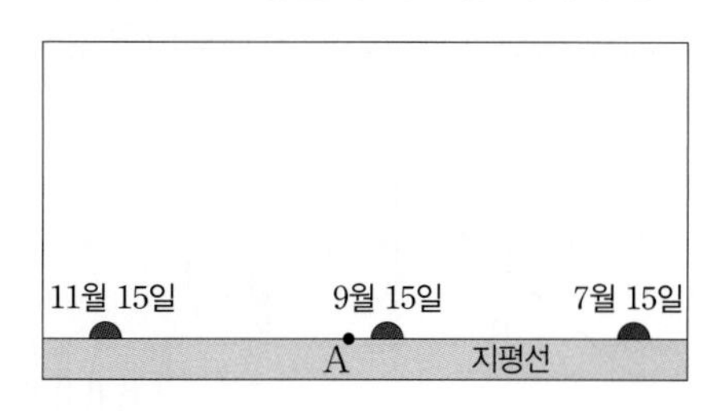

이에 대한 설명으로 옳은 것만을 〈보기〉에서 있는 대로 고른 것은? [3점]

보기

ㄱ. 태양의 적경은 11월 15일이 9월 15일보다 크다.

ㄴ. A는 서점이다.

ㄷ. 세 시기 중 태양의 최대 고도가 가장 높은 날은 7월 15일이다.

① ㄱ ② ㄷ ③ ㄱ, ㄴ ④ ㄴ, ㄷ ⑤ ㄱ, ㄴ, ㄷ

16

▸25073-0335

그림은 프톨레마이오스의 우주관에서 금성의 주전원을 나타낸 것이다.

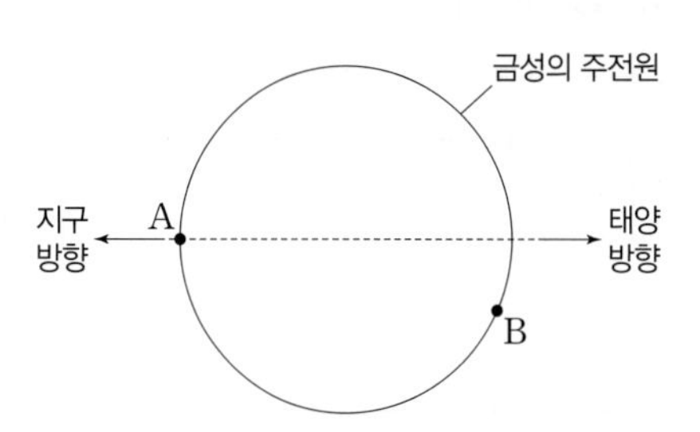

이에 대한 설명으로 옳은 것만을 〈보기〉에서 있는 대로 고른 것은?

보기

ㄱ. 이 우주관에서 태양은 우주의 중심에 위치한다.

ㄴ. 금성은 A 부근에 위치할 때 역행한다.

ㄷ. 금성은 B에 위치할 때 보름달과 하현달 사이의 위상이 나타난다.

① ㄱ ② ㄴ ③ ㄱ, ㄷ ④ ㄴ, ㄷ ⑤ ㄱ, ㄴ, ㄷ

17

▸25073-0336

그림 (가)는 종족 Ⅰ 세페이드 변광성과 거문고자리 RR형 변광성의 주기－광도 관계를 A와 B로 순서 없이 나타낸 것이고, (나)는 A와 B 중 어느 한 종류의 변광성의 시간에 따른 겉보기 등급 변화를 나타낸 것이다.

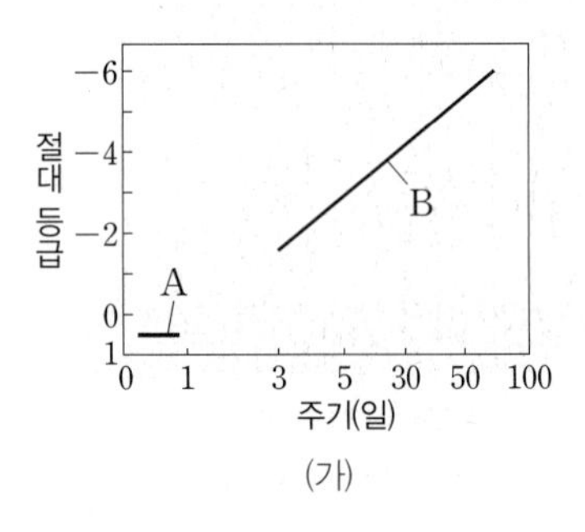

(가)

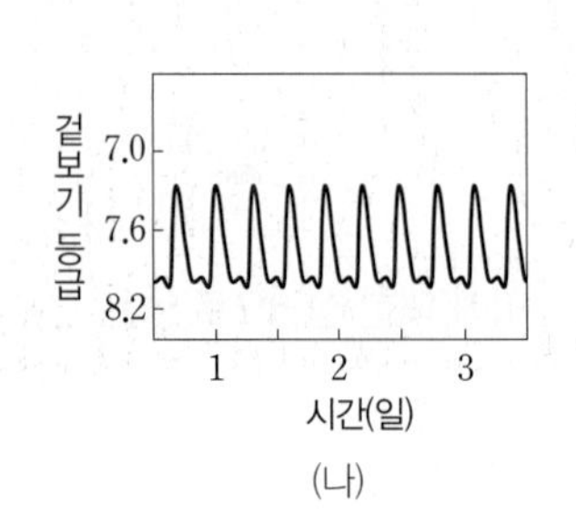

(나)

이에 대한 설명으로 옳은 것만을 〈보기〉에서 있는 대로 고른 것은?

보기
ㄱ. 종족 Ⅰ 세페이드 변광성은 변광 주기가 길수록 광도가 작다.
ㄴ. (나)는 거문고자리 RR형 변광성이다.
ㄷ. (나)의 별까지의 거리는 100 pc보다 가깝다.

① ㄱ ② ㄴ ③ ㄱ, ㄷ
④ ㄴ, ㄷ ⑤ ㄱ, ㄴ, ㄷ

18

▸25073-0337

그림은 은하와 은하들의 집단 A～D의 포함 관계를 나타낸 것이다. A～D는 각각 우리은하, 처녀자리 은하단, 처녀자리 초은하단, 국부 은하군 중 하나이다.

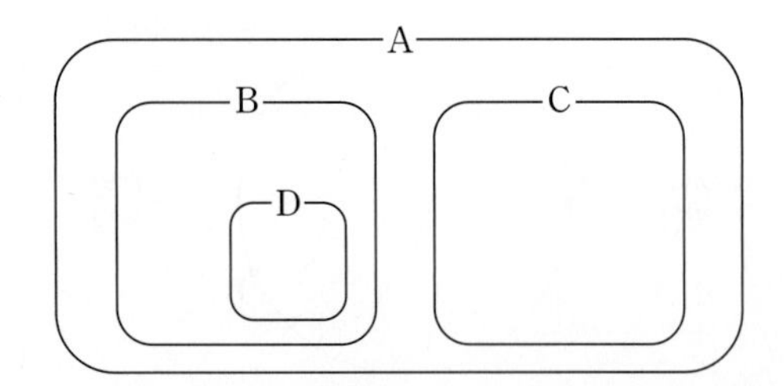

이에 대한 설명으로 옳은 것만을 〈보기〉에서 있는 대로 고른 것은?

보기
ㄱ. 처녀자리 은하단은 B이다.
ㄴ. A를 구성하는 다른 은하단들과 C는 우주가 팽창함에 따라 서로 멀어진다.
ㄷ. 공간 규모는 B가 C보다 크다.

① ㄱ ② ㄴ ③ ㄱ, ㄷ
④ ㄴ, ㄷ ⑤ ㄱ, ㄴ, ㄷ

19

▸25073-0338

그림은 태양 부근에서 태양으로부터의 거리가 같은 별 A～D의 위치 및 A의 태양에 대한 상대적인 운동 방향을 나타낸 것이다. 태양과 A～D는 케플러 회전을 한다고 가정한다.

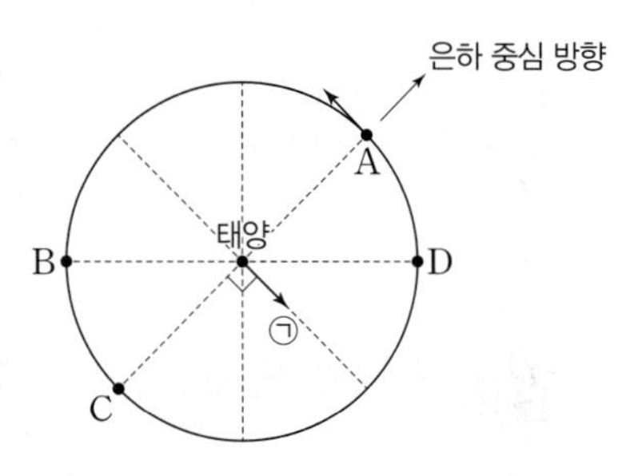

이에 대한 설명으로 옳은 것만을 〈보기〉에서 있는 대로 고른 것은? (단, A～D는 모두 은하면에 위치한다.) [3점]

보기
ㄱ. 태양이 은하 중심을 중심으로 회전하는 방향은 ㉠이다.
ㄴ. B와 D는 모두 청색 편이가 나타난다.
ㄷ. 시선 속도의 크기는 B가 C보다 크다.

① ㄱ ② ㄷ ③ ㄱ, ㄴ
④ ㄴ, ㄷ ⑤ ㄱ, ㄴ, ㄷ

20

▸25073-0339

표는 가상의 태양계 행성 A와 B의 공전 궤도 물리량을, 그림은 어느 날 태양, A, B의 위치를 나타낸 것이다. A와 B의 공전 궤도는 동일 평면상에 있으며 공전 방향이 같다.

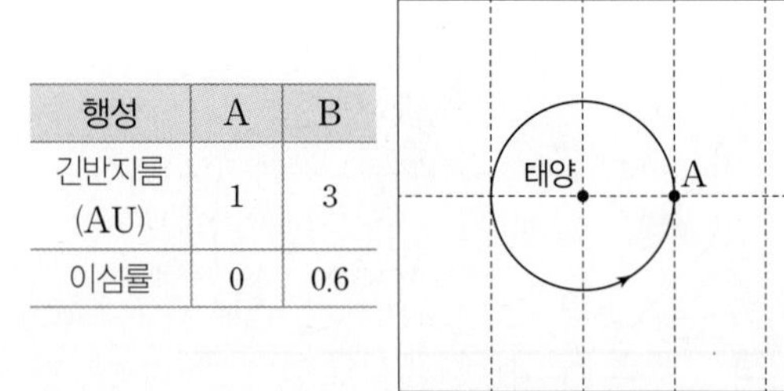

행성	A	B
긴반지름 (AU)	1	3
이심률	0	0.6

이에 대한 설명으로 옳은 것만을 〈보기〉에서 있는 대로 고른 것은? [3점]

보기
ㄱ. B가 근일점에 위치할 때 지구와의 최단 거리는 0.2 AU이다.
ㄴ. B의 공전 속도는 이날이 가장 느리다.
ㄷ. 이날 A에서 관측할 때 B는 순행한다.

① ㄱ ② ㄷ ③ ㄱ, ㄴ
④ ㄴ, ㄷ ⑤ ㄱ, ㄴ, ㄷ

문제를 사진 찍고
해설 강의 보기
Google Play | App Store

EBS*i* 사이트
무료 강의 제공

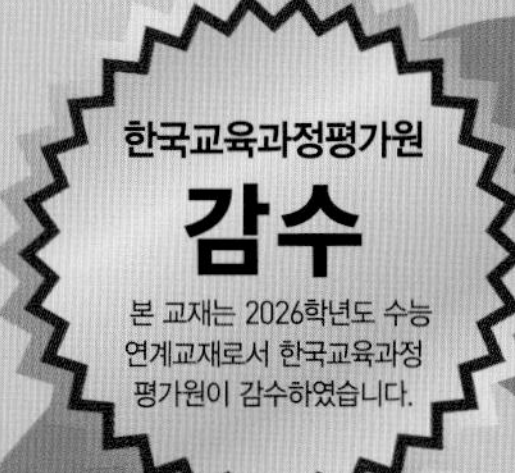

본 교재는 대학수학능력시험을 준비하는 데 도움을 드리고자 과학과 교육과정을 토대로 제작된 교재입니다.
학교에서 선생님과 함께 교과서의 기본 개념을 충분히 익힌 후 활용하시면 더 큰 학습 효과를 얻을 수 있습니다.

수능완성

정답과 해설

2026학년도 수능 연계교재

과학탐구영역 | **지구과학 Ⅱ**

2026학년도 수능 연계교재

수능완성

과학탐구영역 | **지구과학 Ⅱ**

정답과 해설

테마 01 지구의 탄생과 지구 내부 구조

닮은 꼴 문제로 유형 익히기

본문 6쪽

정답 ⑤

ㄱ. 관측소 A에서 S파가 최초로 도달하는 데 걸린 시간이 2초이고 진원 거리는 8 km이므로, 속도=거리÷시간을 이용하면 S파의 속도는 4 km/s이다.

ㄴ. 관측소 B에서 진원 거리를 이용하면 PS시를 구할 수 있다. $16\ \text{km}=\dfrac{8\ \text{km/s}\times 4\ \text{km/s}}{8\ \text{km/s}-4\ \text{km/s}}\times$ PS시이므로, PS시는 2초이다. 관측소 B에서 P파가 최초로 도달하는 데 걸린 시간은 2초이므로 S파가 최초로 도달하는 데 걸린 시간은 4초이다. 따라서 ㉠은 4이다.

ㄷ. 관측소 C에서 진원 거리는 $\dfrac{8\ \text{km/s}\times 4\ \text{km/s}}{8\ \text{km/s}-4\ \text{km/s}}\times 3\text{초}=24\ \text{km}$이므로, 관측소 C에서 진앙 거리는 24 km인 ㉡보다 가깝다.

수능 2점 테스트

본문 7~9쪽

01 ③	02 ①	03 ⑤	04 ④	05 ③
06 ④	07 ⑤	08 ②	09 ④	10 ③
11 ③	12 ③			

01 태양계의 형성 과정

태양계의 형성 과정은 태양계 성운의 형성 → 태양계 성운의 수축과 회전 → 원시 태양의 형성 → 원시 행성의 형성이다.

ㄱ. A에서는 물질들이 태양계 성운의 중심으로 모이면서 회전 속도가 빨라져서 납작한 원반 모양을 이루었다.

ㄴ. 태양계 성운은 수소와 헬륨 등으로 구성되어 있으며, 원시 태양의 주요 성분은 수소이다.

ㄷ. 원시 행성의 공전 방향은 태양계 중심의 회전 방향과 같으므로 C에서 행성의 공전 방향은 ㉡이다.

02 지구의 탄생과 진화

지구의 진화 과정은 마그마 바다 형성 → 맨틀과 핵의 분리 → 원시 지각과 원시 바다의 형성 순으로 진행되었으며, 원시 지구는 약 46억 년 전 수많은 미행성체들의 충돌로 형성되었고 이 과정에서 크기가 성장하였다.

ㄱ. 지구 내부의 열에 의하여 마그마 바다가 형성되었으므로 지구의 표면 온도는 A가 C보다 높다.

ㄴ. 마그마 바다 상태에서 중력의 작용으로 밀도가 큰 핵과 밀도가 작은 맨틀로 분리되었으므로 지구 중심부의 평균 밀도는 B가 A보다 크다.

ㄷ. 지구의 크기는 A에서 C로 갈수록 증가하므로 지구의 크기는 A가 C보다 작다.

03 지구의 환경 변화

지구 자기장과 오존층이 형성되면서 지구상에 생명체가 생존할 수 있는 환경이 조성되었다.

Ⓐ. ㉠은 자기권, ㉡은 오존층이다.

Ⓑ. (가) 시기 이후에는 대기 중에 오존층이 형성되었으므로 지구 표면에 도달하는 유해한 자외선이 차단되었다. 따라서 (가) 시기 이후에는 육상 생물이 존재하였다.

Ⓒ. ㉡은 오존층으로 지구 표면에 도달하는 자외선을 차단한다.

04 방사성 원소의 함량

방사성 원소는 주로 규산염 광물로 이루어진 지각에 포함되어 있다. 대륙 지각을 구성하는 화강암에 가장 많이 포함되어 있고, 해양 지각을 구성하는 현무암에도 포함되어 있다.

ㄱ. 방사성 원소의 함량이 가장 많은 암석인 A는 화강암이다.

ㄴ. B는 현무암으로 해양 지각을 주로 구성하는 암석이다.

ㄷ. 맨틀을 주로 구성하는 암석은 C인 감람암이다. 감람암에서 방사성 원소의 함량은 칼륨>토륨>우라늄이다.

05 지구 대기의 변화

A는 이산화 탄소, B는 산소이다.

ㄱ. A는 이산화 탄소로 원시 대기의 초기에는 가장 풍부하였으나, 원시 바다가 형성된 이후에는 많은 양이 해수에 용해되어 대기 중의 기체 분압이 감소하였다.

ㄴ. 현재 대기 중의 분압은 A가 B보다 작다.

ㄷ. 원시 바다에서 광합성을 하는 원시 생명체에 의해 생성된 산소가 대기 중에 축적되어 오존층이 형성되었으므로, ㉠ 시기에는 대기 중에 오존층이 존재한다.

06 판의 경계와 지각 열류량

해령과 호상 열도 부근에서는 지각 열류량이 많고, 해구과 순상지 부근에서는 지각 열류량이 적다.

ㄱ. A 지점은 판의 발산형 경계에 위치하므로 맨틀 대류의 상승부에 위치한다.

ㄴ. B 지점에서는 지각 열류량이 $85\sim120\ \text{mW/m}^2$이고, C 지점에서는 지각 열류량이 $0\sim40\ \text{mW/m}^2$이므로 지각 열류량은 B 지점이 C 지점보다 많다.

ㄷ. 지각 열류량은 지구 내부 에너지가 지표로 단위 면적당 방출되는 열량이다.

07 지진파의 특성

지진은 암석에 힘이 가해져 암석이 급격한 변형을 일으키면서 깨지는데, 이때 암석에 응축된 에너지가 사방으로 전달되는 현상이다. 이때 전달되는 파동을 지진파라고 한다.

ㄱ. (가)는 P파, (나)는 S파이다.

ㄴ. (가)는 P파로 매질의 진동 방향과 파의 진행 방향이 나란한 종파이다. (나)는 S파로 매질의 진동 방향과 파의 진행 방향이 수직인 횡파이다.

ㄷ. 동일한 매질에서 지진파의 속도는 P파가 S파보다 빠르다.

08 주시 곡선과 PS시

㉠은 S파, ㉡은 P파이다.

✗. ㉡인 P파가 ㉠인 S파보다 A에 먼저 도착했다.

ㄴ. 진원 깊이가 0 km일 때 진앙 거리와 진원 거리는 같다. 지진이 발생한 후에 S파가 4초일 때, 진앙 거리가 20 km인 곳에 도착하였으므로 S파의 속도는 5 km/s이다.

✗. PS시를 이용하면 A의 진앙 거리는 20 km, B의 진앙 거리는 40 km이므로 A와 B의 진앙 거리 차이는 20 km이다.

09 지진파 경로

지진파를 이용하여 지구 내부 구조를 확인할 수 있다.

✗. 진앙으로부터 관측소까지의 거리인 진앙 거리는 A가 B보다 가깝다.

ㄴ. C에 도착한 지진파의 경로로 보아 내핵과 외핵의 경계면에서 굴절되었으므로 내핵의 존재를 확인할 수 있다.

ㄷ. 진앙으로부터의 각거리가 103°~180°인 곳은 S파 암영대이므로 D에는 S파가 도달하지 않는다.

10 지구 내부 구조

지구 내부를 통과하는 지진파를 분석하여 지구 내부가 지각, 맨틀, 외핵, 내핵의 층상 구조를 이루고 있음을 알아내었다.

ㄱ. ㉠은 S파, ㉡은 P파이다.

✗. P파는 고체, 액체, 기체 상태의 매질을 통과한다.

ㄷ. P파의 속도 변화는 A의 경계에서는 약 6 km/s, B의 경계에서는 약 1 km/s이므로, P파의 속도 변화는 A의 경계가 B의 경계보다 크다.

11 지구 내부 구조 탐사

지구 내부를 탐사하는 방법에는 직접적인 탐사 방법과 간접적인 탐사 방법이 있다.

ㄱ. A는 지진파 연구, B는 시추이다.

ㄴ. 시추, 포획암 분석 등은 직접적인 탐사 방법이고, 지진파 탐사, 지각 열류량 측정 등은 간접적인 탐사 방법이다.

✗. '맨틀 포획암을 분석하여 상부 맨틀 물질을 알 수 있다.'는 포획암 분석 방법에 해당한다.

12 지구 내부의 물리량

밀도는 지구 내부의 불연속면에서 급격히 증가하는 계단 모양의 분포를 이루며, 압력은 중심으로 갈수록 증가한다.

ㄱ. ㉠은 밀도 분포이고, ㉡은 압력 분포이다.

✗. ㉡의 평균 변화율은 1000~2000 km가 약 0.5×10^6기압이고, 4000~5000 km가 약 1.0×10^6기압이므로 1000~2000 km가 4000~5000 km보다 작다.

ㄷ. 밀도는 지구 내부의 경계에서 급격한 변화를 보이므로 밀도 분포를 이용하여 지구 내부의 경계를 구분할 수 있다.

수능 3점 테스트

본문 10~13쪽

01 ⑤	02 ②	03 ⑤	04 ④	05 ②
06 ③	07 ④	08 ⑤		

01 태양계의 형성 과정

성운설은 우리은하에 있던 거대한 성운이 뭉쳐져 지구를 포함한 태양계 천체들이 만들어졌다는 가설이다.

ㄱ. 빅뱅으로부터 수소와 헬륨이 만들어지고, 이보다 무거운 원소는 별 내부의 핵융합과 초신성의 폭발 과정에서 만들어졌다. 이들 원소가 모인 성운이 태양계 성운이다. A에서 태양계 성운은 주로 수소와 헬륨으로 이루어져 있다.

ㄴ. B에서는 태양계 성운이 수축하고 회전하면서 대부분의 물질들이 태양계 성운 중심으로 모였다.

ㄷ. 원시 태양계에서는 원시 태양에 가까울수록 물질의 밀도가 크므로 C에서 물질의 평균 밀도는 ㉠ 구간이 ㉡ 구간보다 크다.

02 지구의 탄생과 진화

지구가 진화하면서 지구의 크기는 증가하였으며, 지구는 마그마 바다 형성 → 맨틀과 핵의 분리 → 원시 지각과 원시 바다의 형성으로 진화하였다.

✗. 미행성 충돌은 지구의 진화 초기인 A가 C보다 많았다.

✗. 지구 중심부의 밀도는 중심부가 철-규산염 혼합물로 이루어진 B가 핵이 중심부인 C보다 작다.

ㄷ. 지구 표면 온도는 표면이 마그마의 바다인 B가 표면이 규산염인 C보다 높다.

03 해령과 지각 열류량

해령 부근에서는 지각 열류량이 많다.

ㄱ. A는 발산형 경계에 있으며, 맨틀 대류의 상승부에 위치한다.

ㄴ. 해령에서 멀어질수록 해양 지각의 나이는 증가하므로 해양 지각의 나이는 B가 A보다 많다.

ㄷ. 지표로 전달되는 지구 내부 에너지의 양인 지각 열류량은 A가 B보다 많다.

04 지구 대기의 변화

지구 대기는 주로 질소, 산소, 이산화 탄소로 구성되어 있다.

✗. (가)는 기체의 분압이 거의 변화가 없는 것으로 보아 질소이고, (나)는 기체의 분압이 감소하므로 이산화 탄소이다.

ㄴ. (다)는 산소로, 광합성을 하는 남세균이 등장한 이후 대기 중에 산소가 축적되어 증가하면서 오존층이 형성되었다.

ㄷ. 지구 대기는 시간이 지나면서 이산화 탄소의 분압은 감소하고 산소의 분압은 증가하므로, A 시기는 B 시기보다 이른 시기이다.

05 지진 기록 분석

P파의 속도를 V_P, S파의 속도를 V_S, PS시를 t라고 하면, 진원으로부터 관측소까지의 거리(d)는 $d=\frac{V_P\times V_S}{V_P-V_S}\times t$이다.

ㄱ. A에서 진앙 거리$=\sqrt{(진원\ 거리)^2-(진원\ 깊이)^2}=\sqrt{375}$ km이므로 20 km보다 가깝다.

ㄴ. $d=\frac{V_P\times V_S}{V_P-V_S}\times t$를 이용하면 $20\text{ km}=\frac{8\text{ km/s}\times V_S}{8\text{ km/s}-V_S}\times 2.5$초이므로, S파의 속도는 4 km/s이다.

ㄷ. B의 진원 거리는 $\frac{8\text{ km/s}\times 4\text{ km/s}}{8\text{ km/s}-4\text{ km/s}}\times 2$초$=16$ km이므로, ㉠은 16이다.

06 진원의 깊이

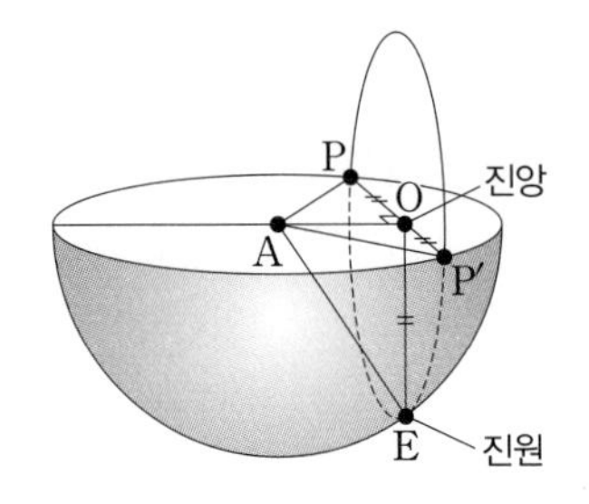

관측소 A의 위치인 점 A와 진앙의 위치인 점 O를 연결하여 직선 AO를 긋고, 점 O에서 직선 AO에 직교하는 현 PP′을 그으면 현 PP′의 절반인 선분 OP 또는 선분 OP′의 길이를 구할 수 있는데, 이 길이가 진원의 깊이에 해당한다.

ㄱ. 관측소 A에서 진원 거리는 6 km이고 PS시가 1초이므로, $d=\frac{V_P\times V_S}{V_P-V_S}\times t$를 이용하면 P파의 속도는 6 km/s이다.

ㄴ. 관측소 B에서 PS시가 1.5초이므로, $d=\frac{V_P\times V_S}{V_P-V_S}\times t$를 이용하면 진원 거리는 9 km이다.

ㄷ. $\overline{PP'}$과 $\overline{QQ'}$은 진원 깊이의 2배에 해당하는 길이로, 동일한 지진에서 진원의 깊이는 같으므로 $\overline{PP'}$과 $\overline{QQ'}$의 길이는 같다. 따라서 $\frac{\overline{PP'}의\ 길이}{\overline{QQ'}의\ 길이}$는 1이다.

07 관측 기록과 암영대

지진파를 이용하여 지구 내부 구조를 알아내었다.

ㄱ. 진앙 거리가 가까운 곳에서는 P파와 S파가 관측되므로 진앙의 위치는 ㉡이다.

ㄴ. P파의 암영대는 진앙으로부터의 각거리가 103°~142°인 지역이고, S파의 암영대는 진앙으로부터의 각거리가 103°~180°인 지역이다. 따라서 A와 B는 S파의 암영대에 위치한다.

ㄷ. 진앙 거리는 진앙에서 관측소의 위치가 멀어질수록 길어지고 진앙 거리는 PS시에 비례하므로 PS시는 C가 D보다 길다.

08 지구 내부의 물리량

지구 내부의 물리량을 이용하여 지구 내부 구조를 확인할 수 있다.

ㄱ. ㉠은 지구 내부의 모든 곳에서 지진파의 속도가 나타나므로 P파이고, ㉡은 S파이다.

ㄴ. 경계면에서의 밀도 변화 폭은 A가 약 4 g/cm^3이고 B가 약 1 g/cm^3이므로, 경계면에서의 밀도 변화는 A가 B보다 크다.

ㄷ. 깊이 4000 km인 구간에서 S파의 지진 기록이 없는 것으로 보아 구성 물질은 액체 상태이다.

테마 02 지구의 역장

닮은 꼴 문제로 유형 익히기

본문 16쪽

정답 ③

㉠. 평형 상태에 있을 때, 나무토막 A와 B의 밑면에서는 압력이 서로 같다. 압력 P, 밀도 ρ, 중력 가속도 g, 두께 h의 관계가 $P=\rho gh$임을 이용하고 중력 가속도가 같을 때, 두께는 A가 B보다 얇으므로 ρ_1은 ρ_2보다 크다.

㉡. 나무토막 B와 C에서는 $\frac{h_1}{2\text{ cm}}=\frac{h_2}{4\text{ cm}}$이므로 $h_2=2h_1$이다.

✗. 나무토막 B와 C는 밀도가 서로 같고 두께는 서로 다르며 물에 떠 있으므로, 밀도가 서로 같은 지각이 맨틀 위에 떠 있음을 설명한 지각 평형설인 에어리의 지각 평형설을 설명할 수 있다.

수능 2점 테스트

본문 17~18쪽

01 ⑤	02 ④	03 ②	04 ①	05 ②
06 ②	07 ③	08 ③		

01 지각 평형설

지각 평형설에는 에어리의 지각 평형설과 프래트의 지각 평형설이 있다.

㉠. 지각의 밀도가 클수록 지각의 높이가 낮으므로 지각의 밀도는 ρ_1이 ρ_2보다 크다.

㉡. 등압력면에서는 각 지점의 압력이 같으므로 지점 P_1과 P_2의 압력은 같다.

㉢. 밀도가 서로 같은 지각에서 모호면의 깊이가 다른 B와 C를 이용하여 에어리의 지각 평형설을 설명할 수 있다.

02 조륙 운동

지각의 밑면에 가해지는 압력이 변하여 지각 평형이 깨지면 지각은 융기하거나 침강하여 새로운 평형을 이룬다.

✗. 대륙 지각은 맨틀 위에 존재하므로 밀도는 대륙 지각이 맨틀보다 작다.

㉡. 빙하가 녹으면 지각 하부에 작용하는 압력이 낮아지면서 지각은 새로운 평형을 맞추기 위해 융기한다.

㉢. 지각 평형 깊이에서 지점 B와 지점 C에서의 압력은 같다.

03 지구의 중력장

만유인력과 원심력의 합력인 중력이 작용하는 지구 주위의 공간을 중력장이라고 한다.

✗. ㉠은 만유인력, ㉡은 원심력이다.

✗. 적도에서는 만유인력과 원심력이 서로 반대 방향으로 작용하므로, θ의 크기는 B가 C보다 작다.

㉢. A는 북극이므로 만유인력의 방향은 지구 중심 방향을 향한다. 그러므로 만유인력의 방향은 표준 중력의 방향과 같다.

04 중력 이상

중력 이상은 지하에 주변보다 밀도가 큰 물질이 분포하면 (+) 값으로 나타나고, 주변보다 밀도가 작은 물질이 분포하면 (−) 값으로 나타난다.

㉠. 동일한 위도에서 표준 중력은 같으므로 표준 중력은 ㉠과 ㉡이 같다.

✗. 중력 이상은 실측 중력과 표준 중력의 차이이므로 동일한 위도인 두 지점에서 중력 이상이 클수록 실측 중력은 크다. 따라서 실측 중력은 ㉠이 ㉡보다 작다.

✗. 지하 물질에 B가 있는 지점 ㉠은 중력 이상이 0, 지하 물질에 A와 B가 있는 지점 ㉡은 중력 이상이 (+) 값이므로 지하 물질의 밀도는 A가 B보다 크다.

05 중력의 측정

A는 만유인력, B는 표준 중력, C는 원심력이다.

✗. 표준 중력은 만유인력과 원심력의 합력이다.

✗. ㉠에서는 표준 중력이 아닌 만유인력의 방향이 지구 중심 방향이다.

㉢. 지구 자전 속도가 느려지면 지구 자전 때문에 생긴 힘인 원심력의 크기는 작아진다.

06 지구 자기 요소

편각은 어느 지점에서 진북 방향과 지구 자기장의 수평 성분 방향이 이루는 각이고, 복각은 어느 지점에서 지구 자기장의 방향이 수평면에 대하여 기울어진 각이다.

✗. A에서 복각은 +75°, B에서 복각은 +30°이다.

㉡. A에서 편각은 +30°, B에서 편각은 +60°이다.

✗. A가 B보다 복각이 크므로 A는 B보다 고위도에 위치한다.

07 지구의 자기장

지구 자기장의 방향이 수평면에 대하여 기울어진 각을 복각이라고 한다.

㉠. 지구 자기장의 자기력선은 남쪽에서 북쪽을 향한다. (가)의 지역은 지구 자기장의 자기력선 방향이 아래를 향하므로 북반구에 위치한다.

✗. (나)의 지역은 지구 자기장의 방향이 수평면에 대하여 기울어진 각이 60°이고, 지구 자기장의 자기력선 방향이 위를 향하므로 남반구에 위치한다. 따라서 (나)에서 복각은 −60°이다.

㉢. (다)의 지역은 수평 자기력이 지표면에 평행인 자기 적도에 위치하므로 $\frac{\text{수평 자기력}}{\text{전 자기력}}$은 (다)가 (나)보다 크다.

08 자기권

지구의 자기력이 미치는 공간을 지구 자기장이라고 하며, 지구 자기장의 영향이 미치는 기권 밖의 영역을 자기권이라고 말한다.

Ⓐ. 자기 폭풍은 태양의 흑점 주변에서 플레어가 활발할 때 방출되는

많은 양의 대전 입자가 지구 전리층을 교란해 수 일 동안에 지구 자기장이 불규칙하고 급격하게 변하는 현상으로 자기장 세기가 커진 ㉡ 시기에 일어났다.

ㄴ. 이 지역에서 자기장 세기의 변동 폭은 ㉡ 시기가 ㉠ 시기보다 크다.

ㄷ. 태양에서 오는 대전 입자가 지구 자기장에 붙잡혀 오로라가 발생한다. 자기 폭풍이 발생할 때 델린저 현상이나 오로라가 자주 나타난다.

수능 3점 테스트

본문 19~21쪽

01 ④ 02 ③ 03 ② 04 ① 05 ③ 06 ②

01 지각 평형의 원리

밀도가 서로 다른 나무토막들은 수면 위로 드러난 부분과 수면 아래로 잠긴 부분의 비율이 다르다.

ㄱ. 나무토막의 밀도가 작을수록 수면 위로 드러나는 부분의 길이가 길므로 ρ_1은 ρ_2보다 크다.

ㄴ. 밀도가 서로 다른 나무토막들이 수면 위로 드러난 부분은 다르지만 잠긴 부분의 길이가 같은 이 실험에서 A와 B를 이용하여 프래트의 지각 평형설을 설명할 수 있다.

ㄷ. 밀도가 같은 A와 C는 각각의 나무토막 전체 길이에 대하여 수면 아래로 잠긴 부분의 비율이 일정하므로 나무토막 C를 물에 띄우면 물에 잠긴 부분의 길이는 ㉠보다 길다.

02 조륙 운동

빙하가 녹으면 지각 하부에 가해지는 압력이 낮아지므로 지각은 새로운 평형을 맞추기 위해 융기한다.

ㄱ. 1만 년 동안 융기한 높이는 A가 250 m, C가 50 m이므로 1만 년 동안 빙하의 두께 변화는 A가 C보다 크다.

ㄴ. 1만 년 동안 융기한 높이는 B가 150 m로 빙하의 융해로 인해 융기하였으므로 빙하의 융해로 인한 지점 P에서 깊이 변화의 방향은 ㉠이다.

ㄷ. (가)와 (나)는 빙하의 융해로 인해 대륙 지각이 융기하는 모습을 나타내므로 조륙 운동의 원리를 설명할 수 있다.

03 표준 중력

표준 중력은 지구 중심 방향을 향하는 만유인력과 지구 자전축의 수직인 바깥쪽으로 작용하는 원심력의 합력이다.

ㄱ. ㉠은 만유인력, ㉡은 표준 중력이다.

ㄴ. ㉡인 표준 중력은 만유인력과 원심력의 합력의 방향을 향하므로 적도와 극이 아닌 지역에서는 지구 중심 방향을 향하지 않는다.

ㄷ. 고위도로 갈수록 만유인력은 증가하므로 (가), (나), (다) 중에서 (다)가 가장 고위도에 위치한다.

04 중력 이상

중력 이상으로 지하 물질의 밀도와 분포를 알 수 있다.

ㄱ. (나)에서 A의 간이 중력계에서 용수철의 늘어난 길이가 B보다 짧으므로 A의 중력 이상은 (−) 값이다.

ㄴ. 동일한 위도에서는 표준 중력이 같으므로 표준 중력은 B와 C가 같다.

ㄷ. 중력 이상은 A에서는 (−) 값이고, C에서는 (+) 값이므로 지하 물질의 밀도는 ㉠이 ㉡보다 작다.

05 지구 자기 요소

지구 자기 요소로는 편각, 복각, 전 자기력, 수평 자기력, 연직 자기력이 있다.

ㄱ. A는 연직 자기력, B는 전 자기력, C는 수평 자기력에 해당한다.

ㄴ. 편각은 어느 지점에서 진북 방향과 지구 자기장의 수평 자기력의 방향(C)이 이루는 각이다.

ㄷ. 수평 자기력은 자기 적도에 가까울수록 크므로 $\frac{\text{C의 크기}}{\text{B의 크기}}$는 ㉠ 지점이 ㉡ 지점보다 작다.

06 지구 자기장의 영년 변화

영년 변화는 지구 내부의 변화 때문에 지구 자기장의 방향과 세기가 일변화에 비해 긴 기간에 걸쳐 서서히 변하는 현상이다.

ㄱ. A 시기는 편각의 값이 (−)이므로 서편각이다. 서편각은 나침반 자침의 N극이 가리키는 방향이 진북을 기준으로 서쪽을 향한다.

ㄴ. (가)에서 복각의 크기는 B 시기에는 약 +67°이고 C 시기에는 약 +55°이므로, θ는 B 시기가 C 시기보다 크다.

ㄷ. 편각과 복각이 변한 이유는 지구 자기장의 영년 변화 때문이며, 영년 변화의 주된 원인은 지구 내부의 변화에 있다.

테마 03 광물

닮은 꼴 문제로 유형 익히기

본문 23쪽

정답 ①

ㄱ. SiO_4 사면체의 결합 구조를 보면 A는 독립형 구조, B는 단사슬 구조, C는 판상 구조이므로 A는 감람석, B는 휘석, C는 흑운모이다.

ㄴ. 휘석은 Si 원자 수 : O 원자 수=1 : 3이므로 $\frac{\text{O 원자 수}}{\text{Si 원자 수}}<3.5$이다. 따라서 ㉠에는 '×'가 들어간다.

ㄷ. 굳기는 B가 C보다 크므로 B와 C를 긁으면 C가 긁힌다.

수능 2점 테스트

본문 24~25쪽

01 ③ 02 ④ 03 ① 04 ⑤ 05 ⑤ 06 ② 07 ⑤ 08 ⑤

01 광물의 결정 형태

광물의 외부 형태를 결정형이라고 한다.

Ⓐ. ㉠은 결정 형태 중에서 자형으로 고유한 결정면을 가지며, 고온에서 먼저 정출된다.

Ⓑ. ㉡은 결정 형태 중에서 반자형으로 자형 결정이 먼저 정출된 이후에 정출된다. 먼저 생성된 광물의 방해로 일부만 결정면을 가진 형태이다.

Ⓒ. ㉠, ㉡, ㉢ 순으로 정출되므로 ㉠이 가장 먼저 정출되었다.

02 광물의 성질

A는 석영, B는 방해석, C는 흑운모이다.

ㄱ. 모스 굳기가 클수록 상대적으로 굳기가 크므로 석영을 방해석으로 긁으면 방해석이 긁힌다.

ㄴ. 화학식이 $CaCO_3$인 방해석은 탄산염 광물로 묽은 염산과 반응하여 이산화 탄소 기포가 발생한다.

ㄷ. 흑운모는 규산염 광물로 Si와 O가 화학식에 포함된다.

03 규산염 광물

규산염 광물은 1개의 규소와 4개의 산소가 결합된 SiO_4 사면체를 기본 단위로 하며, SiO_4 사면체가 다른 이온과 결합되어 이루어진 광물이다.

ㄱ. (가)는 휘석으로 SiO_4 사면체의 결합 구조는 단사슬 구조이다.

ㄴ. (나)는 각섬석으로 2방향의 쪼개짐이 발달한다.

ㄷ. (가)에서 이웃하는 SiO_4 사면체끼리의 공유 산소 수는 2이다.

04 광물의 광학적 성질

편광 현미경을 이용하여 광학적 이방체 광물을 관찰할 때, 직교 니콜 상태에서는 간섭색, 소광 현상 등을 관찰할 수 있다.

ㄱ. 흑운모는 쪼개짐이 발달하며 쪼개짐 선을 따라 줄무늬가 있으므로 A는 흑운모이다.

ㄴ. 흑운모와 석영은 광학적 이방체 광물로 직교 니콜 상태에서 간섭색을 관찰할 수 있다.

ㄷ. 소광 현상은 직교 니콜에서 광학적 이방체 광물의 박편을 360° 회전시킬 때 4회 어두워지는 현상으로 B는 재물대의 회전각이 135°일 때, 회전각이 45°일 때와 같은 밝기로 관찰된다.

05 편광 현미경의 원리

편광 현미경은 개방 니콜과 직교 니콜에서 광물의 광학적 성질을 관찰할 수 있다.

ㄱ. (가)는 상부 편광판을 뺀 상태인 개방 니콜 상태이다.

ㄴ. (나)는 상부 편광판이 들어간 상태인 직교 니콜 상태로 간섭색, 소광 현상 등을 관찰할 수 있다.

ㄷ. 광학적 이방체 광물은 광물 내에서 방향에 따라 빛의 통과 속도가 달라져서 굴절률에 차이가 생기며, 복굴절을 일으킨다. 석영은 광학적 이방체 광물이다.

06 화성암의 조직

화성암의 조직은 구성하는 입자의 크기에 따라 구분할 수 있다.

ㄱ. 화강암은 조립질 조직이 나타나고, 현무암은 세립질 조직이 나타난다.

ㄴ. 현무암은 화강암에 비해 생성 깊이가 얕고, SiO_2 함량(%)이 낮으므로 A에 해당한다.

ㄷ. 암석 생성 당시 마그마의 냉각 속도는 생성 깊이가 깊을수록 느리므로 A가 B보다 빠르다.

07 퇴적암의 조직

퇴적암은 조직에 따라 쇄설성 퇴적암, 화학적 퇴적암, 유기적 퇴적암으로 분류된다.

ㄱ. 화산 분출물의 퇴적에 의해 생성된 퇴적암에는 응회암, 집괴암 등이 있다. 응회암은 화산재가 퇴적되어 생성된 쇄설성 퇴적암이다.

ㄴ. 유기적 퇴적암에 속하는 석회암은 생명체의 유해나 골격 일부가 쌓여 형성되었다.

ㄷ. B는 암염으로 화학적 퇴적암에 속한다.

08 암석의 조직

퇴적암인 사암은 쇄설성 퇴적암에 속한다. 변성암인 규암과 편암은 기존의 암석이 변성 작용을 받아 생성된 암석이다.

ㄱ. 규암 박편에서는 입자의 크기가 비슷하고 조립질로 구성된 입상 변정질 조직을 관찰할 수 있다.

ㄴ. 사암이 주로 열의 영향을 받아 변성되는 접촉 변성 작용을 받으면 규암이 된다.

ㄷ. 편암은 광역 변성 작용을 받아 생성된 암석으로 높은 압력을 받아 엽리 구조가 나타난다.

수능 3점 테스트

본문 26~27쪽

01 ③ 02 ② 03 ⑤ 04 ③

01 광물의 성질

색, 조흔색, 쪼개짐과 깨짐, 굳기, 광택 등으로 광물의 물리적 성질을, 묽은 염산과의 반응을 통해 광물의 화학적 성질을 알 수 있다.

ㄱ. 묽은 염산과 반응하여 이산화 탄소 기포가 발생하는 것으로 보아 A는 방해석이다.

ㄴ. C는 휘석으로 결정 모양에서 쪼개짐을 관찰할 수 있다.

ㄷ. A는 못과 조흔판에 긁히므로 상대 굳기가 4보다 작고, B는 못과 조흔판에 긁히지 않으므로 상대 굳기가 6.5보다 크며, C는 못에는 긁히지 않고 조흔판에는 긁히므로 상대 굳기가 4와 6.5 사이이다. 따라서 광물의 굳기는 A<C<B이다.

02 규산염 광물

A는 감람석, B는 휘석이다.

ㄱ. A의 결합 구조는 독립형 구조, B의 결합 구조는 단사슬 구조이다.

ㄴ. Mg, Fe이 많이 함유된 광물은 색이 어두우므로 A와 B는 유색 광물이다.

ㄷ. SiO_4 사면체 결합 구조에서 $\frac{\text{Si 원자 수}}{\text{O 원자 수}}$는 ㉠은 $\frac{1}{4}$, ㉡은 $\frac{1}{3}$이므로 ㉠이 ㉡보다 작다.

03 편광 현미경을 이용한 광물 관찰

개방 니콜에서는 다색성을, 직교 니콜에서는 간섭색과 소광 현상을 관찰할 수 있다.

ㄱ. (가)는 개방 니콜, (나)는 직교 니콜이다. 관찰 결과 A에서 재물대를 회전시킬 때 광물의 밝기가 변하는 현상은 개방 니콜에서 다색성을 관찰하는 것이므로 (가)에 해당한다.

ㄴ. 관찰 결과 B에서 재물대를 회전시키면 광물이 어둡게 보이는 현상은 직교 니콜에서 소광 현상을 관찰하는 것이다.

ㄷ. 감람석에서는 관찰 결과 B에서 볼 수 있는 간섭색과 소광 현상을 관찰할 수 있다.

04 변성암의 조직

접촉 변성암에서는 치밀하고 단단한 혼펠스 조직과 입자의 크기가 비슷하고 조립질로 구성된 입상 변정질 조직을 볼 수 있고, 광역 변성암에서는 흑운모나 백운모 같은 광물이 압력에 수직인 방향으로 나란하게 배열된 엽리 구조를 볼 수 있다.

ㄱ. ㉠은 사암이 접촉 변성 작용을 받아 생성된 규암으로 입상 변정질 조직을 관찰할 수 있다.

ㄴ. ㉡은 셰일이 광역 변성 작용을 받아 생성된 편마암으로 높은 압력을 받아 생성된 엽리 구조를 관찰할 수 있다.

ㄷ. 사암은 접촉 또는 광역 변성 작용을 받아 규암이 되었고, 셰일은 광역 변성 작용을 받아 편마암이 되었다.

테마 04 지구의 자원

닮은 꼴 문제로 유형 익히기

본문 29쪽

정답 ④

바다 목장은 바다의 일정한 구역을 자연 상태로 관리하여 어패류 등의 생물 자원을 집약적으로 양식하는 곳이다. 조류 발전은 조석에 의해 발생하는 조류를 이용하여 전기를 생산하는 발전 방식이다.

ㄱ. (가)의 바다 목장에서 얻는 자원은 해양 생물 자원이다.

ㄴ. 해양 생물의 재생산력은 육상 생물에 비해 매우 크다.

ㄷ. 바람은 예측하기 매우 어렵다. 반면에 특정 지역의 시간대별 유속을 알면 조류 발전에 의한 발전량 예측이 가능하다.

수능 2점 테스트

본문 30~31쪽

01 ③ 02 ④ 03 ④ 04 ⑤ 05 ①
06 ① 07 ⑤ 08 ④

01 화성 광상

화성 광상은 마그마가 냉각되는 과정에서 마그마 속에 포함된 원소들이 분리되거나 집적되어 형성되는 광상이다. A는 열수 광상, B는 기성 광상, C는 정마그마 광상, D는 페그마타이트 광상이다.

ㄱ. 화성 광상 중 열수 광상이 형성되는 온도가 가장 낮고, 정마그마 광상이 형성되는 온도가 가장 높다. 따라서 광상이 형성될 때 마그마의 온도는 열수 광상보다 정마그마 광상이 높다.

ㄴ. 희토류는 LED, 스마트폰, 컴퓨터 등 첨단 산업에서 중요하게 이용되며, 자연계에서 매우 드물게 존재하는 금속 원소이다. 희토류는 주로 페그마타이트 광상에서 산출된다.

ㄷ. 화성 광상에서는 석영, 장석, 운모 등 비금속 광물들도 산출되지만, 다양한 금속 광물도 산출된다.

02 퇴적 광상

퇴적 광상은 지표의 광상이나 암석이 풍화, 침식, 운반되는 과정에서 유용한 광물이 집적되어 형성된 광상이다.

ㄱ. 금강석은 탄소(C)로 이루어진 원소 광물이다. 규산염 광물은 규소(Si)와 산소(O)가 결합된 SiO_4 사면체가 다른 이온과 결합되어 이루어진 광물이다.

ㄴ. 장석이 화학적 풍화 작용을 받으면 고령토가 생성되고, 고령토가 화학적 풍화 작용을 받으면 보크사이트가 생성된다.

ㄷ. 퇴적 광상에는 표사 광상, 풍화 잔류 광상, 침전 광상이 있다. 금강석은 표사 광상에서 주로 산출되고, 보크사이트는 풍화 잔류 광상에서 주로 산출된다.

03 호상 철광층

호상 철광층은 해수에 녹아 있던 철 이온이 산소와 결합되어 산화된 후 침전되어 형성된다.

㉠. 호상 철광층에는 층리가 발달한다. 층리는 퇴적암에서 나타나는 층 모양의 배열이다.

㉡. 호상 철광층은 해수에 녹아 있던 철 이온이 남세균류가 광합성으로 생성한 산소와 결합하여 만들어진 산화 철(Fe_2O_3)이 퇴적된 환경에서 형성된다. 따라서 호상 철광층은 육지보다 바다에서 잘 형성된다.

✗ㄷ. 철 광상은 마그마 기원의 화성 광상으로 만들어지기도 하지만, 대부분은 퇴적 광상 중 침전 광상으로 만들어진다.

04 암석의 이용

석회암은 화학적이나 유기적으로 만들어지는 퇴적암이고, 화강암은 지하 깊은 곳에서 만들어지는 심성암이며, 현무암은 지표면 부근에서 만들어지는 화산암이다.

㉠. A는 화강암, B는 석회암이다. 건축물의 주춧돌로 널리 쓰이는 암석은 단단한 정도가 큰 화강암이다.

㉡. 석회암은 주로 탄산칼슘 성분으로 이루어진 퇴적암으로, 산업적으로는 시멘트의 원료로 쓰인다.

㉢. C는 현무암이다. 맷돌은 현대의 믹서기처럼 곡식을 가는 데 쓰는 도구이며, 주로 현무암으로 만든다.

05 광물 자원의 이용

운모는 판상 광물 중 하나로, 백운모, 흑운모 등이 있다. 규사는 석영으로 이루어진 흰 모래로, 주로 화강암이 풍화되어 만들어진다. 희토류는 원자번호 57번 란타넘(La)부터 71번 루테튬(Lu)까지의 란타넘족과 21번 스칸듐(Sc), 39번 이트륨(Y)까지의 17종류 원소의 총칭이다.

㉠. 운모는 SiO_4 사면체가 다른 이온과 결합되어 이루어진 규산염 광물이므로 규소와 산소가 포함되어 있다. 규사는 석영으로 이루어져 있으므로 규소와 산소가 포함되어 있다.

✗ㄴ. (가)를 만든 운모는 비금속 광물이므로 광물을 이용하기 위해 제련 과정이 필요하지 않다.

✗ㄷ. 금속 광택이 나고 불투명한 광물은 금속 광물이다. (나)를 만든 규사는 비금속 광물이다.

06 해양 자원

해양에서 얻을 수 있는 자원에는 해양 에너지 자원, 해양 광물 자원, 해양 생물 자원이 있다.

㉠. A는 해양 에너지 자원, B는 해양 광물 자원이다.

✗ㄴ. '불타는 얼음'으로 불리는 가스수화물은 동해 심해저의 저온 환경에서 고체 상태로 존재한다. 그러나 브로민은 주로 이온 상태로 물에 녹아 존재한다.

✗ㄷ. 조력 발전은 달의 인력으로 발생하는 조력 에너지를 이용한다. 그러나 파력 발전은 바람에 의해 생기는 파도의 운동 에너지를 이용하므로 근본적으로 태양 에너지를 이용하는 발전 방식이다.

07 망가니즈 단괴와 열수 분출 지역

망가니즈 단괴는 망가니즈를 주성분으로 하는 흑갈색의 덩어리이다. 열수는 마그마가 식으며 여러 가지 광물 성분을 정출한 뒤에 남는 수용액이다.

㉠. A는 망가니즈 단괴 분포 지역이다. 망가니즈는 4000~5000 m의 심해저에 존재하며, 구형 또는 타원의 형태를 띠고, 직경은 수 cm부터 수십 cm에 이르기까지 다양하다.

㉡. B는 열수 분출 지역이다. 열수 분출 지역은 주로 화산 활동이 활발하게 일어나는 해령(발산형 경계)이나 섭입대(수렴형 경계) 부근에서 나타난다.

㉢. A는 주로 태평양의 심해저에 분포하지만, B는 해령에 많이 분포하므로 분포 지역의 평균 수심은 A가 B보다 깊다.

08 해양 온도 차 발전

해양 온도 차 발전은 표층수와 심층수의 온도 차이를 이용하여 전기를 생산하는 방법이다.

✗ㄱ. 표층수의 높은 열로 작동 유체를 기화시키고 열을 빼앗긴 표층수는 유입될 때보다 낮은 온도로 배출된다. 따라서 표층수의 온도는 ㉠보다 ㉡에서 낮다.

㉡. 작동 유체는 기화기에 의해 기체 상태로 ㉢을 지나 터빈을 돌린다. 이후 압축기(응축기)에 의해 다시 액체 상태로 ㉣을 지난다.

㉢. 해양 온도 차 발전은 표층수의 열로 작동 유체를 기화시키고 이 작동 유체의 압력으로 터빈을 돌려 발전하며, 낮은 온도의 심층수로 작동 유체를 다시 액화시키는 방법을 이용한다. 따라서 표층수와 심층수의 수온 차가 클수록 높은 압력을 얻을 수 있으므로 발전량이 많다.

수능 3점 테스트
본문 32~33쪽
01 ③
02 ③
03 ⑤
04 ⑤

01 퇴적 광상과 변성 광상

흑연은 주로 변성 광상에서, 석회석과 고령토는 주로 퇴적 광상에서 산출된다.

㉠. A(흑연 광상)는 광역 변성 광상에서 형성되고, B(석회석 광상)는 침전 광상에서 형성된다. 따라서 A는 B보다 고압 환경에서 형성되었다.

✗ㄴ. C(고령토 광상)는 퇴적 광상인 풍화 잔류 광상에서 형성된다.

㉢. A, B, C에서 산출되는 흑연, 석회석, 고령토는 모두 비금속 광물 자원이다.

02 희토류 매장량과 산출량

희토류는 땅에서 구할 수 있으나 거의 없는 성분(rare earth elements)이다. 열과 전기가 잘 통하기 때문에 전기·전자·촉매·광학·초전도체 등에 쓰인다.

㉠. 세계 희토류 총 매장량은 1억 1613만 톤이고 중국의 매장량은

4400만 톤이다. 따라서 중국의 매장량은 총 매장량의 $\frac{1}{3}$보다 많다.

㉡. 가채 연수는 어떤 자원의 확인된 매장량을 현재의 산출 기준으로 채굴할 경우 소요되는 연수를 말한다. 베트남의 희토류 매장량은 2200만 톤이고 생산량은 1000 톤이므로, 가채 연수는 1만 년보다 길다.

X. $\frac{\text{생산량}}{\text{매장량}}$은 중국이 $\frac{\text{12만 톤}}{\text{4400만 톤}}$, 브라질이 $\frac{\text{1000 톤}}{\text{2200만 톤}}$, 미국이 $\frac{\text{1만 5000 톤}}{\text{140만 톤}}$이므로 미국 > 중국 > 브라질이다.

03 가스수화물

가스수화물은 주로 메테인과 물로 구성된 고체 상태의 화합물로, 높은 압력과 낮은 온도의 특별한 조건에서만 제한적으로 산출된다.

X. 가스수화물의 주요 구성 성분은 메테인(CH_4)이므로 가스수화물은 이용 과정에서 탄소를 배출하는 해양 에너지 자원이다.

㉡. 가스수화물은 우리나라 동해 울릉 분지와 같이 온도가 낮고 압력이 높은 환경에서 잘 형성된다.

㉢. 가스수화물을 안전하고 친환경적으로 이용하려면 시추 과정에서 메테인의 방출을 최대한 억제하여 대기 중으로 유입되는 탄소의 양을 억제해야 한다.

04 파력 발전과 조력 발전

파력 발전의 근원 에너지는 태양 에너지이고 조력 발전의 근원 에너지는 조력 에너지이다.

㉠. (가)는 파력 발전, (나)는 조력 발전이다. (가)는 날씨에 따라 파도의 세기가 달라지므로 발전량에 영향을 받는다. (나)는 날씨나 계절에 관계없이 항상 발전할 수 있다.

㉡. 파력 발전은 바람에 의해 생기는 파도의 운동 에너지를 이용하여 발전하는 방식이다.

㉢. 조력 발전은 조석 간만의 차가 커야 발전하기에 적합하다. 따라서 우리나라의 동해안보다는 서해안이 발전하기에 적합한 조건을 갖췄다.

테마 05 한반도의 지질

닮은 꼴 문제로 유형 익히기 본문 36쪽

정답 ④

A는 조선 누층군, B는 평안 누층군, C는 경상 누층군이다.

X. A는 해성층으로 바다 환경에서 퇴적되었다.

㉡. 한반도 남동부 지역에 가장 넓게 분포하는 것은 C(경상 누층군)이다.

㉢. 불국사 변동은 중생대 말에 발생했으므로 A, B, C 모두에 영향을 주었다.

수능 2점 테스트 본문 37~39쪽

01 ④	02 ①	03 ④	04 ⑤	05 ②
06 ③	07 ①	08 ①	09 ⑤	10 ③
11 ④	12 ⑤			

01 주향과 경사 측정

(가)와 (나)는 각각 경사와 주향을 측정하는 모습이다.

X. (가)는 클리노미터의 긴 변을 경사 방향의 지층면에 대고 측정하고 있으므로 경사를 측정하는 모습이다.

㉡. (나)는 주향을 측정하는 모습으로, 클리노미터를 수평면과 평행하게 두어야 한다.

㉢. 주향과 경사는 모두 클리노미터로 측정이 가능하다.

02 주향과 경사의 표시

주향과 경사 기호에서 긴 선은 주향, 짧은 선은 경사를 나타낸다.

㉠. 짧은 선 앞 숫자는 경사각을 나타낸다. 따라서 (가)의 경사각은 20°이다.

X. (나)의 주향선은 진북을 기준으로 동쪽 방향으로 60°만큼 기울어져 있으므로 (나)의 주향은 N60°E이다.

X. 태양은 하루 동안 동 → 남 → 서 방향으로 이동하므로, 지층면과 평행한 태양광 발전 패널 설치는 경사 방향이 북동쪽인 (가)보다 남동쪽인 (나)가 에너지 발전에 효율적이다.

03 지질도 해석

A는 B보다 하부층이며, 두 지층 경계면은 동쪽으로 기울어져 있다.

X. 지층 경계선이 같은 고도의 등고선과 만나는 점을 연결한 직선의 방향은 주향이 된다. 따라서 A의 주향은 NS이다.

㉡. 주향선이 동쪽으로 갈수록 더 낮은 등고선과 만나므로 B의 경사 방향은 동쪽이다.

㉢. 두 지층 경계면의 경사 방향이 동쪽이므로 A층이 B층보다 하부

에 위치하며, 생성 순서는 A → B가 된다.

04 지질도 해석

서쪽부터 향사와 배사 순으로 나타나는 습곡 구조이다.

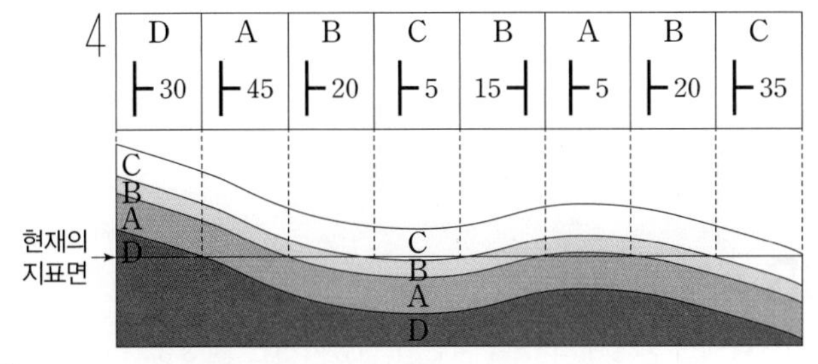

ㄱ. 모든 지층의 주향은 남북 방향을 나타내는 NS이다.
ㄴ. 서쪽에서부터 네 번째(C) 부근에 향사축이, 여섯 번째(A) 부근에 배사축이 위치한다.
ㄷ. 지층의 생성 순서는 D → A → B → C이다.

05 한반도의 암석 분포

A는 퇴적암, B는 화성암, C는 변성암이다.
ㄱ. 화성암(B)은 높은 열과 압력에 의해 변성암(C)이 된다.
ㄴ. 선캄브리아 시대의 암석은 오랜 세월 동안 변성 작용을 받아 대부분 변성암으로 구성된다.
ㄷ. 한반도에서 선캄브리아 시대의 암석이 가장 많고, 고생대보다 중생대의 암석이 더 많다. 따라서 한반도에서 오래된 지질 시대일수록 더 많은 암석이 분포하는 것은 아니다.

06 한반도 퇴적암 분포

A는 대동 누층군, B는 경상 누층군이다.
ㄱ. 경상 누층군과 대동 누층군은 모두 중생대에 형성되었다.
ㄴ. 대동 누층군(A)은 트라이아스기 말부터 쥐라기까지, 경상 누층군(B)은 백악기에 형성되었다. 따라서 형성된 시기는 A가 B보다 빠르다.
ㄷ. 대보 조산 운동은 쥐라기 말에 일어났으므로 이보다 먼저 퇴적된 대동 누층군만 대보 조산 운동에 의해 변형되었다.

07 한반도의 육성층과 해성층

한반도는 캄브리아기부터 석탄기까지는 해성층이, 페름기부터 중생대 전체는 육성층이 형성되었다.
ㄱ. 고생대 때는 대부분 평균 해발 고도가 해수면보다 낮게, 중생대 때는 모든 기간 해수면보다 높게 위치한다. 따라서 평균 해발 고도는 중생대가 고생대보다 높다.
ㄴ. 삼엽충은 바다 환경에서 생활하였다. 페름기 때는 육성층이 형성되었으므로, 삼엽충 화석이 발견될 수 없다.
ㄷ. 쥐라기는 육성층이 퇴적된 시기이다. 대규모 석회암은 주로 해성층에서 발견되므로 이 시기에는 형성될 수 없다.

08 한반도의 고생대 지질 분포

A는 평안 누층군, B는 조선 누층군이다. 생성 순서는 조선 누층군 → 회동리층 → 평안 누층군이다.
ㄱ. 평안 누층군은 하부는 해성층, 상부는 육성층으로 구성된다.
ㄴ. 회동리층은 실루리아기 초에 퇴적되었고, 조선 누층군(B)은 고생대 초부터 오르도비스기까지 퇴적되었다. 따라서 회동리층은 조선 누층군(B)보다 상부층이다.
ㄷ. 고생대에는 큰 화성 활동이 일어나지 않아 화성암의 비율이 상대적으로 낮은 시기이다.

09 한반도 형성 과정

한중 지괴와 남중 지괴가 충돌하면서 시기별로 송림 변동, 대보 조산 운동이 발생하였다.
ㄱ. (가)는 트라이아스기 말, (나)는 백악기 초의 모습을 나타낸다. 대보 조산 운동은 쥐라기 말에 발생했으며, 이 시기는 (가)와 (나) 사이에 해당된다.
ㄴ. 영남 육괴의 위도는 (가)에서 20°N 부근이며, (나)에서 30°N보다 고위도이다. 따라서 이 기간 동안 영남 육괴는 고위도로 이동하였다.
ㄷ. 중생대 기간 동안 한반도에 퇴적된 지층은 대부분 육성층이다.

10 동해의 형성 과정

일본 열도와 한반도의 거리는 동해가 확장되면서 점차 멀어졌다.
ㄱ. 동해가 확장됨에 따라 한반도와 일본 열도의 거리는 멀어지므로 시간 순서는 (가) → (나)이다.
ㄴ. 태평양판이 유라시아판 아래로 섭입하면서 동해 형성이 시작되었다.
ㄷ. 울릉도와 독도는 약 450만 년 전에 화산 분출로 만들어졌다.

11 변성 작용

A는 광역 변성 작용, B는 접촉 변성 작용이다.
ㄱ. 혼펠스는 접촉 변성 작용, 편마암은 광역 변성 작용으로 형성되므로 X는 B이다.
ㄴ. 셰일은 혼펠스와 편마암으로 변성될 수 있는 암석이다.
ㄷ. 접촉 변성 작용은 주로 마그마와의 접촉부에서 일어난다.

12 한반도의 변성암과 화성암 분포

ㄱ. 경기 육괴는 주로 선캄브리아 시대에 형성된 변성암으로 구성되어 있다.
ㄴ. (나)의 생성 시기에 발생한 대보 조산 운동과 불국사 변동에 의해 관입한 마그마는 접촉 변성 작용을 수반한다. 따라서 셰일은 변성 작용을 받아 혼펠스가 되었다.
ㄷ. (가)의 생성 시기에는 광역 변성 작용이, (나)의 생성 시기에는 접촉 변성 작용이 우세하였다.

수능 3점 테스트

본문 40~43쪽

01 ⑤ 02 ③ 03 ② 04 ① 05 ①
06 ④ 07 ③ 08 ③

01 주향과 경사 측정

지층면과 수면이 만나는 선은 주향을 나타내며, 주향과 수직 방향 중 지층면이 향하고 있는 방향이 경사 방향이 된다.

ㄱ. (다)에서 수면과 지층면이 만나는 선이 남북 방향이므로 주향은 NS이다.

ㄴ. 경사는 수평선을 기준으로 기울어진 각을 나타낸다. 따라서 지층의 경사는 45°E이다.

ㄷ. 역전되지 않았다면 A가 B보다 하부층이므로 먼저 퇴적되었다.

02 지질도 해석

지층면이 평행한 경우 지질 경계선도 평행하게 나타난다. 평행하지 않는 경우는 습곡 또는 부정합이 형성된 경우이며, 이 문제에서는 B와 D 사이에 부정합이 형성되었다.

ㄱ. 퇴적 순서는 D → E → C → (부정합) → B → A이다.

ㄴ. D와 E의 지층 경계선이 같은 고도의 등고선과 만나는 두 점을 연결한 직선이 주향선이며, 남서쪽에서 북동쪽 방향으로 뻗어 있다. 이 주향선들이 남쪽으로 갈수록 더 낮은 등고선과 만나므로, D의 경사 방향은 남동쪽이 된다.

ㄷ. B와 D의 주향이 다르고, 지층 경계선 일부가 끊어져 있다. 따라서 B와 D 사이에는 부정합이 존재한다.

03 지질도 해석

A~D 모두 주향은 거의 EW이며, 남쪽 방향의 경사를 나타내고 있다.

ㄱ. A~D의 경사 방향은 모두 남쪽이다.

ㄴ. A~D를 모두 통과하는 주향선과 평행한 선을 그었을 때, 각 지층 경계의 등고선이 높을수록 더 상부층을 나타낸다. 따라서 퇴적 순서는 D → C → B → A이다.

ㄷ. 지층 경계선과 등고선이 만나는 두 점을 연결한 것이 주향이며, 모든 지층의 주향이 거의 EW이다.

04 지질도와 지질 구조

(가)는 부정합, (나)는 습곡, (다)는 단층 구조를 나타낸다.

ㄱ. (가)는 A층과 C층 사이에 경사 부정합이 나타난다.

ㄴ. (나)는 습곡, (다)는 정단층이다. (나)는 횡압력이 작용하였지만, (다)는 장력이 작용하였다.

ㄷ. (나)와 (다)는 C → B → A 순으로 퇴적되었지만, (가)는 B → A → C 순으로 퇴적되었다.

05 한반도의 주요 화성암

한반도의 주요 화성암은 대부분 중생대와 신생대에 형성되었다. 고생대는 지각 변동이 거의 일어나지 않았던 시기였기 때문에 고생대 지층에는 대규모의 화성암이 없다. A는 신생대 화산암, B는 불국사 화강암, C는 대보 화강암이다.

ㄱ. A는 제주도, 울릉도, 독도에 분포하므로 신생대 화산암이다.

ㄴ. B는 불국사 변동 때 형성되었으며, 이 시기에는 화산암 분출과 화강암 관입이 모두 일어났다.

ㄷ. C는 대보 조산 운동 때 형성된 대보 화강암이며, 경상 누층군은 대보 조산 운동 이후에 퇴적되었다. 따라서 경상 누층군의 암석은 대보 조산 운동에 의해 변성되지 않았다.

06 우리나라 지질 계통

우리나라에서 고생대 초부터 석탄기 지층까지는 해성층, 페름기 지층은 육성층이다. 따라서 오른쪽으로 갈수록 하부층을 나타낸 것이다. A는 평안 누층군, B는 회동리층, C는 조선 누층군을 나타낸다.

ㄱ. 평안 누층군(A)은 조선 누층군(C)보다 나중에 퇴적되었다.

ㄴ. 석탄은 육성층에서 형성되며, 주로 A의 상부층에서 산출된다.

ㄷ. 회동리층은 강원도 정선 부근에서 실루리아기의 코노돈트 화석이 발견된 지층이다.

07 접촉 변성 작용과 광역 변성 작용

접촉 변성 작용은 열이 주요 원인이고, 광역 변성 작용은 열과 압력이 모두 주요 원인이다. 따라서 A는 광역 변성 작용, B는 접촉 변성 작용이다.

ㄱ. A는 X와 Y 두 변인이 모두 크게 작용하므로 광역 변성 작용이다.

ㄴ. 접촉 변성 작용인 B는 X가 Y보다 크게 작용하므로 X는 온도, Y는 압력이다.

ㄷ. 편마암은 셰일, 화강암 등이 높은 압력과 열의 영향으로 엽리 구조가 발달한 암석이다. 따라서 (나)는 광역 변성 작용인 A를 받아 형성되었다.

08 판 경계에서의 변성 작용

(가)는 수렴형 경계 중 섭입대 주변에서의 온도 분포를 나타낸 것이다. A에서는 열과 압력이, B에서는 열이 변성 작용의 주요 요인이다.

ㄱ. 두 판이 수렴하는 수렴형 경계 부근의 모습이다.

ㄴ. A에서는 열과 압력이 모두 작용하여 주로 ㉡의 과정으로 변성이 일어난다.

ㄷ. A에서는 지열과 횡압력의 영향으로 광역 변성 작용이, B에서는 마그마에 의한 접촉 변성 작용이 주로 일어난다.

06 해류

닮은 꼴 문제로 유형 익히기

본문 46쪽

정답 ⑤

지형류에서 $2\Omega v\sin\varphi = g\frac{\Delta z}{\Delta x}$($\Omega$: 지구 자전 각속도, v: 지형류 유속, φ: 위도, g: 중력 가속도, Δz: 해수면 높이 차, Δx: 수평 거리)이다.

ㄱ. 지형류 유속(v)이 1 m/s가 되려면 위도(φ)는 30°N이다.

ㄴ. Q를 포함한 층에서 지형류 유속은 0이다. 따라서 속도에 비례하는 전향력도 0이 된다.

ㄷ. A와 B에서 지형류 유속이 0이므로 수평 방향의 수압 차가 없어야 하기 때문에, 두 지점의 수압은 같아야 한다. 정역학 평형 방정식($\Delta P = -\rho g\Delta z$)을 이용하면 $\rho_2 gh = \rho_1 g(h+7)$이므로 $h = \frac{7\rho_1}{(\rho_2 - \rho_1)}$ $=357$ m이다.

수능 2점 테스트

본문 47~48쪽

01 ④ 02 ③ 03 ③ 04 ⑤ 05 ③ 06 ④ 07 ① 08 ④

01 정역학 평형

A는 연직 수압 경도력이고 B는 중력이며, 두 힘의 크기가 같을 때 정역학 평형 상태가 된다.

ㄱ. A는 위쪽 방향이므로 연직 수압 경도력, B는 아래쪽 방향이므로 중력이다.

ㄴ. 정역학 평형 상태에서는 연직 운동이 억제되어 해수는 수평 방향 운동이 대체로 우세하다.

ㄷ. 중력 가속도의 변화가 없다면 연직 수압 경도력의 크기가 일정해야 정역학 평형 상태를 유지할 수 있다. 연직 수압 경도력$=-\frac{1}{\rho}\cdot\frac{\Delta P}{\Delta z}$($\rho$: 밀도, ΔP: P_1, P_2의 수압 차, Δz: 깊이 차)이므로, P_1, P_2 값과 중력 가속도는 변함없이 ρ가 증가하게 되면 Δz는 감소하게 된다.

02 수압 경도력

수평 수압 경도력은 수면의 경사에 비례하며, 수압은 물의 밀도, 중력 가속도, 물의 깊이에 각각 비례한다.

ㄱ. 수평 수압 경도력은 중력 가속도가 같다면 경사에 비례한다. (가)의 경사$\left(\frac{4h}{4l}=\frac{h}{l}\right)$가 (나)의 경사$\left(\frac{2h}{4l}=\frac{h}{2l}\right)$의 2배이다.

ㄴ. 수압은 물의 밀도와 중력 가속도가 각각 같다면 수면으로부터 깊이에 비례한다. 두 지점 X와 Y의 깊이는 각각 $2h$, $\frac{1}{2}h$이므로 수압은 X에서가 Y에서의 4배이다.

ㄷ. 수압은 밀도, 중력 가속도, 깊이에 모두 비례한다. 따라서 중력 가속도와 수면 높이 변화 없이 물의 밀도만 커지게 되면 X와 Y에서의 수압 모두 커진다.

03 전향력 실험

구슬은 실제로 직선 운동을 하고 있지만, 회전하는 원판 위에서의 궤적은 곡선으로 나타나며, 이를 통해 지구 자전에 의해 전향력이 발생함을 설명할 수 있다.

ㄱ. 직선 운동을 하는 구슬에 대해 (가)와 같은 궤적을 보이기 위해서는 회전판이 시계 반대 방향으로 회전해야 한다.

ㄴ. 구슬 궤적의 곡률이 (나)가 (가)보다 크므로, 회전판의 회전 속도는 (나)가 (가)보다 빠르다. 따라서 한 바퀴 회전하는 데에 소요되는 시간은 (가)가 (나)보다 길다.

ㄷ. 북반구에서는 물체의 진행 방향의 오른쪽으로 전향력이 작용한다. 따라서 (가)는 북반구에서의 전향력을 설명하는 것에 적합하다.

04 에크만 수송

북반구에서 에크만 수송은 해수면 위의 바람 방향의 90° 오른쪽 방향으로 발생한다.

ㄱ. (나)는 (가)의 90° 오른쪽 방향이므로 (가)는 해수면 위에서 부는 바람을, (나)는 에크만 수송 방향을 나타낸 것이다.

ㄴ. 북반구에서 표면 해수의 이동 방향은 해수면 위의 바람 방향의 45° 오른쪽이다. 따라서 이 지역의 표면 해수 이동 방향은 북동쪽이다.

ㄷ. 마찰 저항 심도는 표면 해수 이동 방향의 정반대가 되는 깊이를 나타내므로 이곳에서의 해수 이동 방향은 남서쪽이다.

05 아열대 순환

아열대 순환은 북태평양에서 시계 방향, 남태평양에서 시계 반대 방향으로 나타난다.

ㄱ. B는 난류, D는 한류이므로 같은 위도라도 표층 수온은 B가 D보다 높다.

ㄴ. 해수에 작용하는 전향력의 크기는 $\sin\varphi$(φ: 위도)와 해류의 속도에 비례한다. 위도는 C가 A보다 높으므로 $\frac{\text{해수에 작용하는 전향력의 크기}}{\text{해류의 속도}}$는 A가 C보다 작다.

ㄷ. 표층 해류의 속도는 서안 강화 현상에 의해 B가 D보다 빠르다.

06 지형류 평형

지형류는 수압 경도력과 전향력이 평형을 이루는 상태에서 흐르는 해류이며, 에크만 수송에 의해 위도 30°의 해수면 높이가 가장 높다.

ㄱ. 위도 30°를 기준으로 저위도에서는 서쪽으로, 고위도에서는 동쪽으로 지형류가 흐르고 있으므로 북반구 지역을 나타낸 것이다.

ㄴ. 이 지역은 북반구이므로 X에서 전향력은 지형류 진행 방향의 90° 오른쪽인 남쪽을 향한다.

ㄷ. X를 지나는 지형류가 유지되기 위해서는 북쪽으로 수압 경도력이, 남쪽으로 전향력이 작용해야 한다. 에크만 수송에 의해 해수는 남쪽으로 이동하여 남쪽의 해수면은 상승하게 되고, 이 경사로 인해 수압 경도력이 발생한다. 따라서 해수면 높이는 X가 Y보다 낮다.

07 지형류 형성 과정

수압 경도력은 수압이 높은 곳에서 낮은 방향으로, 전향력은 북반구에서 해수 이동 방향의 오른쪽 방향으로 작용한다. 따라서 X는 수압 경도력, Y는 전향력이다.

ㄱ. 지형류 이동 방향의 오른쪽으로 전향력이 작용하므로 이 지역은 북반구이다.

ㄴ. X는 크기와 방향이 변함없으므로 수압 경도력이다.

ㄷ. 지형류의 유속은 위도가 낮을수록, 해수면 경사가 급할수록 빨라진다. 따라서 다른 조건이 동일하고 위도가 더 높은 경우 유속은 느려진다.

08 서안 강화 현상

구형의 지구가 자전함에 따라 전향력의 크기가 위도별로 달라지며 서안 강화 현상이 발생한다. 따라서 (가)는 구 모양, (나)는 원기둥 모양의 지구에서 나타나는 현상이다.

ㄱ. (가)에서 서안 강화 현상이 나타나므로 (가)는 구 모양의 지구를 나타낸 것이다.

ㄴ. (나)는 위도에 따른 전향력 크기의 변화가 없는 원기둥 모양의 지구이다.

ㄷ. (가)는 서안 강화 현상에 의해 회전 중심이 왼쪽으로 치우쳐 나타난다. 따라서 (가)의 그림에서 왼쪽이 서쪽 방향을 나타낸다.

수능 3점 테스트

본문 49~51쪽

01 ⑤ 02 ④ 03 ⑤ 04 ④ 05 ① 06 ③

01 수압 차에 의한 물의 흐름

U자관의 양쪽 수압 차로 인해 물의 이동이 발생하며, 수면의 높이가 같아지면 수압도 같아져 더 이상 물이 이동하지 않는다.

ㄱ. 수압은 물의 높이에 비례한다. 따라서 h_0에서 수압은 A가 B보다 크다.

ㄴ. 콕을 열면 A의 물이 B로 이동하면서 Δh가 점차 줄어들게 된다. 이에 따라 물을 움직이는 수압 차도 함께 줄어들며 Δh가 줄어드는 속도는 점차 감소하게 된다.

ㄷ. 콕을 여는 순간 콕을 중심으로 양쪽 두 지점의 수압 차는 $\rho g \Delta h$이며, 수평 수압 경도력은 두 지점의 수면 높이 차(Δh)에 비례한다.

02 지형류의 방향과 유속

지형류는 수압 경도력과 전향력의 평형 상태에서 흐르는 해류이다. 수압 경도력의 크기는 $\frac{P_1-P_2}{l}$에 비례하며, 전향력의 크기는 지형류 속도와 $\sin\varphi$(φ: 위도)에 비례한다.

ㄱ. 남반구 지역의 지형류이므로 전향력은 지형류 진행 방향의 90° 왼쪽 방향이며, 수압 경도력은 지형류 진행 방향의 90° 오른쪽 방향이다. 따라서 수압은 P_1이 P_2보다 크다.

ㄴ. 지형류의 유속$\left(v=\frac{1}{2\Omega\sin\varphi}\cdot\frac{1}{\rho}\cdot\frac{\Delta P}{\Delta l}\right)$은 ($\Omega$: 지구 자전 각속도, φ: 위도, ρ: 해수 밀도, ΔP: 두 지점의 수압 차, Δl: 두 지점의 거리 차)이다. (가)는 (나)보다 Δl이 $\frac{1}{2}$배이므로 (가)와 (나) 해역의 v가 같기 위해서는 (가)의 $\sin\varphi$가 (나)의 2배가 되어야 한다. 따라서 위도는 (가)가 (나)보다 높다.

ㄷ. 지형류의 유속을 해수면 경사로 나타내면 $v=\frac{1}{2\Omega\sin\varphi}\cdot g\cdot\frac{\Delta z}{\Delta l}$ (Δz: 높이 차)로 나타낼 수 있다. (가)는 (나)보다 $\sin\varphi$가 2배이고, Δl이 0.5배이며, 유속 v가 같으므로 Δz는 (가)와 (나)가 같다. 따라서 해수면 경사$\left(\frac{\Delta z}{\Delta l}\right)$는 (가)가 (나)보다 크다.

03 에크만 나선

에크만 수송이 일어날 때 해수의 유속은 표면에서 가장 빠르고 깊이가 깊어질수록 전향력 방향으로 변하며 점차 느려진다.

ㄱ. 속도가 가장 빠른 A가 표면에서의 해수 이동 방향이 된다.

ㄴ. 속도가 느려짐에 따라 해수의 이동 방향이 점차 시계 반대 방향으로 변하고 있으므로, 전향력이 해수 이동 방향의 왼쪽으로 작용하고 있음을 알 수 있다. 따라서 이 해역은 남반구에 위치한다.

ㄷ. 에크만 수송은 표면 해수 이동 방향의 45° 왼쪽 방향이므로 B와 가장 가깝다.

04 연직 수온 분포와 지형류

수평 방향의 수온 차에 의해 밀도 차가 생기며, 이로 인해 해수면의 경사가 생겨 지형류가 형성된다.

ㄱ. 수온이 높을수록 해수면 높이가 높아진다. 따라서 해수면 높이는 A 지점이 B 지점보다 낮다.

ㄴ. 수온이 높을수록 밀도가 작고 부피는 증가한다. C 지점을 기준으로 수온은 동쪽이 서쪽보다 높기 때문에 동쪽의 해수면 높이가 높아지면서 C 지점에서 수압 경도력은 서쪽으로 작용하게 된다.

ㄷ. 수압 경도력 방향이 서쪽이므로 전향력 방향은 동쪽이 된다. 북반구에서 전향력 방향이 동쪽이 되기 위해서는 지형류는 북쪽으로 흘러야 한다.

05 지형류의 형성 과정

지형류 형성 과정 중 초기 단계에서 해수는 수압 경도력에 의해 가속되어 속도가 빨라진다. 해수의 속도가 빨라짐에 따라 전향력의 크기도 함께 커지면서 해수의 이동 방향은 전향력 방향으로 회전한다. 따라서 해수에 작용하는 전향력의 방향은 해수의 이동 방향과 수직을 유지하고, 수압 경도력의 방향은 해수의 이동 방향과 관련 없이 등압선 방향에 의해 결정된다. 따라서 A는 전향력, B는 해수의 이동 방향, C는 수압 경도력이다.

ㄱ. 지형류 형성 과정의 마지막에는 전향력(A)의 방향과 수압 경도력(C)의 방향이 180°가 된다. 따라서 (나)가 (가)보다 더 나중이다.

ㄴ. 전향력(A)의 방향이 해수의 이동 방향(B)의 90° 왼쪽이므로 이 지역은 남반구에 위치한다.

ㄷ. 해수의 이동 속도가 빨라지면서 전향력도 함께 커지게 된다. 따라서 전향력(A)의 크기는 (가)가 (나)보다 작다.

06 서안 강화 현상

구형의 지구가 자전함에 따라 위도별로 전향력의 크기가 달라지게 된다. 이러한 특징으로 아열대 순환의 중심이 서쪽으로 치우쳐 나타난다.

ㄱ. (가)는 해류의 이동 방향의 왼쪽으로 전향력이 작용하므로 현재 지구의 남반구를 나타낸 것이다.

ㄴ. (가)와 (나)는 고위도로 갈수록 전향력이 점차 커지고 있으므로 지구가 자전할 때를 나타낸 것이다.

ㄷ. 서안 강화 현상은 고위도로 갈수록 전향력의 크기가 커질 때 나타나는 현상이다. 따라서 (다)는 서안 강화 현상이 나타날 수 없다.

테마 07 해파와 조석

닮은 꼴 문제로 유형 익히기

본문 54쪽

정답 ②

천해파는 수심이 파장의 $\frac{1}{20}$보다 얕은 곳에서 진행하는 해파로 해수면에서 물 입자는 타원 운동을 하고, 심해파는 수심이 파장의 $\frac{1}{2}$보다 깊은 곳에서 진행하는 해파로 해수면에서 물 입자는 원운동을 한다. 따라서 ㉠은 천해파, ㉡은 심해파이다.

ㄱ. 현재 물 입자가 있는 곳은 해수면의 높이가 가장 낮은 골에 해당한다. 골에 위치한 물 입자의 운동 방향은 해파의 진행 방향과 반대 방향이므로 해파는 서쪽에서 동쪽으로 진행한다.

ㄴ. 해파가 진행할 때 물 입자는 이동하지 않고 제자리에서 원운동 또는 타원 운동을 한다. 이때 물 입자의 높이가 가장 높을 때는 마루를 지날 때이고, 물 입자의 높이가 가장 낮을 때는 골을 지날 때이다. 파고는 해파의 마루와 골 사이의 연직 거리이다. 파장이 같은 해파의 경우, 파고는 해수면에서 물 입자가 원운동을 할 때는 원 궤도의 지름과 같고, 해수면에서 물 입자가 타원 운동을 할 때는 타원 궤도의 짧은 지름과 같다. ㉠의 파고는 $2R$보다 낮고, ㉡의 파고는 $2R$이다. 따라서 $\frac{R}{㉠의\ 파고} > \frac{R}{㉡의\ 파고}$이다.

ㄷ. 천해파는 수심이 파장의 $\frac{1}{20}$보다 얕은 곳에서 진행하는 해파이고, 심해파는 수심이 파장의 $\frac{1}{2}$보다 깊은 곳에서 진행하는 해파이다. ㉠과 ㉡의 파장은 모두 400 m로 같고 ㉠은 천해파이므로 A의 수심은 20 m보다 얕고, ㉡은 심해파이므로 B의 수심은 200 m보다 깊다. 따라서 A와 B의 수심 차는 180 m보다 크다.

수능 2점 테스트

본문 55~57쪽

01 ①	02 ③	03 ⑤	04 ④	05 ⑤
06 ②	07 ③	08 ②	09 ①	10 ⑤
11 ②	12 ④			

01 해파의 요소

해파의 요소에는 마루와 골, 파장, 파고, 주기, 전파 속도가 있다. 파장은 마루(골)와 마루(골) 사이의 수평 거리이고, 파고는 골에서 마루까지의 높이이다.

ㄱ. 해파의 전파 속력(v)은 $v=\frac{L}{T}$(L: 파장, T: 주기)이다. 이 해파의 파장은 100 m이고 주기는 5초이므로, 이 해파의 속력은 20 m/s이다.

ㄴ. 파고는 골에서 마루까지의 높이이므로 0.3 m이다.

ㄱ. 해파에서 파의 에너지는 파의 진행 방향을 따라 전달되지만 물 입자는 특정 지점을 중심으로 궤도 운동을 한다. 물 입자는 A에서 해파의 이동 방향과 반대 방향으로 운동하고, B에서 해파의 이동 방향과 같은 방향으로 운동한다. 따라서 A와 B 중 물 입자의 운동 방향이 해파의 진행 방향과 같은 지점은 B이다.

02 바람에 의한 해파 발생

대부분의 해파는 바람에 의해 발생한다. 바람이 부는 해역에서 발생하는 해파를 풍랑이라 하고, 너울은 원래 발생한 다양한 파장의 풍랑 중에서 파장이 긴 것이 빨리 전파되어 발생지를 벗어난 곳에서 마루가 둥글게 규칙적으로 관측되는 해파이며, 해파가 연안으로 접근하면 연안 쇄파가 형성된다.

ㄱ. A는 풍랑, B는 너울, C는 연안 쇄파이다.

ㄴ. A는 풍랑으로 파장이 수~수십 m이고, B는 너울로 파장이 수십~수백 m이다. 따라서 파장은 풍랑(A)이 너울(B)보다 짧다.

ㄷ. C는 연안 쇄파로, 너울(B)보다 파장은 짧아지고 파고는 높아진다. 따라서 $\frac{\text{파고}}{\text{파장}}$는 B가 C보다 작다.

03 천해파

천해파는 수심이 파장의 $\frac{1}{20}$보다 얕은 해역에서 진행하는 해파이다.

ㄱ. 해파의 진행 모습을 시간에 따른 해수면의 높이 변화 그래프로 나타내면, 주기는 마루(골)에서 다음 마루(골)까지 해파가 진행하는 데 걸린 시간이 된다. 따라서 그래프에서 이 해파의 주기는 4초이다.

ㄴ. 해파의 전파 속력(v)은 $v=\frac{L}{T}$(L: 파장, T: 주기)이다. 이 해파의 파장은 80 m이고 주기는 4초이므로, 이 해파의 속력은 20 m/s이다.

ㄷ. 이 해파는 파장이 80 m인 천해파이다. 천해파는 수심이 파장의 $\frac{1}{20}$보다 얕은 해역을 진행하는 해파이므로, 이 해역의 수심은 4 m보다 얕다.

04 해파의 굴절

파장이 40 m인 해파는 수심이 2 m보다 얕은 해역에서 천해파의 성질을 가진다. 천해파의 속력은 수심이 깊을수록 빠르므로, 해안에 접근하면 속력이 느려진다. 따라서 천해파가 해안선에 비스듬히 접근할 때 수심이 얕은 쪽에 먼저 도착한 부분은 해파의 속력이 느려지지만 수심이 깊은 쪽은 아직 원래 속력을 유지하면서 계속 해안으로 접근하여 해파의 마루를 연결한 선이 휘어지게 된다. 결국 해안으로 접근할수록 해파의 마루를 연결한 선은 등수심선과 나란해진다.

ㄱ. 천해파는 수심이 얕은 해안으로 접근하면 파장이 짧아지고 파고가 높아진다. 수심 h_1~h_3 구간에서 이 해파는 천해파의 성질을 나타내므로, 지점 A에서 파장은 지점 B에서의 파장보다 짧다. 지점 B에서 이 해파의 파장은 40 m이므로 지점 A에서 이 해파의 파장은 40 m보다 짧다.

ㄴ. 천해파의 속력은 수심이 깊을수록 빠르다. 따라서 이 해파의 속력은 수심이 얕은 지점 A가 수심이 깊은 지점 B보다 느리다.

ㄷ. 지점 B의 수심은 h_3 m이고, 이 지점을 진행하는 해파는 천해파이며, 파장은 40 m이다. 천해파는 수심이 파장의 $\frac{1}{20}$보다 얕은 해역에서 진행하는 해파이므로, h_3은 2보다 작다.

05 심해파의 속력

심해파의 전파 속력(v)은 $v=\sqrt{\frac{gL}{2\pi}}$ (g: 중력 가속도, L: 파장)이므로 파장이 길수록 전파 속력이 빠르다.

ㄱ. 해파의 전파 속력(v)은 $v=\frac{L}{T}$(L: 파장, T: 주기)이다. 파장이 100 m인 해파의 속력이 12.5 m/s이므로 이 해파의 주기는 8초이다.

ㄴ. 심해파의 전파 속력은 $\sqrt{L}$(L: 파장)에 비례하고, ㉠은 파장이 400 m인 심해파의 속력이다. 파장이 100 m인 해파의 속력은 12.5 m/s이고, 파장이 100 m에서 400 m로 4배 증가할 때 해파의 전파 속력은 $\sqrt{4}$배(2배) 증가하므로 ㉠은 25이다.

ㄷ. 이 해역에서는 파장이 400 m로 가장 긴 해파도 심해파의 성질을 나타내므로 이 해역의 수심은 200 m보다 깊다.

06 지진 해일

지진 해일은 해저 지진이나 해저 사태, 화산 활동 등으로 인한 해수면의 급격한 변동으로 발생하며, 수심에 비해 파장이 매우 길어서 천해파의 특성을 가진다.

ㄱ. 해파가 진행할 때 주기는 일정하므로 $\frac{\text{파장}}{\text{속력}}$의 값은 A와 B에서 같다.

ㄴ. 천해파의 속력은 수심의 제곱근에 비례한다. B 지점의 수심은 A 지점 수심의 $\frac{1}{4}$이므로 해파의 속력은 B 지점이 A 지점의 $\frac{1}{2}$이다. 해파가 전달될 때 주기는 일정하므로 A와 B에서 $\frac{\text{파장}}{\text{속력}}$의 값은 같다. 또한, 해파가 A를 지날 때의 파장은 200 km이다. B 지점에서 해파의 속력이 A 지점에서의 $\frac{1}{2}$이고, B 지점에서의 파장도 A 지점에서의 $\frac{1}{2}$이다. 해파가 B 지점을 지날 때 파장은 100 km이다. 따라서 $\frac{\text{B를 지날 때의 파장}}{\text{A를 지날 때의 파장}}=\frac{1}{2}$이다.

ㄷ. 천해파의 속력은 수심에 따라 달라지며 수심이 깊어질수록 해파의 속력이 증가한다. B → C 구간에서 수심은 계속 얕아지는 것이 아니기 때문에 속력이 계속 감소하는 것은 아니다.

07 천해파와 심해파의 속력

심해파는 수심이 파장의 $\frac{1}{2}$보다 깊은 곳에서 진행하는 해파이고, 천해파는 수심이 파장의 $\frac{1}{20}$보다 얕은 곳에서 진행하는 해파이다. 심해파의 전파 속력(v)은 $v=\sqrt{\frac{gL}{2\pi}}$ (g: 중력 가속도, L: 파장)로 파장이 길수록 전파 속력이 빠르다. 천해파의 전파 속력(v)은 $v=\sqrt{gh}$ (g: 중력 가속도, h: 수심)로, 수심이 깊을수록 전파 속력이 빠르다.

ㄱ. A에서 ㉠은 파장이 약 15 m이고 속력이 4.7 m/s로 이 파장대에서는 파장에 따라 속력이 증가하므로 심해파이고, ㉡은 파장이 70 m이고 속력은 6.3 m/s로 이 파장대에서는 파장에 따라 속력이

일정하므로 천해파이다.

ㄴ. A에서 파장이 70 m보다 긴 해파는 해파의 전파 속력이 파장에 관계없이 일정하므로 천해파이다. B에서 파장이 약 15 m보다 긴 해파는 해파의 전파 속력이 파장에 관계없이 일정하므로 천해파이다. 천해파의 전파 속력(v)은 $v=\sqrt{gh}$(g: 중력 가속도, h: 수심)이므로 수심은 $\frac{v^2}{g}$이다. 따라서 $\frac{\text{A의 수심}}{\text{B의 수심}}=(2.1)^2$이다.

ⓒ. 해파의 주기는 $\frac{\text{파장}}{\text{속력}}$이다. 해파의 파장이 같은 경우 해파의 주기는 속력에 반비례한다. ㉡과 ㉢은 파장이 같고 전파 속력은 ㉡이 ㉢의 2.1배이다. 따라서 주기는 ㉢이 ㉡의 2.1배이다.

08 폭풍 해일

태풍이 지나갈 때 강한 저기압 중심의 낮은 압력으로 인한 해수면 상승과 강한 바람에 의해 저기압 중심의 해수면이 상승하여 해일이 일어나는 현상을 폭풍 해일이라고 한다.

ㄱ. 조차는 만조 수위와 간조 수위의 차를 의미하므로 이 지역은 조차가 일정하지 않다.

ㄴ. 그림에서 해일 높이가 가장 높은 시기는 8월 28일 22시 부근인데, 이 시기에 해수면 높이 예측값을 보면 만조가 아니다.

ⓒ. 8월 28일 12시에 조석 예보에 의한 해수면 높이 예측값을 보면 간조에서 만조로 변하는 사이에 있으므로 밀물이 나타난다.

09 기조력

기조력은 조석을 일으키는 힘으로, 지구가 다른 천체와의 공통 질량 중심 주위를 회전할 때 생기는 원심력과 천체가 잡아당기는 만유인력의 합력에 의해 생긴다.

ⓐ. ㉠은 지구와 달의 공통 질량 중심을 회전하여 생긴 원심력이고, ㉡은 달의 만유인력이다. 지구와 달의 공통 질량 중심을 회전하여 생긴 원심력은 지구상의 모든 지점에서 크기가 같다.

ㄴ. B에서는 지구와 달의 공통 질량 중심에 대한 원심력(㉠)이 달의 반대쪽으로 작용하고, 만유인력(㉡)이 달 쪽으로 작용한다. 지구와 달의 공통 질량 중심에 대한 원심력이 만유인력보다 크기 때문에 원심력과 만유인력의 합력은 달의 반대쪽으로 작용한다.

ㄷ. 지구와 달의 공통 질량 중심 G에서는 달의 만유인력(㉡)이 지구와 달의 공통 질량 중심에 대한 원심력(㉠)보다 커서 기조력은 달 쪽으로 작용한다.

10 만조와 간조

바닷물이 태양과 달의 만유인력에 의해 주기적으로 상승·하강하는 운동을 조석이라고 한다. 조석의 한 주기 중 해수면이 가장 높아졌을 때를 만조, 가장 낮아졌을 때를 간조라고 하며, 만조와 간조 때 해수면의 높이 차이를 조차(조석 간만의 차)라고 한다.

ⓐ. (가)는 달과의 거리가 멀어질수록 힘의 크기가 작아지고, 힘의 방향은 지구상의 모든 지점에서 달 쪽으로 작용하고 있으므로 만유인력의 분포이다. (나)는 달을 향한 지점과 달의 반대 지점에서 힘의 크기가 같은 것으로 보아 기조력의 분포이다. 따라서 이 시각 A 지점에 작용하는 힘의 크기는 만유인력이 기조력보다 크다.

ⓑ. 이 시각 A 지점은 달에 가장 가까운 지점이므로 만조가 나타나고, B 지점은 지구 중심으로부터 달과 수직을 이룬 지점이므로 간조가 나타난다. 따라서 해수면의 높이는 A 지점이 B 지점보다 높다.

ⓒ. 이날은 달의 위상이 망이므로 태양–지구–달이 일직선상에 위치하여 조차가 최대가 되는 사리이다. 이날 이후 일주일 동안 조차가 점점 감소하여 달의 위상이 하현이 되면 조금이 된다.

11 조석과 해수면 높이 변화

달의 공전축이 지구의 자전축과 일치하지 않기 때문에 달의 위치와 지구의 위도에 따라 조석 주기가 달라진다. 달이 지구의 적도보다 위쪽에 위치할 경우 고위도 지역에서는 약 24시간 50분을 주기로 만조와 간조가 각 1회씩 나타나고, 중위도 지역에서는 약 24시간 50분을 주기로 서로 다른 해수면 높이를 보이는 만조와 간조가 각각 2회씩 나타난다. 만조와 간조가 약 12시간 25분을 주기로 각각 1회씩 나타나는 경우는 적도 지역에 해당한다.

ㄱ. 이 지역은 하루에 만조와 간조가 약 두 번씩 나타나고, 연속되는 두 만조나 간조 사이의 해수면 높이가 다르므로 혼합조가 나타난다.

ㄴ. 이 지역에서는 두 번의 만조가 나타나는데, 모두 해수면의 높이는 7 m보다 낮다.

ⓒ. 8시에 해수면의 높이가 낮아지고 있으므로 썰물이 나타난다.

12 위도별 조석 주기

지구 주위를 공전하는 달의 공전 궤도면이 지구의 적도면에 대해 기울어져 있으므로 지역에 따라 최대 만조 수위가 달라지며, 지역에 따라 조석 주기도 달라진다.

ㄱ. 이 시각에 A, B, C 중 해수면 높이는 달을 향하는 방향과 나란한 B가 가장 높다.

ⓑ. 이날은 달의 위상이 삭으로, 태양–달–지구가 일직선상에 위치하여 태양과 달의 기조력이 합쳐져서 조차가 최대로 되는 사리이다. 7일 전에는 달의 위상이 하현이므로, 태양–지구–달이 수직이 되게 위치하여 조차가 최소가 되는 조금이다. 따라서 이 시각에 B의 해수면 높이는 7일 전 만조 때 해수면 높이보다 높다.

ⓒ. C는 적도 지역에 위치하고 반일주조가 나타나는 지점이므로, 조석 주기는 약 12시간 25분으로 일정하다.

수능 3점 테스트

본문 58~61쪽

01 ④ 02 ② 03 ① 04 ③ 05 ⑤
06 ② 07 ③ 08 ②

01 천해파의 성질

천해파는 수심이 파장의 $\frac{1}{20}$보다 얕은 해역에서 진행하는 해파이고, 천해파의 속력은 수심의 제곱근에 비례한다.

ㄱ. 천해파의 속력은 수심에 따라 달라지므로 해파 발생판을 빠르게 움직이더라도 해파가 A에 도달하는 시간은 변하지 않는다.

ㄴ. 천해파의 속력은 수심이 얕을수록 느리다. A에 도달하는 해파는 B에 도달하는 해파보다 수심이 얕은 구간을 길게 지나가므로 속력이 더 느려져서 도달하므로, 해파가 도달하는 데 걸린 시간은 A가 B보다 길다. 따라서 해파가 A에 도달하는 평균 시간이 2.86초이므로 해파가 B에 도달하는 평균 시간은 2.86초보다 짧다.
ㄷ. (나)에서 해파 발생판을 천천히 왕복시켜 발생시킨 해파는 파장이 L인 천해파이므로, h는 $\frac{L}{20}$보다 작다.

02 천해파와 심해파의 속력

심해파의 전파 속력(v)은 $v=\sqrt{\frac{gL}{2\pi}}$(g: 중력 가속도, L: 파장)로, 파장이 길수록 전파 속력이 빠르다. 천해파의 전파 속력(v)은 $v=\sqrt{gh}$(g: 중력 가속도, h: 수심)로, 수심이 깊을수록 전파 속력이 빠르다.
ㄱ. 해파가 전달될 때 주기는 일정하므로 해수면상의 A 지점과 B 지점에서 $\frac{\text{파장}}{\text{속력}}$의 값은 같다. B 지점에서 이 해파의 파장은 60 m이고 이 해역의 수심은 2.5 m이므로, 이 해파는 수심이 파장의 $\frac{1}{20}$보다 얕은 해역을 지나고 있으므로 천해파의 특성을 가진다. B 지점에서 해파의 속력은 $\sqrt{10\times2.5}=5$ m/s이고, $\frac{\text{파장}}{\text{속력}}$의 값은 12이다. B 지점의 해파가 천해파이므로 A 지점을 지나는 해파는 심해파이다. A 지점에서 $\frac{\text{파장}}{\text{속력}}=\frac{L}{\sqrt{\frac{gL}{2\pi}}}=\sqrt{\frac{6\times L}{10}}$이다. A와 B 지점에서 해파의 주기는 같기 때문에 $\sqrt{\frac{6\times L}{10}}=12$가 성립되어 파장($L$)은 240 m이다.
ㄴ. 심해파의 전파 속력(v)은 $v=\sqrt{\frac{gL}{2\pi}}$(g: 중력 가속도, L: 파장)로 $v=\sqrt{\frac{10\times240}{2\times3}}=20$ m/s이다. 또는 해파의 전파 속력(v)은 $v=\frac{L}{T}$(L: 파장, T: 주기)로, $v=\frac{240}{12}=20$ m/s이다.
ㄷ. A 지점을 지나는 해파는 심해파이고, B 지점을 지나는 해파는 천해파이다. 먼 해역에서 발생한 해파가 연안으로 진행하는 동안 심해파에서 천해파로 바뀌면, 속력이 느려지고 파장은 짧아지며 파고는 높아진다. 따라서 A 지점을 지나는 해파의 파고는 B 지점을 지나는 해파의 파고인 0.5 m보다 낮다.

03 해파의 수심에 따른 물 입자 운동

해파에 의한 물 입자 운동은 해수면에서 천해파는 타원 운동, 심해파는 원운동이다. 수심이 깊어짐에 따라 천해파는 더 찌그러진 타원으로, 심해파는 반경이 더 작은 원운동으로 변해 간다. 물 입자의 운동이 A와 같이 원 궤도 운동인 경우는 심해파를 나타내고, B와 같이 타원 궤도 운동인 경우는 천해파를 나타낸다.
ㄱ. A에서 물 입자의 운동이 원 궤도 운동을 하므로 A에 전파되는 해파는 심해파이다. 심해파는 수심이 파장의 $\frac{1}{2}$보다 깊은 곳에서 진행하는 해파이므로, 해수면에서 A를 지나 해저면까지의 수심은 100 m보다 깊으므로, A에서 해저면까지의 수심은 95 m보다 깊다.
ㄴ. 심해파는 해저면에 의한 마찰의 영향을 받지 않으므로 물 입자가 원 궤도 운동을 하고, 천해파는 해저면의 마찰을 받으므로 물 입자는 타원 궤도 운동을 한다. 따라서 해저면에 의해 물 입자가 받는 마찰력의 크기는 심해파가 전파되는 A가 천해파가 전파되는 B보다 작다.
ㄷ. B에서 물 입자의 운동이 타원 궤도 운동을 하므로 B에서 전파되는 해파는 천해파이다. 이 해파는 B에서 수심이 더 깊어지면 타원의 모양이 더욱 납작해지고 해저면 가까이에서는 수평으로 직선 왕복 운동을 한다. 일정한 수심 이상에서 해파에 의한 물 입자의 움직임이 나타나지 않는 것은 심해파이다.

04 지진 해일

지진 해일은 해저 지진, 해저 사태 등에 의한 해수면의 급격한 변동으로 발생하며, 깊은 바다에서는 파고가 낮고 속력이 매우 빠르지만 얕은 해안가로 접근할수록 속력은 느려지고 파고가 높아진다.
ㄱ. 지진 해일은 수심에 비해 파장이 매우 길어 천해파의 특성을 가진다. 천해파의 전파 속력(v)은 $v=\sqrt{gh}$(g: 중력 가속도, h: 수심)이다. 수심이 2560 m인 A 지점에서 지진 해일의 전파 속력(v)은 $v=\sqrt{10\times2560}=160$ m/s이다. 또한, 해파의 전파 속력(v)은 $v=\frac{L}{T}$(L: 파장, T: 주기)에 의해 160 m/s$=\frac{L}{(20\times60)\text{초}}$이 성립해야 한다. 따라서 파장은 192 km이다.
ㄴ. 지진 해일은 B에서도 천해파의 성질을 가진다. 따라서 B에서 이 해파의 전파 속력(v)은 $v=\sqrt{10\times160}=40$ m/s이다.
ㄷ. 지진 해파가 A를 지날 때 천해파의 특성을 가지므로 수심 1000 m에 있는 물 입자는 타원 궤도 운동을 한다.

05 해파의 속력

심해파는 수심이 파장의 $\frac{1}{2}$보다 깊은 곳에서 진행하는 해파이며, 심해파의 전파 속력(v)은 $v=\sqrt{\frac{gL}{2\pi}}$(g: 중력 가속도, L: 파장)이다. 천해파는 수심이 파장의 $\frac{1}{20}$보다 얕은 곳에서 진행하는 해파이며, 천해파의 전파 속력(v)은 $v=\sqrt{gh}$(g: 중력 가속도, h: 수심)이다.
ㄱ. A는 수심에 따라 해파의 속력이 증가하는 것을 나타내므로 천해파를 나타낸 것이다. C 영역은 수심에 따라 해파의 속도가 일정한 것으로 보아 심해파 영역이다. B는 천해파와 심해파의 중간 영역인 것으로 보아 천이파 영역이다.
ㄴ. 해파에서 주기$=\frac{\text{파장}}{\text{속력}}$이다. P와 Q는 각각 수심이 200 m, 100 m인 지점부터 깊이에 따라 속력이 일정해지는 심해파의 특성을 띠므로 P와 Q의 파장은 각각 400 m, 200 m이다. 그림에서 수심 10 m인 곳에서 P와 Q는 모두 천해파이고, 천해파의 전파 속력(v)은 $v=\sqrt{gh}$(g: 중력 가속도, h: 수심)이므로, 수심이 10 m인 곳에서 P와 Q의 속력은 모두 10 m/s이다. 해파의 속력이 같은 경우, 주기는 파장에 비례하므로 수심이 10 m인 곳에서 해파의 주기는 P가 Q의 2배이다.
ㄷ. 심해파는 수심(h)이 파장(L)의 $\frac{1}{2}$보다 깊은 곳에서 진행하는 해

파이므로, $h>\frac{L}{2}$이 성립한다. P는 수심이 200 m 이상인 곳에서 심해파의 성질을 나타내므로 P의 파장은 400 m이다. Q는 수심이 100 m 이상인 곳에서 심해파의 성질을 나타내므로 Q의 파장은 200 m이다. 심해파의 속력은 $\sqrt{파장}$에 비례하므로, 수심이 300 m인 곳에서 $\frac{P의\ 속력}{Q의\ 속력}$은 $\sqrt{\frac{400}{200}}=\sqrt{2}$이다.

06 위도별 조석 현상

지구 주위를 공전하는 달의 공전 궤도면이 지구의 공전 궤도면에 대해 기울어져 있으므로 지역에 따라 만조 시 최대 해수면의 높이가 달라지며, 지역에 따라 조석 주기가 달라진다.

ㄱ. 이날 0시에는 A가 지구에서 만조일 때 해수면의 높이가 가장 높은 곳 부근에 위치하고, 약 12시간 25분 후에는 A가 지구에서 만조일 때 해수면의 높이가 가장 높은 곳으로부터 더 먼 곳에 위치한다. 따라서 A의 해수면 높이는 이 시각보다 약 12시간 25분 후에 더 낮아진다.

ㄴ. B는 달을 향하는 방향과 수직이 되는 방향에 위치하므로 간조가 나타나는 지점이다. B에서 달의 만유인력은 달을 향하는 쪽으로 작용하고, 기조력은 달의 만유인력과 공통 질량 중심을 도는 원심력의 합력이기 때문에 만유인력과 방향이 같지 않다.

ⓒ. 달을 향하는 방향 또는 달을 향하는 반대 방향과 가까운 지점일수록 만조일 때 해수면의 높이가 높게 나타난다. 0시에 만조일 때 해수면의 높이는 C>A>B이다.

07 기조력

달의 표면에도 달이 지구와 달의 공통 질량 중심 주위를 회전할 때 생기는 원심력과 지구의 만유인력의 합력인 기조력이 작용하는데, 이 힘은 달 표면의 각 지점마다 지구 방향으로 작용하는 크기와 방향이 다르다.

ⓐ. 북극을 내려다보는 방향에서 달은 지구와 달의 공통 질량 중심을 중심으로 시계 반대 방향으로 공전한다. 따라서 달의 공전 방향은 Q이다.

ㄴ. ㉠은 달의 각 지점에 작용하는 지구의 만유인력이고, ㉡은 달이 지구와 달의 공통 질량 중심을 회전할 때 생기는 원심력이다. A는 지구와 가까운 지점으로 이 지점에서 ㉠은 ㉡보다 크고, ㉠은 지구 쪽으로 작용하고 ㉡은 지구 반대쪽으로 작용하므로 두 힘의 합력은 지구 쪽으로 작용한다. B는 지구와 반대쪽에 있는 지점으로 이 지점에서 ㉠은 ㉡보다 작고, ㉠은 지구 쪽으로 작용하고 ㉡은 지구 반대쪽으로 작용하므로 두 힘의 합력은 지구 반대쪽으로 작용한다.

ⓒ. ㉡은 달이 지구와 달의 공통 질량 중심 G를 공전할 때 생기는 원심력으로, 달이 G를 중심으로 지구를 한 바퀴 공전하는 동안 ㉡의 크기는 일정하다.

08 사리와 조금

사리(대조)는 달의 위상이 삭이나 망일 때로 달과 태양이 지구와 나란하여 두 천체의 기조력이 합쳐져서 조차가 최대로 되는 시기이다. 조금(소조)은 달의 위상이 상현이나 하현일 때로 지구를 기준으로 달과 태양이 수직으로 위치하여 두 천체의 기조력이 분산되어 조차가 최소로 되는 시기이다.

ㄱ. 조차는 만조와 간조 때 해수면의 높이 차로 3일이 13일보다 작다.

ㄴ. 2일~3일에는 조차가 가장 작은 조금이다. 따라서 2일~3일에는 태양-지구-달이 수직하게 위치한다.

ⓒ. ㉠과 ㉡은 모두 만조이며, ㉡은 ㉠ 다음으로 오는 만조로 해수면의 높이가 서로 다르다. 이 이유 중 하나는 달의 공전 궤도면과 지구의 적도면이 나란하지 않기 때문이다.

테마
08 대기의 운동

닮은 꼴 문제로 유형 익히기

본문 63쪽

정답 ③

기온 감률이 건조 단열 감률보다 큰 경우 대기는 절대 불안정한 상태이고, 기온 감률이 습윤 단열 감률보다 크고 건조 단열 감률보다 작은 경우 대기는 조건부 불안정한 상태이다.

㉠. 상승 응결 고도는 상승하는 공기 덩어리의 기온이 건조 단열 감률로 변하다가 습윤 단열 감률로 바뀌는 높이이다. 따라서 상승하는 공기 덩어리의 단열 변화선이 건조 단열선에서 습윤 단열선으로 바뀌는 높이 h_1이 상승 응결 고도이다.

㉡. 임의의 고도에서 공기 덩어리의 기온이 주위 기온보다 높으면 공기 덩어리의 자발적인 상승이 일어난다. 높이 h_2 이전까지는 공기 덩어리의 기온이 주위 기온보다 낮아 계속 강제 상승이 일어난다. 높이 h_2에서 공기 덩어리의 기온과 주위 기온이 같아지고 h_2 이상의 높이에서 공기 덩어리의 기온이 주위 기온보다 높아 공기 덩어리는 자발적으로 상승한다.

~~ㄷ~~. 이 지역의 기온 감률은 습윤 단열 감률보다 크고 건조 단열 감률보다 작으므로 대기의 안정도는 조건부 불안정이다. 반면에 기온 감률이 건조 단열 감률보다 큰 경우 대기의 안정도는 절대 불안정이다.

수능 2점 테스트

본문 64~65쪽

01 ②	02 ⑤	03 ①	04 ③	05 ④
06 ②	07 ②	08 ①		

01 단열 변화

단열 변화는 공기 덩어리가 상승 또는 하강할 때 외부와의 열 교환이 없이 부피가 팽창하거나 압축되어 공기 덩어리의 내부 온도가 변하는 현상이다.

~~ㄱ~~. 대기권에서 대기압은 높이가 높아질수록 감소한다. 임의의 높이에서 공기 덩어리의 내부 압력은 대기압과 평형을 유지하므로, 높이가 높아질수록 공기 덩어리의 내부 압력은 감소한다.

~~ㄴ~~. 공기 덩어리가 상승하여 단열 팽창되면 내부 에너지가 감소하여 기온이 낮아진다.

㉢. 공기 덩어리가 상승하면 주위 기압이 낮아져서 단열 팽창하여 부피가 커지므로, 공기 덩어리의 표면적은 커진다.

02 단열 감률

공기 덩어리가 단열 상승하면 불포화 상태의 공기 덩어리는 건조 단열 감률로 기온이 감소하여 1 km 상승할 때마다 약 10 ℃씩 낮아지고, 포화 상태의 공기 덩어리는 습윤 단열 감률로 기온이 감소하여 1 km 상승할 때마다 약 5 ℃씩 낮아진다.

㉠. 건조 단열선은 불포화 상태의 공기 덩어리가 단열 상승하여 공기 덩어리의 기온이 1 km 상승할 때마다 약 10 ℃씩 낮아지는 단열선이므로 ㉠이다.

㉡. 기온 감률은 높이 올라갈수록 주위 기온이 낮아지는 비율로 8 ℃/km이다.

㉢. 이 지역의 기온 감률은 8 ℃/km로 습윤 단열 감률(5 ℃/km)보다 크고 건조 단열 감률(10 ℃/km)보다 작으므로 대기는 조건부 불안정한 상태이다. 이 경우 대기는 공기 덩어리가 포화 상태인 경우에는 불안정하고, 공기 덩어리가 불포화 상태인 경우에는 안정하다.

03 상승 응결 고도

불포화 공기 덩어리는 단열 상승하면서 건조 단열선을 따라 기온이 낮아지고, 상승 응결 고도에 이르면 응결이 일어나면서 구름이 생성된다. 따라서 상승하는 공기 덩어리의 기온이 건조 단열 감률에서 습윤 단열 감률로 바뀌는 높이가 상승 응결 고도이다. 지표에서 기온이 T이고 이슬점이 T_d일 때, 상승 응결 고도(H)는 $H(\mathrm{km})=\frac{1}{8}\times(T-T_d)$이다.

㉠. 단열 상승하는 공기 덩어리의 기온이 건조 단열 감률에서 습윤 단열 감률로 바뀌는 높이가 2 km이므로, A의 상승 응결 고도는 2 km이다. 상승 응결 고도(km)는 $\frac{1}{8}\times$(기온－이슬점)이고, 지표에서 A의 기온은 30 ℃이므로, A의 이슬점은 14 ℃이다.

~~ㄴ~~. 높이 5 km에서 A는 상승을 멈추었으므로, 이 높이가 구름 꼭대기의 높이이다. 따라서 생성된 구름의 두께는 3 km이다.

~~ㄷ~~. 높이 5 km에서 A는 상승을 멈추었으므로, 이 높이에서 A의 밀도는 주위 공기의 밀도보다 작지는 않다.

04 기온 감률과 단열 감률

불포화 상태의 공기 덩어리는 건조 단열 감률로 기온이 낮아져 1 km 상승할 때마다 10 ℃씩 낮아진다. 기온 감률이 건조 단열 감률보다 크면 절대 불안정, 기온 감률이 습윤 단열 감률보다 작으면 절대 안정 상태이다. 기온 감률이 건조 단열 감률보다 작고 습윤 단열 감률보다 크면 조건부 불안정 상태이다.

㉠. 건조 단열 감률은 10 ℃/km이고, 기온 감률은 9 ℃/km이므로 기온 감률이 건조 단열 감률보다 작고 습윤 단열 감률보다 크다. 이러한 기층은 조건부 불안정 상태로 공기 덩어리의 포화 여부에 따라 대기의 안정도가 달라진다. 지표에서 기온이 30 ℃, 이슬점이 14 ℃인 공기 덩어리의 상승 응결 고도는 2 km이다. A 기층에서 공기 덩어리는 불포화 상태이고, C 기층에서 공기 덩어리는 포화 상태이다. 기층의 안정도는 A는 기온 감률이 건조 단열 감률보다 작으므로 안정하고, C는 기온 감률이 습윤 단열 감률보다 크므로 불안정하다. 따라서 기층의 안정도는 A가 C보다 크다.

~~ㄴ~~. 지표에서 기온이 30 ℃, 이슬점이 14 ℃인 공기 덩어리의 상승 응결 고도 $H(\mathrm{km})=\frac{1}{8}\times(30-14)$, $H=2\mathrm{km}$이다. 공기 덩어리가 상승함에 따라 (기온－이슬점) 값은 점점 작아져서 상승 응결 고도에서는 0이 된다. 따라서 상승 응결 고도 이상의 구간인 C 구간에서 (기온－이슬점) 값은 0으로 가장 작고, (기온－이슬점) 값이 가장 큰

높이는 상승 응결 고도에 가까운 B 구간보다 상승 응결 고도에서 먼 A 구간에 위치한다.

ㄷ. 상승 응결 고도가 2 km이므로, 공기 덩어리의 기온은 A와 B 구간에서는 건조 단열 감률로 낮아지고, C 구간에서는 습윤 단열 감률로 낮아진다. 공기 덩어리의 기온은 높이 1 km에서는 20 ℃, 높이 2 km에서는 10 ℃, 높이 3 km에서는 5 ℃, 높이 4 km에서는 0 ℃가 된다. 공기 덩어리의 기온이 주위 기온보다 높으면 공기 덩어리는 부력을 받아 자발적으로 상승할 수 있는데, 공기 덩어리의 기온이 주위 기온과 같아지는 2.5 km 높이 이상에서는 공기 덩어리의 기온은 주위 기온보다 높아 자발적으로 상승하기 시작한다.

05 푄

수증기를 포함한 공기 덩어리가 산 사면을 따라 상승하다가 구름이 생성되어 비를 뿌린 후, 산을 넘게 되면 산을 넘기 전과 비교하여 기온은 높아지고 상대 습도는 낮아져 고온 건조한 상태가 되는데, 이를 푄이라고 한다.

ㄱ. 상승 응결 고도 H(km)는 $\frac{1}{8}\times$(기온−이슬점)이다. A에서 공기 덩어리의 기온이 30 ℃이고 상승 응결 고도가 500 m이므로, A에서 공기 덩어리의 이슬점은 26 ℃이다.

ㄴ. 상승 응결 고도에서 공기 덩어리의 기온은 25 ℃이고, C 지점에서 공기 덩어리의 기온은 30 ℃이다. 상승 응결 고도에서 산꼭대기까지의 높이를 a라고 하면, 25 ℃−5 ℃/km×a+10 ℃/km×a=30 ℃가 성립되어야 한다. 따라서 a는 1 km이고, h=1500 m이다.

ㄷ. (기온−이슬점) 값이 클수록 공기의 상대 습도는 낮고, 건조하다. 공기 덩어리의 (기온, 이슬점)은 A 지점에서 (30, 26), B 지점에서 (20, 20), C 지점에서 (30, 22), D 지점에서 (35, 23)이다. 따라서 (기온−이슬점) 값이 가장 큰 지점은 D이다.

06 대기 안정도와 굴뚝 연기

굴뚝에서 배출된 연기는 안정한 기층에서는 연직 방향으로 잘 퍼져 나가지 않지만, 불안정한 기층에서는 연직 방향으로 잘 퍼져 나간다.

ㄱ. 역전층은 절대 안정층이므로 역전층이 형성되어 있으면 굴뚝에서 배출된 연기가 연직으로 잘 퍼져 나가지 못한다. (가)의 굴뚝에서 배출된 연기가 B 구간에 갇혀 있는 것으로 보아 B 구간에 역전층이 형성되어 있다. 이런 경우 역전층이 시작되는 높이는 h_1이다. (나)의 굴뚝에서 배출된 연기는 A 구간으로 퍼져 나가지 못하는 것으로 보아 A 구간에 역전층이 형성되어 있다. 이 경우 역전층이 시작되는 높이는 h_2이다. 따라서 역전층이 시작되는 높이는 T_1 시기가 T_2 시기보다 낮다.

ㄴ. T_2 시기에 굴뚝에서 배출되는 연기 모습으로 보아 C 구간은 절대 불안정한 상태이다. 대기가 절대 불안정한 상태에서는 기온 감률이 건조 단열 감률보다 크다.

ㄷ. C 구간에서 굴뚝에서 배출된 연기가 연직으로 더 잘 퍼져 나가는 T_2 시기가 그렇지 못한 T_1 시기보다 공기의 연직 운동이 활발하다.

07 대기의 안정도

공기 덩어리가 불포화 상태일 때, 대기의 안정도는 기온 감률이 건조 단열 감률보다 크면 절대 불안정이고, 기온 감률이 건조 단열 감률과 같으면 중립이고, 기온 감률이 건조 단열 감률보다 작으면 절대 안정이다.

ㄱ. 지표에서 공기 덩어리의 (기온−이슬점) 값이 8 ℃보다 높으므로 높이 1 km까지 상승하는 동안 공기 덩어리는 불포화 상태이다. 지표에서 불포화 상태의 공기 덩어리 A를 높이 1 km까지 단열적으로 상승시키면 A의 기온은 건조 단열선을 따라 하강하여, 높이 1 km에서 주위 기온과 같아진다. 따라서 높이 1 km까지 상승한 A는 지표로 되돌아오지 않는다.

ㄴ. (나)는 기온 감률이 건조 단열 감률보다 크므로 (나)의 대기는 절대 불안정한 상태이다.

ㄷ. 높이 1 km~2 km 구간에서 (가)의 경우에는 절대 안정층인 역전층이 형성되어 있어 대기의 연직 운동이 억제되고, (나)의 경우에는 대기가 절대 불안정한 상태여서 대기의 연직 운동이 활발하다. 따라서 높이 1 km~2 km 구간에서 대기의 연직 운동은 (나)가 (가)보다 활발하다.

08 안개

지표면 부근에서 수증기가 응결되어 생성된 작은 물방울이 공기 중에 떠 있는 것을 안개라고 한다. 안개는 발생 원인에 따라 공기의 냉각에 의해 생성되는 안개와 수증기량의 증가에 의해 생성되는 안개로 분류한다.

ㄱ. (가)는 활승 안개로, 공기 덩어리가 산의 경사면을 따라 상승할 때 단열 팽창으로 냉각되어 생성된다.

ㄴ. (나)는 증발 안개로, 찬 공기가 따뜻한 수면 위로 이동할 때 수면에서 증발한 수증기에 의해서 생성되는 안개이다. 따라서 수면 부근에서 기온이 수온보다 낮을 때 잘 생성된다.

ㄷ. 공기의 냉각에 의해 생성되는 안개에는 복사 안개, 이류 안개, 활승 안개가 있고, 수증기량의 증가에 의해 생성되는 안개에는 전선 안개, 증발 안개가 있다. 따라서 (가)는 공기의 냉각에 의해, (나)는 수증기량의 증가에 의해 생성된다.

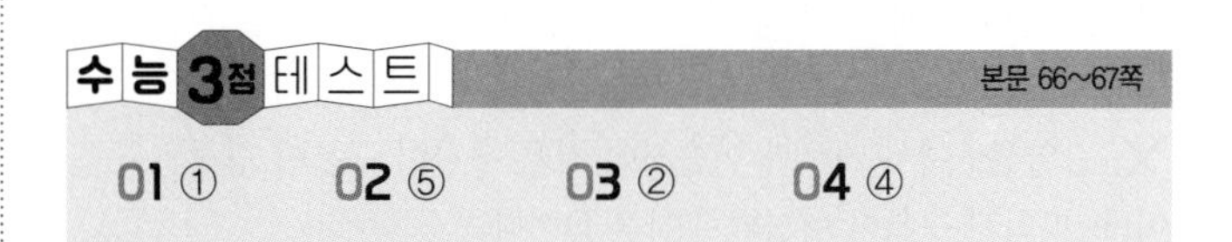

수능 3점 테스트
본문 66~67쪽
01 ①
02 ⑤
03 ②
04 ④

01 대기 안정도와 구름

절대 불안정한 대기에서 공기는 일단 상승하기 시작하면 계속 상승하여 연직으로 높이 발달하는 적운형 구름이 생성된다. 조건부 불안정한 대기에서 공기가 강제로 상승하면 층운형 구름이 만들어지다가 공기 덩어리의 기온이 주위 공기의 기온보다 높아지면 스스로 상승하여 적운형 구름이 생성된다.

ㄱ. (가)의 대기는 기온 감률이 습윤 단열 감률보다 크고 건조 단열 감률보다 작으므로, 대기의 안정도는 조건부 불안정이다.

X. 지표에서 공기 덩어리의 (기온−이슬점) 값이 클수록 상승 응결 고도가 높다. 상승 응결 고도는 (가)와 (나)가 모두 2 km로 같으므로, (기온−이슬점) 값은 (가)와 (나)가 같다.

X. 임의의 고도에서 공기 덩어리의 기온이 주위 기온보다 높으면 공기 덩어리는 자발적으로 상승할 수 있다. (가)의 경우 지표에서 상승한 공기 덩어리의 기온이 주위 기온보다 높아 공기 덩어리가 자발적으로 상승하는 높이 구간은 3∼5 km이고, (나)의 경우는 지표∼5 km이다. 따라서 지표에서 기온이 30 ℃인 공기 덩어리가 자발적으로 상승할 수 있는 높이 구간은 (가)가 (나)보다 얇다.

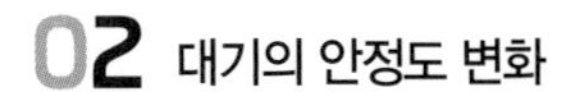

02 대기의 안정도 변화

하루 중 기온의 변화 등 대기 상태의 변화에 따라 대기의 안정도는 변한다.

㉠. (가)와 (나) 중 지표의 기온이 (나)가 높은 것으로 보아 (가)는 6시의, (나)는 13시의 기온과 이슬점 분포이다. 공기가 포화되어 상대 습도가 100 %일 때 기온과 이슬점이 같다. 따라서 구름이 생성된 시기는 (나)와 같은 분포를 보이는 13시이다.

㉡. 지표∼높이 1 km 기층의 대기는 6시와 13시에 모두 불포화 상태이므로 기온 감률과 건조 단열 감률을 비교하여 안정도를 판단한다. 6시에는 기온 감률이 건조 단열 감률보다 작으므로 안정하고, 13시에는 기온 감률이 건조 단열 감률보다 크므로 불안정하다. 따라서 지표∼높이 1 km 기층의 대기는 6시보다 13시에 더 불안정하다.

㉢. 높이 1 km∼2 km 기층의 평균 상대 습도는 기온과 이슬점 차가 작을수록 높다. 따라서 높이 1 km∼2 km 기층의 평균 상대 습도는 기온과 이슬점 차가 큰 6시보다 기온과 이슬점 차가 0인 13시에 더 높다.

03 구름의 생성

임의의 고도에서 대기의 기온과 이슬점의 차가 작을수록 상대 습도가 높다. 기층의 안정도는 기온 감률이 단열 감률보다 큰지 작은지에 따라 판단한다. 이때 공기 덩어리가 포화 상태이면 습윤 단열 감률과 비교하고, 불포화 상태이면 건조 단열 감률과 비교한다.

X. 단열선도에서 기온과 이슬점이 같은 구간이 구름이 형성된 구간이다. 따라서 구름이 형성된 구간은 D이다.

㉡. 대기의 안정도는 기온 감률이 건조 단열 감률보다 크면 절대 불안정 상태이므로, 구간 A∼D 중 절대 불안정한 상태는 A이다.

X. 지표에서 기온이 27 ℃인 공기 덩어리는 주위보다 기온이 높으므로 자발적으로 상승한다. 지표에서 기온이 이슬점보다 높으므로 공기 덩어리는 불포화 상태이고, 상승 응결 고도가 약 600 m 이상이므로 지표에서 약 600 m까지 공기 덩어리는 상승하는 동안 건조 단열 감률을 따라 기온이 낮아진다. 지표에서 상승하는 공기 덩어리의 기온이 주위 기온과 같아지는 높이는 400 m 이하이기 때문에, 공기 덩어리는 높이 500 m까지 자발적으로 상승할 수 없다.

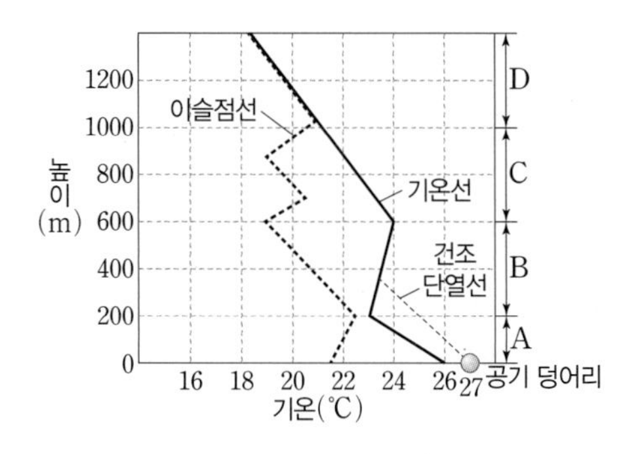

04 ⑤

공기 덩어리가 산을 넘는 동안 구름이 생성되어 비가 내리면 산을 넘은 후 공기 덩어리는 산을 넘기 전과 비교했을 때 기온은 상승하고, 이슬점은 하강하며, 상대 습도와 절대 습도는 낮아진다.

X. 첫 번째 산의 상승 응결 고도는 125×(25−21)=500(m)이다. 공기 덩어리가 A에서 출발하여 높이 500 m에 도달하면 응결이 시작되는데, 이때 공기 덩어리의 기온은 $25\ ℃-\frac{10\ ℃}{1000\ \mathrm{m}}\times 500\ \mathrm{m}=$ 20 ℃이고 이슬점도 20 ℃이다. 이후 공기 덩어리는 높이 H m를 더 상승하여 산 정상에 도달하였을 때 습윤 단열 감률에 의해 기온과 이슬점이 변한다. 산 정상에서 공기 덩어리의 기온과 이슬점은 모두 $\left(20\ ℃-\frac{5\ ℃}{1000\ \mathrm{m}}\times H\right)$이다. 첫 번째 산 정상에서 H m 하강한 다음 다시 두 번째 산을 H m 상승한 지점에서 공기 덩어리의 기온과 이슬점은 모두 $20\ ℃-\frac{5\ ℃}{1000\ \mathrm{m}}\times H$로 응결이 일어나기 시작한다. 따라서 두 번째 산의 상승 응결 고도는 $(500+H)$ m로, 첫 번째 산과 두 번째 산의 상승 응결 고도 높이 차는 H이다.

㉡. B는 상승 응결 고도이므로 B에서 이슬점은 기온과 같은 20 ℃이고, 공기 덩어리는 포화 상태이다. 공기 덩어리가 B에서 두 개의 산을 넘어 C까지 이동하는 동안, 첫 번째 산에서 내려올 때와 두 번째 산에서 H만큼 올라갈 때의 이슬점 변화는 서로 상쇄될 수 있으므로, B에서 높이 $2H$ 산을 넘는 동안 습윤 단열 감률(5 ℃/km)로 이슬점이 하강하고, 높이 $2H$ 산을 내려오는 동안 이슬점 감률(2 ℃/km)로 이슬점이 상승한다. 따라서 C에서 이슬점은 B보다 낮다.

㉢. A에서 공기 덩어리가 두 개의 산을 차례로 넘어서 D에 도달하면, 기온은 높아지고 이슬점은 낮아진다. 따라서 (기온−이슬점) 값은 A가 D보다 작다.

테마 09 바람의 종류

닮은 꼴 문제로 유형 익히기 본문 69쪽

정답 ④

지상풍은 지표면의 마찰력이 작용하는 높이 약 1 km 이하의 대기 경계층(마찰층)에서 부는 바람으로, 전향력과 마찰력의 합력이 기압 경도력과 평형을 이룬다.

✗ ㄱ. 북반구에서 지상풍은 기압이 높은 쪽에서 기압이 낮은 쪽으로 기압 경도력에 대해서 오른쪽으로 등압선에 비스듬하게 분다. 따라서 기압 경도력은 P에서 $P+\Delta P$ 쪽으로 작용하므로, $\Delta P<0$이다.

㉡. 지상풍은 전향력과 마찰력의 합력이 기압 경도력과 평형을 이루면서 부는 바람으로, 전향력과 마찰력의 합력의 크기는 기압 경도력의 크기와 같다. 또한 공기의 밀도와 기압 차가 같을 때 기압 경도력은 $\frac{1}{\Delta L}$(ΔL: 등압선 사이의 간격)에 비례한다. 따라서 ΔL이 더 작은 A가 B보다 기압 경도력이 크고, 기압 경도력이 더 큰 A가 B보다 전향력과 마찰력의 합력의 크기가 크다.

㉢. 지상풍의 풍속은 기압 경도력이 클수록, 마찰력이 작을수록 크다. A는 B보다 ΔL이 작으므로 기압 경도력이 크고, 지상풍과 등압선 사이의 각(경각)이 작으므로 마찰력이 작다. 따라서 지상풍의 풍속은 기압 경도력은 크고 마찰력은 작은 A가 B보다 크다.

수능 2점 테스트 본문 70~71쪽

01 ③	02 ②	03 ⑤	04 ②	05 ①
06 ④	07 ⑤	08 ①		

01 정역학 평형

고도가 낮은 곳은 높은 곳에 비해 기압이 높으므로, 연직 방향의 기압 경도력은 고도가 낮은 곳에서 높은 곳으로 작용한다. 이때 연직 방향의 기압 경도력은 중력과 평형을 이루기 때문에 연직 방향으로 정역학 평형 상태이다.

㉠. 고도가 낮은 곳은 높은 곳에 비해 기압이 높으므로, $P>P+\Delta P$가 성립하여야 하므로 $\Delta P<0$이다.

㉡. 질량은 밀도×부피이다. 이때 공기 기둥의 면적이 단위 면적으로 제시되었으므로 공기 기둥의 질량은 $\rho\times\Delta z$이다.

✗ ㄷ. 정역학 평형 상태인 $\Delta P=-\rho g\Delta z$에 의하면, 높이 z에서의 기압은 높이 z보다 위에 있는 대기의 무게와 같고, z와 $z+\Delta z$ 사이의 공기 기둥의 무게는 z와 $z+\Delta z$ 사이의 기압 차(ΔP)와 같다.

02 수평 기압 경도력

공기 1 kg에 작용하는 수평 기압 경도력의 크기(P_H)는 $P_H=\frac{1}{\rho}\cdot\frac{\Delta P}{\Delta L}$($\rho$: 공기의 밀도, ΔP: 기압 차, ΔL: 등압선 사이의 간격)이고, 고기압에서 저기압 쪽으로 등압선에 직각인 방향으로 작용한다.

✗ ㄱ. 수평 기압 경도력은 고기압에서 저기압 쪽으로 등압선에 직각인 방향으로 작용하고, 등압선이 곡선일 때는 접선 방향과 직각인 방향으로 작용하므로 ㉡ 방향으로 작용한다.

㉡. 수평 기압 경도력의 크기는 밀도와 기압 차가 일정한 경우는 등압선 사이의 간격에 반비례한다. 등압선 사이의 간격은 P($2d$)가 Q(d)의 2배이므로, 1 kg의 공기에 작용하는 수평 기압 경도력은 P가 Q의 $\frac{1}{2}$배이다.

✗ ㄷ. P에서 공기 덩어리가 수평 기압 경도력에 의해 이동하기 시작하면, 공기 덩어리가 진행하는 방향의 오른쪽 직각 방향으로 전향력이 작용하므로 P에서 공기가 이동하기 시작할 때 전향력은 북동쪽으로 작용한다.

03 전향력

전향력은 지구 자전에 의해 나타나는 겉보기 힘으로 지구상에서 운동하는 물체에 작용한다. 공기 1 kg에 작용하는 전향력(C)의 크기는 $C=2v\Omega\sin\varphi$(v: 운동 속도, Ω: 지구 자전 각속도, φ: 위도)이다.

㉠. 공기 1 kg에 작용하는 전향력(C)의 크기는 $C=2v\Omega\sin\varphi$(v: 운동 속도, Ω: 지구 자전 각속도, φ: 위도)이고, 지구 자전 각속도는 항상 일정하므로, 속력이 일정할 때 전향력의 크기는 $\sin\varphi$(φ: 위도)에 비례한다.

㉡. 위도가 일정할 때 전향력의 크기는 속력에 비례한다. 위도 30°에서 전향력의 크기는 속력이 A일 때 약 1.5×10^{-3} m/s^{2}이고, 속력이 B일 때 약 0.75×10^{-3} m/s^{2}로, A가 B의 2배이다. 따라서 속력은 A가 B의 2배이다.

㉢. 속력이 일정할 때 전향력의 크기는 $\sin\varphi$(φ: 위도)에 비례하므로, 위도 90°의 전향력의 크기는 위도 30°의 전향력의 크기의 2배이다. 속력이 B일 때 위도 30°에서 전향력의 크기는 0.75×10^{-3} m/s^{2}이므로 위도 90°에서 전향력의 크기는 1.5×10^{-3} m/s^{2}이다.

04 지상풍

지상풍은 지표면의 마찰력이 작용하는 높이 약 1 km 이하의 대기 경계층(마찰층)에서 부는 바람이다. 등압선이 직선일 때 부는 지상풍에는 기압 경도력, 전향력, 마찰력이 작용하고, 전향력과 마찰력의 합력이 기압 경도력과 평형을 이룬다.

✗ ㄱ. 지상풍은 마찰력과 반대 방향으로 불기 때문에, P 지점에서 지상풍의 풍향은 북서풍이다. 남반구에서 지상풍은 기압이 높은 쪽에서 기압이 낮은 쪽으로 기압 경도력에 대해서 왼쪽으로 비스듬하게 분다. 기압 경도력의 방향은 북쪽에서 남쪽으로 작용한다. 따라서 ㉠은 ㉡보다 작다.

㉡. 전향력은 북반구에서 물체가 진행하는 방향의 오른쪽 직각 방향으로, 남반구에서 물체가 진행하는 방향의 왼쪽 직각 방향으로 작용한다. 남반구인 P 지점에서 지상풍의 풍향이 북서풍이기 때문에, 전향력은 북서풍의 왼쪽 직각 방향으로 작용하여 P 지점에 작용하는 전향력의 방향은 북동쪽이다.

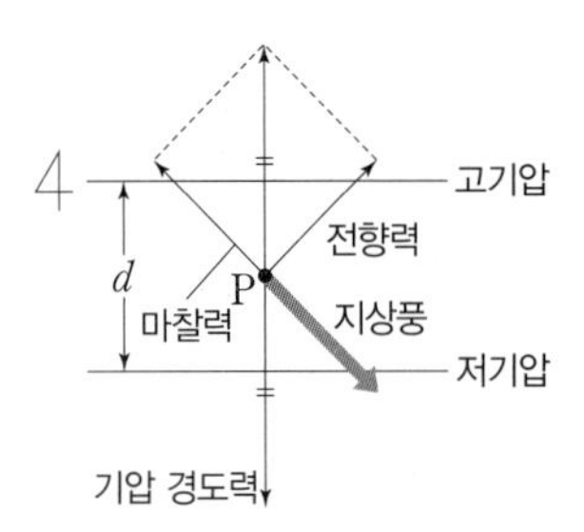

ㄷ. 대기 경계층 내에서는 상층으로 갈수록 마찰력이 작아지고, 이에 따라 θ의 크기도 작아져서 자유 대기에 들어가면 마찰력의 영향이 없어져서 θ는 0이 된다. θ가 0인 경우에는 바람은 등압선에 나란하게 불게 되고 이를 지균풍이라고 한다. 따라서 대기 경계층 내에서는 P 지점에서 연직 상공으로 올라갈수록 지상의 북서풍에서 자유 대기의 서풍으로 시계 반대 방향으로 바뀐다.

05 지균풍

높이 1 km 이상의 상층 대기에서 등압선이 직선으로 나란할 때 기압 경도력과 전향력이 평형을 이루며 부는 바람을 지균풍이라고 한다. 지균풍은 북반구에서는 기압 경도력의 오른쪽 직각 방향으로 불고, 남반구에서는 기압 경도력의 왼쪽 직각 방향으로 분다.

ㄱ. (가)에서 바람에 작용하는 기압 경도력은 남쪽에서 북쪽으로 작용하고, 지균풍은 기압 경도력의 오른쪽 직각 방향으로 불고 있으므로 이 지역은 30°N에 위치한다. (나)에서 바람에 작용하는 기압 경도력은 북쪽에서 남쪽으로 작용하고, 지균풍은 기압 경도력의 왼쪽 직각 방향으로 불고 있으므로 이 지역은 45°S에 위치한다.

ㄴ. 공기 1 kg에 작용하는 기압 경도력의 크기(P_H)는 $P_H=\frac{1}{\rho}\cdot\frac{\Delta P}{\Delta L}$($\rho$: 공기의 밀도, ΔP: 기압 차, ΔL: 등압선 사이의 간격)이다. 공기의 밀도가 같을 때 기압 경도력은 $\frac{\Delta P}{\Delta L}$에 비례한다. 등압선 사이의 간격은 (가)가 (나)의 2배이고, 기압 차도 (가)가 (나)의 2배이므로 (가)와 (나)의 기압 경도력의 크기는 같다. 지균풍은 기압 경도력과 전향력이 평형을 이루며 부는 바람이므로 두 지역에서 기압 경도력의 크기와 전향력의 크기도 같다.

ㄷ. 지균풍은 기압 경도력과 전향력이 평형을 이루어 부는 바람이므로, 지균풍의 풍속(v)은 $v=\frac{1}{2\Omega\sin\varphi}\cdot\frac{1}{\rho}\cdot\frac{\Delta P}{\Delta L}$($\Omega$: 지구 자전 각속도, φ: 위도, ρ: 공기의 밀도, ΔP: 기압 차, ΔL: 등압선 사이의 간격)이다. 기압 경도력이 같을 때 지균풍의 풍속은 $\frac{1}{\sin\varphi}$에 비례한다. (가)와 (나)에서 부는 지균풍의 풍속을 각각 $v_{(가)}$, $v_{(나)}$라고 하면, $\frac{v_{(가)}}{v_{(나)}}=\frac{\sin 45^\circ}{\sin 30^\circ}=\sqrt{2}$이므로, 지균풍의 풍속은 (가)가 (나)의 $\sqrt{2}$배이다.

06 지상풍과 경도풍

등압선이 원형일 때 마찰력이 작용하지 않는 높이 약 1 km 이상의 상층 대기에서는 등압선에 나란하게 경도풍이 불고, 마찰력이 작용하는 높이 약 1 km 이내의 대기 경계층에서는 등압선에 비스듬하게 지상풍이 분다.

ㄱ. (가)는 바람이 저기압 중심부를 향해 시계 반대 방향으로 등압선에 비스듬하게 불어 들어가므로 지상풍이다. (나)는 바람이 등압선에 나란하게 불고 있으므로 고기압성 경도풍이다. 따라서 바람이 부는 높이는 (가)가 (나)보다 낮다.

ㄴ. 고기압성 경도풍은 기압 경도력과 전향력의 차가 구심력으로 작용하여 북반구에서는 시계 방향으로, 남반구에서는 시계 반대 방향으로 등압선에 나란하게 부는 바람이다. (나)의 고기압성 경도풍은 시계 반대 방향으로 등압선에 나란하게 불고 있으므로 이 지역은 남반구이다.

ㄷ. P 지점에는 고기압성 경도풍이 불고 있고, 고기압성 경도풍에는 (전향력−기압 경도력)이 구심력으로 작용하므로 전향력의 크기가 기압 경도력의 크기보다 크다.

07 지상풍

지표 부근의 바람은 마찰력의 영향을 크게 받지만 높이가 높아짐에 따라 마찰력이 감소하므로, 대기 경계층 내에서 풍속은 높이가 높아질수록 증가한다.

ㄱ. 기압 경도력이 일정한 상황에서 지상풍의 풍속이 다른 것은 공기에 작용하는 마찰력 때문이다. 지표에서 지상풍의 풍속이 높이 1 km에서 지상풍의 풍속보다 작은 것으로 보아 지상풍에 작용하는 마찰력은 지표가 높이 1 km보다 크다.

ㄴ. 지표~높이 h_1 구간에서는 높이가 높아짐에 따라 마찰력이 감소한다. 따라서 북반구 중위도 지역의 이 구간 내에서는 높이가 높아질수록 지상풍과 등압선 사이의 각이 감소하여 높이 h_1에서는 서풍이 불게 된다. 그러기 위해서는 지표 부근에서는 남서풍 계열의 바람이 불어야 하고, 높이가 높아질수록 점점 서풍에 가까워져야 한다. 즉, 지표~높이 h_1 구간에서 높이가 높아질수록 풍향은 시계 방향으로 변한다.

ㄷ. h_1은 지균풍이 불기 시작하는 높이이므로 마찰력이 작용하는 대기 경계층의 두께가 두꺼울수록 높게 나타난다. 따라서 다른 조건이 같은 경우, 지표면의 마찰의 영향이 커질수록 h_1은 높아진다.

08 경도풍

지표면의 마찰이 작용하지 않는 높이 1 km 이상의 상층 대기에서 등압선이 원형이나 곡선일 때 부는 바람을 경도풍이라고 한다. 경도풍은 기압 경도력, 전향력, 구심력이 균형을 이루며 등압선과 나란하게 분다.

ㄱ. 경도풍은 기압 경도력과 전향력의 방향이 반대이다. P의 공기에 작용하는 기압 경도력은 중심을 향하므로 (가)에서는 저기압성 경도풍이 불고 있고, ㉠은 760 hPa보다 크다. Q의 공기에 작용하는 기압 경도력은 중심에서 바깥쪽으로 작용하므로 (나)에서는 고기압성 경도풍이 불고 있고, ㉡은 760 hPa보다 작다. 따라서 ㉠은 ㉡보다 크다.

ㄴ. P 지점에서 저기압성 경도풍은 기압 경도력의 왼쪽 직각 방향으로 불고 있으므로 P 지점은 남반구에 위치한다. Q 지점에서 고기압성 경도풍은 기압 경도력의 오른쪽 직각 방향으로 불고 있으므로 Q 지점은 북반구에 위치한다.

ㄷ. P 지점의 저기압성 경도풍은 (기압 경도력−전향력)이 구심력으로 작용하고, Q 지점의 고기압성 경도풍은 (전향력−기압 경도력)이 구심력으로 작용한다. 전향력이 같으므로, 공기에 작용하는 기압 경도력의 크기는 P가 Q보다 크다.

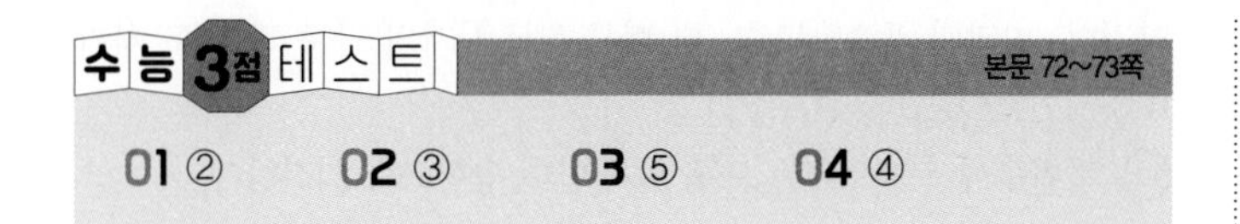

01 등압면의 경사

지표면에서 남북 방향 또는 동서 방향의 기온 차가 생기면, 기온이 높은 지점은 공기 기둥이 팽창하고 기온이 낮은 지점은 공기 기둥이 수축하여 같은 높이에서 기압 차가 발생하여 등압면은 남북 방향 또는 동서 방향으로 기울어진다.

ㄱ. 지표면의 기온은 D>C>B>A 순이고, 임의의 높이에서 지표면의 기온이 높은 지점은 공기 기둥이 팽창하여 지표면의 기온이 낮은 지점보다 기압이 높다. 높이 1 km에서 공기 기둥이 가장 많이 팽창한 지점은 D이므로, 높이 1 km에서 기압은 D가 가장 높다.

ⓛ. 네 지점 모두 등압면이 동쪽이 높고 서쪽이 낮으므로 기압 경도력은 동쪽에서 서쪽으로 작용하고 전향력은 서쪽에서 동쪽으로 작용하며, 지균풍은 기압 경도력의 오른쪽 직각 방향인 남풍이 된다.

ㄷ. 1000~900 hPa 대기층의 두께는 공기 기둥이 많이 팽창한 D가 공기 기둥이 수축한 A보다 두껍다. 일반적으로 1000~900 hPa 대기층의 두께는 기온이 높은 곳이 기온이 낮은 곳보다 두껍다.

02 정역학 평형

공기가 연직 방향으로 정역학 평형 상태일 때 연직 방향의 기압 경도력과 중력이 평형을 이룬다.

ⓖ. 연직 기압 경도력과 중력이 평형을 이루고 있으므로 $-\frac{1}{\rho}\cdot\frac{\Delta P}{\Delta z}=g$($\rho$: 공기의 밀도, ΔP: 기압 차, Δz: 고도 차, g: 중력 가속도)의 관계가 성립하므로, $\Delta z=\frac{\Delta P}{\rho\cdot g}$이다. (가)에서 Δz_1은 $\frac{50000\ \text{N/m}^2}{1\ \text{kg/m}^3\cdot 10\ \text{m/s}^2}=5000\ \text{m}$이고, (나)에서 Δz_2는 $\frac{50000\ \text{N/m}^2}{1.25\ \text{kg/m}^3\cdot 10\ \text{m/s}^2}=4000\ \text{m}$이다. 따라서 $\frac{\Delta z_2}{\Delta z_1}$는 $\frac{4}{5}$이다.

ㄴ. 공기 기둥의 질량은 밀도×부피이다. (가)에서 공기 기둥의 질량은 1×5000이고, (나)에서 공기 기둥의 질량은 1.25×4000이다. 따라서 $\frac{\text{(나)의 공기 기둥의 질량}}{\text{(가)의 공기 기둥의 질량}}$은 1이다.

ⓒ. 정역학 평형 방정식은 $\Delta P=-\rho g\Delta z$(ΔP: 기압 차, ρ: 공기의 밀도, Δz: 고도 차, g: 중력 가속도)이므로, 기압 차가 일정할 때 밀도가 클수록 고도 차는 작아진다. 즉, 정역학 평형 방정식은 공기의 밀도가 클수록 같은 기압 차를 만드는 고도 차가 작다는 것을 나타낸다고 할 수 있다.

03 상층 일기도와 바람

상층 일기도는 어떤 높이에서 측정한 기압을 이용하지 않고, 등압면의 고도를 측정한 후 이를 등고선으로 나타낸 것이다. 상층 일기도에서는 고도가 높은 지역이 고기압이고, 고도가 낮은 지역이 저기압이다. 상층 대기에서 등압선이 원형이나 곡선일 때는 기압 경도력과 전향력의 차가 구심력으로 작용하여 경도풍이 분다.

ⓖ. 상층 일기도는 해당 등압면의 고도를 측정하여 이를 등고선으로 나타낸 것으로, 700 hPa 등압면 일기도는 기압이 700 hPa인 지점의 고도를 등고선으로 분석한 것이다. A는 700 hPa 기압을 나타내는 지점 중에서 고도가 가장 낮다. 따라서 700 hPa 등압면 일기도에서 A는 저기압 중심 부근에 위치한다. 이 지역의 700 hPa 등압면의 일기도를 간략하게 나타내면 다음과 같다.

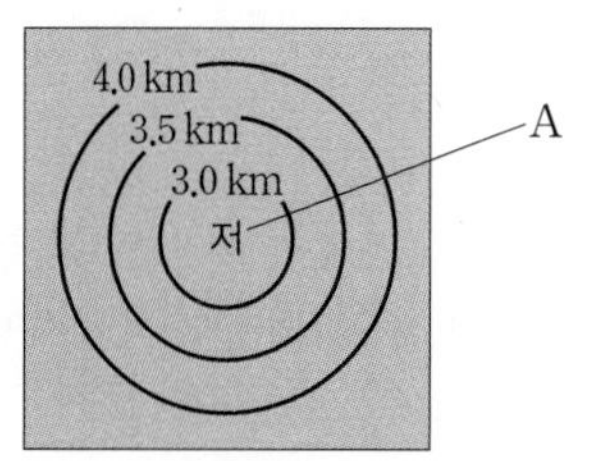

ⓛ. 이 지역은 700 hPa 등압면에 저기압이 형성되어 있다. B 지점은 저기압 주변의 등고선이 원형 또는 곡선인 지역에 위치하므로 이 지역에서는 저기압성 경도풍이 분다. 저기압성 경도풍이 불 때 바람에 작용하는 힘 사이에는 전향력=기압 경도력−구심력(힘의 크기만을 고려함)이 성립하므로, B에서 부는 바람에 작용하는 기압 경도력은 전향력보다 크다.

ⓒ. B에서는 저기압성 경도풍이 불고 있다. 이 지역은 남반구에 위치하므로, 남반구에서 저기압성 경도풍은 시계 방향으로 등압선에 나란하게 분다.

04 지균풍

지균풍은 기압 경도력과 전향력이 평형을 이루어 부는 바람이다. 공기 1 kg에 작용하는 기압 경도력의 크기(P_H)는 $P_H=\frac{1}{\rho}\cdot\frac{\Delta P}{\Delta L}$($\rho$: 공기의 밀도, ΔP: 기압 차, ΔL: 등압선 사이의 간격)이다. 공기 1 kg에 작용하는 전향력의 크기는 $2v\Omega\sin\varphi$(v: 운동 속도, Ω: 지구 자전 각속도, φ: 위도)이다.

ㄱ. 지균풍은 북반구의 경우에는 기압 경도력의 오른쪽 직각 방향으로 불고, 남반구의 경우에는 기압 경도력의 왼쪽 직각 방향으로 분다. (가)는 북반구에서 지균풍이 서쪽으로 불고 있으므로 기압 경도력의 방향은 남쪽으로 작용하여야 하므로 ㉠<㉡이다. (나)는 남반구에서 지균풍이 서쪽으로 불고 있으므로 기압 경도력의 방향은 북쪽으로 작용하여야 하므로 ㉢>㉣이다.

ⓛ. 기압 경도력은 공기의 밀도와 기압 차가 같을 때, 등압선 사이의 간격에 반비례한다. 두 지점 P와 Q에서 기압 차는 같고 등압선 사이의 거리는 P가 Q의 2배이므로, 공기 1 kg에 작용하는 기압 경도력의 크기는 P가 Q의 $\frac{1}{2}$배이다. 지균풍이 불 때 기압 경도력의 크기와 전향력의 크기는 같으므로, 공기 1 kg에 작용하는 전향력의 크기는 P가 Q의 $\frac{1}{2}$배이다.

ⓒ. 지균풍은 기압 경도력과 전향력이 평형을 이루어 부는 바람이므로, 지균풍의 풍속(v)은 $v=\frac{1}{2\Omega\sin\varphi}\cdot\frac{1}{\rho}\cdot\frac{\Delta P}{\Delta L}$($\Omega$: 지구 자전 각속도, φ: 위도, ρ: 공기의 밀도, ΔP: 기압 차, ΔL: 등압선 사이의 간격)이다. 지구 자전 각속도, 공기의 밀도, 기압 차가 모두 같으므로, P와 Q에서 부는 지균풍의 풍속을 각각 v_P, v_Q라고 하면, $\frac{v_P}{v_Q}=\frac{\sin60°}{\sin30°}\cdot\frac{100}{200}=\frac{\sqrt{3}}{2}$이므로, 지균풍의 풍속은 P가 Q의 $\frac{\sqrt{3}}{2}$배이다.

테마 10 편서풍 파동과 대기 대순환

닮은 꼴 문제로 유형 익히기

본문 75쪽

정답 ③

A는 페렐 순환이며, 이 시기는 북반구 기준 여름철이다.

㉠. 위도가 높을수록 대기 대순환의 순환 세포가 나타나는 최고 고도가 낮아진다. 따라서 P는 북극, Q는 적도이다.

㉡. A는 페렐 순환으로 지구가 자전하지 않는다면 A 순환은 나타나지 않는다.

㉢. 해들리 순환이 만나는 적도 저압대가 북반구에 위치하므로 이 시기는 남반구의 겨울철에 해당한다.

수능 2점 테스트

본문 76~77쪽

01 ③	02 ③	03 ⑤	04 ②	05 ②
06 ②	07 ③	08 ⑤		

01 편서풍 파동의 성장 과정

A는 고기압성 회전, B는 저기압성 회전이다.

㉠. 편서풍 파동을 기준으로 북쪽은 저온, 남쪽은 고온 구역이다. 따라서 기온은 A가 B보다 높다.

㉡. 편서풍 파동은 성장하면서 진폭이 커지다가 기압골이 떨어져 나가면서 다시 작아진다.

㉢. 편서풍 파동은 성장하면서 진폭이 커지므로 진폭의 크기가 커지는 (가) → (다) → (나) 순으로 성장한다.

02 편서풍 파동과 지상의 기압 배치

A에서 고기압성 경도풍이 불고, C에서 저기압성 경도풍이 분다. B에서는 공기가 수렴하고, D에서는 공기가 발산한다.

㉠. 기압 경도력의 크기가 같을 때 고기압성 경도풍이 저기압성 경도풍보다 풍속이 빠르다. 따라서 풍속은 A가 C보다 빠르다.

㉡. B에서는 공기가 수렴하므로 B의 지상에서는 하강 기류가 발달한다.

㉢. 지상에서 고기압 중심은 하강 기류가 발달한 B 하부 주변에 위치한다. D 하부 주변에는 상승 기류로 인한 저기압 중심이 위치한다.

03 한대 전선 제트류

한대 전선 제트류는 여름철이 겨울철보다 고위도에 위치하므로 (가)는 2월, (나)는 8월의 자료이다.

㉠. 제트류의 위치는 (가)가 (나)보다 저위도에 위치한다. 또한, 겨울철의 남북 온도 차는 여름철보다 커서 제트류의 풍속이 더 빠르다. 따라서 (가)는 2월이다.

㉡. 겨울철에 남북 간 온도 차가 더 커지면서 제트류의 풍속도 더 빨라진다. 따라서 풍속 분포가 더 빠른 (가) 시기의 남북 간 온도 차가 (나) 시기보다 크다.

㉢. 북반구에서 제트류는 모두 시계 반대 방향으로 회전한다.

04 해륙풍

낮 동안 기압은 B가 A보다 높기 때문에 A는 육지, B는 바다이다.

㉠. 낮에 기압은 A가 B보다 낮으므로 바람은 B에서 A 방향으로 분다. 낮에는 해풍이, 밤에는 육풍이 불기 때문에 A는 육지, B는 바다이다.

㉡. (가)에서 기압은 A가 B보다 낮다. 상승 기류는 기압이 낮은 곳에서 활발하게 나타난다. 따라서 상승 기류는 A에서가 B에서보다 강하다.

㉢. 해륙풍은 중간 규모의 대기 순환이다.

05 대기 순환의 규모

A는 종관 규모, B는 미규모, C는 중간 규모를 나타낸다.

㉠. 뇌우는 중간 규모이므로 C에 해당한다.

㉡. 공간 규모가 50 km인 대기 순환은 중간 규모인 C에 포함된다.

㉢. 규모가 커질수록 연직 규모의 증가량보다 수평 규모의 증가량이 훨씬 크다. 따라서 $\frac{\text{연직 규모}}{\text{수평 규모}}$는 A가 B보다 작다.

06 지구의 위도별 열수지

저위도에서는 에너지 과잉, 고위도에서는 에너지 부족이 나타나지만, 지구 전체는 복사 평형 상태를 유지하고 있다. A는 지구 복사 에너지 방출량, B는 태양 복사 에너지 흡수량이다.

㉠. 저위도에서는 B > A이고, 고위도에서는 A > B이다. 따라서 A는 지구 복사 에너지 방출량이다.

㉡. S_1은 고위도의 부족 에너지를 나타내고, S_2는 저위도의 과잉 에너지를 나타낸다. 따라서 S_2의 남는 에너지는 S_1로 이동하여 지구 전체는 복사 평형을 이루게 된다.

㉢. 대기와 해수의 순환으로 저위도의 과잉 에너지가 고위도로 수송된다.

07 지구의 복사 평형

우주 공간, 대기, 지표면에서 각각 에너지 방출량과 에너지 흡수량은 같다. A는 45, B는 66, C는 100, D는 88이다.

㉠. 태양 복사 100 중 대기 및 구름 산란 25, 지표 반사 5, 구름 흡수 25를 빼면 A는 45가 된다.

㉡. A~D 중 가장 큰 값인 것은 100의 값을 나타내는 C이다.

㉢. 대기 중 온실 기체 증가는 C와 같이 지구 복사 에너지 중 대기에 흡수되는 에너지양을 증가시킨다.

08 대기 대순환

지구 자전에 의해 전향력이 발생하면서 3세포 순환이 가능해진다. 따라서 (가)는 지구가 자전할 때, (나)는 지구가 자전하지 않을 때이다.

㉠. (가)에서 3개의 순환 세포가 나타나므로 지구가 자전할 때를 나

타낸 것이다.
ㄴ. (나)는 북반구 지상에서 북풍만 불고 있으므로 남풍을 설명할 수 없다.
ㄷ. (가)와 (나) 모두 공통적으로 극에서는 하강 기류가, 적도에서는 상승 기류가 발달한다.

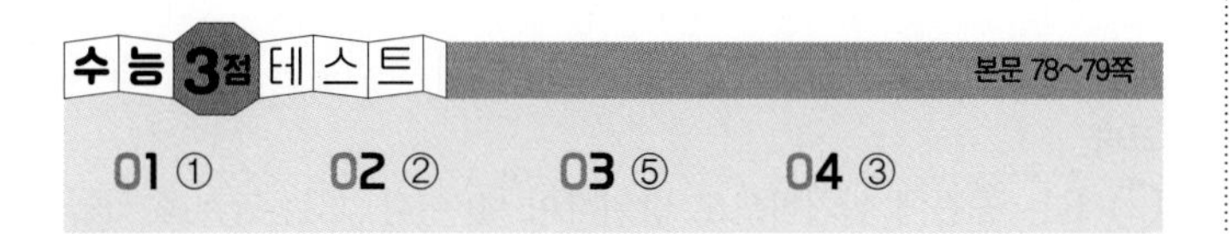

01 해들리 순환과 편서풍 파동 실험

회전 원통의 안쪽과 바깥쪽의 온도 차를 크게 만든 후 회전하게 되면 회전 속도가 느릴 때는 해들리 순환, 회전 속도가 빠를 때는 편서풍 파동에 해당하는 흐름이 형성된다.
ㄱ. 회전 원통의 내벽은 얼음으로 인해 수온이 낮고 외벽은 열선으로 인해 수온이 높다. 따라서 물의 상승류는 회전 원통의 외벽이 내벽보다 강하다.
ㄴ. A는 해들리 순환을, B는 편서풍 파동을 나타낸 것이다. 따라서 회전 속도는 B가 A보다 빠르다.
ㄷ. 편서풍 파동은 B에서 뚜렷하게 나타난다.

02 제트류

등압면의 등고선 간격이 좁은 선을 따라 제트류가 지나간다. 위도는 X가 Y보다 높으므로, 한대 전선 제트류는 X를 지나고, 아열대 제트류는 Y를 지난다.
ㄱ. X에는 한대 전선 제트류가 지나간다.
ㄴ. 한대 전선 제트류를 기준으로 북쪽 영역은 기온이 낮고, 남쪽 영역은 기온이 높다. 따라서 기온은 A가 B보다 높다.
ㄷ. 한대 전선 제트류가 A 주변을 지날 때는 고기압성 경도풍으로 나타나고, B를 지날 때는 저기압성 경도풍으로 나타난다. 풍속은 고기압성 경도풍이 저기압성 경도풍보다 빠르므로 A와 B 사이에서는 공기의 수렴이 나타나 A와 B 사이의 하층에서는 하강 기류가 상승 기류보다 우세하게 나타난다.

03 산곡풍

산 정상은 계곡과 비교하여 낮 동안 더 빠르게 가열되고, 밤 동안 더 빠르게 식는다. 이에 따라 낮에는 강한 상승 기류로 인해 곡풍이, 밤에는 하강 기류와 공기 밀도 상승으로 산풍이 불게 된다.
ㄱ. (나)는 곡풍이 불고 있으므로 낮 시간을 나타내는 A 시기이다.
ㄴ. 낮과 밤의 기온 변화는 Y가 X보다 크다. 따라서 X는 계곡에서의 기온을 나타내고, Y는 산 정상에서의 기온을 나타낸다.
ㄷ. B 시기에 산 정상은 냉각에 의한 하강 기류가 활발하다.

04 대기 대순환의 평균 자오면 순환

그림에서 3개의 순환 세포를 확인할 수 있으며, 가장 왼쪽의 세포가 가장 높고, 오른쪽으로 갈수록 낮아진다. 따라서 3개의 순환 세포는 왼쪽부터 각각 해들리 순환 세포, 페렐 순환 세포, 극순환 세포가 된다.
ㄱ. 대기 대순환의 순환 세포의 최고 높이는 적도에 가까운 해들리 순환 세포가 가장 높고, 페렐 순환 세포, 극순환 세포 순으로 낮아진다. 따라서 높이가 높은 순환 세포가 있는 A 지점이 적도, B 지점이 극이 된다.
ㄴ. 해들리 순환 세포의 일부가 남반구까지 분포하고 있으므로 이 시기는 북반구 겨울철이다.
ㄷ. X는 페렐 순환이 일어나는 지역으로 편서풍이 주로 불고 있다. 따라서 서풍 계열의 바람이 주로 분다.

11 좌표계와 태양계 모형

닮은 꼴 문제로 유형 익히기 본문 82쪽

정답 ④

지구로부터 행성까지의 거리가 멀수록 행성의 시지름은 작아지고, 지구로부터 행성까지의 거리가 가까울수록 행성의 시지름은 커진다.

㉠. 4월 25일부터 6월 24일까지 A의 시지름은 계속 커지고 있으므로 이 기간 동안 지구로부터 A까지의 거리는 계속 가까워지고 있다. 만약 A가 금성이라면 5월 5일에 지구로부터 금성까지의 거리가 가까워지고 있으므로 금성은 태양보다 동쪽에 위치하며 이날 금성은 태양보다 늦게 뜬다. 따라서 A는 금성이 아닌 화성이다.

㉡. A는 화성이며 5월에 지구로부터 화성까지의 거리는 계속 가까워지고 있으므로 합을 지나 충에 가까워지고 있다. 따라서 5월에 A의 이각은 증가한다.

~~㉢~~. B는 금성이며 6월 초에 시지름이 가장 작은 시기가 있으므로 이 시기에 금성은 외합에 위치한 적이 있다. 금성은 내합 부근에서 역행하며, 외합 부근에서는 순행하므로 6월 초에 B는 순행하였다.

수능 2점 테스트 본문 83~85쪽

01 ④	02 ④	03 ③	04 ③	05 ②
06 ②	07 ①	08 ⑤	09 ①	10 ②
11 ②	12 ④			

01 좌표계와 천구의 기준선

지평선은 천정 방향에 수직이며, 천구의 적도는 천구의 북극 또는 천구의 남극 방향에 수직이다.

~~㉠~~. 천정 방향에 수직인 ㉡은 지평선이며, ㉠은 천구의 적도이다. 따라서 천구의 적도와 수직 방향인 A와 B 사이에 천구의 북극이 위치하므로, A와 B의 적경은 12^h 차이가 난다.

㉡. 자오선은 천구의 북극과 남극, 천정과 천저를 동시에 지나는 천구상의 대원이다. 따라서 A는 자오선상에 위치한다.

㉢. 수직권은 천정과 천저를 지나는 천구상의 대원이다. 따라서 A와 B는 같은 수직권에 위치한다.

02 천체의 적위와 일주 운동

적위는 천구의 적도에서 0°이며, 천구의 북극에 가까울수록 크다.

~~㉠~~. A는 B보다 천구의 북극 방향과 비슷한 방향에 위치하므로 적위가 더 크다.

㉡. A는 천구의 북극에 매우 가까이 위치하므로 적위가 90°에 가깝다. 따라서 북반구 중위도에서 관측할 때 A는 일주 운동하는 동안 지평선 아래로 지지 않는다.

㉢. θ는 C의 천정 거리이다. C는 자오선상에 위치하므로 남중하였고, 이때의 고도가 남중 고도이다. 따라서 C의 남중 고도는 $(90° - \theta)$이다.

03 지평 좌표계와 적도 좌표계

적위는 천구의 북극에 가까울수록 크며, 방위각은 북점을 기준으로 시계 방향으로 측정한다.

㉠. B는 천구의 적도에 위치하므로 적위가 0°이다. A는 천구의 북극에 가까우므로 적위가 90°에 가깝다. 따라서 적위는 A가 B보다 크다.

㉡. B는 동점에 위치하므로 방위각이 90°이다. C는 남서쪽 하늘에 위치하므로 방위각이 180°~270° 사이이다. 따라서 방위각은 B가 C보다 작다.

~~㉢~~. A는 천구의 북극을 중심으로 원 궤도로 일주 운동하므로 현재 고도가 하루 중 최대 고도이다. C는 천구의 적도를 따라 일주 운동하므로 자오선상에 위치할 때가 고도가 가장 높다. 따라서 하루 중 최대 고도는 A가 C보다 낮다.

04 태양의 일주 운동

적도에서 일주권은 지평선과 수직이며, 위도가 높을수록 지평선과 나란해진다.

㉠. A에서 태양은 북동쪽에서 떠서 북서쪽으로 지므로 낮의 길이는 12시간보다 길다. B에서 태양은 동점에서 떠서 서점으로 지므로 태양의 적위는 0°이며 낮과 밤의 길이는 같다. 따라서 낮의 길이는 A가 B보다 길다.

㉡. C는 태양의 일주권이 지평선과 수직이므로 적도에 위치한 지역이며, B는 북반구 중위도에 위치한 지역이다. 따라서 위도는 B가 C보다 높다.

~~㉢~~. A에서는 태양이 북동쪽에서 떴으므로 태양의 적위는 (+) 값을 갖는다. C에서는 태양이 남동쪽에서 떴으므로 태양의 적위는 (−) 값을 갖는다.

05 적도 좌표계

A의 적경은 태양보다 $6^h 30^m$ 크며, B의 적경은 태양보다 $3^h 08^m$ 크다.

~~㉠~~. A와 태양의 적경 차가 $6^h 30^m$이므로 태양과의 이각은 약 90°이다. 따라서 A는 외행성이므로 토성이다.

㉡. 남중 시각은 적경이 작을수록 빠르다. 태양의 적경이 B보다 작으므로, 태양이 B보다 먼저 남중한다.

~~㉢~~. 남중 고도는 적위가 클수록 높다. 이날 태양은 적경이 $16^h 30^m$이므로 동지점에 가까워 적위가 매우 작지만, A는 적경이 $23^h 00^m$이므로 춘분점에 가까워 적위가 0°에 가깝다. 따라서 남중 고도는 태양이 A보다 낮다.

06 행성의 위치 관계

지구-태양-금성이 이루는 각은 90°이며, 화성은 태양의 동쪽으로 90° 방향에 위치한다.

ㄱ(X). 서방 최대 이각은 내행성이 태양의 서쪽에서 이각이 최대일 때의 위치이다. 최대 이각일 때 내행성을 기준으로 태양과 지구 사이의 각은 90°이다. 따라서 그림에서 금성은 서방 최대 이각의 위치가 아니며, 서방 최대 이각과 외합 사이에 위치한다.
ㄴ. 공전 속도는 화성보다 지구가 빠르므로 지구와 화성 사이의 거리는 멀어지고 있다.
ㄷ(X). 금성이 태양보다 서쪽에 위치하므로 금성은 새벽에 동쪽 하늘에서 관측된다. 따라서 금성이 동쪽 지평선 부근에서 관측될 때 화성은 서쪽 지평선 아래에 위치하므로 남서쪽 하늘에서 관측될 수 없다.

07 천체의 위치와 좌표계

추분날 태양의 적경은 12^h, 적위는 0°이다.
ㄱ. A는 태양과 같은 방향에 위치하므로 A의 적경은 12^h이다.
ㄴ(X). A는 적경이 12^h이며, B는 약 3개월 뒤인 동짓날 태양의 적경과 같으므로 적경은 A가 B보다 작다.
ㄷ(X). 남중 고도는 적위가 클수록 높다. B와 C의 적경은 다르지만, 모두 천구의 적도에 위치하므로 적위는 0°이다. 따라서 B와 C의 남중 고도도 같다.

08 수성의 위치 관계와 겉보기 운동

수성은 내행성이므로 동방 최대 이각 → 내합 → 서방 최대 이각 → 외합 → 동방 최대 이각 순으로 위치 관계가 변하며, 내행성의 유는 최대 이각과 내합 사이에서 나타난다.
ㄱ. 1월 13일에 서방 최대 이각에 위치하였고, 3월 25일에 동방 최대 이각에 위치하였으므로 이 기간 동안 외합을 통과하였다. 따라서 ㉡은 외합이며, ㉠은 내합이다.
ㄴ. 3월 25일에는 동방 최대 이각에 위치하였으며, 4월 12일에는 내합에 위치하였으므로 4월 2일에는 동방 최대 이각과 내합 사이에 위치하였다. 따라서 4월 2일에 수성의 이각은 감소한다.
ㄷ. 3월 25일에는 동방 최대 이각에, 4월 12일에는 내합에 위치하였으므로 4월 2일의 유는 순행에서 역행으로 바뀌는 시기이다. 따라서 3월 27일에 수성은 순행한다.

09 행성의 지는 시각과 위치 관계

내행성은 이각이 클수록 태양과의 뜨고 지는 시각의 차가 커지며, 외행성은 충 부근에서만 역행한다.
ㄱ. 이 기간 동안 일몰 시각이 늦어지고 있으므로 낮이 길어지고 있다. 낮의 길이는 태양의 적위가 클수록 길어지므로, 태양의 적위는 커지고 있다.
ㄴ(X). t_1~t_2 기간 동안 토성과 태양이 지는 시각의 차는 점차 작아지고 있으며, 토성과 태양이 동시에 지는 시기도 있었다. 따라서 이 기간 동안 토성은 합을 통과하였으므로 토성은 순행하였다.
ㄷ(X). t_2~t_3 기간 동안 수성과 태양의 지는 시각의 차는 커지고 있으므로 수성의 이각은 증가하였으나, 금성과 태양의 지는 시각의 차는 작아지고 있으므로 금성의 이각은 감소하였다.

10 태양의 남중 고도 변화

남중 고도=(90° − 위도 + 적위)이다. 따라서 37°N에서 남중 고도 =(53° + 적위)이다.
ㄱ(X). 태양의 적경이 12^h일 때 적위는 0°이다. 따라서 A 시기에 태양의 적경이 12^h라면 남중 고도는 53°여야 한다. A 시기에 태양의 남중 고도는 약 76°이므로 A 시기에 태양의 적경은 12^h가 아니며, A 시기는 남중 고도가 가장 높은 시기이므로 태양의 적경은 6^h이다.
ㄴ. B 시기에 태양의 남중 고도는 60°이므로 적위는 +7°이다. 적위가 0°보다 크므로 B 시기에 태양은 북동쪽 하늘에서 뜬다.
ㄷ(X). A 시기는 1년 중 태양의 남중 고도가 가장 높을 때이므로 태양의 적위는 +23.5°이다. 따라서 A 시기에 위도 50°N인 지역에서 태양의 남중 고도=90° − 50° + 23.5° = 63.5°이므로 80°보다 낮다.

11 프톨레마이오스의 우주관

프톨레마이오스의 우주관에서 우주의 중심에는 지구가 위치하며, 행성들은 자기 궤도상에 중심을 두고 있는 주전원을 돈다.
ㄱ(X). 행성이 주전원을 돌고 있으므로 프톨레마이오스의 우주관이며, 이 우주관에서 우주의 중심에는 지구가 위치한다.
ㄴ. 행성이 a → b로 이동하는 동안 행성의 겉보기 운동 방향이 주전원의 공전 방향과 같은 방향으로 나타나므로 행성은 순행한다.
ㄷ(X). 수성과 금성의 주전원 중심은 항상 지구와 태양을 잇는 선 위에 위치한다. 따라서 행성이 c에 위치한 시기에 이 행성은 주전원 중심보다 오른쪽(서쪽)에 위치하므로 태양보다 오른쪽(서쪽)에 위치하게 되어 태양은 행성보다 나중에 뜬다.

12 코페르니쿠스의 우주관

코페르니쿠스의 우주관에서 우주의 중심은 태양이다.
ㄱ(X). 코페르니쿠스의 우주관에서 행성은 태양 주위를 원 궤도로 공전한다.
ㄴ. 행성의 공전 속도는 태양으로부터 멀수록 느려지며, 이로 인해 행성의 순행과 역행이 나타난다.
ㄷ. 금성의 보름달 모양의 위상은 금성이 태양의 뒤편인 외합 부근에 위치할 때 나타난다. 이 우주관에서 금성은 외합 부근에 위치할 수 있으므로 금성의 보름달 모양의 위상을 설명할 수 있다.

수능 3점 테스트

본문 86~89쪽

01 ⑤	02 ③	03 ④	04 ②	05 ①
06 ⑤	07 ②	08 ④		

01 천체의 좌표계

천구의 적도는 동점과 서점을 지나며, 우리나라에서 관측할 때 동점 부근에서 천구의 적도는 다음 그림과 같이 동점을 지나 오른쪽 위를 따라 나타나며, 시간권은 천구의 적도와 수직이다.

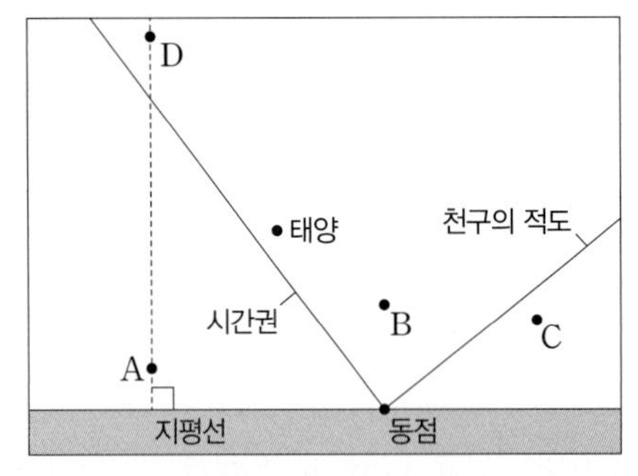

ㄱ. A와 B는 천구의 적도보다 위에 위치하므로 적위는 (+) 값을 갖는다.

ㄴ. 적경은 천구의 적도를 따라 서에서 동으로 갈수록 커진다. A는 D보다 천구의 적도를 따라 상대적으로 동쪽에 위치하므로 적경이 더 크다.

ㄷ. 동점의 방위각은 90°이며, C의 방위각은 90°보다 크고 D의 방위각은 90°보다 작다. 고도는 C가 D보다 낮다. 따라서 (방위각－고도)의 값은 C가 D보다 크다.

02 행성의 위치 관계와 겉보기 운동

행성들의 공전 속도가 다르기 때문에 시간에 따라 태양과 행성들의 위치 관계가 달라진다.

ㄱ. 그림에서 태양과 행성들의 분포가 왼쪽 위에서 오른쪽 아래로 나타나는 것으로 보아 서쪽 하늘을 관측한 것이다. (가) → (나) → (다) 기간 동안 수성은 금성보다 항상 서쪽에 위치하고 있다. 따라서 수성은 금성보다 항상 먼저 뜬다.

ㄴ. (나) → (다) 기간 동안 금성은 태양의 서쪽에서 태양의 동쪽으로 이동하였으므로 외합을 통과하였다. 금성의 태양면 통과 현상은 금성이 내합을 지날 때 나타나므로, (나) → (다) 기간 동안 금성의 태양면 통과 현상은 나타날 수 없다.

ㄷ. 이 기간 동안 목성은 태양의 동쪽에서 서쪽으로 이동하였으므로 합을 통과하였다. 목성은 충 부근에서만 역행하므로, 이 기간 동안 목성의 적경은 계속 증가하였다.

03 좌표계와 행성의 운동

이날은 추분날이며, 추분날 태양의 적경은 12^h이고, 적위는 0°이다. 따라서 이날 태양은 동점에서 떠서 천구의 적도를 따라 일주 운동한다.

ㄱ. 이날은 추분날이며 적위가 0°이므로 황도가 천구의 적도보다 위에서 아래로 내려가며 천구의 적도와 만나는 지점에 태양이 위치한다. 따라서 태양은 수성보다 고도가 높고 방위각이 큰 지점에 위치하므로 이 시각은 새벽이 아니다.

ㄴ. 그림에서 동점을 지나며 오른쪽 위를 향하는 점선이 천구의 적도이다. 수성은 천구의 적도보다 아래에 위치하므로 수성의 적위는 (－) 값을 갖는다.

ㄷ. 추분날 태양은 동점에서 뜨므로 태양이 뜰 때 황도와 지평선이 만나는 지점(㉠)은 동점에 위치한다. 황도의 적위는 추분점에서 동쪽으로 갈수록 작아지므로 추분점에 위치한 태양이 천구의 적도를 따라 떠오르면서 ㉠과 동점 사이의 각거리는 점차 커진다. 따라서 ㉠과 동점 사이의 각거리는 오전 7시가 오전 11시보다 작다.

04 수성의 겉보기 운동

수성은 내합 부근에서 역행한다.

ㄱ. 수성의 역행이 일어날 때 수성의 적경이 14^h～15^h이므로, 태양의 적경도 이와 비슷하다. 따라서 가을에 관측한 것이다.

ㄴ. 수성은 대부분의 기간 동안 순행하며, 짧은 기간 동안 역행이 나타난다. 따라서 수성의 겉보기 운동은 ㉠ 방향으로 일어났다.

ㄷ. A 기간은 역행이 시작되기 전에 해당하므로 수성이 동방 최대 이각 부근에 위치할 때이다. 따라서 A 기간 동안 수성은 초저녁에 관측된다.

05 행성의 위치와 겉보기 운동

내행성은 내합 부근에서, 외행성은 충 부근에서 역행한다.

ㄱ. 수성은 태양보다 동쪽에 위치하므로 지구에 가까워지고 있다. 따라서 수성의 시지름은 커지고 있다.

ㄴ. 화성은 서구에 위치한다. 이날 이후 화성은 충에 가까워지므로 지구와 화성 사이의 거리는 가까워지고 있다.

ㄷ. 목성은 충에 위치하므로 역행 중이다. 따라서 나머지 행성들은 모두 순행한다. 금성은 적경이 약 23^h이며 순행 중이므로 적경이 증가하고 있다. 목성은 적경이 약 12^h이며 역행 중이므로 적경이 감소하고 있다. 따라서 금성과 목성의 적경 차는 이날이 다음 날보다 작다.

06 행성의 위치 관계

외행성은 서구와 충 사이에 나타나는 유일 때 순행에서 역행으로 바뀌며, 충과 동구 사이에 나타나는 유일 때 역행에서 순행으로 바뀐다.

ㄱ. 토성과 해왕성은 외행성이므로 순행에서 역행으로 바뀌는 유는 서구와 충 사이에서 일어난다. (나)일 때 토성과 해왕성이 순행에서 역행으로 바뀌는 유가 나타났으며, (가)일 때 토성과 해왕성이 충에 위치한 적이 있으므로 시기는 (나)가 (가)보다 먼저이다. 따라서 (가)는 9월, (나)는 7월이다.

ㄴ. 수성은 7월에 동방 최대 이각에 위치하였고, 9월에 서방 최대 이각에 위치하였으므로 8월에 내합을 지나며 역행한 적이 있다.

ㄷ. 9월 2일이나 9월 5일은 수성이 태양보다 서쪽에 위치하며, 천왕성은 서구와 충 사이에 위치한다. 따라서 해뜨기 전에 수성은 동쪽 하늘에, 천왕성은 서쪽 하늘에 떠 있을 수 있으므로 9월에 천왕성과 수성이 동시에 지평선 위에 떠 있는 시기가 있다.

07 행성의 위치 관계

지구에서 내행성의 공전 궤도에 접선을 그렸을 때 만나는 두 점의 위치가 최대 이각의 위치이다.

ㄱ. 지구에서 관측했을 때 A의 이각이 최대이려면 지구는 ㉡ 또는 ㉢ 구간에 위치해야 한다. B가 동구와 충 사이에 위치하기 위해서는 지구가 ㉢ 구간에 위치해야 한다. 따라서 지구는 ㉢ 구간에 위치한다.

ㄴ. 지구는 ㉢ 구간에 위치하므로 태양은 춘분점 방향과 거의 반대 방향에 위치한다. 따라서 이날 태양의 적경은 약 12^h이다.

ㄷ. A는 동방 최대 이각에 위치하며 B는 동구와 충 사이에 위치하므로 A와 B 모두 태양의 동쪽에서 이각이 작아지고 있다. 따라서 A와 B 모두 남중 시각은 다음 날이 이날보다 빠르다.

08 티코 브라헤의 지구 중심설

티코 브라헤의 지구 중심설에서 우주의 중심은 지구이며, 행성들은 지구를 공전하는 태양 주위를 공전한다.

ㄱ. 지구를 공전하는 B는 달이며, 태양을 공전하는 행성 중 안쪽에서 공전하는 C는 수성, 바깥쪽에서 공전하는 A는 화성이다.

ㄴ. 우주의 중심은 지구이므로 연주 시차가 나타나는 현상을 설명할 수 없다.

ㄷ. A와 C는 각각 화성과 수성이며, 화성과 수성이 태양을 공전하므로 화성과 수성의 역행을 설명할 수 있다.

테마 12 행성의 궤도 운동

닮은 꼴 문제로 유형 익히기

본문 91쪽

정답 ①

케플러 제2법칙에 의하면, 태양과 P를 잇는 선분은 같은 시간 동안 같은 면적을 쓸고 지나간다.

ㄱ. a에서 b로 갈수록 태양으로부터 P까지의 거리가 멀어지므로 공전 속도는 느려진다.

ㄴ. P가 1년 동안 a에서 b까지 공전하며 태양과 P를 잇는 선분이 쓸고 지나간 면적은 전체 궤도 면적의 $\frac{1}{4}$보다 작다. P가 c에서 d까지 공전하는 동안 태양과 P를 잇는 선분이 쓸고 지나간 면적은 전체 궤도 면적의 $\frac{1}{4}$보다 크므로 c에서 d까지 공전하는 데 걸린 시간은 1년보다 길다.

ㄷ. P가 a에서 b까지 공전하는 데 걸린 시간은 1년이며, c에서 d까지 공전하는 데 걸린 시간은 1년보다 길다. 따라서 P의 공전 주기는 4년보다 길다.

수능 2점 테스트

본문 92~93쪽

01 ②	02 ①	03 ⑤	04 ⑤	05 ①
06 ④	07 ②	08 ③		

01 행성의 공전 각속도와 회합 주기

평균 공전 각속도가 클수록 공전 주기가 짧다.

ㄱ. 지구는 365일 동안 360°를 공전하므로 평균 공전 각속도가 약 1°/일이다. A는 평균 공전 각속도가 0.52°/일이므로 지구보다 평균 공전 각속도가 느리다. 따라서 A는 외행성이다.

ㄴ. B가 근일점에 위치할 때 공전 속도는 평균 공전 속도보다 빠르다. 따라서 B가 근일점에 위치할 때 하루 동안 공전한 각도는 1.6°보다 크다.

ㄷ. A에서 관측할 때 B는 내행성에 해당하며, 내행성에 해당하는 B의 공전 속도가 지금보다 커지면 회합 주기는 짧아진다.

02 평균 공전 속도와 회합 주기

A는 지구보다 공전 속도가 빠르고, B는 느리다. 따라서 A는 내행성, B는 외행성이다.

ㄱ. A는 내행성, B는 외행성이므로 공전 궤도 긴반지름은 A가 B보다 짧다.

ㄴ. A는 지구와의 회합 주기가 115.9일이다. 지구와의 회합 주기가 1년보다 짧은 행성은 수성이 유일하므로 A는 수성이다.

ㄷ. B는 외행성이며 외행성의 회합 주기는 지구의 공전 주기인 365일보다 길다. 따라서 ㉠은 365보다 크다.

03 회합 주기

공전 궤도 반지름이 작을수록 하루 동안 공전한 각도가 크다.

㉠. 0.3년 동안 행성이 공전한 각도는 A가 B보다 크다. 따라서 공전 주기는 A가 B보다 짧으므로 공전 궤도 반지름은 A가 B보다 작다.

㉡. A는 0.3년 동안 60°를 공전했다. 따라서 360°를 공전하는 데 1.8년이 걸리므로 공전 주기는 1.8년이다.

㉢. A의 공전 주기는 1.8년, B의 공전 주기는 3.6년이다. 회합 주기를 S, A와 B의 공전 주기를 각각 P_A, P_B라고 할 때, A에서 관측한 B의 회합 주기는 $\frac{1}{S}=\frac{1}{P_A}-\frac{1}{P_B}$이다. 따라서 회합 주기는 3.6년이며, 이는 B의 공전 주기와 같다.

04 케플러 제2법칙

행성이 공전하는 동안 면적 속도는 일정하며, 공전 속도는 원일점 부근이 근일점 부근보다 느리다.

㉠. t_A는 t_B보다 길다. 따라서 A 구간이 B 구간보다 원일점에 가깝다. 따라서 태양은 두 초점 중 ㉠에 위치한다.

㉡. 원일점에서 근일점까지 또는 근일점에서 원일점까지 공전한 시간은 공전 주기의 반에 해당한다. (t_A+t_B)는 근일점에서 원일점까지 공전하는 데 걸린 시간이므로, 이 행성의 공전 주기는 $2(t_A+t_B)$이다.

㉢. 같은 시간 동안 행성과 태양을 잇는 선분이 쓸고 지나간 면적은 같다. A 구간을 공전하는 데 걸린 시간은 B 구간을 공전하는 데 걸린 시간보다 길다. 따라서 행성과 태양을 잇는 선분이 쓸고 지나간 면적은 A 구간을 공전할 때가 B 구간을 공전할 때보다 넓다.

05 케플러 제1법칙

공전 궤도 긴반지름을 a, 초점 거리를 c, 이심률을 e라고 할 때 $e=\frac{c}{a}$이다.

㉠. 근일점 거리$=(a-c)$이며, $c=ae$이므로 근일점 거리$=a(1-e)$이다. 수성의 이심률은 0.206이므로 수성의 근일점 거리는 수성의 공전 궤도 긴반지름의 0.794배이다. 따라서 수성의 근일점 거리는 수성의 공전 궤도 긴반지름의 80 %보다 짧다.

✗. 원일점 거리$=(a+c)=a(1+e)$이다. 지구의 공전 궤도 긴반지름은 1.000 AU이며, 이심률은 0.017이므로, 지구의 원일점 거리는 약 1.017 AU이다. 따라서 1.02 AU보다 짧다.

✗. (원일점 거리−근일점 거리)$=(a+c)-(a-c)$이므로 $2c$이다. $e=\frac{c}{a}$이므로, 결국 (원일점 거리−근일점 거리)$=2ae$이다. ae는 수성이 약 0.080, 금성이 약 0.005, 지구가 약 0.017이므로, (원일점 거리−근일점 거리)는 수성이 가장 크다.

06 쌍성의 운동

쌍성계를 구성하는 두 별 A와 B의 질량을 각각 m_A, m_B, 공통 질량 중심으로부터 A와 B까지의 거리를 각각 a_A, a_B라고 할 때 $m_A \cdot a_A = m_B \cdot a_B$이다. 또한 쌍성계의 공전 주기를 P, 태양 질량을 $M_\odot$라고 할 때, $m_A+m_B=\frac{(a_A+a_B)^3}{P^2}M_\odot$가 성립한다.

✗. A와 B의 공전 주기는 같으므로 공전 속도는 공통 질량 중심으로부터의 거리에 비례한다. 공전 속도는 A가 B의 3배이므로, 공통 질량 중심으로부터의 거리도 A가 B의 3배이다.

㉡. $m_A \cdot a_A = m_B \cdot a_B$이다. a_A는 a_B의 3배이므로 m_B는 m_A의 3배이다.

㉢. $m_A+m_B=\frac{(a_A+a_B)^3}{P^2}M_\odot$이며, $m_A=1M_\odot$, $m_B=3M_\odot$이므로, $\frac{(a_A+a_B)^3}{P^2}=4$이다. $(a_A+a_B)=8$ AU이므로 공전 주기인 P는 8년보다 길다.

07 케플러 법칙

행성이 공전하는 동안 면적 속도는 일정하며, 공전 속도는 근일점 부근이 원일점 부근보다 빠르다.

✗. A는 근일점에 위치한 때로부터 1년 동안, B는 원일점에 위치한 때로부터 1년 동안 공전하였으므로, A의 공전 속도는 느려졌고, B의 공전 속도는 빨라졌다.

✗. B는 원일점에 위치한 때로부터 1년 동안 전체 궤도 길이의 $\frac{1}{4}$을 공전하였으므로, 1년 동안 전체 궤도 면적의 $\frac{1}{4}$보다 넓은 면적을 쓸고 지나갔다. 따라서 B의 공전 주기는 4년보다 짧다.

㉢. 케플러 제3법칙에 의하면 공전 주기(년)의 제곱은 공전 궤도 긴반지름(AU)의 세제곱과 같다. A의 공전 주기는 8년이므로 공전 궤도 긴반지름은 4 AU이다. B의 공전 주기는 4년보다 짧으므로 B의 공전 궤도 긴반지름은 3 AU보다 클 수 없다. 따라서 A와 B의 공전 궤도 긴반지름 차는 1 AU보다 크다.

08 타원 궤도 법칙

A와 B에 묶인 실의 길이(㉠)는 공전 궤도 긴반지름의 2배에 해당하며, A와 B 사이의 거리(㉡)는 초점 거리의 2배에 해당한다.

㉠. ㉠이 일정하고 ㉡이 길어지면, 공전 궤도 긴반지름은 일정하고 이심률이 커지면서 공전 궤도 짧은반지름은 작아진다. 따라서 $\frac{\text{공전 궤도 짧은반지름}}{\text{공전 궤도 긴반지름}}$의 값은 작아진다.

✗. 공전 궤도 이심률$=\frac{\text{초점 거리}}{\text{공전 궤도 긴반지름}}$이다. ㉡이 일정하면 초점 거리가 일정하고, ㉠이 길어지면 공전 궤도 긴반지름이 커지므로, 공전 궤도 이심률은 작아진다.

㉢. 연필과 압정이 가장 가까울 때의 거리는 근일점 거리이다. 근일점 거리=(공전 궤도 긴반지름−초점 거리)인데, ㉠이 일정하면 공전 궤도 긴반지름은 일정하고, ㉡이 짧을수록 초점 거리는 짧아지므로 근일점 거리는 멀어진다.

ㄴ. A와 B에서 해수면 경사와 중력 가속도는 같으므로 A와 B에서는 수압 경도력이 같고 지형류 평형 상태에 있으므로 전향력이 같다.

ㄷ. 지형류의 유속(v)은 $v=\frac{1}{2\Omega\sin\varphi}\cdot g\cdot\frac{\Delta z}{\Delta x}$($\Omega$: 지구 자전 각속도, φ: 위도, g: 중력 가속도, Δz: 해수면 높이 차, Δx: 수평 거리 차)이다. A와 B에서 해수면 경사와 중력 가속도는 같으므로, 저위도일수록 지형류의 속도는 빠르다. 이 지역은 남반구이고 A보다 남쪽에 위치한 B가 고위도이므로 지형류의 속도는 A보다 B에서 느리다.

11 해파

심해파는 수심이 파장의 $\frac{1}{2}$보다 깊은 해역에서 진행하는 해파이고, 천해파는 수심이 파장의 $\frac{1}{20}$보다 얕은 해역에서 진행하는 해파이다.

ㄱ. A는 파장이 1000 m, 통과 지역의 수심이 700 m이다. 수심이 파장의 $\frac{1}{2}$보다 깊으므로 심해파이다. 심해파에서 수면 부근의 물 입자는 원운동을 한다.

ㄴ. B는 수심이 파장의 $\frac{1}{20}$보다 얕은 천해파이고, C는 심해파이다. 천해파의 속도는 $v=\sqrt{gh}$(g: 중력 가속도, h: 수심)이고, 심해파의 속도는 $v=\sqrt{\frac{gL}{2\pi}}$(L: 파장)이다. 따라서 B의 속도는 $\sqrt{90g}$이고, C의 속도는 $\sqrt{\frac{200g}{2\pi}}$보다 작으므로 해파의 속도는 B가 C보다 빠르다.

ㄷ. C는 심해파이므로 ㉠은 200 m보다 짧다.

12 단열 변화

공기 덩어리가 상승하거나 하강할 때 외부와의 열 교환 없이 주위 기압 변화에 의한 부피 변화로 인해 온도가 변하는 현상을 단열 변화라고 한다.

ㄱ. 구름의 밑면 높이(상승 응결 고도)는 2 km이다. 상승 응결 고도 $H(\mathrm{m})=125(T-T_{\mathrm{d}})$에서 $2000=125(30-T_{\mathrm{d}})$이므로 T_{d}는 14 ℃이다.

ㄴ. 높이 3~4 km에서 기온 감률은 건조 단열 감률보다 작고 습윤 단열 감률보다 크므로 대기는 조건부 불안정 상태이다.

ㄷ. 높이 2 km까지 상승하는 동안 기온과 이슬점의 차이가 점점 줄어들기 때문에 공기 덩어리의 상대 습도는 높아진다.

13 지균풍

지균풍은 높이 1 km 이상의 상공에서 등압선이 직선으로 나란할 때 부는 바람이다. A는 전향력, B는 기압 경도력이다.

ㄱ. 지균풍은 기압 경도력과 전향력이 평형을 이루며 부는 바람이다. 전향력(A)은 남반구에서는 물체가 진행하는 방향의 왼쪽 직각 방향으로 작용하므로 이 지역은 남반구에 위치한다.

ㄴ. 지균풍이 형성되는 과정에서 공기 입자의 속도가 점점 빨라지면서 전향력의 크기는 커진다. 전향력의 크기는 (나)가 (가)보다 작다.

ㄷ. 지균풍은 등압선과 나란하게 부는 바람이다. 따라서 공기 입자에 작용하는 힘은 (나) → (가)의 시간 순서로 바뀐다.

14 편서풍 파동

500 hPa 등압면의 등고선은 저위도일수록 높은 고도를 나타낸다.

ㄱ. A가 위치하는 등고선은 B가 위치하는 등고선보다 저위도 쪽에 위치하며 등고선의 고도가 높다. 따라서 A는 B보다 고도가 높다.

ㄴ. A는 기압골의 서쪽에 위치하므로 상층 공기가 수렴하고 하강 기류가 발달하여 지상에 고기압이 형성된다.

ㄷ. B는 기압골의 동쪽에 위치하므로 상층 공기가 발산하고 상승 기류가 발달하여 지상에 저기압이 형성된다.

15 태양의 연주 운동

천구상에서 태양이 연주 운동하는 경로는 시계 반대 방향이다. 태양은 춘분점 → 하지점 → 추분점 → 동지점 → 춘분점의 방향으로 연주 운동한다.

ㄱ. 태양의 연주 운동은 서쪽에서 동쪽 방향이므로 시간에 따라 태양의 적경은 증가한다. A → B로 갈수록 태양의 적경이 증가하므로 두 달 동안 태양은 A → B로 이동하였다.

ㄴ. A의 적위는 (+) 값이고 B의 적위는 (−) 값이다. A와 B의 사이에는 추분점이 위치하고, A와 B의 시간 간격은 두 달이다. 따라서 A는 8월 말, B는 10월 말 태양의 위치이다.

ㄷ. A는 8월 말, B는 10월 말 태양의 위치이므로 우리나라에서 태양이 뜨는 위치는 A보다 B가 더 남쪽으로 치우친다.

16 행성의 겉보기 운동

행성들이 지는 시각의 변화를 통해 내행성인지 또는 외행성인지를 알아낼 수 있다. A는 토성, B는 화성, C는 금성이다.

ㄱ. A는 7월에 6시경에 지므로 충 부근에 위치한다. 10월에는 24시경에 지므로 동구 부근에 위치한다. 따라서 지구와 A 사이의 거리는 10월이 7월보다 멀다.

ㄴ. B는 시간에 따라 지는 시각이 계속 빨라지고 있으므로 외행성이다.

ㄷ. 6월에 C는 21시경에 지므로 태양보다 늦게 진다. 따라서 6월에 C는 동방 이각에 위치한다.

17 케플러 법칙

케플러 제1법칙은 타원 궤도 법칙, 제2법칙은 면적 속도 일정 법칙, 제3법칙은 조화 법칙이다.

ㄱ. 공전 주기를 P, 공전 궤도 긴반지름을 a라고 하면, 케플러 제3법칙에 의해 $\frac{a^3}{P^2}=k$(일정)이다. 그런데 A와 B의 공전 궤도 긴반지름은 10 AU로 같으므로 공전 주기도 같다.

ㄴ. A의 근일점 거리는 5 AU이고 원일점 거리는 15 AU이다. 따라서 A의 공전 속도는 근일점에서가 원일점에서보다 3배 빠르다.

ㄷ. A와 B의 공전 궤도 긴반지름과 공전 주기는 같다. 공전 주기의 시간 동안 A와 B는 각각의 타원(또는 원) 면적만큼을 쓸고 지나가게 된다. 그런데 타원(또는 원) 면적은 A가 B보다 작으므로 태양과 소행성을 잇는 선분이 같은 시간 동안 쓸고 지나가는 면적은 A가 B보다 작다.

18 우주관

(가)는 프톨레마이오스의 지구 중심설, (나)는 티코 브라헤의 지구 중심설이다.

ㄱ. 프톨레마이오스의 지구 중심설에서는 금성의 주전원 중심이 항상 지구와 태양을 잇는 선 위에 위치한다고 하여 금성이 태양으로부터 일정한 각도 안에서만 관측되어 새벽이나 초저녁에만 관측되는 현상을 설명하였다.

ㄴ. 티코 브라헤의 우주관에서는 행성들은 태양의 주위를 돌고, 행성들을 거느린 태양이 지구를 중심으로 공전한다. 따라서 티코 브라헤의 우주관은 지구 중심의 우주관이다.

ㄷ. 별의 연주 시차는 지구 공전의 증거이다. 프톨레마이오스와 티코 브라헤의 우주관은 모두 지구 중심의 우주관으로 별의 연주 시차를 설명하지 못한다.

19 성운

성운은 성간 기체나 성간 티끌이 다양한 형태로 밀집되어 있어 구름처럼 보인다. (가)는 반사 성운, (나)는 방출 성운이다.

ㄱ. (가)는 성운 주변에 있는 밝은 별의 빛을 산란시켜 밝게 빛나는 반사 성운이다. 반사 성운에서 빛의 산란은 주로 성간 티끌에 의해 일어난다.

ㄴ. 방출 성운에서 방출하는 빛은 이온화된 수소(H Ⅱ)가 다시 자유 전자와 결합하여 중성 수소(H Ⅰ)로 되돌아가는 과정에서 방출된다.

ㄷ. (가)에서 빛의 산란은 파장이 짧은 파란색의 빛에서 잘 일어나므로 반사 성운은 주로 파란색으로 관측된다. (나)의 방출 성운에서 수소에 의해 방출되는 에너지는 붉은색에 해당하는 방출선이 강하여 붉은색으로 관측된다.

20 우리은하의 회전

우리은하에서 태양 근처의 별들은 은하 중심에서 멀어질수록 회전 속도가 감소하는 케플러 회전을 한다.

ㄱ. A는 태양에 접근하는 시선 운동을 하므로 시선 속도는 (−) 값이다.

ㄴ. 태양보다 은하 중심에서 가까운 곳에서 회전하는 B와 은하 중심에서 먼 곳에서 회전하는 A는 모두 태양에 가까워지는 것으로 관측되는 것으로 보아 A는 B보다 회전 속도가 느리다. 태양 주변의 별들은 은하 중심에서 멀수록 회전 속도가 느려지는 케플러 회전을 한다.

ㄷ. B와 C는 은하 중심으로부터 거리가 동일한 궤도상을 회전하므로 두 별의 회전 속도가 같아 두 별 사이의 거리는 일정하다.

실전 모의고사 3회

본문 130~134쪽

01 ②	02 ④	03 ③	04 ⑤	05 ⑤
06 ③	07 ②	08 ③	09 ②	10 ②
11 ④	12 ①	13 ①	14 ②	15 ②
16 ②	17 ⑤	18 ④	19 ①	20 ⑤

01 지구의 탄생

지구 탄생 초기에 마그마 바다를 거치며 밀도에 따라 핵과 맨틀의 분리가 일어났다. 이 시기는 지구 중심부와 표면의 밀도 차가 급격히 증가하는 B 시기이다.

ㄱ. 핵과 맨틀은 B 시기 동안 분리가 일어났다.

ㄴ. 핵과 맨틀의 분리 이후 충분히 식은 후에 원시 지각과 원시 바다가 차례로 형성되었다.

ㄷ. 핵과 맨틀의 분리 과정에서 철과 같이 밀도가 큰 물질은 지구 중심부로 가라앉았다.

02 지구 내부 구조

지구 내부의 깊이에 따른 온도와 용융점 모두 증가하는 경향을 보인다. 깊이 약 3000~5000 km 구간에서만 B가 A보다 높으므로 A는 용융점, B는 지구 내부 온도를 나타낸다.

ㄱ. A는 용융점을 나타낸다.

ㄴ. 깊이 4000 km는 지구 내부 온도(B)가 용융점(A)보다 높으므로 액체 상태의 외핵 부분이다.

ㄷ. 깊이 2900 km 부근은 맨틀과 외핵의 경계로 구성 성분이 크게 달라져 밀도의 변화 폭이 크다. 반면 깊이 5100 km 부근은 외핵과 내핵의 경계로 구성 물질보다는 상태의 변화와 압력에 의한 밀도 변화가 나타난다.

03 중력 이상

중력 이상이란 실측한 중력과 이론적 중력의 차이이며, 보정을 거쳐 지구 내부 물질 확인에 활용된다.

ㄱ. 중력 이상이 A가 B보다 크므로 지하 물질의 밀도는 A가 B보다 크다.

ㄴ. A와 B는 위도가 같으므로 이론적 중력이 같지만 중력 이상은 A가 B보다 크므로 중력은 A가 B보다 크게 측정된다. 중력 가속도가 클수록 단진자의 주기는 짧게 측정되므로 동일한 단진자로 측정한 주기는 A가 B보다 짧게 나타난다.

ㄷ. 단진자의 주기(T)는 $T=2\pi\sqrt{\frac{l}{g}}$(l: 단진자 줄의 길이, g: 중력 가속도)이므로, 줄의 길이를 2배로 늘리면 단진자의 주기는 $\sqrt{2}$배가 된다.

04 규산염 광물의 결합 구조

(가), (나), (다)는 각각 복사슬 구조, 판상 구조, 단사슬 구조이다.

ㄱ. 각섬석은 (가)의 구조를 갖는 광물이다.

ㄴ. (나)는 판상 구조로 한 방향의 쪼개짐이 나타난다.

ㄷ. 규소(Si) 원자 한 개당 산소(O) 원자의 수는 (다)>(가)>(나)이다.

05 편광 현미경을 이용한 암석 관찰

(가)는 일부 광물만 밝기가 변하는 반면, (나)는 거의 모든 광물의 밝기가 변한다.

㉠. A는 개방 니콜에서 회전 유무와 상관없이 어둡다. 따라서 불투명 광물이다.

㉡. (가)는 개방 니콜 상태이므로 밝기 또는 색이 변하는 현상은 다색성이다.

㉢. (나)는 직교 니콜이며, 광물 박편을 제거하면 아무것도 보이지 않아야 한다.

06 조력 발전과 조류 발전

(가)는 조력 발전, (나)는 조류 발전이다.

㉠. (가)와 (나)는 모두 태양과 달의 기조력에 의해 발생하는 조력 에너지가 에너지원이다.

X. (가)는 제방을 건설하게 되면서 주변 생태계에 미치는 영향이 크다.

㉢. (가)는 만조와 간조 때의 해수면 높이 차인 조차가 클수록 발전에 유리하므로 설치 장소로는 우리나라 서해안이 동해안보다 적합하다.

07 한반도의 시대별 지질 분포

(가)는 고생대, (나)는 중생대의 퇴적층 분포이다. A는 평안 누층군, B는 조선 누층군, C는 대동 누층군, D는 경상 누층군이다.

X. 고생대 지층의 퇴적 순서는 조선 누층군(B) → 평안 누층군(A) 순이다.

X. 대동 누층군(C)은 송림 변동 이후에 형성되었으므로 송림 변동에 의한 변성이 불가능하다.

㉢. 경상 누층군(D)은 모두 육성층이다.

08 지질도

지층의 퇴적 순서는 C → B → A → D이며, D가 퇴적된 이후에 단층이 형성되었다.

㉠. 단층선을 기준으로 동쪽은 상반, 서쪽은 하반이다. 상반이 하반에 대해 아래로 내려왔으므로 정단층이다.

㉡. D의 일부가 단층에 의해 절단되었으므로 D가 퇴적된 후 단층이 형성되었다.

X. A, B, C의 경사 방향은 서쪽이지만, D는 A, B, C와 부정합 관계로 수평층이다.

09 지형류 평형

A는 수압 경도력, B는 전향력이다.

X. 해수가 초기에 가속되는 방향은 수압 경도력 방향이며, A의 방향과 일치한다.

X. 전향력(B)이 진행 방향의 왼쪽으로 작용하므로 이 해역은 남반구에 위치한다.

㉢. 남북 방향의 해수면 기울기에 의해 남쪽에서 북쪽으로 수압 경도력이 작용한다. 따라서 남북 방향의 해수면 기울기가 커질수록 수압 경도력인 A의 크기가 커진다.

10 해파

수심이 깊어질수록 타원의 모양이 납작해지고 해저면 가까이에서는 수평 운동을 하고 있으므로 천해파의 물 입자 운동을 나타낸 것이다.

X. 천해파는 수심이 파장의 $\frac{1}{20}$보다 얕은 해역에서 나타난다. 따라서 해파의 파장은 $20h$보다 길다.

㉡. 마루에서의 물 입자 운동 방향이 해파의 진행 방향이다. 따라서 해파는 그림의 오른쪽으로 진행한다.

X. 천해파의 속도(v)는 $v=\sqrt{gh}$(g: 중력 가속도, h: 수심)이므로 수심이 $\frac{h}{2}$가 되면 속도는 $\frac{v}{\sqrt{2}}$가 된다.

11 푄

공기가 산을 타고 올라가는 동안에는 건조 단열 감률(10 ℃/km)과 습윤 단열 감률(5 ℃/km)을 따라 기온이 하강하지만 내려가는 동안에는 건조 단열 감률(10 ℃/km)로만 기온이 상승하여 산을 오르기 전보다 기온이 높아진다.

X. A에서 C로 2 km 상승하는 동안 기온은 12.5 ℃ 낮아졌다. 상승하는 동안 상승 응결 고도보다 낮을 때는 건조 단열 감률(10 ℃/km)로, 상승 응결 고도보다 높을 때는 습윤 단열 감률(5 ℃/km)로 기온이 변하였다. 따라서 상승 응결 고도가 h라고 할 때, $10\ ℃/\mathrm{km}\cdot h\ \mathrm{km}+5\ ℃/\mathrm{km}\cdot(2-h)\ \mathrm{km}=12.5\ ℃$를 통해 상승 응결 고도 h는 0.5 km임을 알 수 있다. 상승 응결 고도(h)는 $h(\mathrm{m})=125(T-T_{\mathrm{d}})$ (T: 기온, T_{d}: 이슬점)이므로 A에서의 이슬점은 22 ℃이다.

㉡. 높이 500 m에서 응결이 시작되었으므로 꼭대기 C까지 상대 습도는 계속 100 %이다. 따라서 B와 C의 상대 습도는 같다.

㉢. C에서 D로 이동하는 동안 건조 단열 감률(10 ℃/km)을 따라 기온이 상승하므로 D의 기온은 C의 기온에서 20 ℃ 상승한 33.5 ℃가 된다.

12 단열선도와 대기 안정도

기온 감률이 단열 감률보다 크면 불안정, 작으면 안정이다. 기온 감률이 클수록 더 불안정해진다.

㉠. 기온 감률은 A가 B보다 크므로 A는 건조 단열 감률, B는 습윤 단열 감률이다.

X. 기온 감률이 h_1에서가 h_2에서보다 크다. 따라서 h_1 구간이 h_2 구간보다 불안정하다.

X. 지표에서의 기온과 이슬점의 차는 5 ℃이다. 구름이 생성되기 시작하는 상승 응결 고도(h)는 $h(\mathrm{m})=125(T-T_{\mathrm{d}})$($T$: 기온, T_{d}: 이슬점)이므로 높이 625 m에서 구름이 생성되기 시작한다. 이 지점에서의 공기 덩어리의 기온은 주변 기온보다 낮으므로 부력을 얻지 못한다.

13 경도풍과 지상풍

(가)는 등압선과 평행하게 바람이 불고 있으므로 고도 약 1 km 이상의 상층 대기에서의 경도풍이며, (나)는 바람이 등압선을 가로지르므로 지표면의 마찰력이 작용하는 고도 약 1 km 이하의 지상풍이다.

㉠. (나)의 바람이 중심 방향으로 불고 있으므로 (가)와 (나) 모두 중심에 저기압이 위치한다.

ㄱ(X). (나)에서 바람이 기압 경도력의 오른쪽 방향으로 비스듬하게 불고 있으므로 북반구 지역이다.

ㄴ(X). 고도가 높아질수록 마찰이 작아지고, 등압선과 이루는 각도 작아진다. 따라서 바람이 부는 고도는 (가)가 (나)보다 높다.

14 해륙풍

해안 지역에서 육지와 바다의 기온 차에 의해 낮에는 해풍이, 밤에는 육풍이 분다. (가)는 육풍, (나)는 해풍이 불고 있다.

ㄱ(X). (가)는 육풍이 불고 있으므로 밤이다.

ㄴ(X). 풍속은 등압선 간격이 더 좁은 (나)가 (가)보다 빠르다. 실제 낮의 기온 차가 밤의 기온 차보다 커서 해풍이 육풍보다 강한 경향을 보인다.

ㄷ. 해륙풍은 중간 규모의 대기 순환이다.

15 적도 좌표계

하루 중 가장 높은 고도가 양(+)의 값을 가지고, 태양이 없을 때 지평선 위에 존재한다면 관측이 가능한 별이다.

ㄱ(X). X는 북반구에 위치하므로 남중 고도(h)는 $h=90°-\varphi+\delta$(φ: 위도, δ: 적위)이다. 따라서 X에서 A, B, C는 적어도 하루 중 한 번은 지표 위로 뜬다. 하지만 A의 적도 좌표값이 춘분날 태양과 같아 관측이 불가능하다.

ㄴ(X). Y의 위도(φ)는 45°S로 남반구에 위치하며, 남중 고도 $h=90°-\varphi+\delta$이므로 A의 남중 고도가 가장 높다. 따라서 천정에 가장 가까운 별은 A가 된다.

ㄷ. X가 Y보다 동쪽에 위치하므로 어느 별을 동시에 관측하게 되면 X가 Y보다 서쪽으로 치우쳐서 관측된다. 따라서 X에서 남중하고 있는 별은 Y에서는 남쪽을 기준으로 동쪽으로 치우쳐서 나타난다.

16 우주관

코페르니쿠스와 티코 브라헤의 우주관은 태양을 중심으로 지구를 제외한 모든 행성들의 공전 궤도가 동심원으로 분포하는 점은 동일하지만, 지구가 태양 주변을 공전하는 것과 태양이 지구 주변을 공전하는 것이 다르다.

ㄱ(X). (가)는 지구가 중심에 있으므로 티코 브라헤의 우주관이며, (나)는 태양이 중심에 있으므로 코페르니쿠스의 우주관이다.

ㄴ(X). (나)에서 지구는 태양 주위를 공전하고 있으므로 연주 시차가 나타난다.

ㄷ. 지구의 운동 여부에 따라 구분한 것일 뿐, 공전 궤도의 형태는 동일하므로 행성의 역행 현상은 두 우주관에서 모두 나타난다.

17 케플러 법칙

소행성이 별 주변을 공전할 때, 별과 소행성을 잇는 선분은 같은 시간 동안 같은 면적을 쓸고 지나간다.

ㄱ. 조화 법칙에 따라 (중심별+소행성)의 질량(M)은 $M \propto \frac{a^3}{P^2}$ (a: 공전 궤도 긴반지름, P: 공전 주기)의 관계를 보인다. 이에 따라 별의 질량은 A가 B의 약 2배가 된다.

ㄴ. (가)와 (나)에서 1년간 쓸고 지나간 면적이 각각 전체 면적의 $\frac{1}{8}$, $\frac{1}{4}$이므로, 공전 주기는 각각 8년, 4년이다. 따라서 소행성의 공전 주기는 (가)가 (나)의 2배이다.

ㄷ. 소행성의 공전 속도는 별과 가까울수록 빨라진다. 따라서 $\frac{S_A \text{ 구간의 평균 속력}}{\text{공전 궤도 전체의 평균 속력}} > \frac{S_B \text{ 구간의 평균 속력}}{\text{공전 궤도 전체의 평균 속력}}$이다.

18 우리은하의 회전

태양계 주변 별들은 케플러 회전을 하고 있으므로 은하 중심에 가까울수록 회전 속도가 빠르다. 따라서 Ⅰ, Ⅱ, Ⅲ은 각각 C, A, B의 값이다.

ㄱ(X). Ⅰ은 시선 속도가 0에 가장 가까우므로 공전 궤도 반지름이 태양과 가장 비슷한 C이다.

ㄴ. 중성 수소의 밀도가 클수록 복사 강도가 강해진다. A와 B를 나타내는 값이 각각 Ⅱ와 Ⅲ이므로, 중성 수소의 밀도는 A가 B보다 크다.

ㄷ. D가 태양계보다 바깥쪽에 있으면서 시선 속도가 음(−)의 값을 가지므로, 그림 (가)에서 태양은 시계 방향으로 회전한다.

19 별의 운동

고유 운동이 μ(″/년), 연주 시차가 P(″), 접선 속도가 v_t(km/s)라면 $v_t = \frac{4.74\mu}{P}$의 관계를 보인다.

ㄱ. A와 B의 접선 속도는 각각 474 km/s, 711 km/s이다. 따라서 B의 접선 속도는 A의 1.5배이다.

ㄴ(X). 시선 속도 방향과 공간 속도 방향이 이루는 각은 A의 경우 시선 속도와 접선 속도가 같으므로 45°, B의 경우 시선 속도가 접선 속도보다 크므로 45°보다 작다.

ㄷ(X). 시선 속도(v_r)는 $v_r = \frac{\Delta\lambda}{\lambda_0}c$($\Delta\lambda$: 파장 변화량, λ_0: 원래 파장, c: 빛의 속도)이다. B의 시선 속도는 A의 2배이므로 $\frac{\lambda_B - \lambda_0}{\lambda_0}c = 2\frac{\lambda_A - \lambda_0}{\lambda_0}c$($\lambda_A$: A에서 관측 파장, λ_B: B에서 관측 파장)를 만족하며, $\lambda_0 + \lambda_B = 2\lambda_A$의 관계로 나타낼 수 있다. λ_A가 l일 때, λ_B가 $2l$이 되기 위해서는 원래의 파장 λ_0이 0이어야 하는데, 파장의 길이가 0인 경우는 없으므로 B에서는 $2l$로 관측될 수 없다.

20 세페이드 변광성을 이용한 거리 측정

세페이드 변광성은 변광 주기가 길수록 절대 등급이 작아진다.

ㄱ. 두 별 모두 평균 겉보기 등급이 약 3.6으로 거의 동일하다.

ㄴ. 변광 주기가 A는 약 8일, B는 약 12일이다. 변광 주기가 길수록 절대 등급이 작아지므로, 절대 등급은 A가 B보다 크다.

ㄷ. A와 B의 겉보기 등급이 거의 같으므로 절대 등급이 작을수록 거리가 멀어진다. 따라서 거리는 A가 B보다 가깝다.

실전 모의고사 4회

본문 135~139쪽

01 ②	02 ④	03 ⑤	04 ②	05 ③
06 ①	07 ④	08 ②	09 ②	10 ④
11 ⑤	12 ④	13 ③	14 ③	15 ②
16 ②	17 ②	18 ①	19 ④	20 ④

01 지각 열류량

지구 내부 에너지가 지표로 방출되는 열량을 지각 열류량이라고 한다. 구성 암석의 방사성 원소의 함량은 대륙 지각이 많지만, 해양 지각이 대륙 지각보다 맨틀 대류에 의한 열 공급량이 더 많다.

✕ㄱ. A는 해령으로 판의 경계이지만, B는 판의 경계가 아니다.

㉡. 맨틀 대류의 상승부인 해령에는 지각 열류량이 많으나, 안정된 대륙의 중앙부에는 지각 열류량이 적다.

✕ㄷ. B는 해양 지각이고, C는 대륙 지각이다. 단위 질량당 방사성 원소의 질량비는 대륙 지각이 해양 지각보다 크므로, 해양 지각인 B가 대륙 지각인 C보다 방사성 원소의 붕괴열이 적게 방출된다.

02 주시 곡선

지진 기록을 해석하여 PS시를 구한 후 주시 곡선에서 PS시에 해당하는 가로축의 거리 값을 읽으면 진앙까지의 거리를 알아낼 수 있다.

✕ㄱ. 속도는 P파가 S파보다 빠르다. 그림에서 X가 Y보다 관측소에 나중에 도달하므로 X는 S파, Y는 P파이다.

㉡. A는 지진 기록에서 PS시가 3분이므로, 주시 곡선에서 PS시가 3분에 해당하는 가로축의 거리 값을 읽으면 진앙 거리는 2000 km보다 멀다.

㉢. 진원 거리(d)는 $d=\frac{V_P\times V_S}{V_P-V_S}\times$PS시($V_P$: P파 속도, V_S: S파 속도)로, P파와 S파의 속도가 각각 일정한 경우 진원 거리는 PS시에 비례한다. 따라서 $\frac{\text{A에서의 진원 거리}}{\text{B에서의 진원 거리}}=\frac{\text{A의 PS시}}{\text{B의 PS시}}=\frac{3}{2}$으로 1보다 크다.

03 지각 평형의 모형실험

높이와 밀도가 다른 나무토막을 물 위에 띄우면 밀도가 큰 나무토막일수록 $\frac{\text{수면 아래 나무토막의 깊이}}{\text{나무토막 전체 높이}}$가 크다.

㉠. 단면적이 같고 높이와 밀도가 다른 직육면체 모양의 나무토막 A, B가 밀도가 같은 물(1 g/cm^3)에 떠서 평형을 이루고 있을 때, 수면 아래 나무토막의 깊이가 같으므로 지점 ㉠에서의 압력과 지점 ㉡에서의 압력은 같다.

㉡. $\frac{\text{수면 아래 나무토막의 깊이}}{\text{나무토막 전체 높이}}$는 (가)의 경우 0.6이고, (나)의 경우 0.4이다.

㉢. 지점 ㉠에서의 압력은 $5\rho_A g$, 지점 ㉡에서의 압력은 $7.5\rho_B g$이며, 두 지점에서의 압력은 같으므로 $5\rho_A g=7.5\rho_B g$이다. 따라서 $\rho_A : \rho_B=1.5 : 1$이다.

04 지구 자기 요소

나침반의 N극이 가리키는 방향을 자북이라고 한다. 편각은 어느 지점에서 진북 방향과 지구 자기장의 수평 성분 방향이 이루는 각이다. 복각은 지구 자기장의 방향이 수평 방향에 대하여 기울어진 각이다.

✕ㄱ. P는 모든 경도선이 모이는 지점이므로 지리상 북극이고, Q는 복각이 90°인 자북극이다.

㉡. 동일 경도를 따라 A에서 B로 이동하는 동안 진북(P) 방향은 일정하고, 나침반의 자침은 시계 방향으로 변한다.

✕ㄷ. ㉠은 전 자기력의 수평 성분인 수평 자기력이고, ㉡은 전 자기력이다. 자기 적도에서는 전 자기력(㉡)과 수평 자기력(㉠)이 같지만, 지리상 적도인 A에서는 ㉠과 ㉡이 같지 않다.

05 편광 현미경 관찰

편광 현미경에서 상부 편광판을 뺀 상태를 개방 니콜, 상부 편광판을 넣은 상태를 직교 니콜이라고 한다. 개방 니콜 상태에서는 다색성을, 직교 니콜 상태에서는 간섭색과 소광 현상을 관찰할 수 있다.

㉠. (가)는 개방 니콜에서 재물대를 회전시키면서 관찰할 때 나타나는 색깔 변화로, 광물 A는 다색성을 나타낸다. 상부 니콜을 뺀 개방 니콜에서 유색의 광학적 이방체 광물 박편을 재물대 위에 놓고 회전시키면, 방향에 따라 광물이 빛을 흡수하는 정도가 달라져 광물의 색과 밝기가 변하는 현상이 나타나는데 이를 다색성이라고 한다. A는 다색성이 나타나므로 유색 광물이다.

✕ㄴ. A는 (나)와 같이 직교 니콜에서 간섭색이 나타난다. 이렇게 직교 니콜에서 간섭색이 나타나는 광물은 광학적 이방체이다.

㉢. (나)는 A의 간섭색을 나타낸다. 간섭색은 직교 니콜에서 광학적 이방체 광물의 박편을 재물대 위에 놓았을 때 관찰되는 색으로, 복굴절된 빛의 간섭에 의해 찬란한 색이 나타난다.

06 광물 자원

광물 자원에는 금속 광물 자원과 비금속 광물 자원이 있다. 광물 자원이 지각 내에 채굴이 가능할 정도로 농집되어 있는 장소를 광상이라 하고, 광상의 종류에는 화성 광상, 퇴적 광상, 변성 광상이 있다.

㉠. 변성 광상은 광물이 변성 작용을 받는 과정에서 재배열됨으로써 새로운 광물이 농집되거나 기존의 광상이 변성 작용을 받아 광물의 조성이 달라져 형성된 광상이다. 변성 광상 중 광역 변성 광상에서는 우라늄, 흑연, 활석, 석면, 남정석 등이 산출된다.

✕ㄴ. 고령토는 장석이 풍화 작용을 받아 만들어지므로, 퇴적 광상 중 풍화 잔류 광상에서 산출된다. 해수가 증발하면서 해수에 녹아 있는 물질이 침전되어 형성된 광상은 침전 광상으로, 침전 광상에서는 석회석, 암염, 망가니즈 단괴, 석고 등이 산출된다.

✕ㄷ. 제련은 용광로 등을 활용하여 광석을 녹여낸 후, 원하는 금속 광물을 추출해 내는 방식으로, 금속 광물을 추출할 때 활용된다. 활석과 고령토는 모두 비금속 광물이므로, 모두 제련 과정을 거쳐 추출하는 것은 아니다.

07 지질도 해석

지질도에서 A와 B가 반복적으로 나타나고 있으므로 이 지역에는 단층이 형성되어 있다.

ㄱ. 상반의 나중에 생긴 A가 하반의 먼저 생긴 B와 맞닿아 있는 것으로, 즉 상반이 하반에 대해 내려간 것으로 보아 이 지역에 형성되어 있는 단층은 정단층이다.

ㄴ. 주향선은 지층 경계선이 같은 고도의 등고선과 만나는 두 지점을 연결한 직선이다. A층의 경계와 점선으로 된 등고선을 연결하는 직선은 남북 방향을 가리키므로 주향은 NS이다. 주향선과 수직되게 선을 그어 단면도를 그려 보면, 지층의 생성 순서는 C → B → A이다. 따라서 가장 나중에 생성된 지층은 A이다.

ㄷ. ㉠에서 연직 방향으로 시추하면 아래 그림과 같이 단층면과 만난다.

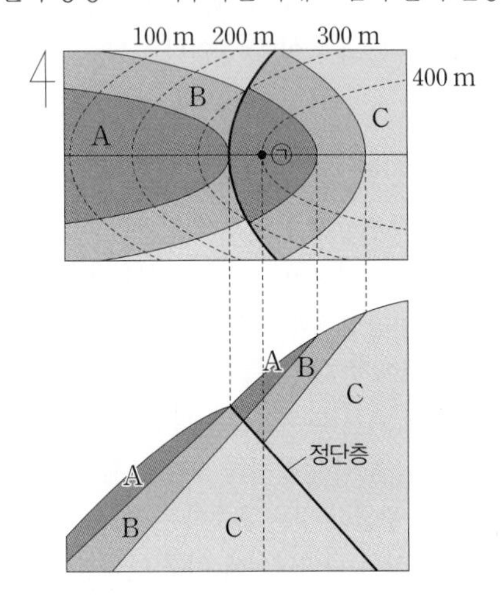

08 우리나라의 지질 계통

A는 고생대 초기의 조선 누층군이고, B는 고생대 후기와 중생대 초기의 평안 누층군이며, C는 중생대 초기~중기의 대동 누층군이다.

ㄱ. A는 조선 누층군으로, A에는 석회암 등이 퇴적된 두꺼운 해성층이 분포한다.

ㄴ. B는 평안 누층군으로, 퇴적 시기는 석탄기~트라이아스기 전기이다. 지층의 상부에는 사암, 셰일 등의 육성층과 양질의 무연탄층이 분포하고, 지층의 하부에는 사암, 셰일, 석회암 등의 해성층이 분포한다. 따라서 평안 누층군에서 석탄은 주로 석탄기보다 페름기 지층에 분포되어 있음을 알 수 있다.

ㄷ. C는 트라이아스기 후기~쥐라기 중기에 퇴적된 대동 누층군이고, 송림 변동은 트라이아스기에 일어난 지각 변동이다. 대동 누층군은 송림 변동으로 인해 변형을 받지 않았고, 고생대층은 송림 변동으로 인해 습곡과 단층 작용을 받아 복잡하게 변형되었으며, 단층선을 따라 퇴적 분지가 만들어졌다.

09 지형류

지형류는 에크만 수송에 의한 바람, 수평 방향의 수온 차에 의한 밀도 차 등에 의해서 해수면의 경사가 생길 때 형성된다.

ㄱ. ㉠과 ㉡ 두 지점이 있는 깊이에서 양쪽 끝 지점의 수압 차는 $\rho g \Delta z$이고, ㉠과 ㉡ 두 지점에서의 해수면 경사와 양쪽 끝 지점에서의 해수면의 경사는 같다. 따라서 ㉠과 ㉡ 두 지점에서 수압 차는 $\rho g \Delta z$보다 작다. $g\frac{\Delta z}{\Delta x}$는 ㉠과 ㉡에서의 수압 경도력의 크기이다.

ㄴ. 염분이 일정할 때 수온이 높아 밀도가 작은 쪽은 해수면의 높이가 높아지고, 수온이 낮아 밀도가 큰 쪽은 해수면의 높이가 낮아진다. 따라서 수온은 해수면의 높이가 낮은 ㉢이 해수면의 높이가 높은 ㉣보다 낮다.

ㄷ. (가)의 해수면에서 수압 경도력은 서쪽에서 동쪽으로 작용하고, 전향력은 동쪽에서 서쪽으로 작용하여 지형류는 북쪽에서 남쪽으로 흐른다. (나)의 해수면에서 수압 경도력은 서쪽에서 동쪽으로 작용하고, 전향력은 동쪽에서 서쪽으로 작용하여 지형류는 남쪽에서 북쪽으로 흐른다.

10 천해파

천해파는 수심이 파장의 $\frac{1}{20}$보다 얕은 해역에서 진행하는 해파로, 천해파의 전파 속력(v)은 $v=\sqrt{gh}$(g: 중력 가속도, h: 수심)이다.

ㄱ. 해파의 골에서 물 입자의 운동 방향은 해파의 진행 방향과 반대이다. 이 해파는 왼쪽에서 오른쪽으로 전파되고 있으므로, 지점 A에서 물 입자의 운동 방향은 ㉣이다.

ㄴ. 이 해파는 천해파이므로, 해파의 속력(v)은 $v=\sqrt{gh}$(g: 중력 가속도, h: 수심)에 의해서 $2\sqrt{5}$ m/s이다. 따라서 이 해파의 속력은 4 m/s보다 빠르다.

ㄷ. 해파의 파장은 속력 × 주기이므로 $20\sqrt{5}$ m이다.

11 달에 의한 기조력

원심력은 구심력과 크기가 같고 방향이 반대이다. 지구와 달의 공통 질량 중심에 대한 원심력은 지구 중심에 작용하는 달의 만유인력과 크기는 같고 방향은 반대이며, 지구상의 모든 지점에서 크기와 방향이 같다.

ㄱ. A의 회전 반지름은 지구 중심 O의 회전 반지름과 같다. 따라서 A는 지구 중심 O와 공통 질량 중심 G 사이의 길이를 반지름으로 하여 회전하므로 ㉠에 위치한다.

ㄴ. 달에 의한 기조력은 달의 만유인력과 지구와 달의 공통 질량 중심에 대한 원심력의 합력이다. A에서는 원심력이 달의 만유인력보다 크므로, '기조력=지구와 달의 공통 질량 중심에 대한 원심력−달의 만유인력'이 성립한다. 따라서 A에서 기조력은 달의 만유인력과 반대 방향으로 작용한다.

ㄷ. 지구와 달의 공통 질량 중심에 대한 원심력은 지구 중심(O)에 작용하는 달의 만유인력과 크기는 같고 방향은 반대이며, 지구상의 모든 지점에서 크기와 방향이 같다. 따라서 A에 작용하는 원심력은 O에 작용하는 만유인력과 크기가 같고 방향은 반대이다.

12 구름의 생성

불포화 공기 덩어리는 단열 상승하면서 건조 단열선을 따라 기온이 낮아지고, 이슬점 감률선을 따라 이슬점이 낮아진다. 그 후 기온과 이슬점이 같아지는 고도에 이르면 응결이 일어나서 구름이 생성되는데, 이 고도를 상승 응결 고도라고 한다.

ㄱ. 이슬점은 현재 공기가 포화되었을 때의 온도이기 때문에, 공기 덩어리가 수증기로 포화되면 공기 덩어리의 기온과 이슬점은 같아진다. 기온은 이슬점보다 높거나 같고, (기온−이슬점) 값이 작을수록 공기의 상대 습도는 높다. 그림에서 기온과 이슬점이 같은 B 기층은 상대 습도가 100 %이고, 기온이 이슬점보다 높은 A 기층은 상대 습

도가 100 % 미만이다. 따라서 기층의 평균 상대 습도는 A가 B보다 낮다.

ㄴ. 지표에 있는 공기 덩어리 a는 불포화 상태이므로 단열 상승할 때 건조 단열 감률(10 ℃/km)에 따라 기온이 하강하고, 500 m 높이에 있는 공기 덩어리 b는 포화 상태이므로 단열 상승할 때 습윤 단열 감률(5 ℃/km)에 따라 기온이 하강한다. 200 m 높이만큼 단열 상승할 때 높이에 따른 공기 덩어리의 기온 감소 폭은 a가 b보다 크다.

ㄷ. 기층의 안정도는 기온 감률이 단열 감률보다 큰지 작은지에 따라 판단하는데, C 기층의 기온 감률은 습윤 단열 감률보다 작으므로 이 기층의 안정도는 절대 안정이다.

13 기층의 안정도

기층의 안정도는 기온 감률이 단열 감률보다 큰지 작은지에 따라 판단한다. 기온 감률이 습윤 단열 감률보다 작으면 절대 안정, 기온 감률이 건조 단열 감률보다 크면 절대 불안정, 기온 감률이 습윤 단열 감률보다 크고 건조 단열 감률보다 작으면 조건부 불안정이다.

ㄱ. 기층 A는 기온 감률이 건조 단열 감률보다 크므로 기층의 안정도는 절대 불안정이고, 기층 B는 높이가 높아질수록 기온이 상승하는 역전층으로 절대 안정한 층이다. 따라서 공기의 연직 운동은 기층 A가 기층 B보다 활발하다.

ㄴ. 기층 C는 기온 감률이 습윤 단열 감률보다는 크고 건조 단열 감률보다는 작으므로 대기의 안정도는 조건부 불안정이다.

ㄷ. ㉠에 위치한 공기 덩어리를 높이 h까지 강제로 단열 상승시키면, 공기 덩어리가 포화 상태일 때는 습윤 단열선을 따라 기온이 하강하고, 불포화 상태일 때는 건조 단열선을 따라 기온이 하강한다. 두 경우 모두 높이 h까지 강제 상승한 공기 덩어리의 기온은 주위 기온보다 높아 공기 덩어리의 기온이 주위 기온과 같아지는 높이까지 계속 상승한다.

14 1월 평균 기온과 풍속의 연직 분포

북반구 겨울철에 남북 방향의 기온 차가 큰 곳일수록 대체로 풍속이 강하다.

ㄱ. 1월에 북반구는 겨울철이고 남반구는 여름철이다. 제트류는 겨울철에 남하하고 여름철에 북상하므로, 제트류의 단면도에서 볼 수 있는 제트류의 중심도 겨울철에는 남하하고 여름철에는 북상한다. 그림에서 제트류의 중심은 여름철 반구인 남반구에서는 30°S보다 높은 위도에 위치하고, 겨울철 반구인 북반구에서는 30°N 부근에 위치한다. 따라서 제트류의 중심은 남반구가 북반구보다 고위도에 위치한다.

ㄴ. 등압면의 남북 방향 기울기는 남북 간의 기온 차가 클수록 크고, 남북 간의 기온 차가 클수록 기압 경도력이 커서 풍속이 강하다. 따라서 풍속이 강할수록 등압면의 기울기는 크다. 그림의 500 hPa 등압면에서 풍속은 30°S에서는 약 10~15 m/s이고, 30°N에서는 약 25~30 m/s이므로, 위도 30°에서 500 hPa 등압면의 남북 방향 기울기는 북반구가 남반구보다 크다.

ㄷ. 지점 A를 중심으로 저위도 지역이 고위도 지역보다 기온이 높아 저위도 지역의 공기 기둥이 고위도 지역의 공기 기둥보다 팽창하게 된다. 그 결과 등압면이 저위도 지역 쪽에서 고위도 지역 쪽으로 기울어지게 되어 같은 높이에서 저위도 지역이 고위도 지역보다 기압이 높다. 따라서 A에 있는 공기는 저위도(북쪽)에서 고위도(남쪽) 방향으로 작용하는 기압 경도력과 고위도(남쪽)에서 저위도(북쪽) 방향으로 작용하는 전향력이 평형을 이루어 서풍이 불고 있다. 지점 B의 공기는 저위도(남쪽)에서 고위도(북쪽) 방향으로 작용하는 기압 경도력과 고위도(북쪽)에서 저위도(남쪽) 방향으로 작용하는 전향력이 평형을 이루어 서풍이 불고 있다. 두 지점 모두 서풍이 불지만, 기압 경도력의 방향은 서로 반대이다.

15 천체 좌표계

지평 좌표계는 북점(또는 남점)을 기준으로 하는 방위각과 지평선을 기준으로 하는 고도로 천체의 위치를 나타낸다. 적도 좌표계는 춘분점을 기준으로 하는 적경과 천구의 적도를 기준으로 하는 적위로 천체의 위치를 나타낸다.

ㄱ. 적경은 춘분점을 기준으로 천구의 적도를 따라 천체를 지나는 시간권까지 시계 반대 방향(서 → 동)으로 잰 각으로, 일주 운동의 방향과 반대 방향으로 증가한다. 북반구에서 관측할 때 천구의 북쪽 주변의 별들은 시계 반대 방향으로 일주 운동을 하므로, 적경은 시계 방향으로 증가한다. 따라서 춘분점 방향에서 B → A 방향으로 갈수록 적경은 증가하므로, 적경은 A가 B보다 크다.

ㄴ. 적위는 천구의 적도를 기준으로 시간권을 따라 잰 각으로 천구의 북극에 가까울수록 크다. 따라서 적위는 A가 B보다 크다.

ㄷ. 북반구에서 관측할 때 천구의 북극 주변의 별들은 시계 반대 방향으로 일주 운동을 한다. 고도는 지평선에서 수직권을 따라 천정 방향으로 천체까지 측정한 각이다. 따라서 1시간 후 A는 고도가 낮아지고, B는 고도가 높아진다.

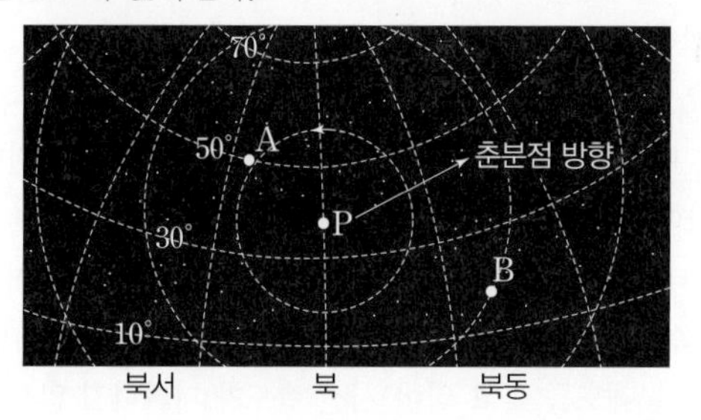

16 행성의 위치 관계

금성은 서방 최대 이각과 외합 사이, 화성은 충과 서구 사이, 목성은 서구와 합 사이에 위치한다.

ㄱ. 금성은 서방 최대 이각과 외합 사이에 위치하므로, 우리나라에서 관측할 때 하현달~보름달 사이의 모양으로 관측된다.

ㄴ. 추분날 태양의 적경은 12^h이고, 적경은 시계 반대 방향으로 갈수록 증가하므로 적경은 금성이 화성보다 크다.

ㄷ. 외행성은 지구보다 공전 속도가 느리므로, 충 → 동구 → 합 → 서구의 순으로 위치 관계가 변한다. 따라서 목성은 다음 날 서구 쪽으로 더 이동해 태양과의 이각이 커지므로 남중 시각이 빨라진다.

17 케플러 법칙

행성의 공전 주기의 제곱은 공전 궤도 긴반지름의 세제곱에 비례한다. 공전 궤도 긴반지름이 같을 때 이심률이 클수록 타원의 전체 면적은 작아진다.

ㄱ. A는 B와 공전 주기가 같으므로 공전 궤도 긴반지름도 B와 같은 2AU이다. A의 원일점 거리가 3.5AU이므로, $\frac{3.5\ \text{AU}+\text{근일점 거리}}{2}=2\ \text{AU}$가 성립해야 하므로, 근일점 거리는 0.5 AU이다.

ㄴ. 공전 궤도 이심률은 타원의 납작한 정도를 나타내는 값으로, 타원의 긴반지름에 대한 초점 거리의 비를 의미한다. 이심률(e)은 $e=\frac{c}{a}=\frac{\sqrt{a^2-b^2}}{a}$($a$: 긴반지름, b: 짧은반지름, c: 초점 거리)이다. A의 공전 궤도 이심률(e_A)은 $e_A=\frac{1.5}{2}=0.75$이다.

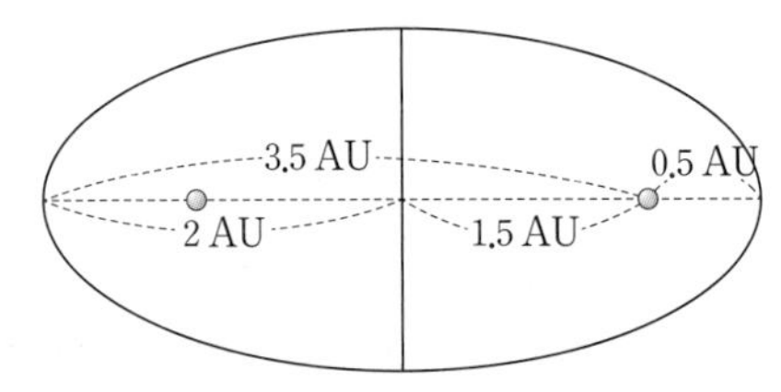

ㄷ. A와 B의 공전 궤도 긴반지름은 같지만, A가 B보다 공전 궤도 이심률이 크기 때문에 타원의 전체 면적은 A가 B보다 작다. 따라서 태양과 소행성을 잇는 선분이 1년 동안 쓸고 지나가는 면적은 A가 B보다 작다.

18 우리은하의 회전과 별의 운동

태양계 근처에서는 별들의 시선 속도와 접선 속도를 직접 측정하여 은하의 회전 속도를 알아낼 수 있다. 태양과 별 A~D는 케플러 회전을 하고 있으므로 은하 중심에 가까울수록 회전 속도가 빠르다.

ㄱ. A는 태양보다 바깥쪽 궤도를 태양보다 뒤쪽에서 공전하고 있으므로 태양에서 멀어지고 있고 적색 편이가 나타난다.

ㄴ. B는 태양보다 바깥쪽 궤도를 태양보다 앞쪽에서 공전하고 있으므로 태양 쪽으로 다가오고 있고 시선 속도의 크기는 0이 아니다. C는 태양과 같은 궤도를 돌고 있어 시선 속도가 나타나지 않으므로 시선 속도의 크기는 0이다. 따라서 시선 속도의 크기는 B가 C보다 크다.

ㄷ. 접선 속도는 시선 방향에 수직인 방향의 선속도로 C는 그림에서 위쪽으로 올라오고 있고, D는 오른쪽으로 향하고 있으므로 접선 속도의 방향은 다르다.

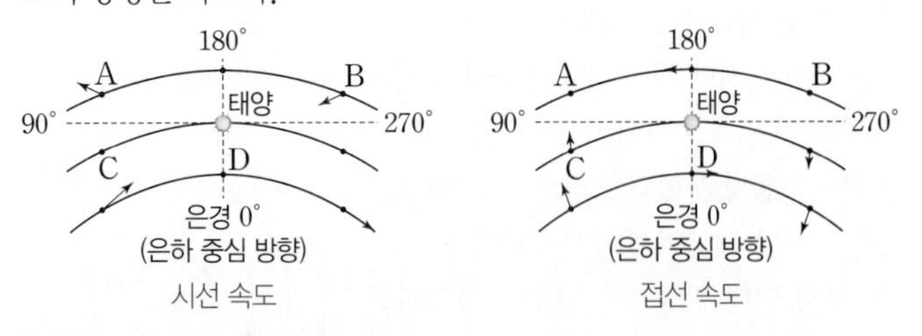

19 H Ⅱ 영역

고온의 별 주위에 밀집된 수소는 별이 방출하는 자외선을 흡수하여 전리된 상태로 존재하는데 이러한 곳을 H Ⅱ 영역이라고 한다. ㉠은 H Ⅱ 영역이고, ㉡은 H Ⅰ 영역이다.

ㄱ. ㉠은 H Ⅱ 영역으로 이온화된 수소가 존재한다. 이 영역에서 이온화된 수소가 전자와 재결합하는 과정에서 방출선 스펙트럼이 관측된다.

ㄴ. ㉡은 H Ⅰ 영역으로 수소가 중성 원자 상태로 존재한다. 중성 수소의 분포는 가시광선보다 21 cm 전파 영역으로 관측하는 것이 좋다.

ㄷ. 별 A의 별빛은 성운을 통과하면서 성간 적색화에 의해 색초과가 나타난다. 따라서 별 A의 색지수($B-V$)는 고유의 색지수보다 크게 관측된다.

20 우리은하의 회전과 수소 구름의 분포

중성 수소 구름에서 방출되는 21 cm 전파의 세기는 수소의 원자 수에 비례한다. A, B는 태양 공전 궤도보다 안쪽에 분포하므로 시선 속도가 (+) 값을 나타내고, C는 태양 공전 궤도보다 바깥쪽에 분포하므로 시선 속도가 (−) 값을 나타낸다.

ㄱ. A는 태양의 공전 궤도 안쪽에서 태양보다 빠른 속도로 회전하므로 태양으로부터 멀어진다. 따라서 태양과 A 사이의 거리는 증가한다.

ㄴ. ㉠은 시선 속도가 (+) 값으로 가장 크게 나타나므로, ㉠을 방출하는 중성 수소 구름은 A이고, A는 은경 30° 방향에 위치한다. 태양으로부터 은하 중심까지의 거리는 8.5 kpc이므로, 은경 30° 쪽의 시선 방향과 접하는 회전 궤도를 볼 때, 이 회전 궤도의 반지름은 4.25 kpc이다.

ㄷ. A, B는 태양 공전 궤도보다 안쪽에 분포하므로 시선 속도가 (+) 값을 나타내고, C는 태양 공전 궤도보다 바깥쪽에 분포하므로 시선 속도가 (−) 값을 나타낸다. 따라서 청색 편이가 나타나는 중성 수소 구름은 C이다.

실전 모의고사 **5회** 본문 140~144쪽

01 ④	02 ③	03 ④	04 ①	05 ④
06 ⑤	07 ③	08 ②	09 ⑤	10 ①
11 ③	12 ②	13 ⑤	14 ①	15 ③
16 ②	17 ②	18 ②	19 ④	20 ①

01 원시 지구의 진화

원시 지구는 진화 과정에서 마그마 바다 상태를 겪었으며, 이 과정에서 핵과 맨틀이 분리되었다. 이후 지구의 온도가 내려감에 따라 원시 지각과 원시 바다가 만들어졌다.

ㄱ. (가)는 원시 지각이 형성된 시기이므로 핵과 맨틀이 분리된 이후에 해당한다. (나)는 지구 내부가 균질한 시기이므로 핵과 맨틀이 분리되기 이전에 해당한다. 따라서 시간 순서는 (나) → (가)이다.

ㄴ. 원시 지구는 진화 과정에서 미행성체의 충돌이 일어남에 따라 점차 커졌다. (나)는 마그마 바다 상태 이전의 시기이며, (가)는 핵과 맨틀이 분리된 이후 원시 지각이 형성된 시기이므로 원시 지구의 크기는 (가)일 때가 (나)일 때보다 크다.

ㄷ. (가) 시기에는 중심부에 철과 니켈 등으로 이루어진 밀도가 큰 핵이 존재하지만, (나) 시기에는 지구 내부가 균질하였다. 따라서 지구 중심부의 밀도는 (가)일 때가 (나)일 때보다 크다.

02 지진파의 속도와 불연속면

구텐베르크면은 맨틀과 외핵의 경계에 해당하며, 레만면은 외핵과 내핵의 경계에 해당한다. 따라서 ㉠은 맨틀에, ㉡과 ㉢은 외핵에, ㉣은 내핵에 위치한 지점이다.

ㄱ. 맨틀에서 P파의 속력은 깊이가 깊어짐에 따라 커지다가 맨틀과 외핵의 경계인 구텐베르크면에서 최대 속력이 나타난다. 구텐베르크면 아래는 외핵이며, 외핵은 액체 상태이므로 P파의 속도가 급격하게 작아진다. 따라서 ㉠에서의 P파 속력이 ㉡에서의 P파 속력보다 크므로, $\frac{V_㉠}{V_㉡}>1$이다.

ㄴ. ㉡은 구텐베르크면 아래에, ㉢은 레만면 위에 위치한 지점이므로 모두 외핵에 위치한다. 외핵에서 밀도는 깊이가 깊어짐에 따라 증가하므로, 밀도는 ㉡이 ㉢보다 작다.

ㄷ. (가)에서 ㉠은 구텐베르크면 부근의 맨틀에 해당하므로 P파의 속도가 매우 큰 지점이며, ㉡은 핵의 가장 바깥 부분에 위치하므로 P파의 속도가 핵에서 매우 작은 지점이다. (나)에서 ㉢과 ㉣은 모두 핵에 위치하며, 레만면을 경계로 P파의 속도 변화는 크지 않다. 따라서 $|V_㉠-V_㉡|>|V_㉢-V_㉣|$이다.

03 지구 자기장

우리나라에서는 고위도로 갈수록 복각, 연직 자기력, 전 자기력이 커진다. 반대로 수평 자기력은 대체로 작아진다.

ㄱ. A에서 편각은 약 $-9°$이므로, 나침반 자침의 N극은 진북에 대해 서쪽으로 약 9° 방향을 가리킨다. 따라서 진북은 나침반 자침의 N극이 가리키는 방향에 대해 동쪽에 위치한다.

ㄴ. 복각을 θ라고 할 때, $\tan\theta=\frac{\text{연직 자기력}}{\text{수평 자기력}}$이다. B에서 수평 자기력은 32027 nT인데 연간 13 nT만큼 증가하며, 연직 자기력은 37455 nT인데 연간 39.9 nT만큼 증가한다. 따라서 연간 수평 자기력의 증가율보다 연직 자기력의 증가율이 크므로 θ는 증가한다.

ㄷ. A는 B보다 복각, 연직 자기력, 전 자기력이 크고, 수평 자기력은 작다. 일반적으로 고위도로 갈수록 복각, 연직 자기력, 전 자기력은 커지고 수평 자기력은 작아지므로, 위도는 A가 B보다 높다. 따라서 위도가 높은 A가 B보다 표준 중력도 크다.

04 광물 자원의 종류와 특징

활석과 고령토는 비금속 광물 자원이며, 희토류와 망가니즈는 금속 광물 자원에 해당한다.

ㄱ. 금속 광물 자원인 A에는 희토류와 망가니즈가 해당하며, 금속 광물 자원은 비금속 광물 자원보다 전기와 열을 잘 전달한다.

ㄴ. A에는 희토류와 망가니즈가 해당한다.

ㄷ. C는 비금속 광물 자원이면서 주로 변성 광상에서 산출되지 않으므로 고령토가 해당한다. 고령토는 주로 퇴적 광상에서 산출된다.

05 변성암과 규산염 사면체의 결합 구조

SiO_4 사면체 결합 구조 중 (나)는 판상 구조, (다)는 단사슬 구조에 해당한다.

ㄱ. (가)는 변성암이며, 유색 광물이 일정한 방향으로 나란하게 배열된 엽리가 관찰된다.

ㄴ. (나)는 판상 구조이며 Si : O의 비율은 2 : 5이다. (다)는 단사슬 구조이며, Si : O의 비율은 1 : 3이다. 따라서 $\frac{\text{Si 원자 수}}{\text{O 원자 수}}$는 (나)가 (다)보다 크다.

ㄷ. 흑운모는 판상 구조를 갖는 광물이므로 (나)와 같은 결합 구조를 갖는다. (다)는 단사슬 구조이며, 이러한 구조를 갖는 광물로는 휘석이 있다.

06 지질도 해석

(나)에서 B의 주향은 N50°E이며, ㉠에서 ㉡으로 갈수록 위도가 높아지므로 ㉡이 ㉠보다 상대적으로 북쪽에 위치한다. 따라서 그림의 왼쪽 방향이 북쪽이며, 위쪽 방향이 동쪽이다. 또한 ㉠을 시추하면 A가 나타나므로 지층은 남동쪽으로 경사져 있다. 따라서 X−X′ 구간의 지질 단면은 아래 그림과 같다.

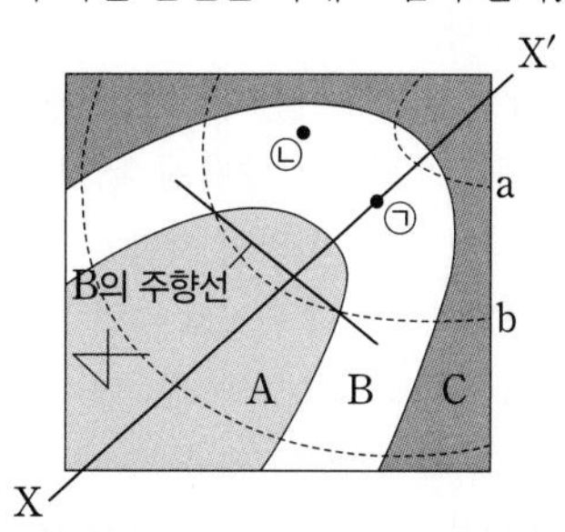

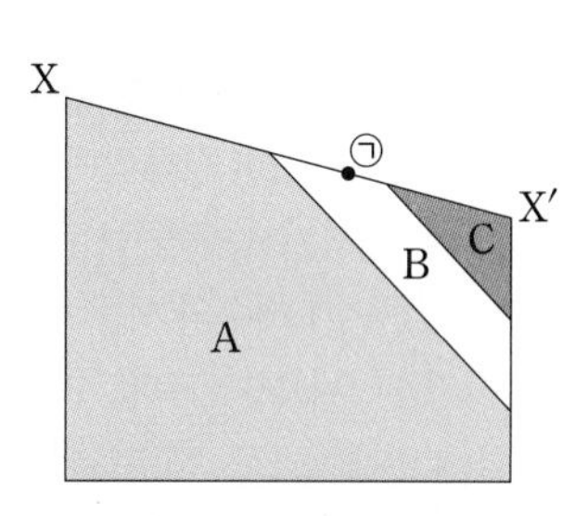

ㄱ. 지층이 남동쪽으로 경사져야 하므로 B의 주향선의 고도는 남동쪽으로 갈수록 낮아져야 한다. 따라서 등고선의 고도는 a가 b보다 낮다.

ㄴ. ㉠은 ㉡보다 남서쪽에 위치한다.

ㄷ. 지층의 생성 순서는 A → B → C이다.

07 한반도의 지체 구조

A는 퇴적된 모든 지층이 육성층인 시기이므로 중생대이며, C는 평안 누층군의 하부 지층이 퇴적된 시기이므로 고생대이다. B는 선캄브리아 시대이다.

ㄱ. ㉠, ㉡, ㉢은 각각 낭림 육괴, 경기 육괴, 영남 육괴이며, 이러한 육괴들은 주로 선캄브리아 시대의 변성암과 이를 관입한 중생대의 화강암으로 이루어져 있다.

X. C 시기는 고생대이며, 조산 운동과 같은 큰 지각 변동이 일어나지 않았던 평온한 시기였다. 현생 누대 중 조산 운동과 화성 활동이 가장 활발했던 시기는 중생대인 A이다.

ㄷ. C 시기는 고생대이므로, 이 시기에 생성된 지층은 경상 분지인 ㉣보다 태백산 분지인 ㉤에서 주로 발견된다.

08 대기 대순환과 에크만 수송

그림에서 에크만 수송은 북동쪽으로 일어나고 있으며 이 해역은 남태평양에 위치하므로, 바람은 남동쪽으로 불고 있다.

X. 남반구에서 표면 해수는 바람의 왼쪽 약 45° 방향으로 이동한다. 또한 마찰층은 해수의 흐름이 표면 해수가 이동하는 방향과 반대 방향으로 나타나는 곳까지의 깊이이다. 그림에서 표면 해수는 에크만 수송이 일어나는 방향의 오른쪽 약 45° 방향으로 이동하며, 마찰층 가장 아래에서 해수는 북서쪽으로 이동한다. 따라서 마찰층 내에서는 남서쪽으로 이동하는 해수의 이동이 나타나지 않는다.

ㄴ. 마찰층 내에서 수심이 깊어짐에 따라 해수의 이동 방향은 시계 반대 방향으로 바뀌면서 해수의 이동 속력은 느려진다. 따라서 수심이 얕은 곳에서 동쪽으로 이동하는 해수의 이동 속력이 수심이 깊은 곳에서 북쪽으로 이동하는 해수의 이동 속력보다 빠르다.

X. 이 해역에서 대기 대순환에 의한 바람이 남동쪽으로 불고 있으므로 편서풍이 부는 해역이며, 편서풍에 의한 에크만 수송은 적도 쪽으로 일어나므로 적도 용승을 일으키는 원인으로 작용하지 않는다. 무역풍에 의한 에크만 수송은 적도 용승을 일으키는 원인으로 작용한다.

09 수압 경도력과 지형류

(가)와 (나)에서 등수압선 사이의 간격과 수압 차는 서로 같다.

ㄱ. 해수에 작용하는 전향력은 해수의 이동 속력이 빠를수록 크다. 그림에서 해수의 이동 속력은 (가)가 (나)보다 빠르므로 해수에 작용하는 전향력의 크기도 (가)가 (나)보다 크다.

ㄴ. (나)는 해수의 이동 방향이 등수압선과 거의 나란하므로, 지형류 평형에 거의 근접한 상태이며, (가)는 해수의 이동 방향이 등수압선과 나란해질 때까지 속도가 더 많이 빨라지게 된다. 따라서 지형류 평형을 이루었을 때 해수의 이동 속도는 (가)가 (나)보다 크므로 수압 경도력은 (가)가 (나)보다 크다. 수압 경도력은 중력 가속도와 해수면 경사의 곱에 비례하므로, 해수면의 경사는 (가)가 (나)보다 크다.

ㄷ. 해수의 밀도를 ρ, 해수면의 높이 차를 Δz라고 할 때, 수압 경도력$=g\dfrac{\Delta z}{\Delta x}=\dfrac{1}{\rho}\cdot\dfrac{\Delta P}{\Delta x}$이다. 두 해역에서 Δx와 ΔP는 같고, 수압 경도력은 (가)가 (나)보다 크므로, ρ는 (가)가 (나)보다 작다.

10 기조력과 해수면 높이 변화

사리일 때 만조와 간조의 해수면 높이 차가 크므로 간조일 때 해수면의 높이는 평상시 간조일 때보다 낮다. 반대로 조금일 때 만조와 간조의 해수면 높이 차가 작으므로 간조일 때 해수면의 높이는 평상시 간조일 때보다 높다.

ㄱ. A일 때는 간조일 때 해수면의 높이가 평상시보다 높다. 따라서 이 시기는 조금이다.

X. 간조일 때 해수면의 높이는 항상 평균 해수면 높이보다 낮다. 따라서 B일 때 해수면의 높이는 평균 해수면보다 낮다.

X. C일 때는 간조일 때 해수면의 높이가 평상시보다 낮으므로 사리이다. 사리는 태양의 기조력과 달의 기조력이 작용하는 방향이 같은 시기이므로 달의 위상은 삭 또는 망이다. 따라서 상현달은 조금인 A일 때 떴다.

11 구름 생성과 대기의 안정도

기온 감률이 건조 단열 감률보다 크면 절대 불안정, 습윤 단열 감률보다 작으면 절대 안정, 건조 단열 감률보다 작고 습윤 단열 감률보다 크면 조건부 불안정 상태이다.

ㄱ. 지표에서 기온이 30 ℃인 공기가 상승 응결 고도인 1 km까지 건조 단열 감률로 상승하면 기온이 20 ℃가 된다. 구름을 생성한 공기는 지표에서 국지적으로 가열되어 상승하기 시작했으므로, 높이 1 km에서 구름의 온도는 20 ℃보다 높다.

ㄴ. ㉠ 구간에서 기온 감률은 습윤 단열 감률보다 작으므로 절대 안정 상태이며, ㉡ 구간에서 기온 감률은 건조 단열 감률보다 크므로 절대 불안정 상태이다.

X. 상승 응결 고도인 1 km에서 구름의 온도는 20 ℃보다 높으며, 이때 구름의 온도는 주변 공기의 기온보다 높으므로 상승을 계속한다. 따라서 구름은 1.5 km보다 높은 곳까지 생성될 수 있다.

12 바람에 작용하는 힘

(가)에서는 기압 경도력과 전향력의 크기가 같고 서로 반대 방향으로 작용하고 있다. (나)에서는 전향력이 기압 경도력보다 크다.

X. (가)와 (나)에서는 남풍 계열의 바람이 불고 있다. (가)와 (나)에서 기압 경도력은 동쪽으로 작용하고 있으며, 바람은 기압 경도력의 왼쪽 방향인 북쪽으로 불고 있으므로 (가)와 (나) 모두 남반구에 위치한다.

ㄴ. (나)에서 기압 경도력이 동쪽으로 작용하며, 전향력과 기압 경도력의 차이만큼의 구심력이 기압이 높은 서쪽으로 작용하고 있으므로, (나)에서 부는 바람은 고기압성 경도풍이다.

X. (가)와 (나)에서 기압 경도력과 위도가 같으므로 풍속은 지균풍인 (가)가 고기압성 경도풍인 (나)보다 작다.

13 기압과 상층에서 부는 바람

A와 B의 지표면 기압은 같고, 500 hPa 등압면 고도는 A → B → C로 갈수록 낮아진다.

ㄱ. A와 B의 지표면 기압은 같고, 500 hPa 등압면 고도는 A가 B보다 높으므로, 지표면으로부터 500 hPa 등압면 고도까지 공기의 평균 밀도는 A가 B보다 작다.

ⓛ. A에서 500 hPa 등압면 고도는 5550 m보다 높고, B에서 500 hPa 등압면 고도는 5550 m이며, C에서 500 hPa 등압면 고도는 5550 m보다 낮으므로, 고도가 5500 m인 지점에서 기압은 A가 가장 높다.
ⓒ. B의 고도 5550 m인 지점 부근에서 500 hPa 등압면은 A에서 C로 갈수록 낮아진다. 따라서 기압 경도력은 동쪽으로 작용하므로 북풍 계열의 바람이 우세하게 분다.

14 제트류와 대기 대순환

제트류는 대류권 계면 부근에서 남북 사이의 기온 차가 가장 큰 곳에서 나타나는 좁고 강한 대기의 흐름이다.
ⓣ. A는 한대 (전선) 제트, B는 아열대 제트이다.
X. ㉠에는 차가운 공기가 위치하지만, ㉡에서는 찬 공기와 따뜻한 공기가 만나 전선을 형성하고 있다. 따라서 지표면 부근에서 위도에 따른 평균 기온 변화율은 ㉠이 ㉡보다 작다.
X. 500 hPa 등압면의 평균 고도는 기온이 상대적으로 높은 ㉡ 구간이 기온이 낮은 ㉠ 구간보다 높다.

15 태양의 적경과 적위

적도에 위치한 지역에서는 태양의 일주권이 지평면과 수직이다.
ⓣ. 11월 15일에 태양의 적경은 14^h~18^h 사이이며, 9월 15일은 추분날이 되기 전이므로 태양의 적경은 12^h보다 작다. 따라서 태양의 적경은 11월 15일이 9월 15일보다 크다.
ⓛ. 7월 15일과 9월 15일은 태양의 적위가 (+) 값이며, 11월 15일은 태양의 적위가 (−) 값이다. 적위가 (+) 값일 때 태양은 북동쪽에서 떠서 북서쪽으로 지며, 적위가 (−) 값일 때 태양은 남동쪽에서 떠서 남서쪽으로 진다. 만약 A가 동점이라면 동점의 오른쪽에 위치한 9월 15일과 7월 15일의 태양이 남동쪽에서 뜨는 상황인데, 두 날은 모두 적위가 (+) 값이므로 맞지 않는다. 따라서 A는 서점이다.
X. 적도에 위치한 지역에서 하루 중 태양의 최대 고도는 태양의 적위가 0°에 가까울수록 높다. 그림에서 9월 15일에 태양이 서점 가장 가까이에서 지고 있으므로 적위가 0°에 가장 가깝다. 따라서 태양의 최대 고도가 가장 높은 날은 9월 15일이다.

16 우주관

프톨레마이오스의 우주관에서 금성의 주전원은 태양과 지구 사이에서 원 궤도로 그려진다.
X. 이 우주관에서 우주의 중심에 위치하는 천체는 지구이다.
ⓛ. 금성이 A에 위치할 때 지구와 금성 사이의 거리가 가장 가까우므로, 이 시기에 금성은 역행한다.
X. 금성이 지구와 태양 사이에서 주전원을 따라 이동하는 경우에는 보름달에 가까운 위상이 나타나지 않는다. B에 위치할 때는 그믐달에 가까운 위상이 나타난다.

17 변광성과 별까지의 거리

A는 변광 주기가 1일보다 짧고 변광 주기에 관계없이 거의 일정한 절대 등급이 나타나는 거문고자리 RR형 변광성이며, B는 종족 Ⅰ 세페이드 변광성이다.
X. 종족 Ⅰ 세페이드 변광성은 변광 주기가 길수록 광도가 커서 절대 등급이 작다.
ⓛ. (나)는 변광 주기가 몇 시간 정도로 매우 짧으므로 거문고자리 RR형 변광성이다.
X. 거문고자리 RR형 변광성은 변광 주기에 관계없이 절대 등급이 약 0~+1 사이이며, (나)에서 평균 겉보기 등급은 약 +7.6이다. 따라서 거리 지수는 6.6~7.6 사이의 값을 가지므로 (나)까지의 거리는 100 pc보다 멀다.

18 우주의 구조

처녀자리 초은하단은 처녀자리 은하단과 국부 은하군을 포함한다. 따라서 A는 처녀자리 초은하단이다.
X. 우리은하는 국부 은하군에 속하며, 국부 은하군과 처녀자리 은하단은 각각 독립적으로 처녀자리 초은하단에 속한다. 따라서 B는 국부 은하군, C는 처녀자리 은하단이다.
ⓛ. A는 처녀자리 초은하단이며, 초은하단을 구성하는 은하단이나 은하군들은 중력적으로 묶여 있지 않으므로 우주가 팽창함에 따라 서로 멀어진다.
X. 공간 규모는 은하단이 은하군보다 크다. 국부 은하군은 40여 개의 은하들로 이루어져 있으며, 처녀자리 은하단은 1300여 개의 은하들로 이루어져 있다. 따라서 공간 규모는 B가 C보다 작다.

19 은하의 회전과 시선 속도

태양 부근의 별들은 케플러 회전을 하며, 은하 중심에 가까울수록 은하 중심에 대한 회전 속도가 빠르다.
X. 태양 부근의 별들은 같은 방향으로 케플러 회전을 하므로, 태양보다 은하 중심에 가까운 별은 회전 속도가 태양보다 빨라 은하의 상대적인 운동이 은하의 회전 방향으로 나타난다. 따라서 태양이 은하 중심을 중심으로 회전하는 방향은 ㉠의 반대 방향이다.
ⓛ. B는 태양보다 바깥쪽에 위치하여 태양보다 회전 속도가 느리고 태양보다 앞선 방향에 있으므로, 태양에 가까워지는 청색 편이가 나타난다. D는 태양보다 안쪽에 위치하여 태양보다 회전 속도가 빠르고 태양보다 뒤쪽 방향에 있으므로, 태양에 가까워지는 청색 편이가 나타난다.
ⓒ. C는 은하 중심, 태양과 일직선상에 위치하므로 시선 속도는 0이며, 접선 속도만 나타난다. B는 지구에 가까워지는 청색 편이가 나타난다. 따라서 시선 속도의 크기는 B가 C보다 크다.

20 케플러 법칙

B는 공전 궤도 긴반지름이 3 AU이며, 공전 궤도 이심률이 0.6이므로 초점 거리는 1.8 AU이다. 따라서 근일점 거리는 1.2 AU, 원일점 거리는 4.8 AU이다.
ⓣ. B가 근일점에 위치할 때 태양으로부터의 거리는 1.2 AU이며 지구의 공전 궤도 반지름은 1 AU이므로, B가 근일점에 위치할 때 지구와의 최단 거리는 0.2 AU이다.
X. B가 원일점에 위치할 때 태양으로부터의 거리는 4.8 AU이다. 그림에서 태양으로부터 B까지의 거리는 4 AU이므로 B는 원일점에 위치하지 않는다. 따라서 B의 공전 속도는 이날이 가장 느리지 않다.

ㄴ. A에서 관측할 때 B는 외행성에 해당하며, B는 태양의 반대 방향에 위치하므로 충에 위치한다. 따라서 이날 A에서 관측할 때 B는 역행한다.

[인용 사진 출처]

28p 가스수화물: ⓒDOE Photo / Alamy Stock Photo
29p 바다 목장: ⓒ연합뉴스
29p 조류 발전소: ⓒ한국해양과학기술원
30p 호상 철광층: ⓒblickwinkel / Alamy Stock Photo
33p 가스수화물: ⓒ한국지질자원연구원
43p 편마암: ⓒFossil & Rock Stock Photos / Alamy Stock Photo
136p 고령토: ⓒAbdolhamid Ebrahimi / Alamy Stock Photo